中 国 国 家 标 准 汇 编

555

GB 28955～28993

（2012年制定）

中国标准出版社　编

中国标准出版社

北　京

图书在版编目(CIP)数据

中国国家标准汇编:2012年制定.555:
GB 28955～28993/中国标准出版社编.—北京:
中国标准出版社,2013.10
ISBN 978-7-5066-7285-6

Ⅰ.①中… Ⅱ.①中… Ⅲ.①国家标准-
汇编-中国-2012 Ⅳ.①T-652.1

中国版本图书馆CIP数据核字(2013)第183728号

中国标准出版社出版发行
北京市朝阳区和平里西街甲2号(100013)
北京市西城区三里河北街16号(100045)

网址 www.spc.net.cn
总编室:(010)64275323 发行中心:(010)51780235
读者服务部:(010)68523946

中国标准出版社秦皇岛印刷厂印刷
各地新华书店经销

*

开本 880×1230 1/16 印张 30.75 字数 930 千字
2013年9月第一版 2013年9月第一次印刷

*

定价 220.00 元

出 版 说 明

1.《中国国家标准汇编》是一部大型综合性国家标准全集。自 1983 年起，按国家标准顺序号以精装本、平装本两种装帧形式陆续分册汇编出版。它在一定程度上反映了我国建国以来标准化事业发展的基本情况和主要成就，是各级标准化管理机构，工矿企事业单位，农林牧副渔系统，科研、设计、教学等部门必不可少的工具书。

2.《中国国家标准汇编》收入我国每年正式发布的全部国家标准，分为“制定”卷和“修订”卷两种编辑版本。

“制定”卷收入上一年度我国发布的、新制定的国家标准，顺延前年度标准编号分成若干分册，封面和书脊上注明“20××年制定”字样及分册号，分册号一直连续。各分册中的标准是按照标准编号顺序连续排列的，如有标准顺序号缺号的，除特殊情况注明外，暂为空号。

“修订”卷收入上一年度我国发布的、被修订的国家标准，视篇幅分设若干分册，但与“制定”卷分册号无关联，仅在封面和书脊上注明“20××年修订-1，-2，-3，……”字样。“修订”卷各分册中的标准，仍按标准编号顺序排列(但不连续)；如有遗漏的，均在当年最后一分册中补齐。需提请读者注意的是，个别非顺延前年度标准编号的新制定的国家标准没有收入在“制定”卷中，而是收入在“修订”卷中。

读者配套购买《中国国家标准汇编》“制定”卷和“修订”卷则可收齐由我社出版的上一年度我国制定和修订的全部国家标准。

3. 由于读者需求的变化，自 1996 年起，《中国国家标准汇编》仅出版精装本。

4. 2012 年我国制修订国家标准共 2 101 项。本分册为“2012 年制定”卷第 555 分册，收入国家标准 GB 28955～28993 的最新版本。

中国标准出版社

2013 年 8 月

目　　录

ICS 043.060.30
T 14

中华人民共和国国家标准

GB/T 28955—2012/ISO 7747:1983

道路车辆　全流式机油滤清器滤芯　尺寸

Road vehicles—Filter elements for full flow oil filters—Dimensions

(ISO 7747:1983,IDT)

2012-12-31 发布　　2013-07-01 实施

中华人民共和国国家质量监督检验检疫总局
中国国家标准化管理委员会　发布

前　言

本标准按照 GB/T 1.1—2009 给出的规则起草。

本标准使用翻译法等同采用 ISO 7747:1983《道路车辆　全流式机油滤清器滤芯　尺寸(Road vehicles—Filter elements for full flow oil filters—Dimensions)》。

本标准由国家发展和改革委员会提出。

本标准由全国汽车标准化技术委员会(SAC/TC 114)归口。

本标准起草单位:中国第一汽车集团公司技术中心、淄博永华滤清器制造有限公司。

本标准主要起草人:柳国立、曹立新、李永华、刘正勇。

道路车辆　全流式机油滤清器滤芯　尺寸

1　范围

本标准规定了道路车辆用全流式机油滤清器可更换滤芯的基本尺寸和标记。

本标准适用于道路车辆用全流式机油滤清器的可更换滤芯。

本标准也适用于其他型式的全流式机油滤清器的可更换滤芯。

2　尺寸规范

对于圆筒形滤芯，见表1和图1。表1中列出的“优先尺寸”值在新设计的机油滤清器中优先采用。

表 1

单位为毫米

序号	D_1（最大）	D_2			H		
		优先尺寸	选择尺寸	极限偏差			
1	42	13	—	$^{+0.5}_{0}$	64 100	117 134	
2	60	18	—		64 100	117 134 165	
3	70	26	33	$^{+1}_{0}$	100	117 134 165 196	
4	75	26	33		100	117 134 165 196	
5	85	26	33		100	117 134 165 196	
6	100	30	40	$^{+1}_{0}$	100	117 134 165 196	234
7	110	48	36			117 134 165 196	234
8	120	56	42			134 165 196	234
9	130	60	56	$^{+1}_{0}$		165 196	234 265
10	140	80	—			165 196	234 265
11	152	88	80			165 196	234 330
H 的极限偏差					$^{0}_{-1.5}$	$^{0}_{-2.0}$	$^{0}_{-3.0}$

3　标记方法

尺寸为 $D_1=120$ mm，$D_2=56$ mm，$H=196$ mm 的机油滤清器可更换滤芯标记示例如下：

全流式机油滤芯　GB/T 28955—2012　120×56×196

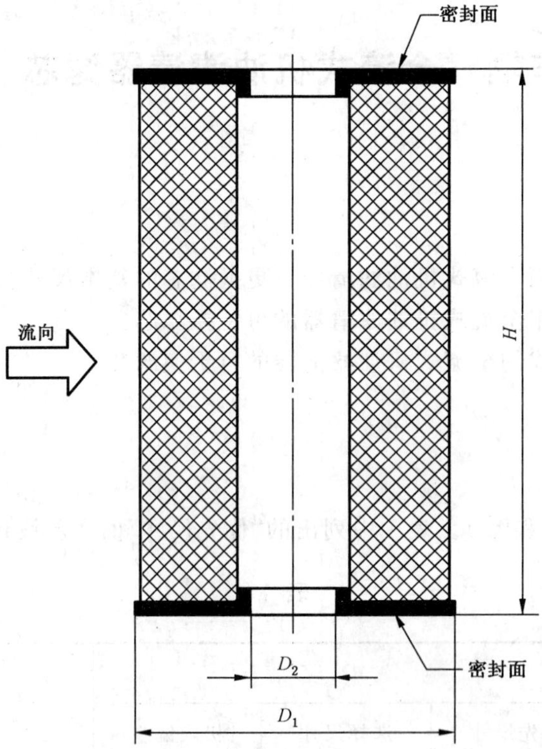

图 1

ICS 43.060.20
T 13

中华人民共和国国家标准

GB/T 28956.1—2012/ISO 7750-1:1992

道路车辆 商用车用空气滤清器滤芯尺寸 第1部分:A型和B型

Commercial Vehicles—Dimenions of air filter elements—
Part 1:Types A and B

(ISO 7750-1:1992,IDT)

2012-12-31 发布 2013-07-01 实施

中华人民共和国国家质量监督检验检疫总局
中国国家标准化管理委员会 发布

前　言

GB/T 28956《道路车辆　商用车用空气滤清器滤芯尺寸》分为两个部分：

——第1部分：A型和B型；

——第2部分：C型和D型。

本部分是GB/T 28956的第1部分。

本部分按照GB/T 1.1—2009给出的规则起草。

本部分使用翻译法等同采用ISO 7750-1：1992《道路车辆　商用车用空气滤清器滤芯尺寸　第1部分：A型和B型》(英文版)。

本部分由国家发展和改革委员会提出。

本部分由全国汽车标准化技术委员会(SAC/TC 114)归口。

本部分起草单位：中国第一汽车集团公司技术中心。

本部分主要起草人：曹立新、柳国立、贾晶。

本部分是首次发布。

道路车辆　商用车用空气滤清器滤芯尺寸 第1部分:A型和B型

1　范围

本标准规定了商用车辆常用空气滤清器滤芯尺寸。也适用于其他滤清器滤芯。

2　尺寸规范

2.1　A型——带有止推面的圆筒形滤芯

见表1和图1。安装参见图A.1。

表1　A型

单位为毫米

序号	d_1 max	d_2 $^{+2}_{0}$	d_3 $^{+0.5}_{0}$	d_4 max	d_5 min	e $^{0}_{-1}$	h_1 ±1.5	h_2 ±2
1	95	43	8.5	80	50	6	164	152
2	111	50	8.5	95	60	6	217	202
3	111	50	8.5	95	60	6	300	285
4	128	64	8.5	100	75	6	285	268
5	128	57	8.5	100	75	6	300	283
6	150	71	8.5	125	80	7.5	325	310
7	166	75	8.5	140	95	7.5	300	282
8	166	86	8.5	140	95	7.5	340	322
9	192	81	8.5	170	120	7.5	300	283
10	198	103	8.5	170	120	7.5	365	351
11	213	103	8.5	180	120	7.5	300	261
12	228	116	10.5	190	130	7.5	370	356
13	231	120	10.5	190	130	7.5	360	326
14	243	132	10.5	195	145	7.5	485	454
15	251	140	10.5	220	160	9.5	360	326
16	303	191	10.5	255	205	9.5	460	444
17	328	216	10.5	280	230	9.5	605	573

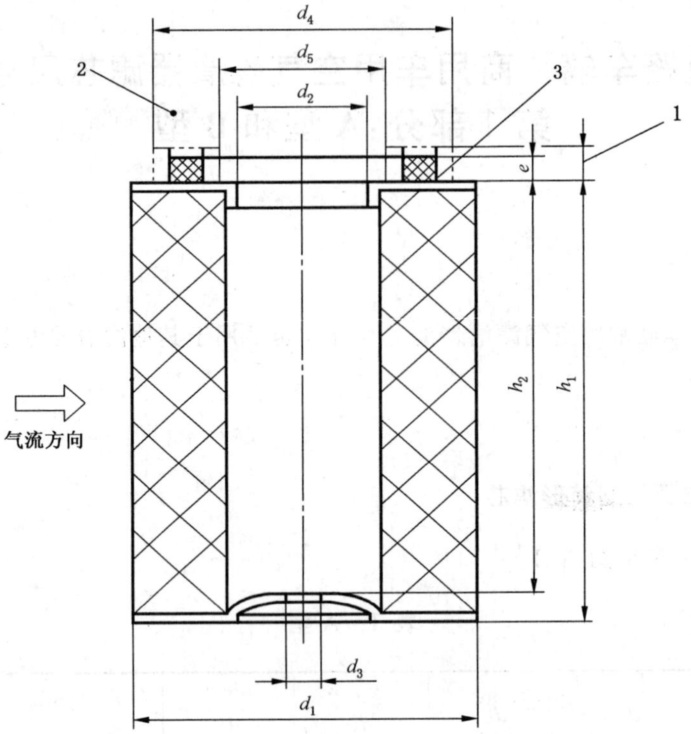

说明：

1——密封垫的自由高度，由制造厂家根据材料及形状自行确定。密封垫应具备足够的压缩性，以满足规定的装配关系。密封垫装配后，在滤芯使用寿命期限内，应能保持规定要求的密封性。

2——密封垫的直径应在 $d_4 \sim d_5$ 之间。

3——滤芯和密封垫应粘结为一体，两者同时更换。

图 1 A 型

2.2 B 型——没有止推面的圆筒形滤芯

见表 2 和图 2。安装参见图 A.2。

表 2 B 型

单位为毫米

序号	d_1 max	d_2 $^{+2}_{0}$	d_3 $^{+0.5}_{0}$	d_4 max	d_5 min	e $^{0}_{-1}$	h_1 ±1.5	h_2 ±2
1	86	57	16	76	64	5	330	310
2	105	62	12	95	72	8	254	235
3	120	65	40	119	92	5	130	125
4	133	67	17	125	90	4.5	279	260
5	133	93	17	125	100	6	381	362
6	155	88	19	140	105	8.5	332	310
7	155	88	19	150	105	4.5	382	360
8	166	86	8.5	140	95	8.5	300	279

表 2（续）

单位为毫米

序号	d_1 max	d_2 $^{+2}_{0}$	d_3 $^{+0.5}_{0}$	d_4 max	d_5 min	e $^{0}_{-1}$	h_1 ±1.5	h_2 ±2
9	201	90	13	185	160	8.5	254	228
10	201	135	17	185	160	8.5	406	371
11	220	179	23	215	190	8.5	423	370
12	234	123	17	225	190	8.5	330	295
13	234	123	17	225	190	8.5	406	368
14	243	132	10.5	195	145	8.5	300	270
15	265	153	17	235	160	8.5	406	358
16	282	171	17	265	240	8.5	406	368
17	307	196	23	285	205	8.5	406	358
18	307	196	17	285	255	8.5	457	397
19	352	241	23	275	250	8.5	457	417

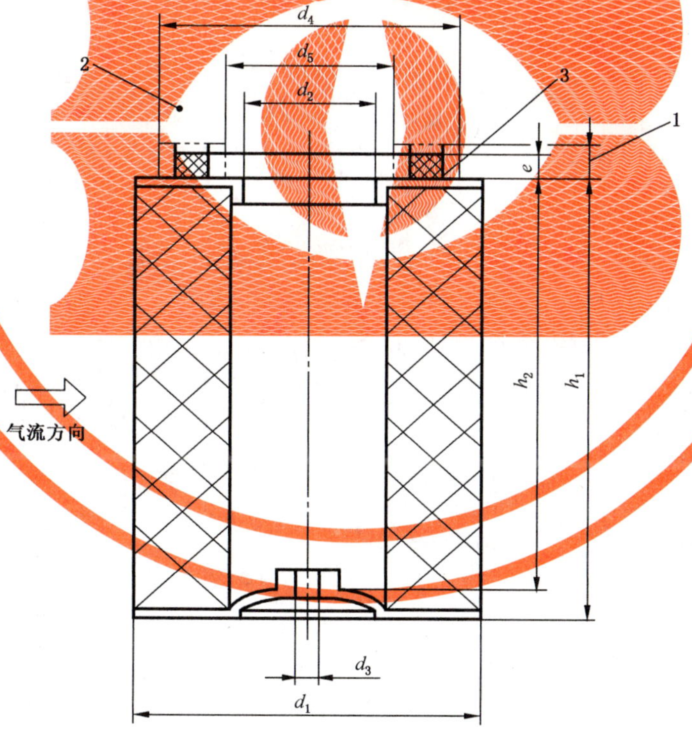

说明：

1——密封垫的自由高度，由制造厂家根据材料及形状自行确定。密封垫应具备足够的压缩性，以满足规定的装配关系。密封垫装配后，在滤芯使用寿命期限内，应能保持满意的密封性。

2——密封垫的直径应在 d_4～d_5 之间。

3——滤芯和密封垫应粘结为一体，两者同时更换。

图 2　B 型

3 标记方法

3.1 以尺寸 $d_1=166$ mm，$d_2=86$ mm，及 $h_1=340$ mm 的 A 型滤芯标记为例：

滤芯 GB/T 28956.1-A 166×86×340

3.2 以尺寸 $d_1=155$ mm，$d_2=88$ mm，及 $h_1=332$ mm 的 B 型滤芯标记为例：

滤芯 GB/T 28956.1-B 155×88×332

附 录 A
（资料性附录）
滤芯装配注意事项

A.1 A型滤芯装配注意事项

图A.1为A型空气滤清器滤芯的典型安装情况。A型空气滤清器滤芯，利用旋紧螺母的方法，将滤芯固定在止推台肩和定位面上。

止推面和止推台肩可自由设计，但应保证不同厂家生产的滤芯能充分互换。

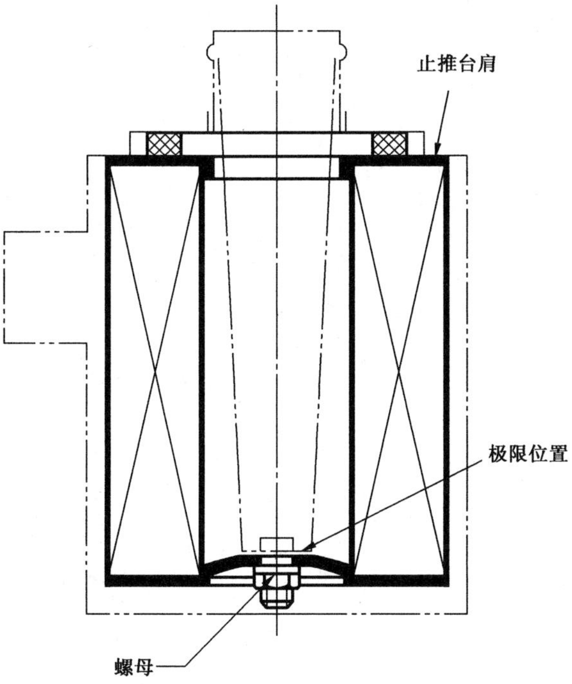

图A.1 A型滤芯的装配

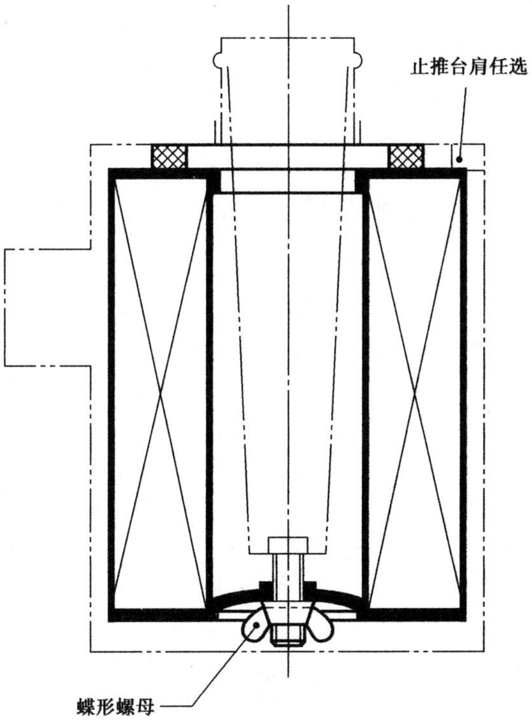

图A.2 B型滤芯的装配

A.2 B型滤芯装配注意事项

图A.2为B型空气滤清器滤芯的典型安装情况。B型空气滤清器滤芯，利用旋紧螺母的方法，将滤芯压紧在密封面上。

止推面和止推台肩可自由设计，但应保证不同厂家生产的滤芯能充分互换。

ICS 43.060.20
T 13

中华人民共和国国家标准

GB/T 28956.2—2012/ISO 7750-2:1984

道路车辆　商用车用空气滤清器滤芯尺寸 第2部分:C型和D型

Commercial Vehicles—Dimenions of air filter elements—
Part 2:Types C and D

(ISO 7750-2:1984,IDT)

2012-12-31 发布　　2013-07-01 实施

中华人民共和国国家质量监督检验检疫总局
中国国家标准化管理委员会　发布

前　言

GB/T 28956《道路车辆　商用车用空气滤清器滤芯尺寸》分为两个部分：

——第1部分:A型和B型；

——第2部分:C型和D型。

本部分是GB/T 28956的第2部分。

本部分按照GB/T 1.1—2009给出的规则起草。

本部分使用翻译法等同采用ISO 7750-2：1984《道路车辆　商用车用空气滤清器滤芯尺寸　第2部分:C型和D型》。

本部分由国家发展和改革委员会提出。

本部分由全国汽车标准化技术委员会(SAC/TC 114)归口。

本部分起草单位:中国第一汽车集团公司技术中心。

本部分主要起草人:曹立新、柳国立、贾晶。

本部分是首次发布。

道路车辆　商用车用空气滤清器滤芯尺寸
第 2 部分:C 型和 D 型

1　范围

本标准规定了商用车辆用空气滤清器滤芯尺寸。

本标准适用于商用车辆用空气滤清器滤芯,也适用于其他滤清器滤芯。

2　尺寸规范

2.1　C 型——带有叶片环的整体式圆筒形结构

见表 1 和图 1。安装参见附录 A。

表 1　C 型

单位为毫米

序号	d_1 max	d_2 $^{+2}_{0}$	d_3 $^{+0.5}_{0}$	d_4 max	d_5 min	d_6 max	e $^{0}_{-1}$	h_1 ±1.5	h_2 ±2	h_3 min
1	104	63	17	98	65	132	4.5	228	211	66
2	104	63	17	98	65	132	4.5	254	237	66
3	133	67	17	125	72	163	4.5	279	260	66
4	133	82	17	125	100	163	6	305	286	66
5	133	93	17	125	100	163	6	381	362	66
6	155	80	13.5	120	104	200	4.5	190	170	106
7	155	80	13.5	120	104	200	4.5	235	215	106
8	155	80	13.5	120	104	200	4.5	265	245	106
9	155	88	19	150	90	200	4.5	305	287	85
10	155	88	19	150	105	200	4.5	381	362	106
11	175	107	17	170	125	225	8.5	254	236	43
12	175	88	17	170	125	225	8.5	381	362	43
13	175	107	17	170	125	225	8.5	406	388	125
14	201	90	13.5	196	110	255	8.5	254	228	50
15	201	135	17	196	160	255	8.5	406	371	117
16	234	123	13.5	225	185	296	8.5	254	229	50
17	234	123	17	225	185	296	8.5	330	295	50
18	282	169	13.5	265	185	352	8.5	305	280	74
19	307	196	13.5	285	250	403	8.5	355	310	88

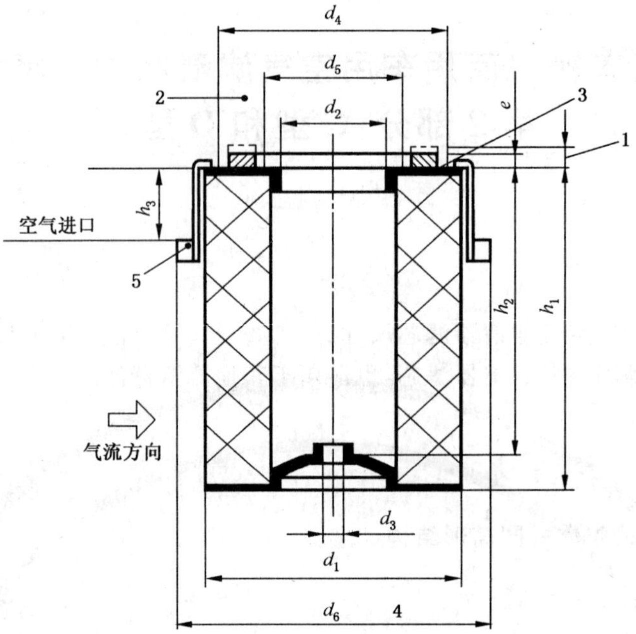

说明：

1——密封垫的自由高度，由制造厂家根据材料及形状自行确定。密封垫应具备足够的压缩性，以满足规定的装配关系。密封垫装配后，在滤芯使用寿命期限内，应能保持规定要求的密封性。

2——密封垫的直径应在 $d_4 \sim d_5$ 之间。

3——滤芯和密封垫应粘结为一体，两者同时更换。

4——空气滤清器的壳体内径应等于 $d_6{}^{+1.5}_{+0.5}$，保证滤芯的正确装配。

5——起离心分离作用的叶片环的高度、形状及数目，由制造厂家确定。

图 1 C型

2.2 D型——带有封闭式下端盖的圆筒形结构

见表 2 和图 2。安装参见附录 B。

表 2 D型

单位为毫米

序号	d_1 max	d_2 ${}^{+2}_{0}$	d_3 max	d_4 min	e ${}^{0}_{-1}$	h_1 ±1.5	h_2 ±3
1	215	106	212	185	8.5	415	395
2	226	139	200	170	8.5	356	311
3	226	139	200	170	8.5	559	514
4	226	139	200	170	8.5	711	666
5	265	153	230	200	8.5	401	357
6	265	153	230	200	8.5	478	433
7	265	153	230	200	8.5	554	510
8	265	153	230	200	8.5	660	616

表 2（续） 单位为毫米

序号	d_1 max	d_2 $^{+2}_{0}$	d_3 max	d_4 min	e $^{0}_{-1}$	h_1 ±1.5	h_2 ±3
9	324	212	280	250	8.5	432	394
10	324	212	280	250	8.5	508	470
11	324	212	280	250	8.5	559	521
12	324	212	280	250	8.5	660	623
13	353	189	295	265	8.5	483	462
14	353	189	295	265	8.5	584	563
15	353	189	295	265	8.5	660	639

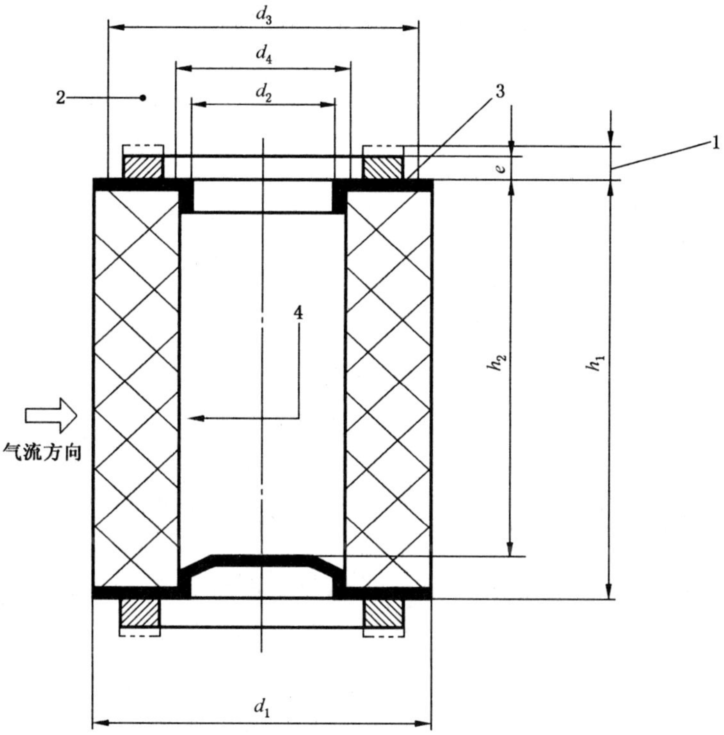

说明：

1——密封垫的自由高度，由制造厂家根据材料及形状自行确定。密封垫应具备足够的压缩性，以满足规定的装配关系。密封垫装配后，在滤芯使用寿命期限内，应能保持规定要求的密封性。

2——密封垫的直径应在 d_3～d_4 之间。

3——滤芯和密封垫应粘结为一体，两者同时更换。

4——气流方向任意选定，所要求的气流方向，在滤芯总成图纸上应加以规定。

图 2　D 型

3 标记方法

3.1 以尺寸 d_1=155 mm，d_2=80 mm，及 h_1=235 mm 的带有叶片环的 C 型滤芯的标记为例：

滤芯 GB/T 28956.2-C 155×80×235

3.2 以尺寸 d_1=265 mm，d_2=153 mm，及 h_1=401 mm 的带有封闭式下端盖的 D 型滤芯的标记为例：

滤芯 GB/T 28956.2-D 265×153×401

附 录 A
（资料性附录）
C 型滤芯装配注意事项

图 A.1 和图 A.2 表示 C 型空气滤清器滤芯的典型装配情况。

止推面和止推台肩可自由设计，但应保证不同厂家生产的滤芯能充分互换。

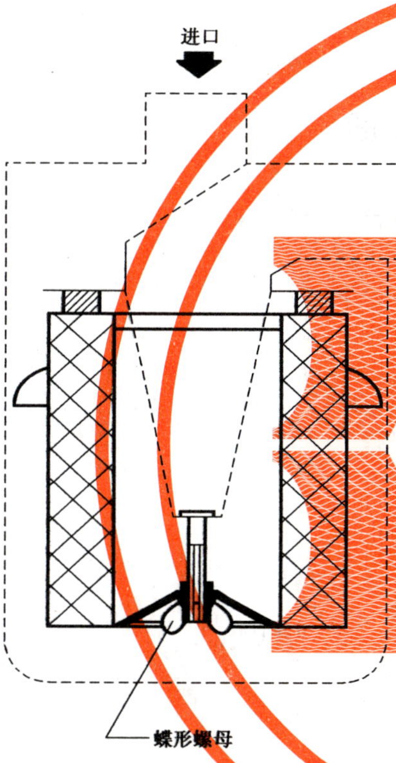

图 A.1 C 型滤芯的装配

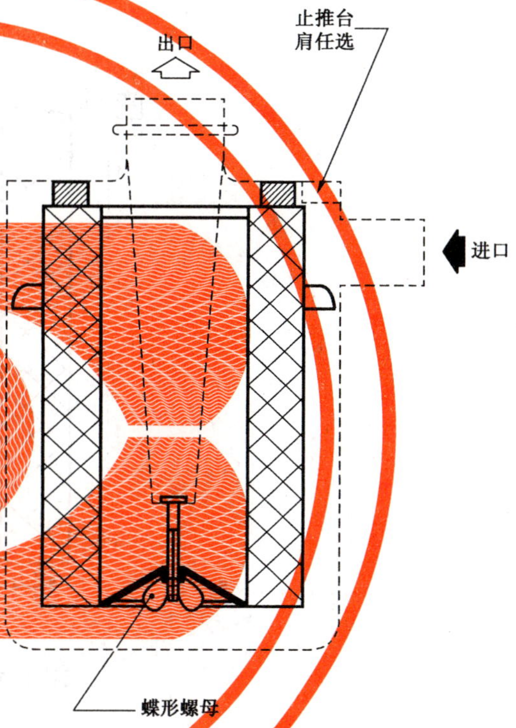

图 A.2 C 型滤芯的装配

附 录 B
（资料性附录）
D型滤芯装配注意事项

图B.1表示D型空气滤清器滤芯的典型安装情况。

止推面和止推台肩可自由设计，但应保证不同厂家生产的滤芯能充分互换。

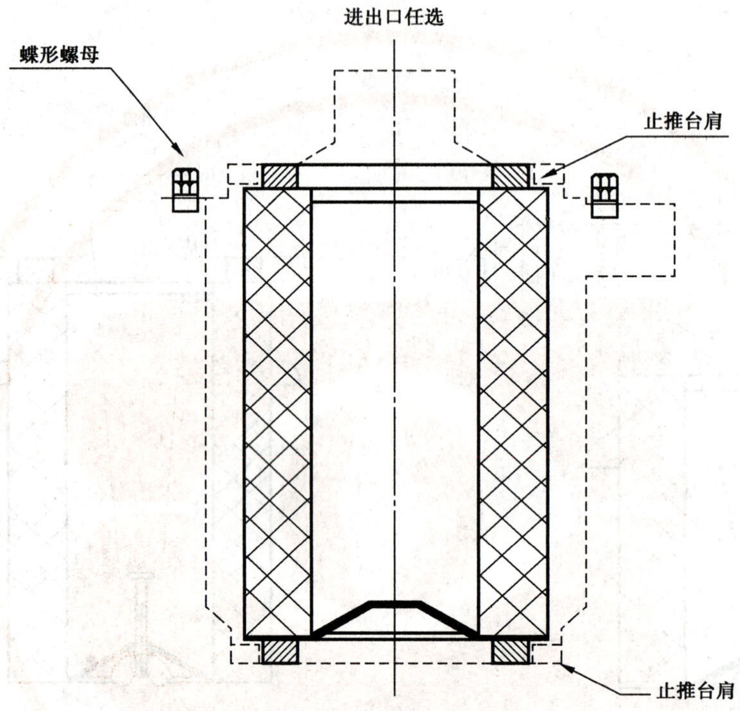

图 B.1 D型滤芯的装配

ICS 43.060.20;43.060.40
T 10

中华人民共和国国家标准

GB/T 28957.1—2012

道路车辆　用于滤清器评定的试验粉尘
第1部分:氧化硅试验粉尘

Road vehicles—Test dust for filter evaluation—
Part 1:Silicon dioxide test dust

(ISO 12103-1:1997,Road vehicles—Test dust for filter evaluation—
Part 1:Arizona test dust,MOD)

2012-12-31 发布　　2013-07-01 实施

中华人民共和国国家质量监督检验检疫总局
中国国家标准化管理委员会　发布

前　言

GB/T 28957《道路车辆　用于滤清器评定的试验粉尘》由下列两部分组成：

——第1部分：氧化硅试验粉尘；

——第2部分：氧化铝试验粉尘。

本部分为GB/T 28957—2012的第1部分。

本部分按照GB/T 1.1—2009给出的规则起草。

本部分使用重新起草法修改采用ISO 12103-1:1997《道路车辆　用于滤清器评定的试验粉尘　第1部分：亚利桑那试验粉尘》(英文版)。

本部分与ISO 12103-1:1997相比在结构上有较多调整，附录A中列出了本部分与ISO 12103-1:1997的章条编号对照一览表。

本部分与ISO 12103-1:1997相比存在技术性差异，这些差异涉及的条款已通过在其外侧页边空白位置的垂直单线(|)进行了标示，附录B中给出了相应技术性差异及其原因的一览表。

为了便于使用，本部分对ISO 12103-1:1997做了下列编辑性修改：

——修改了标准名称；

——用小数点‘.’代替作为小数点的逗号‘,’；

——删除ISO 12103-1:1997的前言；

——修改了ISO 12103-1:1997的引言。

本部分由国家发展和改革委员会提出。

本部分由全国汽车标准化技术委员会(SAC/TC 114)归口。

本部分起草单位：中国航空工业过滤与分离机械产品质量监督检测中心、广州佳斌实业有限公司、浙江恒勃滤清器有限公司、淄博永华滤清器制造有限公司、平原滤清器有限公司。

本部分主要起草人：吴强、姚东斌、周书忠、李永华、高振萍、金涛、郭黎民。

本部分是首次发布。

引　言

ISO 12103-1:1997 规定了用沙漠沙粒制造的四个等级的试验粉尘，这四种粉尘均由机动车经常遇到的自然存在化合物组成，用于测定过滤系统的性能。由于这些材料具有磨料特性，也可以用于包括轴承、车阀、风扇叶、风档刮水器等的磨损研究。

本部分在 ISO 12103-1:1997 规定的四种试验粉尘的基础上，又规定了 GB/T 28957-BF1 和 GB/T 28957-BF2两种试验粉尘，旨在解决国内滤清器评定用试验粉尘的一致性问题。同时以体积或质量形式规定了这些粉尘的颗粒尺寸分布，体积或质量形式规定的颗粒尺寸分布不同于数量形式规定的颗粒尺寸分布，不适用于颗粒计数器的校准，按 ISO 4402 校准应用。

道路车辆　用于滤清器评定的试验粉尘 第1部分：氧化硅试验粉尘

1　范围

GB/T 28957的本部分规定了用亚利桑那沙漠沙粒制造的四个等级的试验粉尘和BF氧化硅系列的两种试验粉尘的颗粒尺寸分布界限和化学成分。

本部分适用于对道路车辆用滤清器滤清器的性能测定，也适用于一般用途的内燃机用滤清器的性能测定和轴承、密封件等部件的磨损研究。

2　术语和定义

下列术语和定义适用于本文件。

2.1

松密度　loose density

弥漫粉剂在不受振动的情况下粉剂的质量与其充填体积(包括粉末之间的空隙)的比值。

3　试验粉尘的描述

本部分规定的试验粉尘，其中亚利桑那试验粉尘是用亚利桑那沙漠沙粒制造的，亚利桑那沙粒是一种天然杂质，主要由二氧化硅及少量其他化合物组成，从亚利桑那沙漠选定的地区采集，经气吹并规定颗粒尺寸分级；BF氧化硅系列的两种试验粉尘均采用天然矿物原料制造，同样主要由二氧化硅及少量其他化合物组成，经筛网筛分并规定颗粒尺寸分级。

注1：亚利桑那沙漠沙粒也称亚利桑那道路粉尘，亚利桑那石英砂，AC试验细灰或AC试验粗粉，以及SAE试验细灰或者SAE试验粗灰。

注2：这里的BF氧化硅系列试验粉尘包括BF1氧化硅试验粉尘和BF2氧化硅试验粉尘两个类别，其中BF2氧化硅试验粉尘即为经过赋值的270目石英砂。

亚利桑那沙漠沙粒的密度近似为2 650 kg/m^3。表1规定了用亚利桑那沙漠沙粒制成的试验粉尘的松密度。

表1　亚利桑那试验粉尘松密度

规格	代号	近似的松密度/(kg/m^3)
超细	ISO 12103-A_1	500
细粒	ISO 12103-A_2	900
中等	ISO 12103-A_3	1 025
粗粒	ISO 12103-A_4	1 200

BF1氧化硅试验粉尘的密度近似为2 645 kg/m^3，BF2氧化硅试验粉尘的密度近似为2 272 kg/m^3，它们的松密度见表2。

表 2 BF 氧化硅系列试验粉尘松密度

类别	代号	近似的松密度/(kg/m³)
BF1 氧化硅	GB/T 28957-BF1	800±50
BF2 氧化硅	GB/T 28957-BF2	950±50

4 颗粒尺寸分布

4.1 亚利桑那试验粉尘颗粒尺寸分布

亚利桑那试验粉尘颗粒尺寸分布用库尔特多道颗粒尺寸分析仪(Coulter Multisizer lle)确定。表 3 规定了用亚利桑那沙漠沙粒制造的试验粉尘的累积体积的颗粒尺寸界限。

表 3 亚利桑那试验粉尘颗粒尺寸分布

颗粒尺寸/μm	最大体积百分数/%			
	A_1 超细颗粒	A_2 细粒	A_3 中等颗粒	A_4 粗粒
1	1～3	2.5～3.5	1～2	0.6～1
2	9～13	10.5～12.5	4.0～4.5	2.2～3.7
3	21～27	18.5～22.0	7.5～9.5	4.2～6.0
4	36～44	25.5～29.5	0.5～13.0	6.2～8.2
5	56～64	31～36	15～19	8.0～10.5
7	83～88	41～46	28～33	12.0～14.5
10	97～100	50～54	40～45	17.0～22.0
20	100	70～74	65～69	32.0～36.0
40	—	88～91	84～88	57.0～61.0
80	—	99.5～100	99～100	87.5～89.5
120	—	100	100	97.0～98.0
180	—	—	—	99.5～100
200	—	—	—	100

4.2 BF 氧化硅系列试验粉尘颗粒尺寸分布

BF 氧化硅系列试验粉尘颗粒尺寸分布分别用激光衍射法和沉降法确定。表 4 规定了 BF 氧化硅系列试验粉尘的累积体积的颗粒尺寸界限。

表 4　BF 氧化硅系列试验粉尘颗粒尺寸分布

BF1 氧化硅		BF2 氧化硅		
颗粒尺寸/μm	最大体积百分数/%（激光衍射法）	颗粒尺寸/μm	最大体积百分数/%（激光衍射法）	最大体积百分数/%（沉降法）
1	0.6～2.5	0～5	9±3	5±2
2	8～12	>5～10	16±3	22±3
3	15～22	>10～20	30±3	38±3
4	22～29	>20～40	31±3	29±3
5	28～36	>40～75	12±2	6±2
7	38～46	—	—	—
10	46～54	—	—	—
20	66～74	—	—	—
40	86～91	—	—	—
80	95～100	—	—	—
120	100	—	—	—

5　化学成分

5.1　亚利桑那试验粉尘的典型的化学成分见表 5。

表 5　亚利桑那试验粉尘化学成分

化学成分	质量百分数/%
SiO_2	68～76
Al_2O_3	10～15
FeO	2～5
NaO	2～4
CaO	1～2
MgO	0.5～1
TiO	2～5
KO	2～5
灼烧损失(1 050 ℃)	2～5

5.2　BF 氧化硅系列试验粉尘的典型化学成分见表 6。

表 6 BF 氧化硅系列试验粉尘化学成分

化学成分	质量百分数/%	
	BF1 氧化硅	BF2 氧化硅
SiO_2	55～65	98.5～99.5
Al_2O_3	30～40	0～1
FeO	0～2	0～1
NaO	0～2	0～1
CaO	0～2	0～1
MgO	2～4	0～1
TiO	1～2	0～1
KO	0.5～1	0～1
灼烧损失(1 050 ℃)	2～5	0.1～1

5.3 化学分析方法

把样品放到干燥箱里，在 1 050 ℃条件下烘干。将充分干燥的样品 1 g 放入铂坩埚里，在 1 050 ℃下化成灰烬，灼烧损失从重量损失中计算，然后，用氢氟酸挥发法分析灼烧样品的硅(SiO_2)含量，硅分析之后的残余物，用亚硼酸盐 $LiBO_2$ 熔化，熔化后的物质放入稀释的盐酸里，再倒入细颈量筒中，用脱离子水加以稀释，将溶液用电感耦合等离子体光谱分析(ICP)分析其余的金属，ICP 的校准含有配用的酸和 $LiBO_2$ 溶液，用 ICP 测定的金属成分，经过计算，以氧化物形式列于报告中。

6 处理和准备

6.1 使用前的准备

对试验粉尘应当进行仔细的准备，因为在搬运和运输过程中可能会出现颗粒的分层和成团，颗粒分层包括装在容器中不同尺寸的颗粒形成不同形式的层，分层是由于搬运或者储存过程中的振动，颗粒受到推力而形成的自然移动引起的。尽管还没见到亚利桑那试验粉尘颗粒分层的研究文献报告，但是粗粒可能移动到容器的顶部，而细粒则集中到容器的底部。因此推荐将试验粉尘在使用前需混合，混合后立即使用。

试验粉尘在制造或者存储过程中，可能包含一定的水分或者受潮。试验粉尘的水分对这种材料的很多试验来说不是太大的问题。但是，对于灵敏的精密控制试验，要求在使用前将试验粉尘放在烘箱里烘干。

6.2 处理试验粉尘对健康的危害性

6.2.1 物理和安全数据

表 7 物理和安全数据

	亚利桑那试验粉尘	BF1 氧化硅	BF2 氧化硅
熔点	1 723 ℃	1 722 ℃	1 750 ℃
密度	2 650 kg/m^3	2 645 kg/m^3	2 272 kg/m^3
松密度	500 kg/m^3～1 200 kg/m^3，取决于等级	800±50	950±50
水中溶解度	不溶解于水		
毒性反应	试验粉尘是稳定的		
运输的限制	不受限制		

6.2.2 储存和搬运的保护性措施

表 8 储存和搬运的保护性措施

工业卫生	如果呼吸系统暴露在悬浮颗粒的环境下，会危害健康，建议使用经国家规章认可的呼吸器或者防尘面罩
火灾或爆炸	不产生火焰
废弃处理	根据当地的规定进行处理，可以作为废物充填

6.2.3 事故或火灾情况下的措施

表 9 事故或火灾情况下的措施

泄漏或倾复	用真空器吸收或者不产生浮尘的方法将散漏的粉尘收集起来
火灾	不会同水和灭火器泡沫产生作用

6.2.4 健康

表 10 健康

毒性	毒性一般的刺激性粉尘，长时间吸入粉尘，可导致矽肺
磨擦性	应配带防尘眼镜。如果眼睛进灰，用水清洗
急救	眼睛：立即用水冲洗，如有炎症，咨询医师。皮肤：用肥皂水清洗，如有炎症，咨询医师

附　录　A
（资料性附录）
本部分章条编号与 ISO 12103-1:1997 章条编号对照

表 A.1 给出了本部分与 ISO 12103-1:1997 章条编号对照情况。

表 A.1　本标准与 ISO 12103-1:1997 章条编号对照情况

本标准章条编号	对应 ISO 标准章条编号
1	1
2	—
2.1	—
3	2
—	3
4.1	4
—	5
—	5.1 和 5.2
4.2	—
5	6
5.1	6.1
5.2	—
5.3	6.2
6	7
6.1～6.2	7.1～7.2
6.2.1～6.2.4	7.2.1～7.2.4
附录 A	—
附录 B	—
—	附录 A
参考文献	附录 B

附　录　B
（资料性附录）
本部分与 ISO 12103-1:1997 技术性差异及其原因

表 B.1 给出了本部分与 ISO 12103-1:1997 的技术性差异及其原因。

表 B.1　本部分与 ISO 12103-1:1997 的技术性差异及其原因

本标准的章条编号	技术性差异	原因
1	增加了 BF 氧化硅系列两种试验粉尘的颗粒尺寸分布和化学成分的界限	以适应国内滤清器试验现状
2	增加了“术语和定义”一章，解释了“松密度”的概念	“松密度”并非大家所熟知的物理量，是弥漫性粉剂所特有的物理量，为便于大家理解和使用标准，在标准中有必要作出解释
3	将 ISO 12103-1:1997 第 3 章亚利桑那试验粉尘的规格和代号合并到此章，并增加了 BF 氧化硅系列试验粉尘的描述，并相应规定了其规格和代号	形式更为紧凑合理，同时与本标准范围相对应
—	删除了 ISO 12103-1:1997 第 3 章试验粉尘的表示方法	形式更为紧凑合理，同时与本标准范围相对应
4	增加了 BF 氧化硅系列试验粉尘颗粒尺寸分布	与本标准范围相对应
—	删除了 ISO 12103-1:1997 第 5 章“分析设备和操作程序”	原国际标准所介绍的试验方法和设备比较落后，现在基本上已经被淘汰了，在标准中没有再保留下去的必要
5	增加了 BF 氧化硅系列试验粉尘的化学成分	与本标准范围相对应
6.2	删除了 ISO 12103-1:1997 第 7.2 条所有三级条标题号	不同于我国国家标准编写形式
6.2.1	增加了 BF 氧化硅系列试验粉尘的物理和安全数据	与本标准范围相对应
—	删除了 ISO 12103-1:1997 的附录 A“历史”	ISO 12103-1:1997 的附录 A“历史”对标准的理解和使用意义不大，没有保留的必要
—	将 ISO 12103-1:1997 的附录 B 作为本标准的参考文献	不同于我国国家标准编写形式

参 考 文 献

［1］ ISO 4402：Hydraulic fluid power—Calibration of liquid automatic particle counters

［2］ ISO 13319：Particle size analysis—Electrical sensing methods

［3］ BS 3406-5：1983 Methods for determination of particle size distribution—Recommendations for electrical sensing zone method (the Coulter principle)

［4］ Laboratory report of chemical analysis no. 4411-94-3882. Huntingdon-Twin City Testing Corporation，6 September 1994

［5］ SAE J726：1993 Air cleaner test code

［6］ SAE Air cleaner test code，1943

［7］ SAE Air cleaner test code subcommittee minutes，24 February 1992

ICS 43.060.20;43.060.40
T 10

中华人民共和国国家标准

GB/T 28957.2—2012/ISO 12103-2:1997

道路车辆　用于滤清器评定的试验粉尘 第2部分:氧化铝试验粉尘

Road vehicles—Test dust for filter evaluation—Part 2:Aluminium oxide test dust

(ISO 12103-2:1997,IDT)

2012-12-31 发布　　2013-07-01 实施

中华人民共和国国家质量监督检验检疫总局
中国国家标准化管理委员会　发布

前　言

GB/T 28957《道路车辆　用于滤清器评定的试验粉尘》由下列两部分组成：

——第1部分：氧化硅试验粉尘；

——第2部分：氧化铝试验粉尘。

本部分为GB/T 28957—2012的第2部分。

本部分按照GB/T 1.1—2009给出的规则起草。

本部分使用翻译法等同采用ISO 12103-2:1997《道路车辆　用于滤清器评定的试验粉尘　第2部分：氧化铝试验粉尘》(英文版)。

本部分由国家发展和改革委员会提出。

本部分由全国汽车标准化技术委员会(SAC/TC 114)归口。

本部分起草单位：中国航空工业过滤与分离机械产品质量监督检测中心、淄博永华滤清器制造有限公司、浙江恒勃滤清器有限公司、广州佳斌实业有限公司、平原滤清器有限公司。

本部分主要起草人：吕宏楠、李永华、周书忠、姚东斌、张素芳、丰兰、郭黎民。

本部分是首次发布。

引　言

本部分规定了用熔炼的氧化铝制成的无机试验粉尘的范围，主要用于以通常的重量法评定内燃机燃油滤清器和机油滤清器的性能。

本部分还适用于在不同滤清器性能试验程序中使用本试验粉尘的其他标准。

道路车辆　用于滤清器评定的试验粉尘 第2部分:氧化铝试验粉尘

1　范围

GB/T 28957 的本部分规定了用于滤清器评定的五种无机试验粉尘的颗粒尺寸分布。

这些粉尘一般用于以重量法评定内燃机燃油滤清器和机油滤清器各种不同试验方法的试验。

试验粉尘也可以用于其他方面,例如需要不同的已知坚硬磨料的颗粒尺寸分布情况下的磨损试验。

2　试验粉尘表示方法

2.1　牌号

M 系列试验粉尘提供五种标准等级,如下:

ISO 12103-M_1　名义颗粒尺寸:5 μm;

ISO 12103-M_2　名义颗粒尺寸:7 μm;

ISO 12103-M_3　名义颗粒尺寸:14 μm;

ISO 12103-M_4　名义颗粒尺寸:30 μm;

ISO 12103-M_5　名义颗粒尺寸:55 μm。

2.2　概述

五个等级的粉尘均由密度为 3 960 kg/m^3 的熔炼氧化铝(Al_2O_3)制成。材料的容积密度随着等级不同而不同,范围在 500 kg/m^3～2 300 kg/m^3 之间。材料的颜色也不同,从灰白色到棕色,取决于颗粒尺寸范围和等级。

3　试验粉尘的颗粒尺寸分布

3.1　说明

五个等级的粉尘,每一种颗粒尺寸分布,根据安德里森沉积法(附录 C)测定时,应符合图 1～图 5 和表 1～表 5。

应注意,用其他方法进行颗粒尺寸分析时,比如对液体悬浮液中不溶解的粉尘用光散射法(激光衍射原理)或静电感应区法(库尔特原理),会得到与安德里森沉积法不同的结果。

当实验室采用不同的分析方法时,实验室应导出安德里森法和试验采用的分析方法之间相应的关连数据。

附录 A 给出一个例子,在具有代表性的粉尘样品中,M_2 级粉尘(五个等级中最常用的粉尘),用激光衍射法测得的颗粒尺寸分布与 M_2 级粉尘最大和最小尺寸界限的差别。

3.2　M_1 级颗粒尺寸分布界限

见表 1 和图 1。

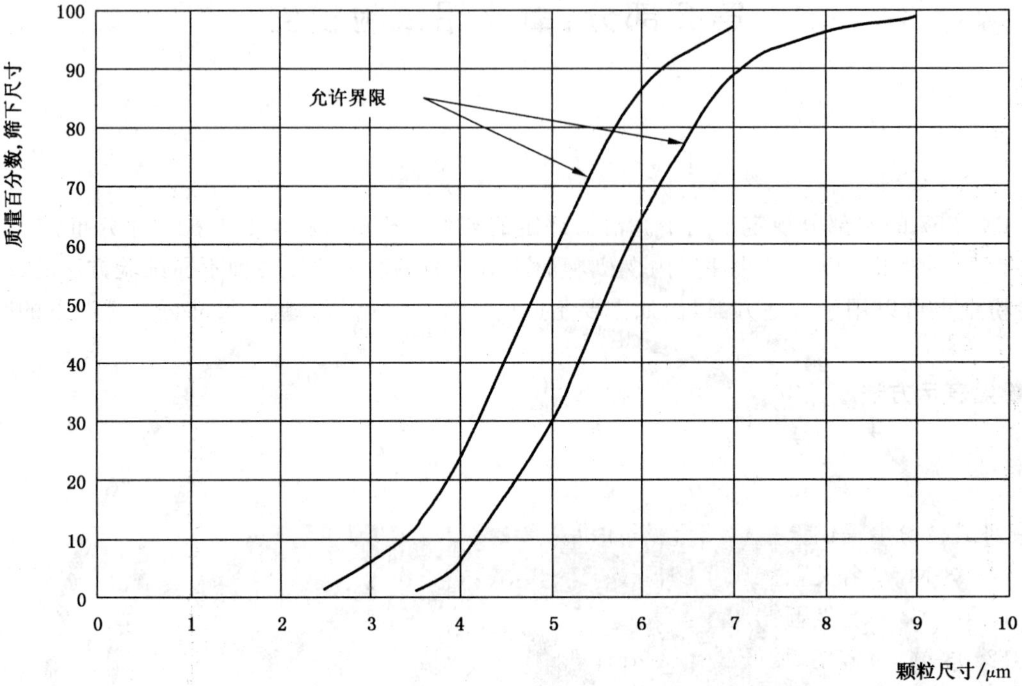

图 1 用安德里森沉积法测得的颗粒尺寸(斯托克斯直径)

表 1 M_1 级试验粉尘的尺寸界限

颗粒尺寸 (斯托克斯直径)/μm	质量百分数/%,筛下尺寸	
	最小	最大
2.5	—	1.5
3.0	—	6.0
3.5	1.0	12.0
4.0	6.0	23.5
5.0	30.0	57.0
6.0	63.5	86.0
7.0	88.5	97.0
8.0	96.0	—
9.0	98.8	—
50%的平均尺寸范围:5.2 μm±0.4 μm		

3.3 M_2 级颗粒尺寸分布界限

见表 2 和图 2。

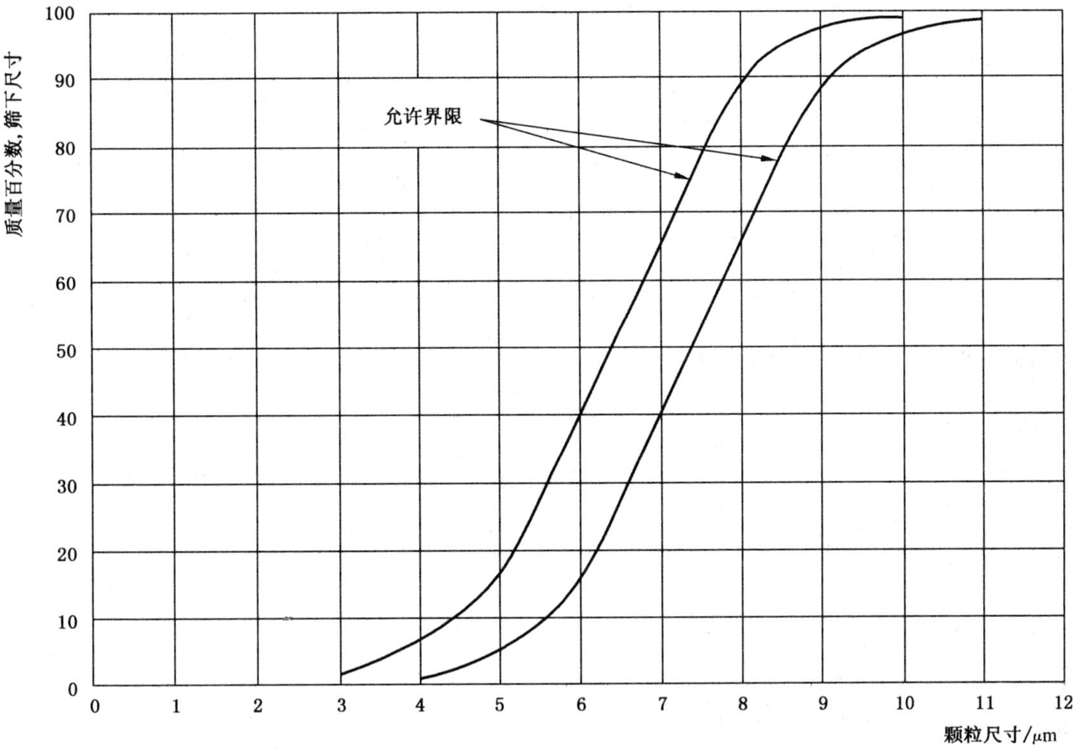

图 2 用安德里森沉积法测得的颗粒尺寸(斯托克斯直径)

表 2 M_2 级试验粉尘的尺寸界限

颗粒尺寸 (斯托克斯直径)/μm	质量百分数/%，筛下尺寸	
	最小	最大
3.0	—	1.5
4.0	1.0	6.5
5.0	5.2	16.5
6.0	16.0	40.0
7.0	40.0	64.7
8.0	65.0	88.5
9.0	88.0	97.3
10.0	96.5	98.9
11.0	98.5	—
50%的平均尺寸范围：6.9 μm±0.5 μm		

3.4 M_3 级颗粒尺寸分布界限

见表 3 和图 3。

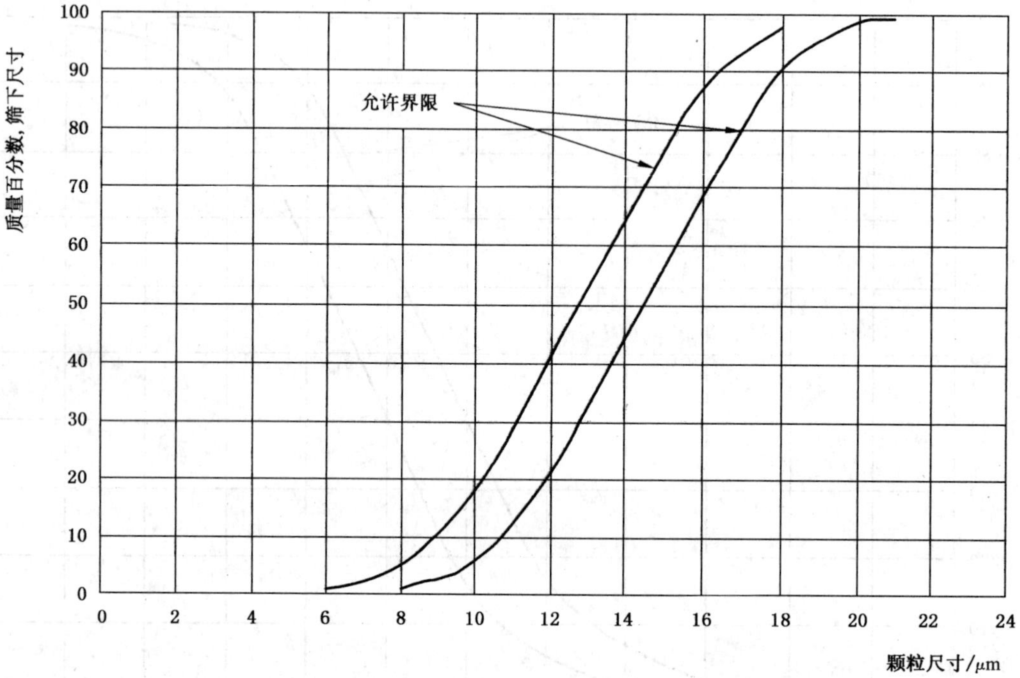

图 3 用安德里森沉积法测得的颗粒尺寸(斯托克斯直径)

表 3 M_3 级试验粉尘的尺寸界限

颗粒尺寸 (斯托克斯直径)/μm	质量百分数/%,筛下尺寸	
	最小	最大
6	—	1.0
8	1.0	5.0
10	6.0	18.1
12	21.0	41.0
14	44.5	64.9
16	68.3	87.4
18	90.4	97.7
20	98.3	—
21	99.0	—
50%的平均尺寸范围:13.6 μm±0.9 μm		

3.5 M_4 级颗粒尺寸分布界限

见表 4 和图 4。

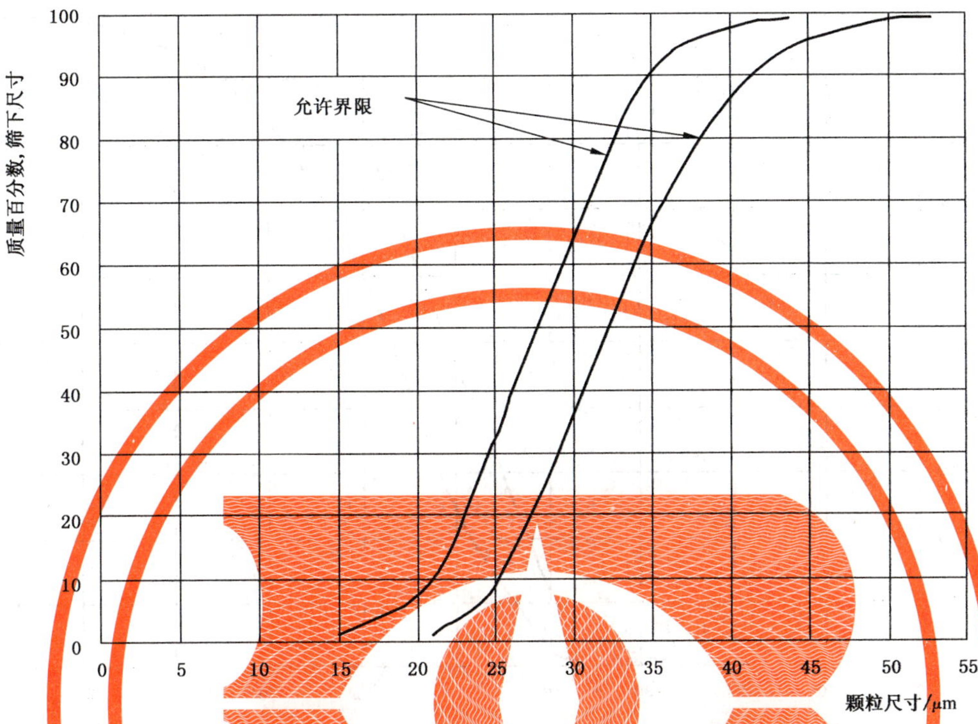

图 4　用安德里森沉积法测得的颗粒尺寸(斯托克斯直径)

表 4　M_4 级试验粉尘的尺寸界限

颗粒尺寸 (斯托克斯直径)/μm	质量百分数/%,筛下尺寸	
	最小	最大
15	—	1.0
21	1.0	10.0
25	8.8	32.2
30	35.4	63.5
35	65.8	90.2
40	86.1	97.6
44	94.2	99.0
50	98.7	—
53	99.0	—
50%的平均尺寸范围:30.1 μm±2.3 μm		

3.6 M_5 级颗粒尺寸分布界限

见表 5 和图 5。

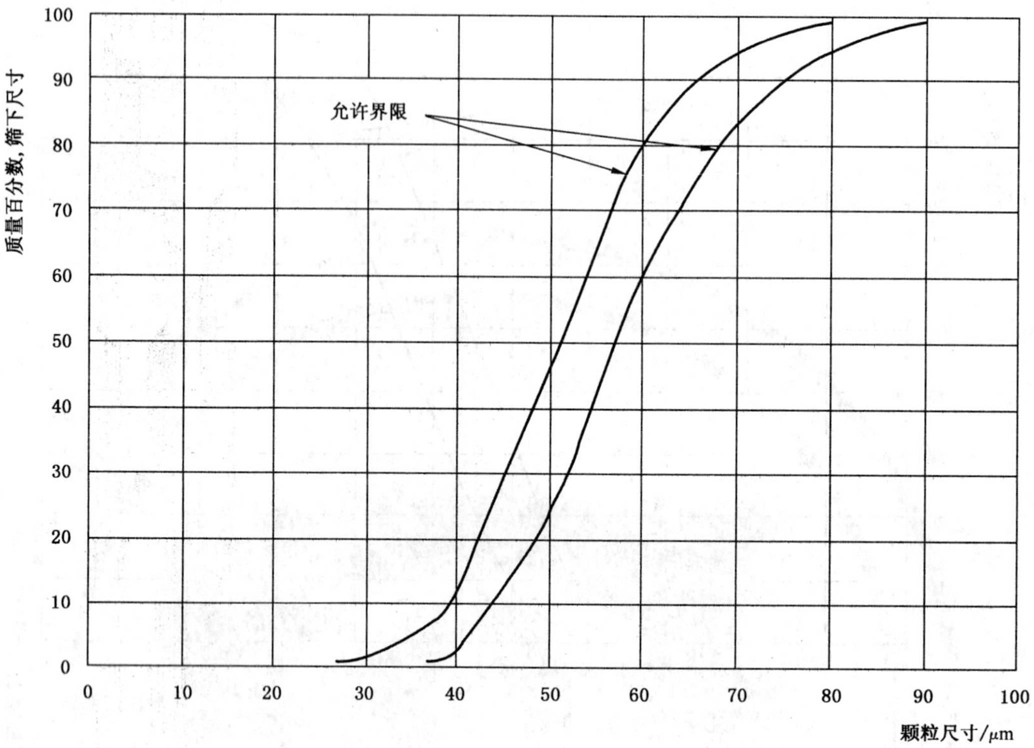

图 5 用安德里森沉积法测得的颗粒尺寸(斯托克斯直径)

表 5 M_5 级试验粉尘的尺寸界限

颗粒尺寸(斯托克斯直径)/μm	质量百分数/%,筛下尺寸	
	最小	最大
27	—	1.0
30	—	1.6
37	1.0	6.3
40	2.3	11.6
50	24.2	46.3
60	60.0	80.0
70	83.5	94.3
80	94.5	99.0
90	99.0	—
50%的平均尺寸范围:54.0 μm±3.0 μm		

附 录 A
（资料性附录）
采用激光衍射法测定颗粒尺寸分布差别的实例

见图 A.1。

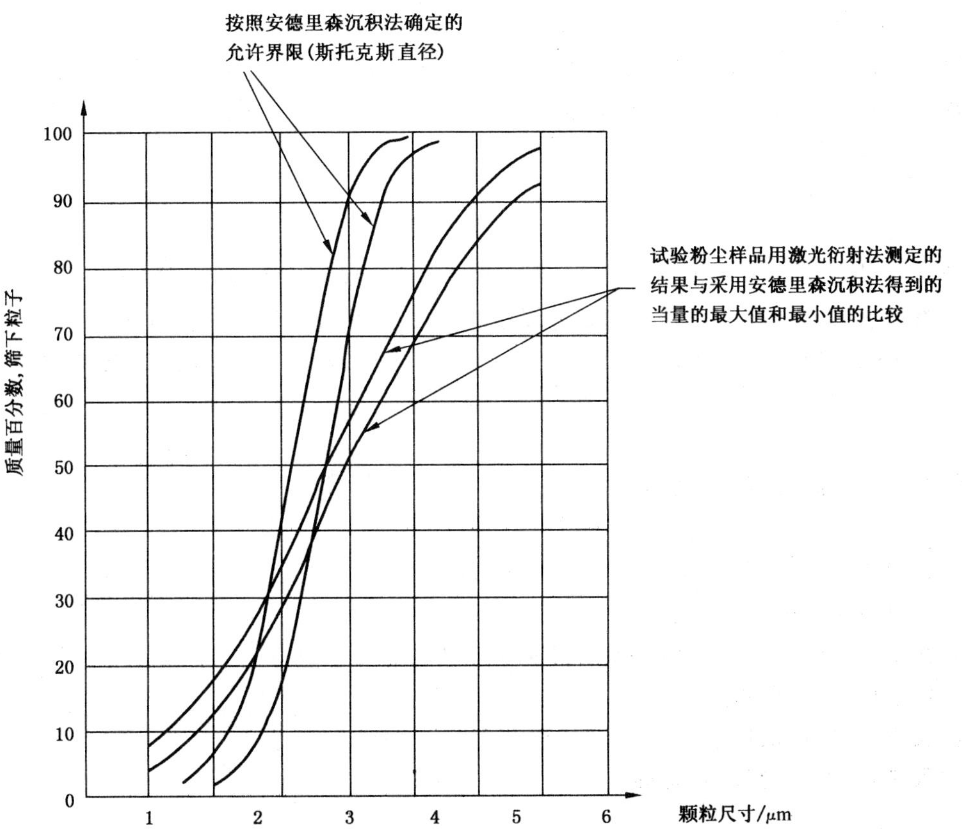

图 A.1 ISO 12103 M_2 级试验粉尘采用激光衍射法测定的颗粒尺寸分布与安德里森沉积法结果的比较

附 录 B
（资料性附录）
粉尘使用前的处理和准备

B.1 粉尘的处理——总则

尽管此标准所规定的M系列氧化铝粉尘比市场出售的其他很多试验粉尘的害处低，但是处理这类材料时，特别是细粒等级的粉尘，仍应该要谨慎。

B.2 粉尘使用前的准备工作

B.2.1 试验粉尘使用前，应在105 ℃±5 ℃的热空气干燥箱里彻底干燥，至少24 h。

B.2.2 全部细粉的颗粒尺寸分布受很多因素的影响，特别是处理、运输和储存过程。为了使同样容积的粉尘样品（见附录C）得到有重复性的结果，从大量粉尘中取出少量样品时，必须遵循科学的控制方法。

B.3 氧化铝试验粉尘的物理和安全数据

B.3.1 熔点：1 950 ℃～2 050 ℃。

B.3.2 密度：3 960 kg/m^3。

B.3.3 容积密度：500 kg/m^3～2 300 kg/m^3，取决于等级。

B.3.4 水中可溶性：不溶于水。

B.3.5 毒性反应：无毒性反应。

B.3.6 运输限制：一般不受限制，无毒。

B.4 储存和搬运的保护措施

B.4.1 工业卫生：如果超过规定的 Al_2O_3 粉尘浓度界限，需要呼吸保护装置（防细粉的口罩）。

B.4.2 火灾爆炸：不会发生火灾和爆炸。

B.4.3 丢弃处理：可按当地规定，氧化铝可以一般放置，无需任何附加措施。

B.5 发生事故及火灾时采取的措施

B.5.1 泄漏：清扫或者采取类似措施。

B.5.2 火灾：用水或泡沫灭火措施，不会发生反应。

B.6 健康

B.6.1 毒性：氧化铝无毒，粉尘不含石英或任何纤维素材料。

B.6.2 磨擦性：氧化铝为磨粒，应避免接触皮肤和眼睛，处理粉尘时，应戴防尘眼镜。

B.6.3 急救：眼睛，用水立刻冲洗。如果有炎症，咨询医生。皮肤，用水洗。如果有炎症，咨询医生。

附 录 C
（资料性附录）
参 考 资 料

[1] ISO 1988:1975,Hard coal—Sampling

[2] ISO 2309:1980,Coke—Sampling

[3] ISO 4020 Road vehicles—Fuel filters for automotive compression ignition engines—Test methods

[4] ISO 4548-4:Method of test for full-flow lubricating oil filters for internal combustion engines—Part 4:Initial particle retention efficiency,life and cumulative efficiency (gravimetric method)

[5] BS 3406-2:1984,Methods for determination of particle size distribution—Part 2:Recommendations for gravitational liquid sedimentation methods for powders and suspensions

[6] BS 3406-5:1983,Methods for determination of particle size distribution—Part 5:Recommendations for electrical sensing zone method (the Coulter principle)

[7] BS 3406-7:1988,Methods for determination of particle size distribution—Part 7:Recommendations for single particle light interaction methods

[8] DIN 66111:1989,Particle size analysis—Sedimentation analysis—Principles

[9] DIN 66115:1983,Particle size analysis—Sedimentation analysis in the gravitational field—Pipette method

ICS 43.020
T 04

中华人民共和国国家标准

GB/T 28958—2012

乘用车低温性能试验方法

Test methods of low temperature performance for passenger car

2012-12-31 发布　　　　2013-07-01 实施

中华人民共和国国家质量监督检验检疫总局
中国国家标准化管理委员会　发布

前　言

本标准根据 GB/T 1.1—2009 给出的规则起草。

本标准由国家发展和改革委员会提出。

本标准由全国汽车标准化技术委员会归口。

本标准起草单位：东北林业大学交通学院、哈尔滨哈飞汽车工业集团有限公司、国家汽车质量监督检验中心（襄樊）、重庆长安汽车股份有限公司、黑河市黑河汽车寒区试验基地管理委员会、黑河红河谷汽车测试中心有限公司。

本标准主要起草人：韩大明、尹雪峰、储江伟、陈晓涛、芦维强、王晓娟、孙莉、熊恭祥、朱鑫、邱刚、刘利华、赵鑫宏。

乘用车低温性能试验方法

1 范围

本标准规定了乘用车低温性能试验的术语和定义、试验条件、试验方法等。

本标准仅适用于乘用车，其他车辆可参照执行。

2 规范性引用文件

下列文件对于本文件的应用是必不可少的。凡是注日期的引用文件，仅注日期的版本适用于本文件。凡是不注日期的引用文件，其最新版本（包括所有的修改单）适用于本文件。

GB 11555 汽车风窗玻璃除霜和除雾系统的性能和试验方法

GB/T 12534—1990 汽车道路试验方法通则

GB/T 12535 汽车起动性能试验方法

3 术语和定义

下列术语和定义适用于本文件。

3.1

低温性能 low temperature performance

在规定的低温环境下，乘用车辆的工作能力。

4 试验仪器及精度

4.1 综合气象仪（气压、温度和风速计）2.5 级精度。

4.2 温度计（−50 ℃～100 ℃，±1.5 ℃或 1.5 级精度）。

4.3 电液密度计（密度±0.005）。

4.4 测力计（0.5 级精度）。

4.5 方向盘测力计（0.5 级精度）。

4.6 行驶记录仪（可自动记录起动和行驶时的电流、电压、转速和时间）：

a) 电流表（0 A～1 000 A，2.5 级精度）；

b) 电压表（0 V～30 V，1.0 级精度）；

c) 发动机转速表（1 级精度，里程参数 0.5 级精度）；

d) 计时器（0 h～24 h，±1 s 及 0 s～60 s，±0.2 s）。

5 试验条件

5.1 试验应在低温环境（试验室或自然条件）下进行，静态试验环境温度在−30 ℃以下，道路行驶试验环境温度平均不低于−20 ℃。且静态试验前，试验车辆应保证在环境温度下停放 8 h 以上方可试验。

5.2 为保证试验的准确性，被考核的零部件均应达到设计要求，性能参数调至规定范围。

5.3 按汽车的使用说明书或有关技术条件的规定，选用各系统相应牌号的燃料、润滑油、冷却液及其他工作液。

5.4 应使用制造商规定的蓄电池、起动电缆和搭铁电缆。各线路连接可靠，蓄电池工作良好。

5.5 试验车辆准备按 GB/T 12534—1990 中 4.1、4.2 的规定执行。

5.6 装载质量按 GB/T 12534—1990 中 3.1.1、3.1.2 的规定执行。

5.7 车辆应按产品规范加装标准配置。

5.8 轮胎气压按 GB/T 12534—1990 中 3.2 的规定执行。

6 试验方法

6.1 静态试验

6.1.1 试验前，试验车辆应保证在环境温度下停放 8 h 以上方可试验。

6.1.2 部件检验

按表 1(检验项目及要求)中所列的项目对车辆进行主观评价，并对表面外观质量及操纵情况等进行检验。

表 1 检验项目及要求

检查项目	检验要求
门锁测力	外开锁扣手操纵力不大于 30 N，内开锁扣手操纵力不大于 15 N
开门、关门	开关过程中无卡、碰、紧、异响等异常现象
发动机罩锁、后行李箱锁	动作灵活，无误锁和动作滞缓等现象
座椅调节机构、座椅头枕调节、座椅后枕屏、后座椅扶手	转换应灵活，无卡住现象
安全带	自收灵活、卡位清晰、可靠
玻璃升降器	运行平稳，无偏斜、出槽、卡、紧、异响等现象
内后视镜、外后视镜	调节应灵活，无卡住现象
后行李箱开启、关闭	后行李箱开启，举升机构应能自行将后行李箱举至最大开度，并能稳定地停留在位置上。关闭时，用力不大于 30 N
各类开关	开关的档位转换应灵活，无卡住现象，定位应明确可靠。对自动复位档位的开关，当外力消除后应能自动复位
各类橡胶件、塑料件	不得有裂纹和影响使用性能及外形美观的变形。 检查制动油管、轮胎等是否冻裂，分泵皮碗是否过度收缩
踏板机构	应活动自如，不得有阻滞现象，放松踏板后应能完全复位
驻车制动	转换应灵活，无卡住现象
换挡杆	转换应灵活，无卡住现象
CD/DVD 机	各功能键操作正常，液晶屏显示清晰、完整
喇叭	在规定的技术条件下，发音正常，无嘶哑和振扰声
仪表	应满足各类仪表的技术条件
仪表板	表面应平整，无变形，各附件与主体联接应紧固、可靠

6.1.3 汽车起动性能

汽车起动性能试验方法按 GB/T 12535 规定执行。

6.1.4 动力转向系统冷态试验

6.1.4.1 全行程转向试验

试验要求：

a) 试验时，车辆的车窗和发动机罩盖应关闭。
b) 起动发动机，怠速运转 10 s 时，将发动机转速升高到 1 500 r/min，稳定 5 s 后，以每 18 r/min 的速度转动方向盘完成一个全行程转向（方向盘从中间位置向左转到极限位置，再向右转到另一极限位置，然后转回到中间位置）。在转动的过程中，转动尽可能地平稳，并记录方向盘最大输入转矩和最大操舵力。
c) 在 5 min 内反复进行 6.1.4.1 b)的试验，每次试验间隔 15 s。试验过程中，同时对车内、外转向系统噪音进行主观评价并记录。

6.1.4.2 全行程转向延迟试验

试验要求：

a) 试验时，车辆的车窗和发动机罩盖应关闭。
b) 起动发动机，怠速运转 5 min，其他操作及记录同 6.1.4.1 b)。间隔 15 s，重复试验共 4 次。

6.1.5 除霜和除雾

试验时，暖风应调节到最大档并使发动机保持怠速运转，要求：

a) 前风窗玻璃应满足 GB 11555 的规定。
b) 侧窗、后窗、后视镜（如有对应的除霜和除雾装置或其他要求时），20 min 内侧、后窗的玻璃应达到视野清晰，满足行车条件。
c) 试验过程中，允许在玻璃外面喷洒水雾帮助结霜。并在一定范围内重复试验三次，记录霜冻完全除尽的时间及区域。

6.2 道路行驶试验

6.2.1 试验道路总里程

动态行驶试验总里程为 30 000 km。各种道路（坏路、山路、冰雪路）的里程分配为各 10 000 km。

6.2.2 试验车速

试验车速根据道路情况确定，以确保行车安全为前提条件。

6.2.3 试验道路种类

6.2.3.1 坏路：路基坚实，路面凸凹不平的道路。有明显的搓板波，分布均匀的鱼鳞坑。

6.2.3.2 山路：平均坡度不大于 4%。

6.2.3.3 冰雪路面：路面至少应有冰渣或雪（雪路要求积雪厚度达到 60 mm 以上），冰雪混合路；单侧冰路与水泥或沥青路面；单侧雪路与水泥或沥青路面；完全冰路或雪路面，道路里程平均分配。

6.2.4 道路行驶试验主要检查项目

6.2.4.1 车辆的低温使用性能：

a) 车辆的操纵稳定性的主观评价；
b) 制动性能测试主观评价。

6.2.4.2 零部件的工作状态评价：

a) 内外饰件及电器件、橡塑件。检查在动态过程中是否产生异响、松动和损坏等现象。

b) 各联接处密封情况。在每次行驶试验前后，应检查水箱、水泵、缸体、缸盖、暖风装置等所有联接处，不得有渗、漏水(油)现象。

c) 车辆正常行驶中，检查暖风机工作(暖风调节到最大档)，前风挡玻璃应满足 6.1.5 a)的规定。

6.3 道路试验后的静态试验

在完成 6.2 道路行驶试验后，重复 6.1 的静态试验(或按生产商规定的保养期内)，其中重复冷起动试验应满足 GB/T 12535 的规定。

ICS 43.060.40
T 13

中华人民共和国国家标准

GB/T 28959—2012

汽车柴油机 具有垂直安装面的燃油滤清器滤座 安装和连接尺寸

Automotive diesel—Heads for fuel filters with vertical flange—Mounting and connecting dimensions

(ISO 7311:1993, Diesel engines—Heads for fuel filters with vertical flange—Mounting and connecting dimensions, MOD)

2012-12-31 发布　　2013-07-01 实施

中华人民共和国国家质量监督检验检疫总局
中国国家标准化管理委员会　发布

前　言

本标准按照 GB/T 1.1—2009 给出的规则起草。

本标准使用重新起草法修改采用 ISO 7311:1993《柴油机　具有垂直法兰的燃油滤清器接头　安装和连接尺寸》。

本标准与 ISO 7311:1993 的技术性差异及其原因如下：

——根据对国内发动机主要制造单位用于柴油机具有垂直安装面的旋装式燃油滤清器滤座的安装和连接尺寸的调查结果，将 ISO 7311:1993 适用范围中“在特殊情况下，外径不大于 88 mm 的金属筒可安装在滤清器盖上”纳入到通用范围内；对单级和双级滤清器滤座的螺栓孔增加了公差要求。

——关于规范性引用文件，本标准做了调整，以适用我国的技术条件。具体调整如下：用等同采用国际标准的 GB/T 28953—2012 代替了 ISO 7654:1998。

本标准做了下列编辑性修改：

——为与现有标准系列一致，将标准名称改为《汽车柴油机　具有垂直安装面的燃油滤清器滤座　安装和连接尺寸》。

——删除国际标准的资料性附录 A。

本标准由中华人民共和国工业和信息化部提出。

本标准由全国汽车标准化技术委员会(SAC/TC 114)归口。

本标准起草单位：蚌埠金威滤清器有限公司、中国第一汽车集团公司技术中心、蚌埠国威滤清器有限公司。

本标准主要起草人：李建国、单梅梅、曹立新、宋培清、张伟。

汽车柴油机　具有垂直安装面的燃油滤清器滤座　安装和连接尺寸

1　范围

本标准规定了柴油机具有垂直安装面的燃油滤清器滤座的安装和连接尺寸。

本标准适用于螺栓固定的滤清器和装有 GB/T 28953—2012 规定的外径不大于 88 mm 的旋装式燃油滤清器滤座。

2　规范性引用文件

下列文件对于本文件的应用是必不可少的。凡是注日期的引用文件，仅注日期的版本适用于本文件。凡是不注日期的引用文件，其最新版本(包括所有的修改单)适用于本文件。

GB/T 28953—2012　汽车柴油机　旋装式燃油滤清器　安装和连接尺寸(ISO 7654:1998)

3　尺寸和公差

3.1　外径不大于 88 mm 的旋装式燃油滤清器的安装螺纹尺寸符合 GB/T 28953—2012 的 2.2。

3.2　单级和双级滤清器垂直安装面的固定螺栓孔。

单级和双级滤清器垂直安装面的固定螺栓孔见图 1。

注：鼓励发动机制造厂采用固定螺栓孔或固定螺栓的中心距为 50 mm±0.5 mm。

单位为毫米

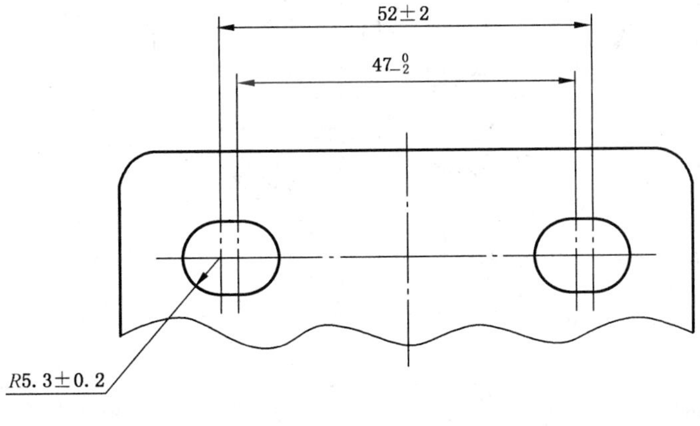

图 1

3.3　滤清器的进油口和出油口。

3.3.1　外部密封

滤清器的进油口和出油口的外部密封见图 2。

注：由制造厂自行选择放气螺纹孔和溢流阀。

单位为毫米

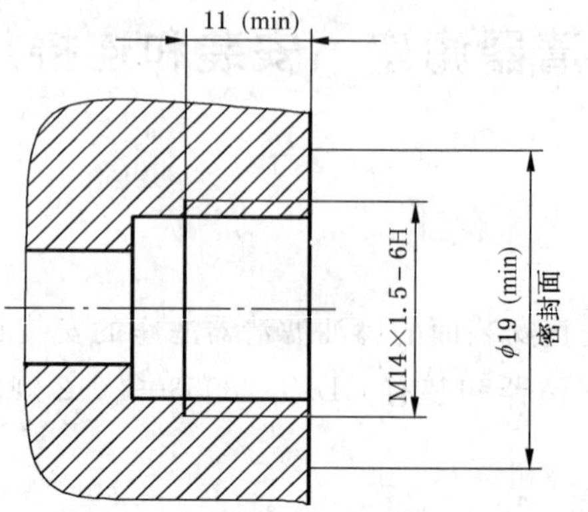

图 2

3.3.2 内部密封

滤清器的进油口和出油口的内部密封见图 3。

注：由制造厂自行选择放气螺纹孔和溢流阀。

单位为毫米

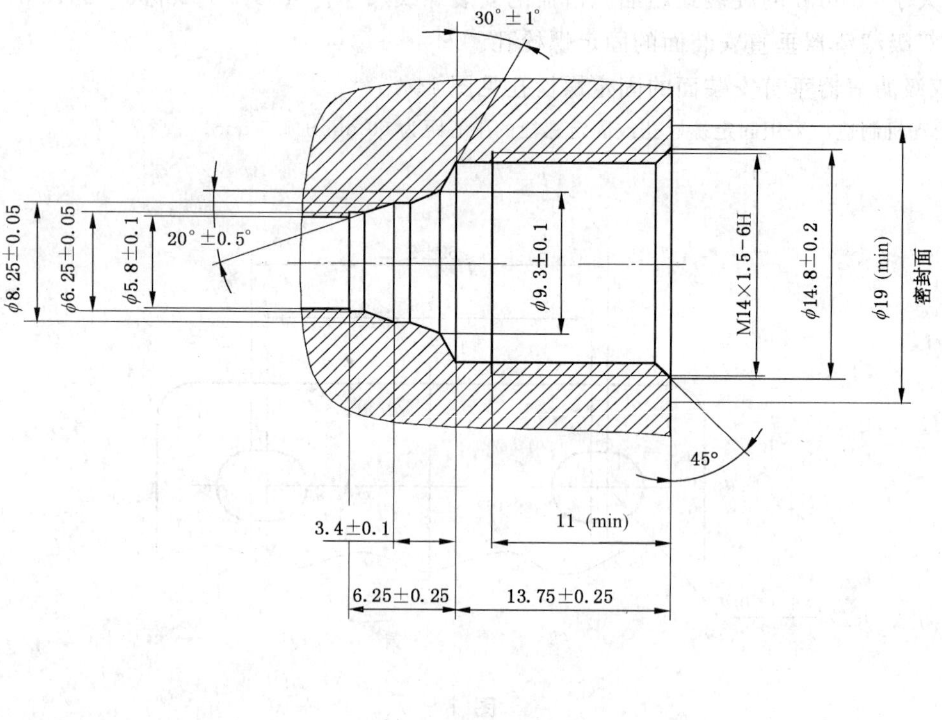

图 3

3.4 进油口和出油口相对于垂直安装面固定平面的定位。

3.4.1 具有一个垂直出油口和三个水平进出油口的旋装式单级滤清器滤座。

其进油口和出油口相对于垂直安装面固定平面的定位见图 4。

单位为毫米

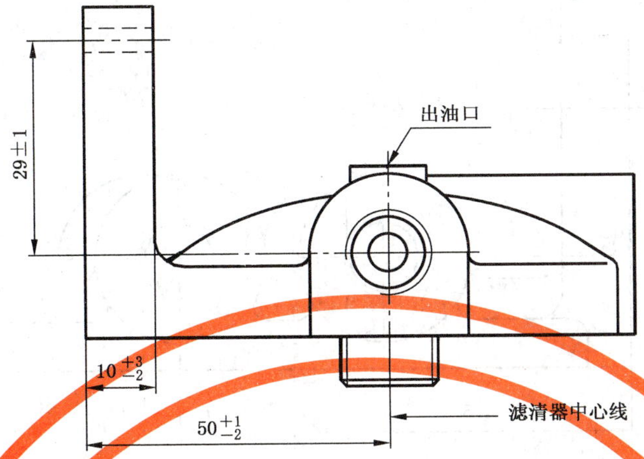

图 4

3.4.2 具有两个水平进出油口而无垂直出油口的单级和双级滤清器滤座。

其进油口和出油口相对于垂直安装面固定平面的定位见图 5。

单位为毫米

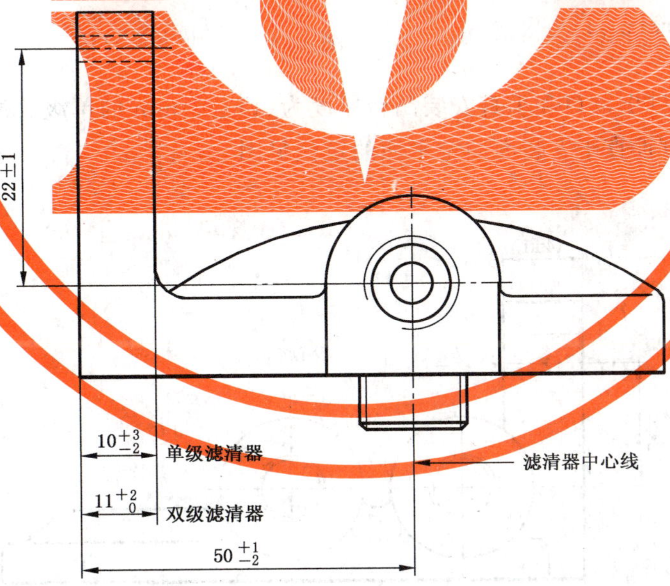

图 5

3.4.3 具有四个水平进出油口和垂直安装凸台厚度为 10 mm±1 mm 的单级滤清器滤座。

其进油口和出油口相对于垂直安装面固定平面的定位见图 6。

单位为毫米

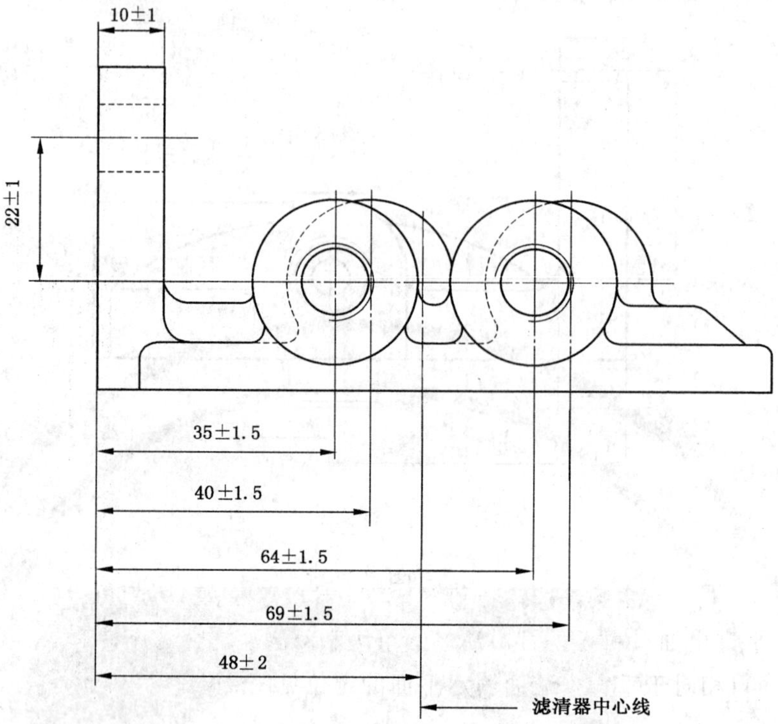

图 6

3.4.4 具有四个水平进出油口和垂直安装凸台厚度为(14±1)mm 的单级滤清器滤座。

其进油口和出油口垂直于安装面固定平面的定位见图 7。

单位为毫米

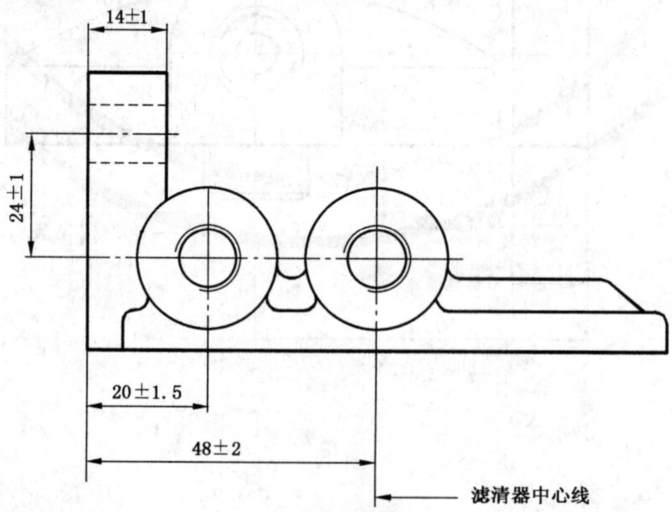

图 7

3.4.5 具有四个水平进出油口的双级滤清器滤座。

其进油口和出油口垂直于安装面固定平面的定位见图 8。

单位为毫米

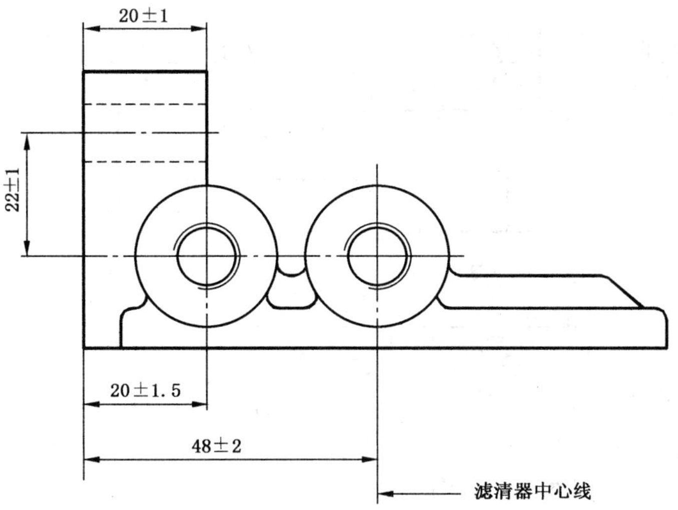

图 8

3.5 水平进出油口密封面之间的距离。

3.5.1 具有一个垂直出油口和三个水平进出油口的旋装式单级滤清器滤座。

其水平进出油口密封面之间的距离见图 9。

单位为毫米

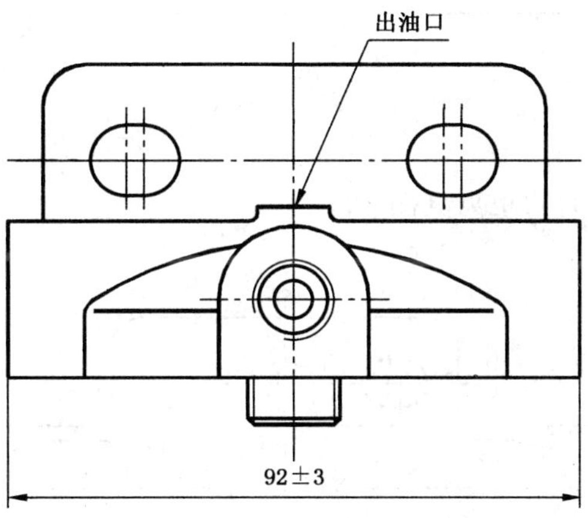

图 9

3.5.2 无垂直出油口而具有两个水平进出油口的单级滤清器滤座。

其水平进出油口密封面之间的距离见图 10。

单位为毫米

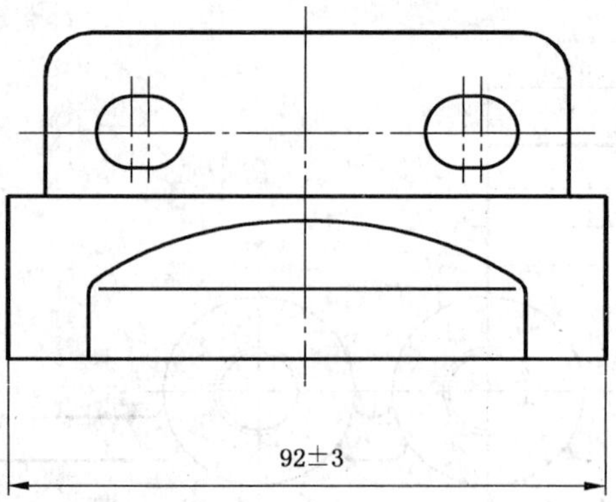

图 10

3.5.3 双级滤清器滤座。

其水平进出油口密封面之间的距离见图 11。

单位为毫米

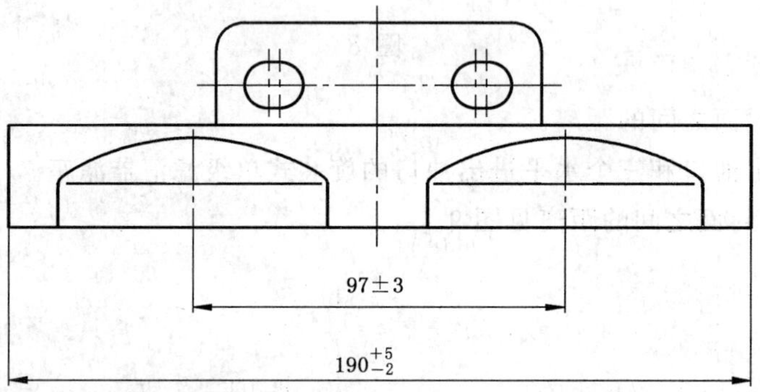

图 11

3.5.4 旋装式双级滤清器滤座。

其水平进出油口密封面之间的距离见图 12。

单位为毫米

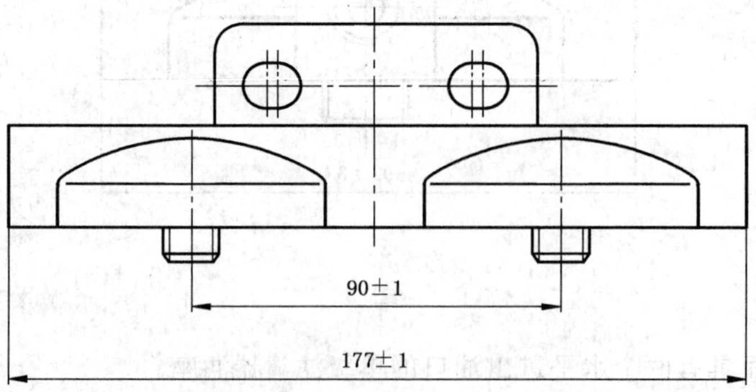

图 12

ICS 43.060.40
T 13

中华人民共和国国家标准

GB/T 28960—2012

汽车柴油机 具有水平安装面的旋装式燃油滤清器滤座 安装和连接尺寸

Automotive diesel—Heads for fuel filters with horizontal flange—Mounting and connecting dimensions

(ISO 7310:1993,Diesel engines—Heads for spin-on fuel filters with horizontal flange—Mounting and connecting dimensions,MOD)

2012-12-31 发布 2013-07-01 实施

中华人民共和国国家质量监督检验检疫总局
中国国家标准化管理委员会 发布

前　　言

本标准按照 GB/T 1.1—2009 给出的规则起草。

本标准使用重新起草法修改采用 ISO 7310:1993《柴油机　具有水平安装面的旋装式燃油滤清器滤座　安装和连接尺寸》。

本标准与 ISO 7310:1993 的技术性差异及其原因如下：

——根据对国内发动机主要制造单位用于柴油机具有水平安装面的旋装式燃油滤清器滤座安装和连接尺寸的调查结果，将 ISO 7310:1993 适用范围中“在特殊情况下，外径不大于 88 mm 的金属筒可安装在滤清器盖上”纳入到通用范围内；对单级和双级滤清器滤座的螺栓孔增加了公差要求。

——为适用我国的技术条件，规范性引用文件调整如下：用等同采用国际标准的 GB/T 28953—2012 代替了 ISO 7654:1998。

本标准做了下列编辑性修改：

——为与现有标准系列一致，将标准名称改为《汽车柴油机　具有水平安装面的旋装式燃油滤清器滤座　安装和连接尺寸》。

——删除国际标准的前言。

——删除国际标准的资料性附录 A。

本标准由中华人民共和国工业和信息化部提出。

本标准由全国汽车标准化技术委员会(SAC/TC 114)归口。

本标准起草单位：蚌埠金威滤清器有限公司、中国第一汽车集团公司技术中心、蚌埠国威滤清器有限公司。

本标准主要起草人：李建国、单梅梅、曹立新、宋培清、张伟。

汽车柴油机　具有水平安装面的旋装式燃油滤清器滤座　安装和连接尺寸

1　范围

本标准规定了柴油机旋装式燃油滤清器滤座的安装和连接尺寸。

本标准适用于装有GB/T 28953—2012规定的外径不大于88 mm的旋装式燃油滤清器。

2　规范性引用文件

下列文件对于本文件的应用是必不可少的。凡是注日期的引用文件，仅注日期的版本适用于本文件。凡是不注日期的引用文件，其最新版本(包括所有的修改单)适用于本文件。

GB/T 28953—2012　汽车柴油机　旋装式燃油滤清器　安装和连接尺寸(ISO 7654:1998)

3　尺寸和公差

3.1　外径不大于88 mm的旋装式燃油滤清器的安装螺纹尺寸符合GB/T 28953—2012的2.2。

3.2　单级和双级滤清器安装凸台的固定螺栓孔

单级和双级滤清器安装凸台的固定螺栓见图1。

注：鼓励发动机制造厂采用固定孔或紧固螺栓的中心距为45 mm±0.5 mm。

单位为毫米

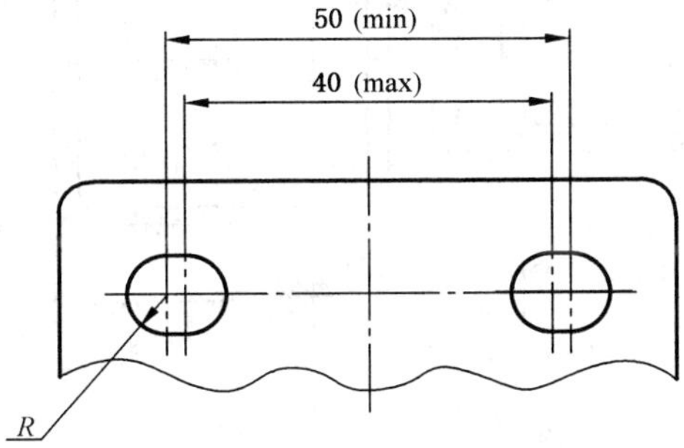

型式	$R\pm0.2$	
单级滤清器	5.3	6.5
双级滤清器	6.5	

图1

3.3　滤清器的进油口和出油口

3.3.1　外部密封

滤清器的进油口和出油口的外部密封见图2。

注：由制造厂自行选择放气螺纹孔和溢流阀。

单位为毫米

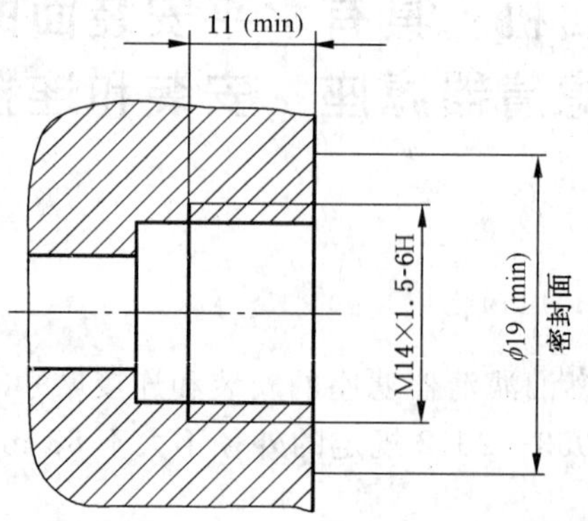

图 2

3.3.2 内部密封

滤清器进油口和出油口的内部密封见图 3。

注：由制造厂自行选择放气螺纹孔和溢流阀。

单位为毫米

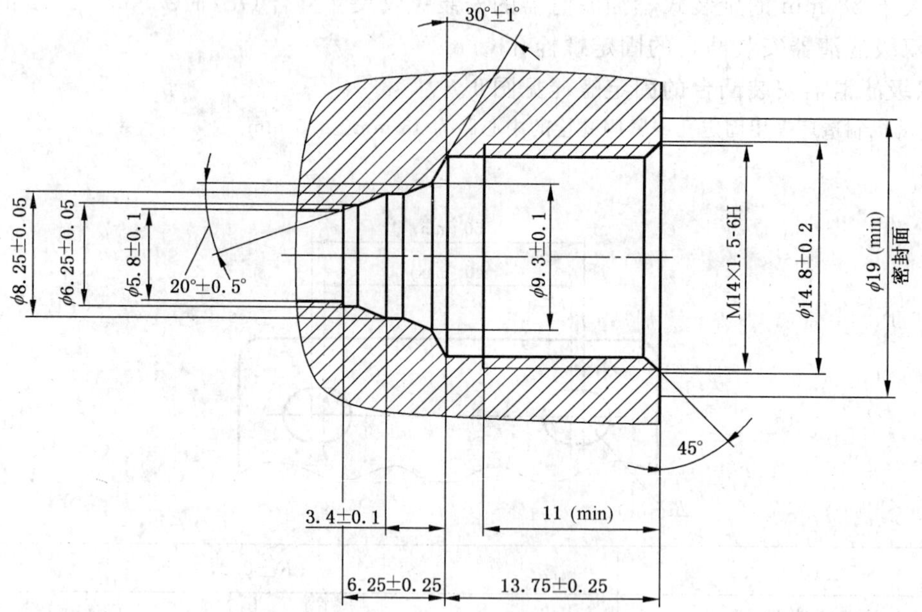

图 3

3.4 进油口和出油口相对于安装台面固定螺栓孔中心线的位置

3.4.1 具有一个垂直出油口和三个水平进出油口的单级滤清器

进油口和出油口相对于安装台面固定螺栓孔中心线的位置见图 4。

单位为毫米

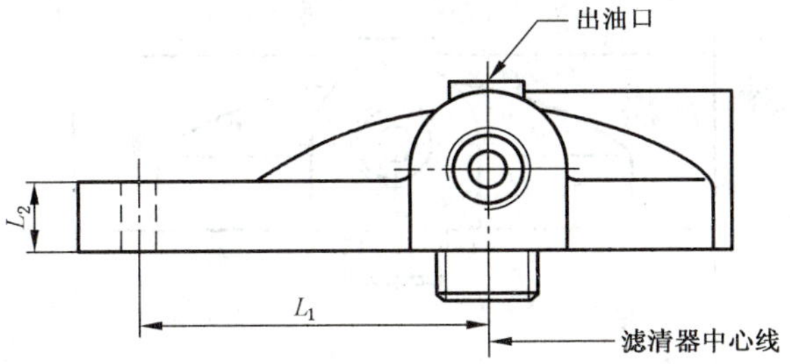

L_1	L_2
55±0.5	11±2
65±1	11±2

图 4

3.4.2 具有两个水平进出油口的双级滤清器

进油口和出油口相对于安装台面固定螺栓孔中心线的位置见图 5。

单位为毫米

图 5

3.4.3 具有四个水平进出油口的双级滤清器

进油口和出油口相对于安装台面固定螺栓孔中心线的位置见图 6。

单位为毫米

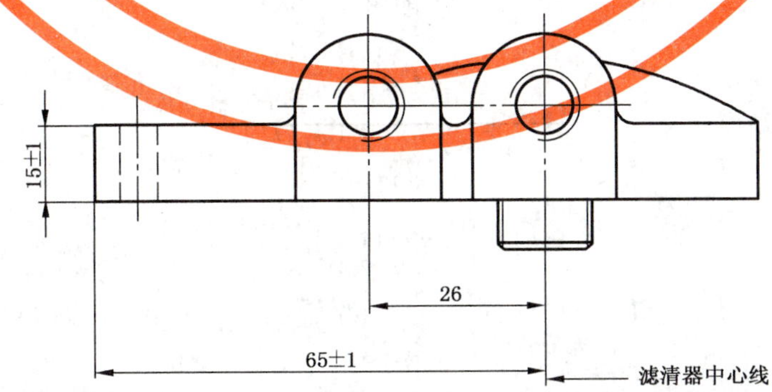

图 6

3.5 水平进出油口孔口密封面之间的距离

3.5.1 单级滤清器

水平进出油口孔口密封面之间的距离见图 7。

单位为毫米

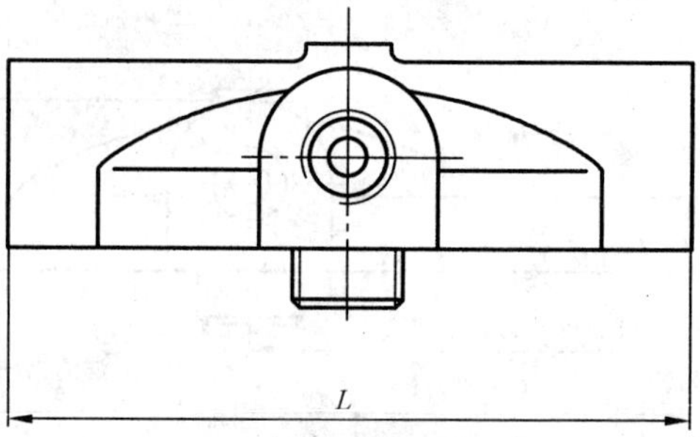

L
92±3
105±3

图 7

3.5.2 双级滤清器

水平进出油口孔口密封面之间的距离见图 8。

单位为毫米

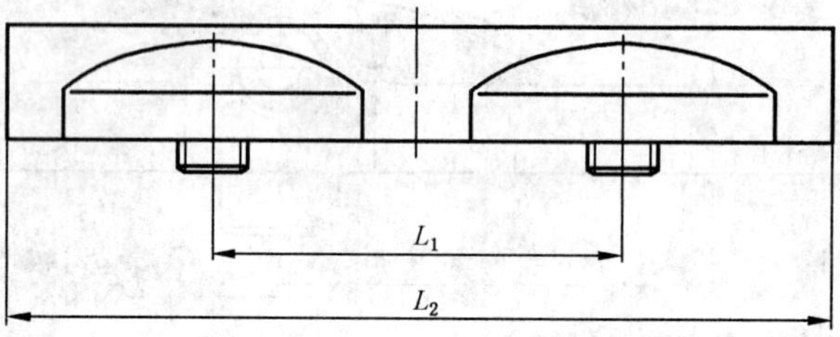

L_1	L_2
90±1	177±1
97±3	190^{+5}_{-2}

图 8

ICS 43.060.40
T 13

中华人民共和国国家标准

GB/T 28961—2012

汽车柴油机　双级燃油滤清器安装和连接尺寸

Automotive diesel—Two-stage fuel filters for compression-ignition engines—Mounting and connecting dimensions

(ISO 7576:1990,Road vehicles—Two-stage fuel filters for compression-ignition engines—Mounting and connecting dimensions,MOD)

2012-12-31 发布　　2013-07-01 实施

中华人民共和国国家质量监督检验检疫总局
中国国家标准化管理委员会　发布

前　言

本标准按照 GB/T 1.1—2009 给出的规则起草。

本标准使用重新起草法修改采用 ISO 7576:1990《道路车辆　压燃式发动机用双级燃油滤清器　安装和连接尺寸》

本标准与 ISO 7576:1990 的技术性差异及其原因如下：

——ISO 7576:1990 中 K 值的推荐值偏小，若按 A 值取最大值计算，两个滤清器之间的间隙仅为 4 mm～5 mm，不利于保养时的拆卸与安装；根据对国内发动机主要制造单位用于汽车柴油机具有双级燃油滤清器的安装和连接尺寸调查结果，调整 K 值(见表 1)。将形式 1 类型、形式 2 类型的 K 值各增加 90 mm 和 95 mm 两挡，形式 3 类型的 K 值增加 124 mm 一挡，将形式 3 类型的 B_{max} 值调整为 227。

本标准做了下列编辑性修改：

——为与现有标准系列一致，将标准名称改为《汽车柴油机　双级燃油滤清器　安装和连接尺寸》。

——删除国际标准附录 A。

本标准由中华人民共和国工业和信息化部提出。

本标准由全国汽车标准化技术委员会(SAC/TC 114)归口。

本标准起草单位：蚌埠金威滤清器有限公司、淄博永华滤清器制造有限公司、中国第一汽车集团公司技术中心、蚌埠国威滤清器有限公司。

本标准主要起草人：李建国、宋培清、李永华、曹立新、单梅梅、张伟。

汽车柴油机　双级燃油滤清器安装和连接尺寸

1　范围

本标准规定了汽车柴油机用双级燃油滤清器的安装和连接尺寸。

本标准适用于汽车柴油机用双级燃油滤清器。

2　尺寸和公差

尺寸和公差要求见图1和表1。

单位为毫米

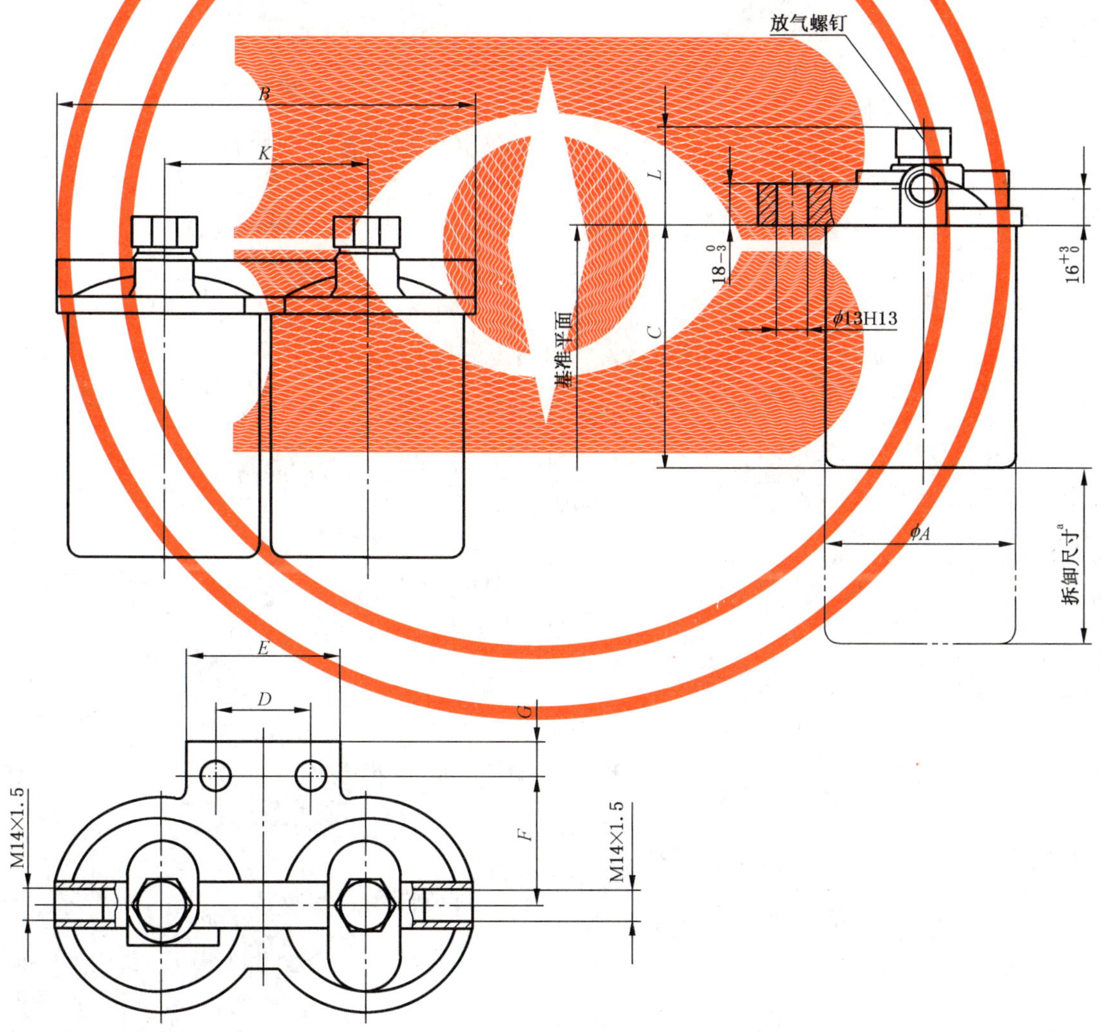

[a] 滤清器制造商的图纸上应包括拆卸空间尺寸。

图 1

表 1

单位为毫米

型式	ϕA max	B max	C max	$D \pm 0.2$	E max	F^{+2}_{0}	G max	$K \pm 1$	L max
1	82	180	75	40	66	55	15	86　90　95	42
2	82	180	125	40	66	55	15	86　90　95	42
3	102	227	160	50	106	68	17	107　　124	45
注：未标明的细节由制造商自行选择。									

ICS 43.140
T 80

中华人民共和国国家标准

GB/T 28962—2012

液化石油气汽车定型试验规程

Approval evaluation test program for liquefied petroleum gas vehicles

2012-12-31 发布　　2013-07-01 实施

中华人民共和国国家质量监督检验检疫总局
中国国家标准化管理委员会　发布

前　言

本标准按照 GB/T 1.1—2009 给出的规则起草。

本标准由中华人民共和国工业和信息化部提出。

本标准由全国汽车标准化技术委员会(SAC/TC 114)归口。

本标准起草单位:中国汽车技术研究中心。

本标准主要起草人:王怀国、苑林。

液化石油气汽车定型试验规程

1 范围

本标准规定了可燃用液化石油气汽车定型试验的术语和定义、试验条件、中止试验条件、试验项目、试验方法和试验报告的内容。

本标准适用于在已定型汽车产品上安装液化石油气专用装置或换装液化石油气发动机的液化石油气单燃料、两用燃料汽车,新开发的基本型液化石油气汽车可参照适用。

2 规范性引用文件

下列文件对于本文件的应用是必不可少的。凡是注日期的引用文件,仅注日期的版本适用于本文件。凡是不注日期的引用文件,其最新版本(包括所有的修改单)适用于本文件。

GB/T 3730.1—2001 汽车和挂车类型的术语和定义

GB/T 6323.4 汽车操纵稳定性试验方法 转向回正性能试验

GB/T 6323.5 汽车操纵稳定性试验方法 转向轻便性试验

GB/T 6323.6 汽车操纵稳定性试验方法 稳态回转试验

GB 7258 机动车运行安全技术条件

GB/T 12534 汽车道路试验方法通则

GB/T 12535 汽车起动性能试验方法

GB/T 12536 汽车滑行试验方法

GB/T 12539 汽车爬陡坡试验方法

GB/T 12540 汽车最小转弯直径、最小转弯通道圆直径和外摆值测量方法

GB/T 12543 汽车加速性能试验方法

GB/T 12544 汽车最高车速试验方法

GB/T 12545.1 汽车燃料消耗量试验方法 第1部分:乘用车燃料消耗量试验方法

GB/T 12545.2 商用车辆燃料消耗量试验方法

GB/T 12547 汽车最低稳定车速试验方法

GB/T 12548 汽车速度表、里程表检验校正方法

GB/T 12673 汽车主要尺寸测量方法

GB/T 12674 汽车质量(重量)参数测定方法

GB/T 12677 汽车技术状况行驶检查方法

GB/T 12678 汽车可靠性行驶试验方法

GB/T 15089—2001 机动车辆及挂车分类

GB/T 17895 天然气汽车和液化石油气汽车 词汇

GB/T 18697 声学 汽车车内噪声测量方法

GB 19159 车用液化石油气

GB/T 19239 液化石油气汽车专用装置的安装要求

QC/T 900—1997 汽车整车产品质量检查评定方法

3 术语和定义

GB/T 3730.1—2001、GB/T 15089—2001、GB/T 17895 中界定的术语和定义适用于本文件。

4 试验条件及中止试验条件

4.1 试验条件

4.1.1 用于试验的样车符合设计任务书、设计图样及技术条件的要求，即可申请进行定型试验。

4.1.2 定型试验前，制造单位应提供如下文件：

a) 企业设计任务书及产品技术条件（或企业标准）；使用保养说明书；

b) 定型试验样车的制造与装配调整记录；

c) 试验样车的工厂试验报告和装有液化石油气供气装置的发动机台架试验报告；

d) 车用液化石油气专用装置按相关的国家标准和行业标准的规定完成的试验报告。

4.1.3 供定型试验的样车不少于 2 辆。

4.1.4 车用液化石油气专用装置部件应具有合格标记；储气瓶及附件应具有生产许可证或进口商合格证，储气瓶应具有规定检验周期内的检验标记及合格证。

4.1.5 试验用液化石油气应符合 GB 19159 的规定。

4.1.6 性能试验前试验样车应按照企业产品技术条件或 QC/T 900—1997 中规定的行驶规范进行磨合，在磨合期间按要求更换发动机、变速器、驱动桥等部件的润滑油（脂），不得任意调整、更换零部件，并做好详细的行驶检验记录。

4.1.7 试验过程中，应按使用说明书的规定进行维护。

4.1.8 在上述规定外，试验样车、试验场地、气象条件等应符合 GB/T 12534 的规定。

4.2 中止试验条件

在试验过程中发生下述情况之一时，应中止试验或由研制单位改进后再进行试验：

a) 转向、制动系统不能确保行驶安全；

b) 车架出现断裂损坏，主要总成及关键零部件损坏，试验无法继续进行；

c) 液化石油气系统管路断裂，液化石油气系统发生泄漏；

d) 液化石油气钢瓶和蒸发调压器安装部位发生变形损坏，且不能采取措施排除；

e) 液化石油气蒸发调压器及储气瓶等严重损坏不能正常工作。

5 试验项目及方法

5.1 参数测量

5.1.1 整车主要尺寸参数测量，按 GB/T 12673、GB/T 12540 进行。

5.1.2 整车质量参数测量，按 GB/T 12674 进行。

5.2 专用装置检验

按 GB/T 19239 进行。

5.3 汽车技术状况检验行驶

按 GB/T 12677 进行，并按 GB/T 12548 校正里程表。

5.4 滑行试验

按 GB/T 12536 进行。

5.5 动力性试验

在各种燃料使用状态下均应分别进行动力性试验，试验项目包括：

a) 最高车速，按 GB/T 12544 进行。

b) 常用挡最低稳定车速，按 GB/T 12547 进行。

c) 加速性能，按 GB/T 12543 进行，项目如下：

  1) 全油门起步加速性能试验；

  2) 全油门超越加速性能试验。

d) 最大爬坡度，按 GB/T 12539 进行。

5.6 燃料经济性试验

在各种燃料使用状态下均应分别进行燃料经济性试验，对于 M_1 类、最大总质量不超过 3.5 t 的 M_2 类和 N_1 类汽车，按 GB/T 12545.1 进行；对于最大总质量超过 3.5 t 的 M_2 类、M_3 类和 N_2 类、N_3 类汽车，按 GB/T 12545.2 进行。

5.7 噪声试验

在各种燃料使用状态下均应分别进行匀速行驶车内噪声试验，按照 GB/T 18697 进行。

5.8 制动性能试验

按 GB 7258 进行。

5.9 操纵稳定性试验

与原车相比轴荷变化超过 5%的车辆，应进行操纵稳定性试验，项目如下：

a) 转向回正性能试验按 GB/T 6323.4 进行；

b) 转向轻便性能试验按 GB/T 6323.5 进行；

c) 稳态回转试验按 GB/T 6323.6 进行。

5.10 起动性能试验

不同燃料的起动试验，按 GB/T 12535 进行。

5.11 可靠性行驶试验

5.11.1 可靠性行驶试验可在汽车试验场进行，也可在常规可靠性试验道路上进行，在满足场地要求及液化石油气供应的条件下，原则上应在汽车试验场内进行。

5.11.2 可靠性行驶试验在试验场内进行的，里程分配见表 1；在常规可靠性试验道路上进行的，里程分配见表 2。

表 1 汽车试验场可靠性行驶里程分配表

车型	行驶里程/km			
	坏路	平路	高速	总计
M类汽车	2 000	1 000	4 000	7 000
N类汽车	2 500	1 000	3 500	7 000

表 2 常规可靠性试验道路可靠性行驶里程分配表

车型	行驶里程/km			
	坏路	平路	高速	总计
M类汽车	3 500	2 500	4 000	10 000
N类汽车	4 000	2 500	3 500	10 000

5.11.3 可靠性行驶试验方法按 GB/T 12678 进行。

5.11.4 对于两用燃料汽车，每天应使用液化石油气以外的燃料两次，每次时间不超过 20 min，用以考核两用燃料汽车燃料转换性能，行驶里程计入可靠性行驶试验里程。

5.11.5 可靠性行驶过程中，每天试验后检查液化石油气供气系统是否有泄漏，检查液化石油气钢瓶和汽化调压器安装部位是否有损坏，以保证行车安全。

5.11.6 可靠性故障类别判定按 QC/T 900—1997 进行。

5.11.7 可靠性试验后，评价样车的平均故障间隔里程点估计值、平均首次故障里程、综合评定扣分数。各计算公式按 QC/T 900—1997 进行。

6 试验报告

定型试验结束后，由定型试验单位编写定型试验报告，主要内容包括：

a) 试验任务来源；
b) 试验目的；
c) 试验依据；
d) 试验方案确定依据；
e) 试验对象；
f) 试验结果；
g) 试验道路；
h) 结论。

ICS 47.020.99
U 23

中华人民共和国国家标准

GB/T 28963—2012/ISO 15371:2009

船舶与海上技术 船用厨房烹调设备灭火系统

Ships and marine technology—Fire-extinguishing systems for protection of galley cooking equipment

(ISO 15371:2009,IDT)

2012-12-31 发布 2013-07-01 实施

中华人民共和国国家质量监督检验检疫总局
中国国家标准化管理委员会 发布

前　言

本标准按照GB/T 1.1—2009给出的规则起草。

本标准使用翻译法等同采用ISO 15371:2009《船舶与海上技术　船用厨房烹调设备灭火系统》。

本标准由中国船舶工业集团公司提出。

本标准由全国船用机械标准化技术委员会船舶消防分技术委员会(SAC/TC 137/SC 8)归口。

本标准起草单位:中国船舶工业综合技术经济研究院、广州永鸿消防设备有限公司。

本标准主要起草人:王俊、张渊、王国彬。

船舶与海上技术
船用厨房烹调设备灭火系统

1 范围

本标准规定了预制灭火系统单元以特定型式、配置、规格和布置应用时构件和部件的性能要求，也规定了用于试验和部件评估的最低要求。

本标准适用于保护厨房排烟罩、排烟管道、油炸锅及其他盛油器具的预制灭火系统的设计、试验和操作。

全新的或不同于本标准要求范围内产品的特征、特性、组件、材料或系统，且具有潜在火灾、电击或人员伤害风险的，可采用组件或成品的适当的附加试验来评估。

注：本标准包括的厨房烹调设备中，仅深油炸烹调设备按《海上人命安全公约》(SOLAS)第II-2章10.6.4的要求配备固定式灭火系统。

2 术语和定义

下列术语和定义适用于本文件。

2.1

辅助设备　auxiliary equipment

与灭火系统相关的设备。

示例：用于切断电源、燃料、或保护区的通风、或发起警报或信号的装置。

2.2

烹调器具　cooking appliance

具有或能形成油液面或使用油脂烹调的烹饪用具。

示例：深油炸锅、平底锅、炉灶、链式烤炉、电烤炉、炭烤炉、柴烤炉、燃气烤炉、炒菜锅、倾斜式煮/蒸锅以及类似的烹饪用具。

注：保护区域仅限于上述器具的烹饪区域。

2.3

烹调油　cooking grease

油脂　grease

植物压榨的合成无沫介质。

2.4

瓶阀组件　cylinder/valve assembly

储存灭火剂和驱动气体(直至阀门开启)的一种安装有阀门的容器。

注：对于贮气式单元，此组件包括灭火剂储存容器和贮气装置。

2.5

深油炸锅　deep fat fryer

使用深层烹调油脂进行烹饪的商用电子烹调器具。

2.6

喷嘴　discharge nozzle

能将灭火剂喷入特定区域的装置。

2.7

喷放率　discharge rate

从喷嘴中喷出的灭火剂量与喷出时间(以秒计)的比率,单位为千克每秒(kg/s)。

2.8

喷放时间　discharge time

从喷嘴最初出现灭火剂到喷放主体为气体或喷放停止时的时间间隔。

2.9

排烟管道　duct

排烟管道系统　duct system

输送空气和烹饪蒸气的连续围闭通道。

2.10

驱动气体　expellent gas

用于使灭火剂易于喷出的氮气或其他气体。

2.11

灭火系统单元　extinguishing system unit

用于通过固定管道和喷嘴喷出灭火剂,能装配成系统的主要组件。

2.12

储气瓶　gas cartridge

仅用于储存驱动气体的容器。

2.13

油脂过滤器　grease filter

油脂蒸气分离系统的一个组成部分,使通过的空气和蒸气发生分离,使油脂蒸气浓缩或/和冷凝,以达到收集油脂的目的。

2.14

排烟罩　hood

排气系统的一部分,用于引导、收集油脂蒸气并排出烹调器具产生的气体的装置。

2.15

指示器　indicator

显示灭火系统或其中某个关键部件在伺服状态,或在启动状态的机械或电子设备。

2.16

检查　inspection

目测检查整个系统或某部分,以证实其处于工作状态且无物理损伤。

2.17

低脂牛排　low quality fatty beef steaks

含有20%～30%脂肪或软骨的、五花肉型、尺寸一致的牛排。

2.18

维护　maintenance

执行确保设备正常运行的工作,包括但不仅限于维修、替换和服务。

2.19

手动启动方式　manual means of actuation

通过手动方式启动系统喷放的方法。

2.20

制造商安装和维护手册　manufacturer's installation and maintenance manual

经认可的作为灭火系统随赠文件提供的，包括设计、安装和维护说明文件。

2.21

多槽式深油炸锅　multiple-vat deep fat fryer

用机械方式连为一体的多个电子油炸锅。

注：每一槽均有独立可控火源。

2.22

工作压力　operable pressure

充装完全的容器在 21 ℃时放置 24 h 后的平衡压力。

2.23

工作压力范围　operable pressure range

在灭火系统特定最低和最高温度下，储存容器内相应的压力范围。

2.24

操作装置　operating devices

系统操作中涉及的机械、电子或气动装置。

2.25

操作　operation

＜自动操作＞无人为干涉的操作。

注：自动操作方法包括但不限于热量、升温速率、烟或压力变化。

2.26

操作　operation

＜手动操作＞人为进行的系统或组件的操作。

2.27

用户手册　owner's manual

经认可的作为灭火系统随赠附件提供的，包含制造商推荐的正确的检查和操作建议的小册子。

2.28

集气室　plenum

在排烟罩和排烟管道系统中，位于油脂过滤器和过滤器上方的部分排烟罩之间的封闭空间。

2.29

预制系统　pre-engineered system

按制造商的限制性规定试验过的系统，包括最大和最小管道长度、附件、管接件的数量、喷嘴的数量和型式、喷嘴布置、火险类型和所能保护的器具、排烟罩和排烟管道的最大尺寸、体积和面积。

注 1：采用该系统保护的危险场所，其型式和大小都由实际灭火试验所明确限制。

注 2：对于允许由系统保护的危险场所的限制，以及管道和喷嘴的设置，包含在制造商安装和维护手册中。

2.30

压力容器　pressure vessel

压力气瓶　pressure cylinder

储存灭火剂和驱动气体的容器。

2.31

产品　product

满足本标准要求的灭火系统或任何部件。

2.32

关闭装置 shut-off device

与灭火系统同时启动，用于切断受灭火系统保护的烹调器具和由于灭火系统启动而需要关闭的其他设备的燃料和电源的装置。

2.33

信号 signal

通过电子或其他方式传达的状态指示。

2.34

分槽式深油炸锅 split-vat deep fat fryer

具有将油炸锅分区的隔离物分隔的电子油炸锅。

注：油炸锅各分槽均具有一体化的独立可控加热源。

2.35

倾斜式煮/蒸平底锅 tilt skillets/braising pans

用于蒸、煮、炒或油炸食物的烹调装置。

3 组件

3.1 一般要求

仅应使用制造商安装和维护手册中推荐或允许的系统组件，或经认可的用于特定灭火系统的替换组件。

3.2 探测器

探测器应为经认可的能探测火灾的装置。

3.3 喷嘴

3.3.1 喷嘴应就其预定用途获得认可。

3.3.2 喷嘴应带有内部滤网或在其前端安装经认可的独立滤网。

3.3.3 喷嘴应由黄铜、不锈钢或其他耐腐蚀材料制造，或其内部和外部均有耐腐蚀保护。

3.3.4 喷嘴应由不燃材料制成，且应能经受在预期火灾中暴露而不变形。

3.3.5 喷嘴应具有用于识别的永久标识。

3.3.6 排气喷嘴应带有喷嘴帽或其他适用的保护装置，以防油脂蒸气、湿气或其他外物进入管路。

3.3.7 当灭火剂喷放时，喷嘴帽或其他保护装置应能吹脱、开启或弹出。

3.4 操作装置

3.4.1 操作装置应设计为具有预期功能，不应因意外操作或受其影响而导致操作装置失效。

3.4.2 操作装置的设计应能使其在 0 ℃～49 ℃或标明的温度范围内正常工作。

3.5 手动启动装置

3.5.1 手动启动装置所需操作力度不应超过 178 N。

3.5.2 为安全操作，手动操作位移不应超过 356 mm。

3.5.3 所有手动操作应配有操作说明。该说明可以使用图形文字，且文字高度至少应为 6 mm。

3.5.4 所有远程手动操作装置上应标明所保护的危险区域。

3.6 关闭装置

3.6.1 启动任何烹调设备或排烟罩/管道灭火系统时，对所有被系统保护的设备加热的燃料源和电源应能自动关闭。

3.6.2 位于同一通风设备下不需要保护的燃气装置亦应关闭。

3.6.3 若灭火系统在零风速和高风速条件下已经通过试验，则不要求在系统启动时关闭排风扇和节气阀。

3.6.4 若驱动气体用于气动操作以关闭装置，则气体应优先作为该气源，然后进入灭火剂储瓶。

3.6.5 关闭装置应在燃料源或电源恢复之前先行手动复位。

3.7 管子、附件、配管和软管

3.7.1 管子及关联附件应为不燃材料，其物理性能和化学性能应与灭火剂相兼容。

3.7.2 管子、附件和连接接头的额定压力应能承受管系的最大预期压力。

3.7.3 管子、配管、软管和附件的材料和型式应与制造商安装和维护手册相一致。

3.8 灭火剂

3.8.1 用于特定系统的灭火剂，应在其操作和维护手册中标明，且应与系统制造商所推荐的一致。

3.8.2 不同制造商生产的灭火剂不应混用。

3.9 指示器

系统应设有声光指示器，用以显示系统是在伺服状态还是需要充填灭火剂。

4 系统要求

4.1 一般要求

灭火系统应符合 5.4 要求。

4.2 使用

被保护的具有火灾危险的设备包括：

a) 排烟罩、集气室、排烟管道和过滤器及其相连的烹调器具，包括深油炸锅、炉灶、烤炉、平底锅及类似的盛油器具；

b) 专用的装运油脂设备；

c) 安装于排气系统的能量恢复设备。

4.3 应用

4.3.1 为使经认可的系统获得满意的保护效果，应参考制造商的安装和维护手册中给出的限制和应用参考。

4.3.2 被保护的烹调器具、单独的排烟罩和直接连接至排烟罩的排烟支管应由同一系统或同时操作的系统的保护。

4.3.3 为防止位置接近而导致两处或更多处的火灾同时发生，应采用下列某种系统进行保护：

a) 能同时操作的多个单独的系统；

b) 能保护所有可能同时发生火灾的区域的独立系统。

4.3.4 任一可能导致火灾从一个区域传播至另一个区域的火灾危险，应视为单一火灾危险。

4.4 系统启动

4.4.1 所有系统应具有手动启动方式，或兼有手动和自动启动方式。

4.4.2 系统的自动和手动启动方式，外部的控制头或释放装置，应分离并相互独立，以使其中之一失效时不致影响其他操作。

4.4.3 使用释放机构时，应为机械探测器和远程手动控制使用一条单独管路。远程手动控制应安装在管路上所有探测设备之前，以使得某一故障不致妨碍其他的操作。

4.4.4 自动探测和系统启动应与制造商安装和维护手册一致。

4.4.5 系统正常动作必需的装置应与系统同时动作。

4.4.6 任一手动启动装置的操作应能完成系统所有操作。

4.4.7 每个系统至少应有一个手动启动装置。

4.4.8 所有操作装置的设计、布置、安装或保护应使其不受机械、环境或其他条件影响而导致系统失效或误操作。

4.4.9 应配备声光指示器以显示系统操作状态、人员响应需求和填充需求。

4.4.10 灭火系统应连接火灾警报系统(若配有)，以使灭火系统的启动除了能提供灭火系统的功能外，还会响起火灾警报。

4.4.11 将易达的手动启动装置布置于出口通道。当使用手动启动保护相关的烹调器具时，手动启动装置应安装于地面以上不小于 1 000 mm 且不大于 1 450 mm 之处，并应对其所保护的相应危险进行清晰标示。

4.4.12 保护共用排烟管道的自动灭火系统不应使用远程手动启动。

4.4.13 机械启动装置的启动方式应为机械式的，不应依靠电源启动。

4.4.14 如果设有备用电源或按 4.5 规定进行监控，则应允许使用电源进行手动启动。

4.5 监控

4.5.1 对下列任何设备的监控，应设计为能显示故障或失效：

a) 自动探测系统；

b) 电气启动回路；

c) 供电系统。

4.5.2 被监控装置或设备的失效信号指示应能对任何失效给出及时的和明确的提示，并应与操作信号指示或危险状况信号指示有明显区别。

4.6 系统布置

4.6.1 灭火剂容器和驱动气体装置应置于制造商安装和维护手册中规定的温度范围内。

4.6.2 如果外部环境温度超出制造商规定的工作温度范围，应采取保护措施使温度维持在许可的范围内。

4.6.3 灭火剂容器和驱动气体装置不应位于可能会受到机械、化学或其他损害之处。

4.6.4 若预期产生化学或机械暴露而导致损害，应配有围壁或防护装置类设备。

4.6.5 灭火剂容器和驱动气体装置应便于检查、维修和充填。

4.6.6 灭火剂容器和驱动气体装置应位于靠近保护区域和保护对象处，但其自身不应暴露于火中。

4.7 喷嘴

4.7.1 所有喷嘴的设计、布置、安装或保护应使其不受机械、环境或其他会导致其失效的状况的影响。

4.7.2 喷嘴应连接并有支撑。

4.8 特殊要求

4.8.1 保护两个或更多排烟罩和/或集气室的系统，其安装应确保保护排烟罩、集气室和位于排烟罩下方的相关烹调器具的所有系统能同时操作。

4.8.2 当按系统认可的探测器布置安装时，应允许单个的探测装置保护多个器具。

4.8.3 各排烟管口应至少安装一个经制造商认可的感温探测器或易熔元件。

4.8.4 感温探测器或易熔元件应安装在被保护的各烹调设备上方，并经制造厂认可。感温探测器或易熔元件应位于或在排烟管口内部 300 mm 内，并应按本要求在被保护的设备上方。

4.8.5 如果管件或其他管道穿过排烟管道或排烟罩，则穿过处应采用水密的连续外部焊接或应使用经认可的装置进行密封。

4.9 共用排烟管道的保护

4.9.1 共用排烟管道应使用下列方法之一进行保护：

a) 所有单独的排烟罩、排烟管道和器具的保护系统应同时动作；

b) 同时操作任一排烟罩、排烟管道和器具的保护系统且系统能保护整个共用排烟管道。

4.9.2 感温探测器或易熔元件应位于分支排烟管道与共用排烟管道的连接处。

4.9.3 与共用排烟管道连接的各排烟支管的感温探测器或易熔元件的启动，应仅能启动共用排气系统或所有独立的系统都应与火警控制面板相连。

4.9.4 使用共用排烟管道的器具，其所有燃料源或热源应能在任一保护系统启动时关闭。

4.9.5 应保护各排烟系统包含的点火设备，并按制造商推荐配备经认可试验的独立探测系统。

4.9.6 对可移动的烹调设备应确保在烹饪期间与喷嘴保持正确的相对位置。

5 试验方法

5.1 烹调器具灭火试验

5.1.1 一般要求

5.1.1.1 灭火系统单元应满足其用以保护的各类烹调器具的覆盖面积及喷嘴布置限制规定。若来自成功的深油炸锅试验的喷嘴覆盖面积及喷嘴布置限制规定，能满足任何其他烹调器具的要求，则不需进行更多试验(见 5.1.2)。对采用不同于限制规定的喷嘴覆盖面积及布置的烹调器具，应进行灭火试验。

特殊灭火试验方法按 5.1 进行。系统喷放期间的喷溅附加试验按 5.2 进行。

仅用于排烟罩、排烟管道和烤炉试验的油脂应为新的或使用过的植物压榨油或精炼的动物脂。

5.1.1.2 对烹调器具试验时，灭火系统单元满足以下情况：

a) 器具中的明火应在 1 min 内完全熄灭；

b) 系统释放 10 s 内，烹调器具上方不应产生大于初期的火焰火球；

c) 深油炸锅、炒锅和炉灶的油脂在 20 min 内或直至油脂温度降低到低于其自动点火温度至少 33.3 ℃后(取两者之长者)不应复燃；

d) 除深油炸锅、炒锅和炉灶外的其他所有烹调器具的油脂 5 min 内不应复燃。

5.1.1.3 除有其他说明外，所有灭火试验都应在采用最小灭火剂量和最低喷放速率的条件下进行，并按制造商安装说明书的附件数量和符合的管子尺寸和长度，采用其最大管子限制来安装灭火系统，以达到最小喷放速率。

5.1.1.4 瓶阀组件或驱动气瓶，应由驱动气体加压至 21 ℃时的公称工作压力[见 6.2k)]。用于试验的瓶阀组件或驱动气瓶，应在制造商安装说明书中所指定的最低储存温度条件下放置至少 16 h。也可以选择将贮压单元加压至较低压力，以模拟在最低操作温度下的压力。

5.1.1.5 灭火试验应在制造商安装说明允许的最不利的喷嘴位置和方向的最大和最小喷嘴高度下分别进行。飞溅试验应在制造厂安装说明允许的最困难的喷嘴位置和方向的最小喷嘴高度下进行。

5.1.1.6 被试验的烹调器具的烹饪区域的长度和宽度应符合安装说明所指定的最大覆盖面积和尺寸。

5.1.1.7 独立喷嘴保护多个器具时，应按制造商安装说明逐一进行试验。

5.1.1.8 大型烹调器具不应被多个喷嘴所保护，除非：

a) 被多个喷嘴保护的深油炸锅总烹调表面积不超过 0.55 m^2；

b) 各喷嘴的覆盖面积不超过其单独应用的覆盖面积。下列情况例外：

1) 当采用覆盖特定烹调表面区域，被证明符合深油炸锅的要求，则可用于保护总烹调表面积大于 0.55 m^2 的深油炸锅；

2) 烹调区域总表面积 0.55 m^2 的要求不适用于倾斜式煮/蒸平底锅。

5.1.1.9 每一灭火试验进行之前，烹调器具应是清理干净的并已盛装新的烹调油。

5.1.2 深油炸锅

5.1.2.1 试验所使用的深油炸锅应为天然气、丙烷或电子商用深油炸锅，深度至少为 230 mm，具有制造商的安装说明指定的烹饪表面积。对于带有完整的滴油盘或类似配件的深油炸锅，应按制造商安装说明要求将滴油面积计入烹饪面积。

注：某些电子油炸锅的加热元件在灭火试验期间由于高温而被损坏，因此，灭火试验一般使用天然气或丙烷作为燃料的油炸锅。

5.1.2.2 所有按照 5.1.2.1 和 5.1.2.3～5.1.2.8 进行试验的深油炸锅应确保其平均加热速度应不小于 7 ℃/min 且平均冷却速度不应大于 3 ℃/min。确定平均加热和冷却速度时，应在最大输入能量下加热未加盖油炸锅中的液体油脂。将油脂从 260 ℃加热至 315 ℃所需的时间通常用于计算烹调器具的温升。当液体油脂温度达到 325 ℃时，应立即关闭油炸锅的热源。然后应监测液体油脂的冷却温度。当油脂温度重新回到 315 ℃时，在 315 ℃～260 ℃之间测量冷却速度，单位为℃/min。炸锅在整个试验期间的环境温度应为 21 ℃±5 ℃。监测油温的热电偶应按 5.1.2.6 安装。

5.1.2.3 多槽式深油炸锅和分槽式深油炸锅应在制造商的安装手册所允许的喷嘴的最不利的位置和方向上分别进行试验。

5.1.2.4 对分隔槽式深油炸锅，当邻近自发点燃的一个或多个槽充满液体油脂，并被加热至 175 ℃～190 ℃时，应进行试验。当灭火系统启动时所有槽的热源应能同时关闭。

系统启动后如果油沫从相邻的槽翻滚入燃烧着的槽，相邻槽的油温应降低至油沫不再翻滚或应具有防止油沫翻滚入燃烧着的槽的方法。

5.1.2.5 油炸锅应充入新的、未使用过的液体油脂，直至油面高度低于油炸锅顶部边缘 75 mm（见 5.1.1.9）。当使用按 5.1.2.1 指定的深油炸锅试验时，液体油脂的自燃温度应不低于 363 ℃。试验期间，自燃温度应不低于 358 ℃，且 2 min 自由燃烧应在油温 363 ℃时开始。在油温为 175 ℃～190 ℃时，带有内置式滴油盘或类似配件的深油炸锅的油面高度应位于锅壁和滴油盘的分界面。在油温为 288 ℃～315 ℃时，任何情况下，各类型炸锅的油面高度距油炸锅顶部边缘不应小于 75 mm。

5.1.2.6 试验期间测量油温的热电偶位置应低于油层表面 25 mm。热电偶距油炸锅任何表面的距离应不小于 75 mm。

5.1.2.7 油炸锅内的液体油脂应由其热源加热直至发生自燃。如果油脂温度达到 363 ℃尚未自燃，应人工将其点燃。持续加热深油炸锅并使火焰自由燃烧一段时间，时长应不少于 2 min。自由燃烧之后，应关闭热源同时人工启动灭火系统。

5.1.2.8 灭火剂完全喷放后，深油炸锅应符合 5.1.1.2 的要求。

5.1.3 平底锅

5.1.3.1 灭火试验所使用的平底锅金属壁厚应不小于 2 mm，且深度应为 25 mm。

5.1.3.2 平底锅中应注入深度为 6 mm 的液体油脂。

5.1.3.3 平底锅中的液体油脂经其自身的加热源加热直至发生自燃。在烹饪区域完全引燃火焰后，使火焰自由燃烧至少 1 min，期间热源持续加热，然后关闭热源并启动灭火系统单元。

5.1.3.4 灭火剂完全喷放后，平底锅应符合 5.1.1.2 的要求。

5.1.4 炉灶表面

5.1.4.1 试验所使用的炉灶表面应为电子、天然气或丙烷点火的商用炉灶或由炉灶燃烧器制成的模拟可变炉灶。当制造商采用背部搁板保护炉灶时，则应使用制造商安装说明所指定的用最大尺寸的背部搁板在最低安装高度进行试验。炉灶烹饪表面应为制造商安装、操作和维护手册所指定的最大覆盖面积。

5.1.4.2 试验应使用下列容器：

a) 从其内部测量，顶部直径为 330 mm～360 mm，且边缘高度为 45 mm～60 mm 的铸铁煮锅；

b) 顶部直径为 255 mm±6 mm，且边缘高度为 180 mm～200 mm 的不锈钢锅。

5.1.4.3 所有试验容器都应分别进行灭火试验。

5.1.4.4 铸铁煮锅试验时，煮锅中应注入深度为 25 mm 的液体油脂。不锈钢锅试验时，锅中应注入深度为 100 mm 的液体油脂。油面高度应在油温为 288 ℃～315 ℃之间时测量。

5.1.4.5 液体油脂的自燃温度应不低于 363 ℃。在油温为 363 ℃时，应开始 2 min 自由燃烧，自燃温度不应低于 349 ℃。测量油温使用的热电偶应位于油面下方 12.5 mm 以下且与试验容器内壁距离不小于 75 mm 之处。

5.1.4.6 试验容器应放置在燃烧器上最不利灭火处。对于煮锅试验，应在与煮锅相邻放置直径 255 mm 的锅，使之位于经确定最难灭火处。应将试验容器所用炉灶调至最大位置并将油脂持续加热直至发生自燃。自燃后，保持炉灶最大强度让火焰自由燃烧不少于 2 min。自由燃烧不少于 2 min 后，关闭热源并启动灭火系统单元。

5.1.4.7 灭火剂完全喷放后，炉灶表面应符合 5.1.1.2 的要求。

5.1.5 燃气辐射烤炉

5.1.5.1 应使用燃气辐射商用烤炉或模拟燃气辐射商用烤炉进行试验。烤炉的加热源下方应有至少 12.5 mm 深的滴油盘。灭火系统单元用于燃气辐射烤炉的覆盖面积和喷嘴布置要求与其用于电子烤炉时成功灭火的要求相同。

5.1.5.2 包裹牛排和油脂的薄塑料纸，例如食品的塑料包装，应置于远离烤炉的平面上。塑料纸上覆盖 6 mm 半固态油脂，然后将低脂牛排置于覆盖油脂的塑料纸上部，覆盖面积应为烤炉烧烤区域的 80％～90％。滴油盘应注入 3 mm 液体油脂。

5.1.5.3 用最强火力加热烤炉辐射盘使其足以点燃滴落的液体油脂。点燃时，塑料纸、油脂和牛排应位于烤炉烤架上的正常烹调位置。烤炉将会迅速被火焰包围。在烹调区域完全被火焰包围 1 min 且火焰顶端高度至少达到 900 mm 后关闭热源并启动灭火系统。

5.1.5.4 灭火剂完全喷放后，烤炉表面应符合 5.1.1.2 的要求。

5.1.6 电烤炉

5.1.6.1 应使用商用电烤炉或模拟商用电烤炉进行试验。

5.1.6.2 试验方法与 5.1.5.1～5.1.5.4 的燃气辐射烤炉试验相同。

5.1.7 熔岩、浮石或人造石烤炉

5.1.7.1 对于熔岩、浮石或人造石烤炉,应使用与成功的熔岩烤炉灭火试验的相同的覆盖面积和喷嘴布置要求。应使用燃气或电加热的上述烤炉,且基于成功的两种热源灭火试验的灭火系统单元适用于两种热源。

5.1.7.2 应使用熔岩、浮石或人造石商用烤炉代替加热燃气辐射盘,或模拟的熔岩、浮石或人造石商用烤炉进行试验。

5.1.7.3 除了由加热的熔岩、浮石或人造石烤炉代替加热燃气辐射盘,试验方法与5.1.5.1～5.1.5.4的燃气辐射烤炉试验相同。无论试验选择熔岩、浮石或人造石,烤炉均应覆盖两层。

5.1.8 天然木炭烤炉

5.1.8.1 应使用商用碳烤炉或模仿商用碳烤炉进行试验。

5.1.8.2 包裹牛排和油脂的薄塑料纸,例如食品的塑料包装,应置于远离烤炉的平面上。塑料纸上覆盖6 mm半固态油脂,然后将低脂牛排置于覆盖油脂的塑料纸上部,覆盖面积应为烤炉烧烤区域的80%～90%。滴油盘应注入3 mm液体油脂。

5.1.8.3 应按安装说明的最大深度要求将木炭块装入燃料炉。任何情况下,木炭深度应不少于两层炭块。

5.1.8.4 加热木炭块至被灰烬覆盖。此时,塑料纸、油脂和牛排应位于烤炉烤架上的正常烹调位置。烤炉将会迅速被火焰包围。应使火焰自由燃烧直至烹调区域完全被高度为900 mm的火焰包围,允许火焰燃烧至少30 s。当烹调区域完全被火焰包围30 s或更长时间后,启动灭火系统。

5.1.8.5 灭火剂完全喷放后,木炭烤炉应符合5.1.1.2的要求。

5.1.9 木材烤炉

5.1.9.1 应使用木材商用烤炉或模拟的木材商用烤炉进行试验。试验使用的木材应为预定用于烧烤炉的。

5.1.9.2 除燃料深度为制造商指定的最大深度且不小于75 mm和使用木材代替木炭的烤炉外,试验方法与5.1.8.1～5.1.8.5的天然木炭烤炉试验相同。

5.1.10 立式烤炉

5.1.10.1 应使用商用立式烤炉或模拟商用立式烤炉的烤炉进行试验。炉膛应与烤炉架合成一体,并位于烤炉高度的中部左右。滴油盘应位于炉膛正下方。炉膛底部应向下朝滴油盘倾斜,并有开口允许炉膛中的油脂排出。炉膛也应与炉膛正上方的全封闭保温腔合成一体。炉膛由内部通道与烤炉顶部相通,以排放油脂蒸气。烤炉应与油脂收集器合成一体。

5.1.10.2 炉膛下方的滴油盘应注入经预热的油脂。炉膛内表面、排放通道和烤炉背面的油脂收集器应涂上液体油脂,最小量为1.5 kg/m^2。

5.1.10.3 油脂涂完后,将低脂牛排置于烤炉架上覆盖面积为烹饪面积的80%～90%之间。

5.1.10.4 滴油盘和炉膛的油脂应使用火炬加热直至烤炉充分被火焰包围,一般需要2 min～3 min。火焰完全覆盖滴油盘后,再使烤炉自由燃烧30 s～60 s后开启灭火系统单元。

5.1.10.5 灭火剂完全喷放后,立式烤炉应符合5.1.1.2的要求。

5.1.11 链式烤炉

5.1.11.1 应使用链式商用烤炉或结构相似的链式商用烤炉进行试验。炉膛底部应向下朝滴油盘倾

斜,并有开口允许炉膛中的油脂排放。

5.1.11.2 炉膛下方的滴油盘应注入经预热的油脂。炉膛内表面、烹调部分和油脂收集器应涂上液体油脂,最小量为 1.5 kg/m^2。通过旋转链条,将油脂喷溅至链式烤炉的所有区域。此后,停止转动链条,链式烤炉面积的 80%~90%将会被含脂肪的碎肉(即 70%瘦肉的肉类)覆盖。

5.1.11.3 滴油盘和炉膛的油脂应使用烤炉燃烧器和火炬加热,或仅用火炬加热至烤炉充分被火焰包围,一般需要 2 min~3 min。再使烤炉自由燃烧 30 s~60 s 后开启灭火系统单元。

5.1.11.4 灭火剂完全喷放后,链式烤炉应符合 5.1.1.2 的要求。

5.1.12 炒锅

5.1.12.1 应使用制造商安装、操作和维护说明手册中规定用最大和最小尺寸的炒锅进行试验。炒锅尺寸由高度和直径的最大值和最小值决定。

5.1.12.2 试验使用的热源应为电子、天然气或丙烷燃料商用炉灶。

5.1.12.3 应使用最小和最大的典型炒锅分别进行灭火试验。

5.1.12.4 用于试验的每个炒锅的液体油脂的深度应距炒锅顶部边缘 75 mm,或最低油层厚度为 25 mm,取大者。油层厚度应在油温为 288 ℃~315 ℃之间时测量。

5.1.12.5 油温为 362 ℃时应开始 2 min 自由燃烧,液体油脂的自燃温度不应低于 349 ℃。测量油温使用的热电偶应位于油脂表面以下 12.5 mm,且距容器内壁不小于 75 mm。

5.1.12.6 炒锅应置于炉灶上被证明最不利实现灭火处。对最小尺寸炒锅的试验,应在与最小炒锅相邻的最难实现灭火处放置最大尺寸的炒锅。试验炒锅的炉灶火力应调至最强位置并不断加热油脂直至产生自燃。自燃后,在最强火力下使火焰自由燃烧不少于 2 min。之后,关闭热源并启动灭火系统单元。

5.1.12.7 灭火剂完全喷放后,炒锅应符合 5.1.1.2 的要求。

5.2 飞溅试验

5.2.1 深油炸锅飞溅灭火试验

5.2.1.1 当按 5.2.1.3~5.2.1.10 试验时,灭火系统单元应:

a) 能使深油炸锅内的明火完全熄灭;

b) 灭火系统单元启动期间不发生燃着油脂飞溅和明显的油滴出现在周围表面区域。

5.2.1.2 试验使用的深油炸锅应符合 5.1.2 的规定。

5.2.1.3 飞溅试验时试验喷嘴应采用最大喷放率。

注:最大喷放率一般通过使用最大管子尺寸、最小管子长度、最少的 T 型管和弯头数量,且储气瓶和驱动气瓶处于灭火系统预期的最高工作温度条件下来获得。

5.2.1.4 喷嘴应按制造商的安装说明所指定的最低高度安装,且位于最可能产生热油飞溅的方向。

5.2.1.5 油炸锅应按 5.1.2.5 注入液体油脂。

5.2.1.6 试验期间的油脂温度应使用热电偶测量,安装按 5.1.2.6 的规定。

5.2.1.7 应按 5.1.2.7 加热液体油脂。

5.2.1.8 火焰应自由燃烧至烹饪区域完全包围在高度约为 900 mm 的火焰中至少 2 min。2 min 后关闭热源并手动释放灭火系统单元。

5.2.1.9 当烹调区域完全包围在火焰中时,应启动灭火系统单元,观察喷放效果,确定是否符合 5.2.1.1 的要求。油炸锅边缘溢出泡沫和邻近喷嘴周围的表面区域允许有残余的灭火剂散落。

5.2.1.10 灭火剂完全喷放后,深油炸锅应符合 5.1.1.2 的要求。

5.2.2 深油炸锅烹调温度飞溅试验

5.2.2.1 当按5.2.2.2～5.2.2.8试验时，不应产生直径大于5 mm的油滴飞溅范围。

5.2.2.2 试验用的深油炸锅应符合5.1.2规定。

5.2.2.3 应使用喷嘴或多个喷嘴的最大喷放率进行试验。通过采用最大管子直径、最小管子长度和最小T型管和弯管数量，储气瓶或驱动气瓶应放置在最高工作温度条件下至少16 h或加压至与灭火系统单元预期的最大工作温度时相应的最大压力来获得最大喷放率。

5.2.2.4 喷嘴应位于按制造厂的安装说明所指定的最低高度，且位于最可能产生热油飞溅的方向。

5.2.2.5 油炸锅应注入液体油脂至油面高度低于油炸锅顶部边缘75 mm处。油面高度应在油温为177 ℃～191 ℃之间时测量。

5.2.2.6 试验期间的油温应使用按5.1.2.6安装的热电偶测量。

5.2.2.7 为探测油脂飞溅，在油炸锅周围和侧面应设置一块宽度不小于760 mm的金属平板，其表面铺设一层厚度不超过1.6 mm的钠盐类干粉。使用自身热源加热炸锅内液体油脂至油温达到177 ℃～191 ℃。之后灭火系统单元喷放3 s～5 s。为防止油沫溢出边缘影响试验结果，喷放结束后应将金属平板从炸锅周围移开。

5.2.2.8 应观察喷放效果，以确定符合5.2.2.1的要求。油炸锅边缘溢出泡沫和邻近喷嘴周围的表面区域允许有残余的灭火剂散落。

5.2.3 炉灶表面飞溅灭火试验

5.2.3.1 当按5.2.3.2～5.2.3.7进行试验时，灭火单元应：

a) 能使铸铁煮锅内的火焰完全熄灭；

b) 启动灭火系统单元后不发生燃着油脂飞溅和明显的油滴散落在铸铁煮锅外面。

5.2.3.2 试验使用的炉灶应按5.1.4，铸铁煮锅按5.1.4.2a)。

5.2.3.3 应使用喷嘴或多个喷嘴的最大喷放率进行试验。通过采用最大管子直径、最小管子长度和最小T型管和弯管数量，储气瓶或驱动气瓶应放置在最高工作温度条件下至少16 h或加压至与灭火系统单元预期的最大工作温度时相应的最大压力来获得最大喷放率。

5.2.3.4 铸铁煮锅应按5.1.4.4注入液体油脂。

5.2.3.5 试验期间的油温应按5.1.4.5测量。

5.2.3.6 铸铁煮锅置于炉灶上直至油脂发生飞溅。煮锅用炉灶的火力应调至最强位置，加热未加盖煮锅中的油脂至发生自燃。自燃后，在炉灶最强火力下自由燃烧至少2 min，再关闭热源并开启灭火系统单元。

5.2.3.7 应观察喷放效果，以确定符合5.2.3.1的要求。

5.2.4 炉灶表面烹饪温度飞溅试验

5.2.4.1 当按5.2.4.2～5.2.4.6试验时，不应产生直径大于5 mm的油滴飞溅范围。

5.2.4.2 试验要求按5.1.4.2、5.1.4.4和5.1.4.5。

5.2.4.3 应使用喷嘴或多个喷嘴的最大喷放率进行试验。通过采用最大管子直径、最小管子长度和最小T型管和弯管数量，储气瓶或驱动气瓶应放置在最高工作温度条件下至少16 h或加压至与灭火系统单元预期的最大工作温度时相应的最大压力来获得最大喷放率。

5.2.4.4 铸铁煮锅应注入液体油脂至油面高度低于铸铁煮锅顶部边缘25 mm处。油面高度应在油温为177 ℃～191 ℃之间时测量。

5.2.4.5 为探测油脂飞溅，在油炸锅周围和侧面应设置一块宽度不小于 760 mm 的金属平板，其表面铺设一层厚度不超过 1.6 mm 的钠盐类干粉。使用自身热源加热炸锅内液体油脂至油温达到 177 ℃～191 ℃。之后灭火系统单元喷放 3 s～5 s。

5.2.4.6 应观察喷放效果，以确定符合 5.2.4.1 的要求。

5.2.5 炒锅飞溅灭火试验

5.2.5.1 当按 5.2.5.2～5.2.5.6 进行试验时，灭火单元应：

a) 能使炒锅内的明火完全熄灭；

b) 启动灭火系统单元后不发生燃着油脂飞溅和明显的油滴散落在炒锅外面。

5.2.5.2 试验使用的炒锅应按 5.1.12。

5.2.5.3 应使用喷嘴或多个喷嘴的最大喷放率进行试验。通过采用最大管子直径、最小管子长度和最小 T 型管和弯管数量，储气瓶或驱动气瓶应放置在最高工作温度条件下至少 16 h 或加压至与灭火系统单元预期的最大工作温度时相应的最大压力来获得最大喷放率。

5.2.5.4 炒锅应按 5.1.12.4 注入液体油脂。

5.2.5.5 试验期间的油温应按 5.1.12.5 测量。

5.2.5.6 炒锅置于炉灶上直至产生油脂飞溅。炒锅用炉灶火力应调至最强位置，加热未加盖炒锅中的油脂至其发生自燃。自燃后，在炉灶最强火力下自由燃烧至少 2 min，再关闭热源并开启灭火系统单元。

5.2.5.7 应观察喷放效果，以确定符合 5.2.5.1 的要求。

5.2.6 炒锅烹调温度飞溅试验

5.2.6.1 当按 5.2.6.2～5.2.6.6 试验时，飞溅油滴的面积不应超过直径 5 mm 范围。

5.2.6.2 试验使用的炒锅应按 5.1.12。

5.2.6.3 试验要求按 5.1.12.4～5.1.12.6。

5.2.6.4 应使用喷嘴或多个喷嘴的最大喷放率进行试验。通过采用最大管子直径、最小管子长度和最小 T 型管和弯管数量，储气瓶或驱动气瓶应放置在最高工作温度条件下至少 16 h 或加压至与灭火系统单元预期的最大工作温度时相应的最大压力来获得最大喷放率。

5.2.6.5 炒锅应注入液体油脂直至油面高度低于铸铁煮锅顶部边缘 75 mm 处。油面高度应在油温为 177 ℃～191 ℃之间时测量。

5.2.6.6 为探测油脂飞溅，在炉灶前方和侧面应设置一块宽度不小于 762 mm 的金属平板，金属板上铺设一层厚度不超过 1.6 mm 的钠盐类干化学品。使用自身热源加热炒锅内液体油脂至油温达到 177 ℃～191 ℃。之后灭火系统单元排放 3 s～5 s。

5.2.6.7 应观察喷放效果，以确定符合 5.2.6.1 的要求。

5.3 排烟罩和排烟管道(全尺寸)灭火试验

5.3.1 一般要求

用于保护厨房烹饪区域的排烟罩和排烟管道的灭火系统单元应按下列内容试验。

5.3.2 排烟罩

5.3.2.1 排烟罩的尺寸按安装说明中指定的最大尺寸，见图 1。

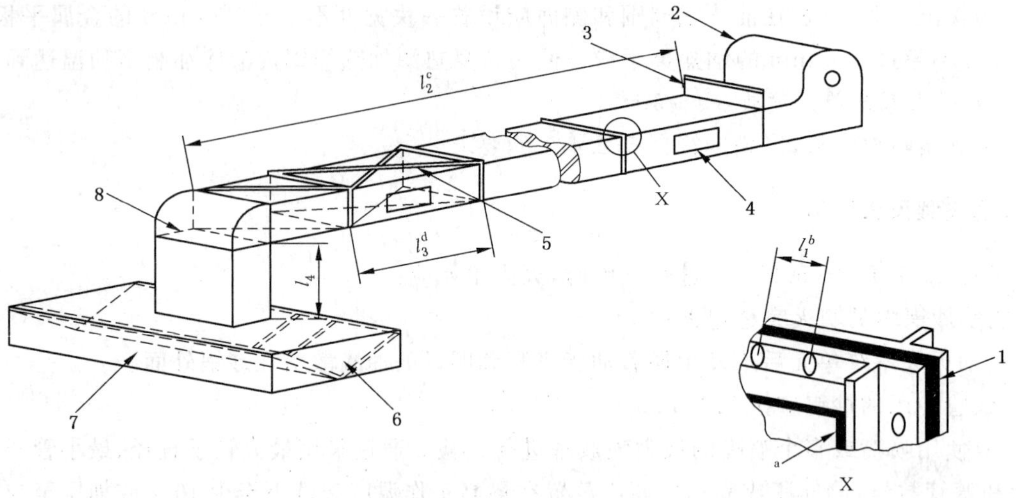

说明：

l_1——102 mm(约等于 0.33 ft)；

l_2——22 900 mm(约等于 75 ft)；

l_3——1 200 mm(约等于 4 ft)；

l_4——0 mm～900 mm(约等于 0 ft～3 ft)；

1——衬垫材料；

2——送风机，风速为 2.54 m/s～5.08 m/s(约等于 500 ft/min～1 000 ft/min)；

3——节气闸；

4——每隔不超过 2.43 m(约等于 8 ft)设置通道入口；

5——角铁支撑以使变形和挠度最小；

6——滤油网，厚度为 50.8 mm(等于 2 in)，钢滤网型；

7——排烟罩；

8——气挡，12.7 mm(等于 1/2 in)，可选。

排烟管道可位于抽油烟机的中部或端部。

[a] 焊接所有边缝。

[b] 留出所有周边的螺栓间距。

[c] 最小尺寸，对无限制的排烟管道长度见安装说明规定。

[d] 排烟管道截面。

图 1　排烟罩和排烟管道试验的典型试验设备

5.3.2.2　排烟罩宽度至少为 1.2 m，增量仅按 0.3 m。

5.3.2.3　排烟罩长度应为 1.2 m、1.7 m、2.4 m、3.6 m、4.2 m、4.9 m、6.1 m、7.3 m。长度超过 7.3 m 的排烟罩，增量仅按 1.8 m。

5.3.2.4　排烟罩应由最小厚度为 2 mm 的金属板制成。

5.3.3　滤油网及支架

5.3.3.1　滤油网的支架应为“V”型并延排烟罩全长布置。滤油网支架的底部应由至少 3 mm 厚、50 mm×50 mm 的角铁构成。钢丝网型滤油网应安装在“V”型支架的两侧，倾斜 45°±10°。在灭火试验期间，烹调器具应位于排烟罩和滤油网的下方。排烟罩和滤油网应能覆盖各烹调器具的边缘，见图 1。

当安装说明制定使用类似单层滤油网的其他型式的滤油网时，滤油网的支架不要求是“V”型的。

5.3.4 排烟管道

5.3.4.1 排烟管道应为矩形或圆形的，用于矩形排烟管道的灭火系统单元试验，也可使用截面周长等于或小于矩形排烟管道的圆形排烟管道。使用圆形排烟管道的灭火系统单元试验时仅可使用圆形排烟管道，见图 1。

5.3.4.2 排烟管道截面周长按安装说明规定的最大值。

5.3.4.3 矩形排烟管道的截面周长应为 1.24 m 或更小、1.90 m、2.54 m、3.17 m、3.81 m、7.62 m 或更大。圆形排烟管道的直径应为 0.61 m、0.81 m、1.02 m、1.22 m、2.4 m 或更大。矩形排烟管道应采用最长边水平安装且垂直端和水平端比率应为 1：2±10%。

5.3.4.4 排烟管道长应为 6.1 m、15.2 m 或 22.9 m，或灭火系统单元制造商指定的其他中间长度。如果使用 22.9 m，灭火系统单元安装应不受最大排烟管道长度限制。沿着排烟管道至少每 2.4 m 应设置通道入口，允许检查排烟管道和上油。为防止油脂泄漏，排烟管道段连接点应使用密封垫圈。垫圈材料应使用能承受试验产生的热暴露的耐热材料。为保证排烟管道的完整性，至少每 2.4 m 应对排烟管道进行支撑。

5.3.4.5 为使试验用液体油脂流至滤油器表面，在排烟管道长度每隔 3 m 应朝排烟罩方向向下倾斜 25.4 mm～76.2 mm。排烟罩和水平方向排烟管道应使用 0 mm～900 mm 的升管相连，在连接处排烟管道的底部，应使用高度为 12.5 mm 的气挡，以使一定量的油脂在试验期间存留在排烟管道内。

5.3.4.6 为调节通过滤油网和排烟管道的气流速度，排烟管道的出口应配备送风机和调气闸板。

5.4 灭火系统单元试验

5.4.1 试验准备

5.4.1.1 灭火系统单元的典型试样应符合 5.4.2 规定。

5.4.1.2 排烟罩和排烟管道的灭火应使用试验喷嘴的最小喷放率。

5.4.1.3 为达到最小喷放率条件，灭火系统单元应使用与附件数量和管子尺寸和长度相关的最大管件限制规定来安装。钢瓶和驱动气瓶应充至额定容量，钢瓶和驱动气瓶应采用驱动气体加压至 21 ℃下的公称工作压力[见 6.2k)]。试验前，经充装的试验用钢瓶和驱动气瓶应预先在最低贮藏温度下放置至少 16 h。也可采用干燥氮气或干燥空气作为试验用灭火系统单元的驱动气体，在室温下对钢瓶和驱动气瓶进行降压充装，以模拟最低工作温度代替在最低储存温度下放置 16 h。

5.4.1.4 按 5.4.1.3 所述试验步骤，喷嘴应位于安装说明所允许的与能实现灭火的最难位置和方向。

5.4.1.5 用于涂覆烹调器具的试验用燃料应为新的合成防沫蔬菜压榨油。全比例试验中，用于涂覆排烟管道、滤油网和排烟罩的试验用燃料也应为新的合成防沫植物压榨油或经提炼的动物油脂。

5.4.1.6 温度测量

排烟管道内部距排烟管道入口 3.6 m 及 6.1 m 处应装设热电偶。此热电偶应为 K 型(镍镉铝合金)，带有 0.82 mm^2 或 0.52 mm^2 的金属丝焊接的裸珠焊点连接，直径不大于 1.27 mm。热电偶应位于排烟管道横截面的中心并应连接至图表记录仪或其他等效的热电偶温度监测方式。

5.4.1.7 深油炸锅

每次全尺寸试验时，都应位于排烟罩之下正对排烟管道入口下方之处。深油炸锅与排烟罩入口之间的距离应便于试验装置的安装。在按 5.4.3.3 开始 30 s 倒计时之前，深油炸锅应完全被火焰包围。

5.4.2 一般试验程序

5.4.2.1 用于排烟罩和排烟管道系统的灭火系统单元应按 5.4.2.2～5.4.5.2 进行试验。

5.4.2.2　排烟罩和排烟管道(全尺寸)试验应使用5.1.2.1中的深油炸锅。

按5.1.2.1的要求使用深油炸锅的场所,也可以使用制造商安装说明所指定的由厚度不小于2 mm金属片制成且深度不小于230 mm的烹调表面积相同的炸锅。

5.4.2.3　排烟罩及排烟管道(全尺寸)试验的试验装置应按5.3.2～5.3.4。

5.4.2.4　灭火系统单元应使用安装说明所指定的最大覆盖面积进行试验。

5.4.2.5　燃料涂覆

试验用燃料油应加热至其液化并注入用于均一的涂覆排烟管道和集气室内部表面的装置,例如用常规方式加压的9 L容积的高压水灭火器。使用灭火器时,为达到喷放率,使用的释放装置应不同于灭火器自带的释放装置。排烟管道和集气室内表面应均匀涂覆油脂,最小量为1.5 kg/m^2。特别是在大尺寸的排烟管道中,为了按要求获得持续火焰时,可使用附加的油脂。其他使用油脂的方法如果能达到相同的结果也可以采用。滤油网过滤区域的涂覆最小量为3.7 kg/m^2。这可以通过对每一片滤油网喷油雾、浸油或撒布固体油脂来实现。

5.4.2.6　排烟管道气流试验应在下列气流/节气闸条件下进行:

a)　排烟管道出口始终开启,点火后关闭辅助排风机。

b)　系统即将启动时,通过节气闸关闭排烟管道出口。

c)　通过辅助送风机的,使排烟管道内风速达到150 m/min～300 m/min。为获得下述的适当喷放率,应在安装无油过滤网后,调节排烟管道内气流。使用风速仪或风压计之类的仪器来校核气流速度及进行调节。为确定排烟管道内风速,最少应设置9个测量点取平均值。应在排烟罩下游进行测量,并通过将排烟管道横截面分为16等分来确定风速。测量仪器应位于划分后的各部分边界的交叉点上。若有被判定能提供等效结果的方法,则也可以作为测量风速的选择。

5.4.3　燃料的点燃及灭火系统单元的操作

5.4.3.1　炸锅、排烟罩及排烟管道的点燃最初应通过外部火源。火源是指燃气燃烧器、丙烷燃烧器、手持丙烷火炬或类似器具。以前的试验表明,用于排烟罩下方的外部热源,其输出热量在15 800 kJ/min～21 100 kJ/min之间的可用于点燃排风罩区域及排烟管道。深油炸锅中油脂的点燃应使用炸锅自身的或外部的火源。类似柴油或汽油燃料的易燃液体,不应作为排烟罩和排烟管道的点火源使用。

5.4.3.2　当3.6 m处的热电偶温度达到至少871 ℃或当6.1 m处的热电偶温度达到至少649 ℃时,其中之一首先发生,即为点燃发生。一般情况下,3.6 m处的热电偶的读数会在427 ℃～482 ℃之间短时波动后迅速升高。

5.4.3.3　发生点燃时,应立即关闭点火源。所有点火源都关闭后,且当6.1 m处的热电偶温度稳定在482 ℃以上或当其继续上升时,应开始30 s倒计时。若关闭点火源后温度下降,则不应开始30 s倒计时。当温度开始降低时应暂停倒计时,当6.1 m处的热电偶温度稳定在482 ℃以上或当其开始上升至超过482 ℃时恢复倒计时。

5.4.3.4　30 s倒计时结束后,应手动启动灭火系统单元。

5.4.4　集气试验

5.4.4.1　除了5.4.2和5.4.3所述试验外,经目视确定当集气室和过滤网火达到最大强度而发生点燃时,应进行集气试验。在火焰最强时手动启动系统,残余火星应自行熄灭。集气试验中,排烟管道出口应开启,且按5.4.2.6c)应使用辅助送风机。

5.4.4.2　灭火试验前,应在集气区域进行喷放试验,为保证灭火剂能覆盖过滤区域,使用气流应按5.4.2.6a)及5.4.2.6c)。

5.4.5 合格条件

5.4.5.1 系统启动后火焰应被熄灭，同时应能证实温度迅速降低并在任何情况下温度都不再升高。记录仪器的常规波动应忽略。在不增加灭火剂的情况下，残余火星应自行熄灭。

5.4.5.2 灭火后应检查排烟管道和排烟罩。为获得成功的试验结果，系统中应存留一定量的油脂，油脂的量应能维持火焰不致熄灭。

6 安装、操作和维护说明手册

6.1 按4.3.1要求，应提供安装、操作、充填、检查和维护说明手册用作自动灭火单元或预制灭火系统单元的检查和试验的参考。

6.2 说明书应说明各灭火系统单元的限制规定且至少应包括下列项目：

a) 各灭火系统单元及所有附属设备的描述和操作细节，包括灭火系统单元或附属设备的标识，例如元件编码或型号；
b) 系统所提供的保护类型；
c) 所使用的管子、软管、配管及附件类型；
d) 正确的系统安装及有效保护的典型系统布置及特殊限制规定，例如：对于倾斜煮锅/平底蒸锅，说明书应指出喷嘴位置应正对烹调器具正前方，以使对喷嘴排放的干涉(例如：煮锅盖子)最小化；
e) 正确安装系统及实施有效保护所需的特殊限制规定信息；
f) 各灭火系统所有改变情况的记录，包括每个变化情况的限制规定；
g) 喷嘴的限制规定，包括各不同烹调器具的最大保护尺寸和面积，最小及最大高度限制和喷嘴位置。当系统单元有最大容量限制时，也应给出此信息；
h) 各灭火系统单元的安装细节，包括附属设备的；
i) 说明连接至设备的特殊型号的探测器和控制面板(若配有)；
j) 多个灭火系统单元相互连接的规范和说明，或在难以相互连接时，不应使用多个单元的警示声明；
k) 21 ℃时系统的工作压力；
l) 工作温度范围限值；
m) 安装后的系统检查信息；
n) 由经过训练的人员实施系统年检的说明，包括：
   1) 检查以确定保护区域火灾危险情况尚未改变；
   2) 对所有探测器、驱动气体容器、灭火介质储存容器、启动装置、软管、喷嘴、信号装置和所有辅助设备，包括关闭设备进行检查；
   3) 灭火剂的质量和数量检查；
   4) 检查灭火剂分配管无损坏且无堵塞；
   5) 按制造商或由认可机构推荐进行水压试验；
   6) 探测系统、信号装置及释放装置的操作，包括手动位置和其他关联设备的操作；
   7) 有缺陷或被损坏部件的纠正、维修及更换操作；
   8) 所进行的维修和建议的维护报告；
   9) 易熔合金类型的固定温度感应元件的强制更换(从安装日起至少每年)(旧的感应元件拆除后应销毁)；
   10) 非易熔合金类型的温度感应元件的更换，经检查、清洗或替换(按制造厂说明要求)后允许其保留使用；

11） 所有灭火系统单元在使用后或经检查后和维护程序所指定的应强制充填；

12） 从贮存容器中排出的任何灭火剂均应强制丢弃；

o） 对使用后重新充填的系统详细说明应包括下列内容：

1） 内容：

（1） 要求说明、警告和警示；

（2） 服务设备说明；

（3） 预期服务程序说明。

2） 提供所有可替换部件的部件编号清单；

3） 应指出下列内容：

（1） 不应使用灭火系统附带的压力表来测量是否已达到预定充填压力；

（2） 当压力源为高压气罐，气体压力高于充填压力时，应使用减压器；

p） 对所有设备维护要求的说明；

q） 制造商名称或标签、或等效的标识；

r） 每页上的日期栏和签字栏；

s） 材料信息，“安全数据表”及警告说明。

6.3 各灭火系统单元也应提供安装、操作和维护手册，客户有需求时也应提供。若此类手册不包括在所有系统中，则各系统应附有用户手册。

7 用户手册

7.1 灭火系统单元应按 6.3 提供用户手册，至少应包括下列内容：

a） 明确指出该手册不应视为具体的安装、操作和维护细节；

b） 明确指出安装、操作和维护手册能通过联系制造商获得；

c） 说明系统应至少每年经有资格及经过训练的人员进行检查；

d） 关于着火之前及之后的系统维护所必须的程序的信息；

e） 所有者应确保每月进行检查的要求：

1） 正确位置；

2） 启动装置无故障；

3） 封条完整（若配有）；

4） 无明显物理损坏或存在其他妨碍操作的情况；

5） 压力表（若配有）在可操作范围内；

6） 喷嘴位于正确的位置、无损坏且所配的吹开帽位置正常；

7） 烹调设备未经移动；

f） 声明对系统的修改，应在与培训过的具有资质的系统设计人员参照具体的安装维护手册进行商讨后，才能实施。声明应包括下列内容或等效文字：

“本系统由经测试的部件，按具体的安装手册的要求而构成。当准备改变系统设计或被保护区域时，应与系统设计者协商。系统喷放后应咨询授权的安装人员和系统设计者。”

8 试验报告

8.1 试验报告应尽可能全面，应包括任何在试验中观察到的现象和试验中的难点进行注释。报告中所有测量单位应表述清晰。

8.2 试验报告应给出下列基本信息(若适用):

a) 试验室的名称和地址;

b) 委托方的名字和地址;

c) 受试灭火系统的制造商/供应商的名称和地址;

d) 一份制造商安装、操作和维护说明手册的拷贝;

e) 一份用户手册的拷贝;

f) 对每一试验:

1) 试验日期;

2) 试验操作者;

3) 受试产品和组件的商品名称和识别代码;

4) 使用的烹调器具(例如:深油炸锅)的型式、尺寸和准确细节,包括受试烹调器具的最大尺寸;

5) 各试验所用管子附件的详细信息;

6) 试验中灭火剂的喷放率,单位为 kg/s;

7) 各试验中灭火剂的用量;

8) 喷嘴型式、位置及高度;

9) 试验中灭火剂的喷放压力,单位为 MPa;

10) 试验中灭火介质储存容器及驱动气瓶(若配有)的喷放温度,单位为℃;

g) 对被测设备的观察和相应的分类;

h) 关于试验的任何其他注释和现象。

ICS 47.080
U 37

中华人民共和国国家标准

GB/T 28964—2012/ISO 15083:2003

小艇　舱底泵系统

Small craft—Bilge-pumping systems

(ISO 15083:2003,IDT)

2012-12-31 发布　　2013-07-01 实施

中华人民共和国国家质量监督检验检疫总局
中国国家标准化管理委员会　发布

前　言

本标准按照 GB/T 1.1—2009 给出的规则起草。

本标准使用翻译法等同采用 ISO 15083:2003《小艇　舱底泵系统》。

与本标准中规范性引用的国际文件有一致性对应关系的我国文件如下：

——GB/T 19317(所有部分)　小艇　通海旋塞及贯穿艇体的附件(ISO 9093(所有部分),IDT)

本标准由中国船舶工业集团公司提出。

本标准由全国小艇标准化技术委员会(SAC/TC 241)归口。

本标准起草单位:中国船舶工业综合技术经济研究院。

本标准主要起草人:王俊、老轶佳、赵华。

小艇　舱底泵系统

1　范围

本标准规定了符合 GB/T 19916—2005 第 1 章要求的艇体长度不大于 24 m 的小艇上设计用于移走常规的舱底积水的泵吸或其他方法的要求。

本标准不适用于设计用于破损控制的舱底泵或舱底泵吸系统。

2　规范性引用文件

下列文件对于本文件的应用是必不可少的。凡是注日期的引用文件，仅注日期的版本适用于本文件。凡是不注日期的引用文件，其最新版本(包括所有的修改单)适用于本文件。

GB/T 17846—2009　小艇　电动舱底泵(ISO 8849:2003,IDT)

GB/T 19916—2005　小艇　主要数据(ISO 8666:2002,IDT)

GB/T 19919—2005　小艇　窗、舷窗、舱口盖、舷窗盖和门　强度与密封性要求(ISO 12216:2002,IDT)

GB/T 20896—2007　小艇　水密尾舱和快速泄水尾舱(ISO 11812:2001,IDT)

IEC 60529:2001　外壳防护等级(IP Code)

ISO 9093(所有部分)　小艇　通海旋塞及贯穿艇体的附件(Small craft—Seacocks and through-hull fittings)

3　术语和定义

下列术语和定义适用于本文件。定义中所使用符号的意义见第 4 章。

3.1

设计类别　design category

艇所适合的海况和风级的种类。

3.1.1

设计类别 A　design category A

“远洋”航行类别　category for “ocean” sailing

用于扩大航线艇的设计，艇所经受的海况为风力可超过 8 级(蒲氏风级)以及有义波高不小于 4 m，但不包括不正常的海况(例如：飓风)。

3.1.2

设计类别 B　design category B

“近海”航行类别　category for “offshore” sailing

用于近海航线的设计，艇所经受的海况为风力不大于 8 级(蒲氏风级)以内有义波高不大于 4 m。

3.1.3

设计类别 C　design category C

“沿岸”航行类别　category for “inshore” sailing

用于在沿海水域、大的海湾、港湾、大湖和大河中航行艇的设计，其所经受的海况为风力不大于 6 级(蒲氏风级)以内有义波高不大于 2 m。

3.1.4

设计类别 D design category D

“遮蔽水域”航行类别 category for sailing in “sheltered waters”

用于在遮蔽水域、小的海湾、港湾、小湖、小河和运河中航行艇的设计，艇所经受的海况为风力不大于 4 级（蒲氏风级）以及最大临时波高不大于 0.5 m。

3.2

帆艇 sailing boat

主要推进方式为风力的艇，其在迎风驶帆时可同时使用所有帆的总投影面积 $A_S > 0.07(m_{LDC})^{2/3}$。

注：所有帆的总投影面积以 m^2 表示。

3.3

全甲板艇 full decked boat

脊弧线水平投影包括下列任一组件的艇：

——水密甲板和上层建筑；和/或

——符合 GB/T 20896—2007 中 3.10 定义的艉舱和快速泄水凹体；和/或

——综合容积小于 $L_H B_H F_M/40$ 的符合 GB/T 20896—2007 中 3.9 定义的水密凹体。

所有相邻的设备均应符合 GB/T 19919—2005 中 4.4 的水密要求。

注：开敞式和部分甲板式艇与本条定义不一致。

3.4

围壁操舵部位 enclosed steering position

预定用于恶劣天气的操舵位置，其顶部及至少三个侧面有刚性或柔性的围壁。

3.5

无遮蔽操舵部位 exposed steering position

预定用于恶劣天气的操舵位置，其顶部及至少三个侧面没有刚性或柔性的围壁。

3.6

舱底水聚积物 accumulation of bilge water

溅水、下雨、渗流、溢出及艇在正常航行或破浪时积存在舱底的少量水。

3.7

临界舱底水水位 critical bilge-water level

艇在稳定浮态或正常操作条件下，舱底水可能会接触到金属燃油舱、离合器、发动机面板、非水下作业机械，或非水密电子电路和连接线的水位线。

3.8

最大横倾水线 maximum heeled waterline

〈非帆艇〉当艇横倾角为 7°时，艇体上的水线。

3.9

最大横倾水线 maximum heeled waterline

〈帆艇〉当艇横倾角为 30°时，艇体或船舯脊弧线上的水线，取小者。

3.10

舱底潜水泵 submersible bilge pump

设计为在水面下工作的泵。

3.11

压头 water head

舱底泵及管系排放中的最大压头，从泵的入口至排放管路最高位置的中心的垂直测量距离。

3.12

可达性 accessible

无需拆除任何艇体结构或使用任何工具，或移动任何可携式设备，即能到达进行使用、检查或维护的能力。

3.13

易达性 readily accessible

不需要使用工具或移动艇体结构上的任何部件或任何便携式设备，就能易于到达检查、移动或维修的能力。

4 符号

本标准采用的符号及其单位见表1。

表1 符号

符号	单位	意 义
A_S	m^2	设计航区，按 GB/T 19916—2005
B_H	m	艇体宽度，按 GB/T 19916—2005
F_M	m	满载水线的干舷、船舯，按 GB/T 19916—2005
L_H	m	艇体长度，按 GB/T 19916—2005
m_{LDC}	kg	艇在轻载状态下加上最大总载荷的重量，按 GB/T 19916—2005
IP 56		提供防止水花飞溅的密性等级，按 IEC 60529
IP 67		提供防止临时浸没的密性等级，按 IEC 60529

5 要求

5.1 型式、数量和位置

5.1.1 一般要求

舱底泵系统应能从艇上会产生积水的所有主要舱室将水排出。

船首和船尾顶端组合容积应不大于按 GB/T 19916—2005 中 7.3 规定的满载备用状态下艇的排水量的 10%，如果在这些舱室收集的水能通过一个阀或其他排放方式排至主舱底，则不需要连接舱底泵系统。

舱底泵系统的型式、数量和位置应按 5.1.2 和 5.1.3 的要求。

5.1.2 开敞艇和部分甲板艇

对于开敞艇和部分甲板艇，排水方式应按艇主手册。

注：对于部分甲板艇，宜安装舱底泵。

5.1.3 全甲板艇

5.1.3.1 一般要求

全甲板艇应按 5.1.3.2 和 5.1.3.3 安装一个或更多的舱底泵。

5.1.3.2 主舱底泵

对于设计类别 A、B 和 C 的艇：

a) 若主操舵位置是暴露的，所有的门、舱口盖和其他通往艇内部的入口是关闭的，且排放管线上的压头小于 1.5 m，应安装一个手动舱底泵永久附着于艇体结构且在尾舱内操作；

b) 若主操舵位置是暴露的，所有的门、舱口盖和其他通往艇内部的入口是关闭的，且排放管线上的压头等于或大于 1.5 m，应安装一个手动或有动力的舱底泵或舱底泵系统（例如：电动的）永久附着于艇体结构且在主操舵位置操作；

c) 若主操舵位置在艇内部，应安装一个有动力的舱底泵或舱底泵系统，且舱底泵在主操舵位置操作。

对于设计类别 D 的艇：

a) 若 L_H 大于 6 m，应安装一个手动或有动力的舱底泵或舱底泵系统；

b) 若 L_H 小于或等于 6 m，应安装一个手动舱底泵或具备艇主手册中规定的其他排水方式。

5.1.3.3 备用舱底泵

对于设计类别 A、B 和 C 的艇，应安装一个附加的手动、机械式或电动舱底泵或舱底泵系统，以排出所有舱底空间的积水，且应能从易于接近的位置来操作。

对于设计类别 D 的艇，不需要备用舱底泵。

5.2 要求汇总

5.1 的要求汇总见表 2。

表 2 舱底泵要求汇总

艇的类型	艇的特征	泵的型式	舱底泵要求或排水方式	条款
敞开艇和部分甲板艇 设计类别 A、B、C、D	—	—	见艇主手册	5.1.2
全甲板艇 设计类别 A、B、C	操舵位置暴露	主舱底泵	1 台手动泵（压头小于 1.5 m）；1 台手动、机械式或电动泵（压头等于或大于 1.5 m）	5.1.3.2 a)； 5.1.3.2 b)
		备用舱底泵	1 台手动或机械式或电动泵	5.1.3.3
	操舵位置在艇内部	主舱底泵	1 台手动或机械式或电动泵	5.1.3.2 c)
		备用舱底泵	1 台手动或机械式或电动泵	5.1.3.3
全甲板艇 设计类别 D	L_H 大于 6 m	主舱底泵	1 台手动或机械式或电动泵	5.1.3.2
	L_H 小于或等于 6 m		1 台手动泵，其他方式见艇主手册	5.1.3.2

5.3 排量

按 5.1.3 要求，各舱底泵的排量不应小于以下数值：

——10 L/min，L_H 不大于 6 m 的艇；

——15 L/min，L_H 大于 6 m 且小于 12 m 的艇；

——30 L/min，L_H 不小于 12 m 的艇。

泵的背压在 10 kPa 时，每分钟的排量应达到上述值。

对于手动舱底泵，排量应以每分钟 45 次计算。

6 设计和结构

6.1 一般要求

6.1.1 舱底泵系统的设计和结构应能耐受正常操作条件下可能经受的压力、温度和应力。

舱底泵的操作温度限制范围为 0 ℃～60 ℃，且不工作时能耐受干燥条件下的储存温度为 −40 ℃～60 ℃。

6.1.2 舱底泵的旋塞/溢水管和其他构件应足够长以支承软管，且应允许使用管夹。

6.1.3 除非为永久安装，应确保将舱底泵手柄意外丢失的风险减至最小。

6.1.4 舱底泵不应将水排至艉舱，除非艉舱的开口向海面开放。舱底泵不应连接至艉舱排水系统。

6.2 电动泵

6.2.1 电动泵应按 GB/T 17846—2009 中第 4 章和第 5 章的规定。

6.2.2 电动泵应符合 IEC 60529 的 IP 67 外壳防护等级，且应位于可接受的最大水线以上，除非是可以浸水的。

6.2.3 若开关有可能经受喷淋，则应符合 IEC 60529 的 IP 56 外壳防护等级。

7 安装

7.1 舱底泵应安装在易于接近的位置，以便维护和清洁入口。

7.2 舱底泵入水口(例如：滤网)的设计应使导致泵失效的碎片吸入的可能性减至最小，且易于清洁。

7.3 在泵的最大吸入状态下，入口软管不应失去支承。

7.4 舱底泵管路和软管应安装为符合排量要求。

7.5 艇体上的出口应位于最大艉部水线上方，见 3.8 和 3.9 定义，除非按 GB/T 19317 中第 9 章安装一个通海旋塞，且应具有防止水逆流至艇内的方式和止回阀。

7.6 若个别泵的排放共用一个贯穿艇体的附件，系统应设计为操作其中一个泵的同时不会对其他泵产生反作用，且同时操作的泵的系统流量不会减少。

7.7 软管应确保使用非金属型式的管夹或者永久粘附末端附件来安全连接。

7.8 非潜水舱底泵电动机应位于临界舱底水位上方。

7.9 自动控制舱底泵应易于切换至手动动力支持来启动泵。

7.10 自动控制应具备视觉显示，即电源指示，和泵已设定为准备自动操作模式。

7.11 手动泵的安装应满足 5.3 规定。

8 艇主手册

艇主手册中应包括附录 A 中的内容。

附　录　A
（规范性附录）
应列入艇主手册的说明

A.1　给艇主/操作者的说明

艇和/或泵的制造厂应提供舱底泵系统的下列方面的信息：
——各舱底泵的型式、流量和位置；
——操作显示；
——维护要求。

A.2　艇主/操作者的职责

艇主/操作者的职责是船上至少应有一个水斗/提水桶，以备发生意外。
本要求适用于：
——所有开敞艇和部分甲板艇；和
——没有舱底泵的设计类别 D 的全甲板艇。

A.3　安全措施

A.3.1　注意

定期检查所有舱底泵的功能。从泵的入口清除碎片。

若在艏尖舱和艉尖舱装有通海旋塞，则其应保持关闭，且仅在允许将水排至主舱底泵的情况下打开。

A.3.2　警告

系统的综合容量不是为破损情况下排水准备的。

ICS 47.020.70
U 62

中华人民共和国国家标准

GB/T 28965—2012

抓斗挖泥船疏浚监控系统

Grab dredger supervisory control system

2012-12-31 发布 2013-06-01 实施

中华人民共和国国家质量监督检验检疫总局
中国国家标准化管理委员会 发布

前　言

本标准按照 GB/T 1.1—2009 给出的规则起草。

本标准由全国海洋船标准化技术委员会(SAC/TC 12)归口。

本标准起草单位:中国交通建设股份有限公司、中交广州航道局有限公司、中交天津航道局有限公司、中交上海航道局有限公司、上海达华测绘有限公司、疏浚技术装备国家工程研究中心、镇江亿华系统集成有限公司、江苏科技大学、中国船舶工业综合经济技术研究院、中交天津港航勘察设计研究院有限公司。

本标准主要起草人:刘念君、田俊峰、许向东、曹湘波、丁树友、侯晓明、李金贵、王培胜、史美祥、顾明、张洪涛、俞孟蕻、杨洪杰、魏伟、王小锋、刘国生、刘烈晖、罗刚。

抓斗挖泥船疏浚监控系统

1 范围

本标准规定了抓斗挖泥船疏浚监控系统的要求、试验方法、检验规则、标志、包装、运输和贮存。

本标准适用于抓斗挖泥船疏浚监控系统的设计、制造、改造和验收，抓斗挖泥船疏浚监控系统的维修可参照使用。

2 规范性引用文件

下列文件对于本文件的应用是必不可少的。凡是注日期的引用文件，仅注日期的版本适用于本文件。凡是不注日期的引用文件，其最新版本（包括所有的修改单）适用于本文件。

GB/T 191 包装储运图示标志

GB/T 2423.1 电工电子产品环境试验 第2部分：试验方法 试验A：低温

GB/T 2423.2 电工电子产品环境试验 第2部分：试验方法 试验B：高温

GB/T 2423.3 电工电子产品环境试验 第2部分：试验方法 试验Cab：恒定湿热试验

GB/T 2423.4 电工电子产品环境试验 第2部分：试验方法 试验Db：交变湿热（12 h+12 h循环）

GB/T 2423.10 电工电子产品环境试验 第2部分：试验方法 试验Fc：振动（正弦）

GB/T 2423.16—2008 电工电子产品环境试验 第2部分：试验方法 试验J及导则：长霉

GB/T 2423.17 电工电子产品环境试验 第2部分：试验方法 试验Ka：盐雾

GB/T 2423.18 电工电子产品环境试验 第2部分：试验方法 试验Kb：盐雾，交变（氯化钠溶液）

GB/T 2423.101 电工电子产品环境试验 第2部分：试验方法 实验：倾斜和摇摆

GB 4208 外壳防护等级（IP代码）

GB/T 6587.8 电子测量仪器 电源频率与电压试验

GB/T 13384 机电产品包装通用技术条件

GB/T 15479—1995 工业自动化仪表绝缘电阻、绝缘强度技术要求和试验方法

GB/T 15511—1995 海洋船电气自动化系统一般要求

GB 15702 电子海图技术规范

GB/T 17626.2—2006 电磁兼容 试验和测量技术 静放电抗扰度试验

GB/T 17626.3—2006 电磁兼容 试验和测量技术 射频电磁场辐射抗扰度试验

GB/T 17626.4—2008 电磁兼容 试验和测量技术 电快速瞬变脉冲群抗扰度试验

GB/T 17626.5—2008 电磁兼容 试验和测量技术 浪涌（冲击）抗扰度试验

GB/T 17626.11—2008 电磁兼容 试验和测量技术 电压暂降、短时中断和电压变化的抗扰度试验

GB/T 21671—2008 基于以太网技术的局域网系统验收测评规范

JTJ 203 水运工程测量规范

中国船级社《钢质海船入级规范》

中国船级社《国内航行海船建造规范》

中国船级社《钢质内河船舶建造规范》

3 术语和定义

下列术语和定义适用于本文件。

3.1

抓斗挖泥船疏浚监控系统 grab dredger supervisory control system,GDSCS

利用传感器、测量、网络、通信、计算机、自动化等技术,对抓斗挖泥船疏浚设备状态及船舶作业过程进行监测与控制的系统。

3.2

基本型疏浚监控系统 basic dredging supervisory control system

满足抓斗挖泥船疏浚作业过程最低配置的疏浚监控系统。

3.3

扩展型疏浚监控系统 expanded dredging supervisory control system

在基本型疏浚监控系统的基础上,具有按需求要求扩展功能的疏浚监控系统。

3.4

设备控制与监视系统 machinery control and monitoring system,MCMS

对抓斗挖泥船疏浚设备进行控制与监视的系统。

3.5

抓斗斗印 grab footprint

抓斗挖泥船施工合斗时留下的抓斗位置的水平投影几何尺寸及轨迹。

4 缩略语

下列缩略语适用于本文件。

ADCS——疏浚自动控制系统(Automatic Dredging Control System)

AMS——监测报警系统(Alarm and Monitoring System)

CCS——中国船级社(China Classification Society)

DDLS——疏浚数据记录系统(Dredge Data Logging System)

DTPM——疏浚轨迹与剖面显示系统(Dredging Tracking and Profile Monitor)

HMI——人机交互(Human Machinery Interaction)

PLC——可编程逻辑控制器(Programmable Logic Controller)

5 要求

5.1 设计与结构

5.1.1 分类

GDSCS按照系统实现功能的复杂程度和技术水平,分为基本型疏浚监控系统和扩展型疏浚监控系统。

5.1.2 基本型疏浚监控系统组成

基本型疏浚监控系统应包括:

a) 设备控制与监视系统(MCMS);
b) 疏浚轨迹与剖面显示系统(DTPM);
c) 监测报警系统(AMS);
d) 疏浚仪器仪表。

5.1.3 扩展型疏浚监控系统组成

扩展型疏浚监控系统除包含5.1.2外,宜包括:
a) 挖泥自动控制系统(ADCS);
b) 疏浚数据记录系统(DDLS)。

5.1.4 结构

GDSCS采用无线或有线组网方式,分别在抓斗机操纵室、船舶操作室或移船操纵甲板安装采集器、控制器、监控工作站等,实现疏浚、移船操纵作业及设备运行监控。

5.1.5 操纵方式

GDSCS应具有下列操纵方式:
a) 手动控制方式:手柄、按钮、旋钮等操纵控制和人机交互(HMI)方式;
b) 自动控制方式;
c) 应急控制方式。

5.1.6 软件

软件应满足GB 15702及JTJ 203要求。HMI的人机界面图形颜色应符合附录A的要求。

5.1.7 接地

GDSCS接地应满足中国船级社《钢质海船入级规范》规定的要求。

5.1.8 电源

5.1.8.1 GDSCS由主/备两路电源供电。

5.1.8.2 GDSCS应配备不间断电源,其容量应至少在主/备两路电源失电的情况下正常运行30 min。

5.2 功能

5.2.1 设备控制与监视系统(MCMS)

MCMS应具有下列控制与监视功能:
a) 抓斗机的旋转、吊臂的变伏;
b) 抓斗(升降、开/闭、开口度、深度归零);
c) 移船绞车的启动/停止、钢桩的升/降等;
d) 动力装置的启动、停止、调速等。

5.2.2 疏浚轨迹与剖面显示系统(DTPM)

DTPM应具有下列功能:
a) 设计、输入、编辑、绘制计划线、电子海图、挖槽剖面、船形等;
b) 抓斗斗印布设和排斗;

c) 坐标转换与投影计算及相关参数设置,满足全球范围内施工定位;
d) 导入、显示标准图形数据文件;
e) 以平面视图、剖面视图和数字显示方式监视挖泥船船位、航向、抓斗位置、深度等。

5.2.3 监测报警系统(AMS)

AMS应具有下列功能:
a) 采集、处理、显示和记录监测报警量,满足中国船级社《钢质海船入级规范》、《国内航行海船建造规范》和《钢质内河船舶建造规范》相关要求;
b) 通过权限密码可设置报警参数值。

5.2.4 挖泥自动控制系统(ADCS)

ADCS宜具有下列功能:
a) 定深挖泥自动控制;
b) 挖泥自动整平控制。

5.2.5 疏浚数据记录系统(DDLS)

DDLS应具有对GDSCS监测及计算生成的数据记录存储及回放功能。

5.3 性能

GDSCS应满足下列性能要求:
a) 网络链路传输速率:不小于10 Mbps。
b) 监测容量:监测点满足使用并留有不小于20%余量。
c) 数据显示更新时间间隔:不大于1 s。
d) 数据存储时间间隔:不大于2 s。
e) 数据存储介质容量:连续记录365 d的GDSCS数据。
f) 报警响应时间(多点报警):
  1) 涉及船舶安全的报警响应时间:应满足中国船级社《钢质海船入级规范》、《国内航行海船建造规范》和《钢质内河船舶建造规范》相关要求;
  2) 其他报警响应时间:不大于6 s。
g) 报警系统I/O点:I/O点满足使用并留有不小于20%余量。
h) 控制响应时间:不大于0.5 s。
i) 控制系统I/O点:I/O点满足使用并留有不小于20%余量。
j) 船舶平面位置定位中误差:±2.0 m。
k) 船舶航向中误差:±0.3°。
l) 抓斗下放深度(D)最大允许误差:
  1) 抓斗下放深度0 m~30 m:±0.25 m;
  2) 抓斗下放深度大于30 m:±[0.25+2%×(D−30)]m。
m) 抓斗机旋转角度最大允许误差:±0.5°。
n) 抓斗开口度最大允许误差:±2.5%。

5.4 外观质量

GDSCS各设备的外表应无伤痕、锈斑、色差、毛刺。

5.5 环境适应性

5.5.1 温度

GDSCS 温度应满足 GB/T 15511—1995 中 3.2.1 的要求。

5.5.2 相对湿度

GDSCS 相对湿度应满足 GB/T 15511—1995 中 3.2.2 的要求。

5.5.3 倾斜和摇摆

GDSCS 倾斜和摇摆应满足 GB/T 15511—1995 中 3.2.4 的要求。

5.5.4 振动

GDSCS 振动应满足 GB/T 15511—1995 中 3.2.3 的要求。

5.5.5 霉菌

GDSCS 在黑曲霉、黄曲霉、杂色曲霉、绳状青霉、球毛壳霉的条件下经 56 d,长霉等级应不大于 GB/T 2423.16—2008中规定的 2 级。

5.5.6 盐雾

GDSCS 暴露的金属零件、部件及内部金属部分在盐雾条件下经 48 h,表面应无金属腐蚀物。

5.6 电磁兼容性

GDSCS 抗扰度应满足下列要求:

a) 静电放电:能承受 GB/T 17626.2—2006 中严酷等级 3 级的静放电抗干扰;
b) 电磁场辐射干扰:能承受 GB/T 17626.3—2006 中严酷等级 3 级的射频电磁场辐射干扰;
c) 电快速瞬变干扰:能承受 GB/T 17626.4—2008 中严酷等级 3 级的电快速瞬变脉冲群干扰;
d) 浪涌干扰:能承受 GB/T 17626.5—2008 中严酷等级 3 级的浪涌(冲击)干扰;
e) 电压暂降、短时中断:能承受 GB/T 17626.11—2008 中严酷等级 3 类的电压暂降、严酷等级 2 类的短暂中断干扰。

5.7 外壳防护

GDSCS 设备的外壳防护应满足下列要求:

a) 潜水设备外壳防护等级:IP 68;
b) 甲板以上设备外壳防护等级:IP 56;
c) 机泵舱设备外壳防护等级:IP 44;
d) 控制台设备外壳防护等级:IP 20;
e) 其他设备满足 GB 4208 中有关外壳防护要求。

5.8 电压和频率

GDSCS 供电电源的电压与频率应满足 GB/T 15511—1995 中 3.3 的有关要求。

5.9 绝缘电阻

GDSCS 绝缘电阻应满足 GB/T 15479—1995 中 4.1 的要求。

5.10 绝缘强度

GDSCS 绝缘强度应满足 GB/T 15479—1995 中 4.2 的要求。

6 试验方法

6.1 功能

功能按下列方法进行试验：

a) GDSCS 全部程序完成调试后，在工厂将 GDSCS 与模拟试验台和被控设备模拟器连接，按照 5.2 所要求的功能进行模拟试验，测试并记录各项功能；

b) 实船将 GDSCS 与被控设备连接，程序联调完毕，进行功能测试，并记录各项功能。

结果应符合 5.2 的要求。

6.2 性能

GDSCS 性能试验按照附录 B 的规定进行。结果应符合 5.3 的要求。

6.3 外观质量

目视检查 GDSCS 各设备的外观。结果应符合 5.4 的要求。

6.4 温度

GDSCS 按 GB/T 2423.1、GB/T 2423.2 规定的方法进行温度试验。结果应符合 5.5.1 的要求。

6.5 相对湿度

GDSCS 按 GB/T 2423.3、GB/T 2423.4 规定的方法进行相对湿度试验。结果应符合 5.5.2 的要求。

6.6 倾斜和摇摆

GDSCS 按 GB/T 2423.101 规定的方法进行倾斜和摇摆试验。结果应符合 5.5.3 的要求。

6.7 振动

GDSCS 按 GB/T 2423.10 规定的方法进行振动试验。结果应符合 5.5.4 的要求。

6.8 霉菌

GDSCS 按 GB/T 2423.16—2008 规定的方法进行霉菌试验。结果应符合 5.5.5 的要求。

6.9 盐雾

设备金属零部件应按 GB/T 2423.17 规定的方法进行盐雾试验，设备整机应按 GB/T 2423.18 规定的方法进行盐雾试验。结果应符合 5.5.6 的要求。

6.10 电磁兼容性

GDSCS 分别按 GB/T 17626.2—2006、GB/T 17626.3—2006、GB/T 17626.4—2008、GB/T 17626.5—2008、GB/T 17626.11—2008 规定的方法进行静电放电干扰试验、电磁场干扰试验、电快速瞬变脉冲群干扰试验、浪涌干扰试验、电压暂降和短暂中断干扰试验。结果应符合 5.6 的要求。

6.11 外壳防护

GDSCS按GB 4208规定的方法进行外壳防护试验。结果应符合5.7的要求。

6.12 电压和频率

GDSCS按GB/T 6587.8规定的方法进行交流供电的设备电压和频率试验。结果应符合5.8的要求。

6.13 绝缘电阻

GDSCS按GB/T 15479—1995中5.3规定的方法进行绝缘电阻试验。结果应符合5.9的要求。

6.14 绝缘强度

GDSCS按GB/T 15479—1995中5.4规定的方法进行绝缘强度试验。结果应符合5.10的要求。

7 检验规则

7.1 检验分类

GDSCS检验分为型式检验和出厂检验。

7.2 型式检验

7.2.1 检验时机

GDSCS有下列情况之一，应进行型式检验：

a) 新产品试制或转厂生产时；

b) 设计、工艺、材料有较大改变，足以影响产品性能时；

c) 有关质量监督检验部门提出要求。

7.2.2 检验项目和顺序

GDSCS型式检验的项目和顺序按表1的规定。

表1 GDSCS的检验项目和顺序

序号	检验项目	型式检验	出厂检验	要求的章条号	试验方法的章条号
1	外观质量	●	●	5.4	6.3
2	温度	●	—	5.5.1	6.4
3	相对湿度	●	—	5.5.2	6.5
4	倾斜和摇摆	●	—	5.5.3	6.6
5	振动	●	—	5.5.4	6.7
6	霉菌	●	—	5.5.5	6.8
7	盐雾	●	—	5.5.6	6.9
8	电磁兼容性	●	—	5.6	6.10
9	外壳防护	●	—	5.7	6.11

表 1（续）

序号	检验项目	型式检验	出厂检验	要求的章条号	试验方法的章条号
10	电压和频率	●	—	5.8	6.12
11	绝缘电阻	●	●	5.9	6.13
12	绝缘强度	●	●	5.10	6.14
13	功能	●	●	5.2	6.1
14	网络链路传输速率	●	●	5.3 a)	B.1
15	监测容量	●	●	5.3 b)	B.2
16	数据显示更新时间间隔	●	●	5.3 c)	B.3
17	数据存储时间间隔	●	●	5.3 d)	B.4
18	数据存储介质容量	●	●	5.3 e)	B.5
19	报警响应时间	●	●	5.3 f)	B.6
20	报警系统 I/O 点	●	●	5.3.g)	B.7
21	控制响应时间	●	●	5.3 h)	B.8
22	控制系统 I/O 点	●	●	5.3 i)	B.9
23	船舶平面位置定位中误差	●	●	5.3 j)	B.10
24	船舶航向中误差	●	●	5.3 k)	B.11
25	抓斗下放深度(*D*)最大允许误差	●	●	5.3 l)	B.12
26	抓斗机旋转角度最大允许误差	●	●	5.3 m)	B.13
27	抓斗开口度最大允许误差	●	●	5.3 n)	B.14
注：●为必检项目；—为不检项目。					

7.2.3 检验样品数量

GDSCS 型式检验样品数量为一台。

7.2.4 判定规则

GDSCS 全部检验项目符合要求时，则判定型式检验合格。若其中任一项目检验不符合要求时，允许采取改进措施后进行复验，复验不超过一次。若复验符合要求，仍判定 GDSCS 型式检验合格；若复验仍有不符合要求的项目，则判定 GDSCS 型式检验不合格。

7.3 出厂检验

7.3.1 检验项目和顺序

GDSCS 出厂检验的项目和顺序按表 1 规定。

7.3.2 检验样品和数量

GDSCS 每台均应进行出厂检验。

7.3.3 判定规则

全部检验项目符合要求时，则判定 GDSCS 出厂检验合格。若其中任一项检验不符合要求时，允许采取改进措施后进行复验，复验不超过一次。若复验符合要求，仍判定 GDSCS 出厂检验合格；若复验仍有不符合要求的项目，则判定 GDSCS 出厂检验不合格。

8 标志、包装、运输和贮存

8.1 标志

GDSCS 应在明显位置安装中、英文铭牌，铭牌应包括下列内容：

a） 制造商名称；

b） 产品名称和出厂年月；

c） 产品符合标准号；

d） 额定工作电压、频率。

8.2 包装

GDSCS 包装应符合 GB/T 13384 的要求，包装标志应符合 GB/T 191 的要求。GDSCS 交付文件应符合附录 C 的规定。

8.3 运输

GDSCS 设备的运输应满足下列要求：

a） GDSCS 设备在 −25 ℃～70 ℃ 的条件下运输，无异常情况。温度恢复正常后，设备的性能符合 5.3 的规定；

b） 产品应适于陆运、空运、水运（海运），运输装卸按包装箱的标志进行操作。

8.4 贮存

GDSCS 设备在相对湿度不大于 85％，无酸、碱、盐及腐蚀性、爆炸性气体和灰尘以及雨、雪侵害的库房内贮存。

附 录 A
（规范性附录）
人机界面图形颜色的约定

A.1 报警级别

GDSCS 报警级别的种类按表 A.1 规定设置红、黄两种颜色，对应两级报警。

A.2 画面颜色的约定

画面颜色采用下列约定：

a) 人机界面图形的颜色宜采用冷色调，非操作画面的颜色可采用暖色调；

b) 人机界面图形的配色应使流程图画面简单明确，色彩协调，前后一致，颜色数量不宜过多；

c) 人机界面图形色彩选用应符合表 A.1 的约定；

d) 相同功能的"软操作键"在不同画面的相对位置尽量相同。

表 A.1 色彩选用约定

颜色		通用意义	与图形符号相结合的意义
中文	英文		
红	red	危险	最高级报警
黄	yellow	警告	异常条件；次级报警
灰	grey	静态	停止；关闭；断开
青	cyan	特殊意义	遥控
兰	blue	次要	备用设备；标签位号等
白	white	动态数据	测量值或状态值；程序激活状态
绿	green	安全；程序激活状态	正常操作；运行；打开；闭合；图形示值

A.3 图形的亮度

人机界面图形的亮度应与环境的亮度相匹配，画面的亮度应是环境亮度的 2 倍～3 倍。

附 录 B
（规范性附录）
性能试验方法

B.1 网络链路传输速率试验

GDSCS 网络链路传输速率试验按照 GB/T 21671—2008 中 7.1.2 规定的方法进行。

B.2 监测容量试验

B.2.1 试验条件

GDSCS 全部程序完成调试后，在工厂进行模拟试验。

B.2.2 试验方法

GDSCS 监测容量试验按下列方法进行：

a) 读取 GDSCS 显示的已用数据通道数和未用数据通道数；
b) 计算已用数据通道数与未用数据通道数之和，即为 GDSCS 监测容量。

B.3 数据显示更新时间间隔试验

B.3.1 试验条件

GDSCS 全部程序完成调试，至少具有 20%网络流量下，在工厂进行模拟试验。

B.3.2 试验器具

GDSCS 数据显示更新时间间隔试验器具为信号发生器和电子秒表。

B.3.3 试验方法

GDSCS 数据显示更新时间间隔试验按下列方法进行：

a) 将信号发生器的输出端连接到最远或最底层的控制器相同电压类型和等级的输入端；
b) 设定信号发生器脉冲时间间隔，应不得大于 5.3 c)要求的数值；
c) 在 GDSCS 监控系统配置一标签（Tag），该标签地址指向该控制器输入端；
d) 在 GDSCS 监控系统界面配置一显示该标签的值或状态的窗口；
e) 目测监视该窗口（或电子秒表）的显示更新时间间隔。

B.4 数据存储时间间隔试验

B.4.1 试验条件

GDSCS 全部程序完成调试，所有检测数据在线时，在船上进行试验。

B.4.2 试验方法

GDSCS 数据存储时间间隔试验按下列方法进行：

a) 从 GDSCS 存储介质中读取记录的数据；

b) 计算两组数据存储的时间差，即为 GDSCS 数据存储时间间隔。

B.5 数据存储介质容量试验

B.5.1 试验条件

GDSCS 全部程序完成调试，且连续运行 24 h 后，在船上进行试验。

B.5.2 试验方法

GDSCS 数据存储介质容量试验按下列方法进行：

a) 从 GDSCS 数据存储介质中读取 24 h 的数据所占用的存储容量；

b) 已知 GDSCS 存储介质容量除以 24 h 的数据所占用的存储容量，即为 GDSCS 数据存储介质容量。

B.6 报警响应时间试验

B.6.1 试验条件

GDSCS 全部程序完成调试，在工厂进行模拟试验。

B.6.2 试验器具

报警响应时间试验器具为电子毫秒表和按钮盒。

B.6.3 试验方法

报警响应时间试验按下列方法进行：

a) 至少三路报警点同时进行试验；

b) 将电子毫秒表的启动端连接到报警的输入端；

c) 将电子毫秒表的停止端连接到报警的输出端；

d) 设置报警故障同时启动电子毫秒表；

e) 报警输出，电子毫秒表停止计时；

f) 电子毫秒表所显示的时间为报警响应时间。

B.7 报警系统 I/O 点试验

B.7.1 试验条件

GDSCS 全部程序完成调试，在工厂进行模拟试验。

B.7.2 试验方法

GDSCS 报警系统 I/O 点试验按下列方法进行：

a) 根据图纸绘制的报警点观测 GDSCS 已用 I/O 报警点数量与未用 I/O 报警点数量；

b) 计算已用I/O报警点数量与未用I/O报警点数量之和，即为GDSCS报警系统I/O点。

B.8 控制响应时间试验

B.8.1 试验条件

GDSCS全部程序完成调试，在工厂进行模拟试验。

B.8.2 试验器具

控制响应时间试验器具为电子毫秒表和按钮盒。

B.8.3 试验方法

控制响应时间试验按下列方法进行：

a) 在最远或最底层的控制器中找到与电子毫秒表相同电压等级和类型的一个输入点和一个输出点；
b) 在控制器内编程，以输入点的触点直接连接输出点的线圈；
c) 将电子毫秒表的启动端连接到输入端；
d) 将电子毫秒表的停止端连接到输出端；
e) 将按钮盒连接到输入端；
f) 按动按钮盒同时启动电子毫秒表；
g) 输出端有信号输出，电子毫秒表停止计时；
h) 记录电子毫秒表所显示的控制响应时间。

B.9 控制系统I/O点试验

B.9.1 试验条件

GDSCS全部程序完成调试，在工厂进行模拟试验。

B.9.2 试验方法

GDSCS控制系统I/O点试验按下列方法进行：

a) 根据图纸标出的控制系统I/O点观测GDSCS的已用I/O点数量与未用I/O点数量；
b) 计算控制系统已用I/O点数量与未用I/O点数量之和，即为GDSCS控制系统I/O点。

B.10 船舶平面位置定位中误差试验

B.10.1 试验环境

风力小于3级且平潮，系稳船舶，船舶正浮姿态下，在船上进行试验。

B.10.2 试验器具

具备有效的计量检定合格证书的平面精度优于0.2 m的定位仪器一套。

B.10.3 试验方法

船舶平面位置定位中误差试验按下列方法进行：

a) 将试验器具定位点置于船舶定位仪器点，同步记录不少于1 000组试验器具与船舶定位仪器输出的船舶平面位置数据；

b) 船舶平面位置定位中误差(M)按式(B.1)～式(B.5)计算。

$$\Delta X_i = X_{si} - X_{Xi} \qquad \cdots\cdots(B.1)$$

$$\Delta Y_i = Y_{si} - Y_{Xi} \qquad \cdots\cdots(B.2)$$

$$M_X = \pm\sqrt{\frac{[\Delta X_i \Delta X_i]}{n-1}} \qquad \cdots\cdots(B.3)$$

$$M_Y = \pm\sqrt{\frac{[\Delta Y_i \Delta Y_i]}{n-1}} \qquad \cdots\cdots(B.4)$$

$$M = \pm\sqrt{{M_X}^2 + {M_Y}^2} \qquad \cdots\cdots(B.5)$$

式中：

ΔX_i ——第i组X方向误差，单位为米(m)；

X_{si}、X_{Xi} ——分别为试验器具与船舶定位仪器输出的第i组船舶平面位置X坐标值，单位为米(m)；

ΔY_i ——第i组Y方向误差，单位为米(m)；

Y_{si}、Y_{Xi} ——分别为试验器具与船舶定位仪器输出的第i组船舶平面位置Y坐标值，单位为米(m)；

M_X —— X坐标试验标准偏差的数值，单位为米(m)；

M_Y ——Y坐标试验标准偏差的数值，单位为米(m)；

$[\Delta X_i \Delta X_i]$ ——$\Delta X_1 \Delta X_1 + \Delta X_2 \Delta X_2 + \cdots + \Delta X_n \Delta X_n$；

$[\Delta Y_i \Delta Y_i]$ ——$\Delta Y_1 \Delta Y_1 + \Delta Y_2 \Delta Y_2 + \cdots + \Delta Y_n \Delta Y_n$；

n ——观测值个数；

M ——计算的船舶平面位置定位中误差值，单位为米(m)。

B.11 船舶航向中误差试验

B.11.1 试验条件

风力小于3级且平潮，系稳船舶，船舶正浮姿态下，在船上进行试验。

B.11.2 试验器具

具备有效的计量检定合格证书的精度优于0.1°的定向仪器一套。

B.11.3 试验方法

船舶航向中误差试验按下列方法进行：

a) 将试验器具定向基准置于船舯纵剖线上，同时记录不少于1 000组试验器具航向值(H_{si})与船舶航向仪器输出的船舶航向值(H_{Xi})；

b) 船舶航向中误差(M_H)按式(B.6)～式(B.7)计算。

$$\Delta H_i = H_{si} - H_{Xi} \qquad \cdots\cdots(B.6)$$

$$M_H = \pm\sqrt{\frac{[\Delta H_i \Delta H_i]}{n-1}} \qquad \text{(B.7)}$$

式中：

ΔH_i ——第 i 组船舶航向误差，单位为度(°)；

H_{si} ——试验器具输出的第 i 组航向值，单位为度(°)；

H_{Xi} ——船舶航向仪器输出的第 i 组船舶航向值，单位为度(°)；

M_H ——计算的船舶航向中误差的数值，单位为度(°)；

$[\Delta H_i \Delta H_i]$——$\Delta H_1 \Delta H_1 + \Delta H_2 \Delta H_2 + \cdots + \Delta H_n \Delta H_n$；

n ——观测值个数。

B.12 抓斗下放深度(*D*)最大允许误差试验

B.12.1 试验环境

风力小于 3 级且平潮，系稳船舶，船舶正浮姿态下，在船上进行试验。

B.12.2 试验器具

抓斗下放深度最大误差试验的器具：

a) 试验器具精度为 0.1%并具有有效的计量检定合格证书的投入式压力传感器一套；
b) 试验器具精度为 0.1%并具有有效的计量检定合格证书的数字显示表一套；
c) 试验器具总不确定度应小于 GDSCS 抓斗下放深度最大允许误差 1/3。

B.12.3 试验方法

抓斗下放深度最大误差试验按下列方法进行：

a) 将投入式压力传感器固定在抓斗挖深试验点。
b) 在抓斗下放深度全量程范围内，由浅至深下放抓斗，均匀整米选取不少于 8 个～10 个测试点测量下放深度，同步记录试验器具深度值(D_{si})与 GDSCS 抓斗下放深度显示值(D_{Xi})。
c) 回程由深至浅起升抓斗，重复 b)项试验。
d) 抓斗下放深度测量误差(ΔD_i)按式(B.8)计算：

$$\Delta D_i = D_{si} - D_{Xi} \qquad \text{(B.8)}$$

式中：

ΔD_i ——计算的第 i 次测量误差的数值，单位为米(m)；

D_{si} ——试验器具第 i 次测量的抓斗下放深度的数值，单位为米(m)；

D_{Xi} ——GDSCS 第 i 次测量的抓斗下放深度的数值，单位为米(m)。

e) 从计算结果中找出抓斗下放深度最大误差。

B.13 抓斗机旋转角度最大允许误差试验方法

B.13.1 试验环境

风力小于 3 级且平潮，系稳船舶，船舶正浮姿态下，在船上进行试验。

B.13.2 试验方法

抓斗机旋转角度最大误差试验按下列方法进行：

a） 在船舶甲板上选取 3 个已知抓斗机旋转角度的测试点，使抓斗的中心点与测试点重合，每个测试点至少测试五次，同步记录该点的已知角度值（α_{si}）和抓斗机旋转角度监测值（α_{Xi}）。

b） 抓斗机旋转角度测量误差（$\Delta\alpha_i$）按式（B.9）计算：

$$\Delta\alpha_i = \alpha_{si} - \alpha_{Xi} \qquad \text{(B.9)}$$

式中：

$\Delta\alpha_i$ ——计算的第 i 次测量误差的数值，单位为度（°）；

α_{si} ——测试点的已知角度的数值，单位为度（°）；

α_{Xi} ——GDSCS 第 i 次监测的抓斗机旋转角度的数值，单位为度（°）。

c） 从计算结果中找出抓斗机旋转角度最大误差。

B.14 抓斗开口度最大允许误差试验

B.14.1 试验器具

抓斗开口度最大误差试验器具为 2 级计量合格证书的 30 m 钢卷尺一个。

B.14.2 试验方法

抓斗开口度最大误差试验按下列方法进行：

a） 抓斗在甲板上适合位置悬空。

b） 在抓斗开口度范围内，等距选取 8 个～10 个测试点，从闭到开的过程逐点测量斗唇距离，并计算出开口度的数值（β_{si}），同步记录 GDSCS 监测显示的开口度的数值（β_{Xi}）。

c） 从斗全开到斗闭的过程，重复 b）试验。

d） 抓斗开口度相对误差值按式（B.10）计算：

$$\Delta\beta_i = \frac{\beta_{si} - \beta_{Xi}}{\beta_{si}} \times 100\% \qquad \text{(B.10)}$$

式中：

$\Delta\beta_i$ ——第 i 次测量的抓斗开口度相对误差的数值，单位为百分数（%）；

β_{si} ——试验器具第 i 次测量并计算的开口度的数值，单位为度（°）；

β_{Xi} ——GDSCS 第 i 次监测显示的开口度的数值，单位为度（°）。

e） 从计算结果中找出抓斗开口度最大误差。

附 录 C
（规范性附录）
交付文档和资料

交付文档和资料如下：

a） 产品检验合格证；

b） 产品质保证；

c） 要求提交的船级社证书；

d） GDSCS 使用说明书；

e） 完工系统图、原理图、接线图、硬件安装位置平面布置图、操作台、机柜平面布置图、I/O 地址分配表；

f） GDSCS 配置的硬件设备说明书、合格证书、质保证书；

g） 型式检验、出厂检验、软件测试报告、硬件测试报告；

h） 备份的 GDSCS 系统软件。

ICS 47.020.70
U 62

中华人民共和国国家标准

GB/T 28966—2012

绞吸/斗轮挖泥船疏浚监控系统

Cutter/bucket-wheel dredger supervisory control system

2012-12-31 发布 2013-06-01 实施

中华人民共和国国家质量监督检验检疫总局
中国国家标准化管理委员会 发布

前　言

本标准按照 GB/T 1.1—2009 给出的规则起草。

本标准由全国海洋船标准化技术委员会(SAC/TC 12)归口。

本标准起草单位:中国交通建设股份有限公司、中交天津航道局有限公司、中交上海航道局有限公司、中交广州航道局有限公司、上海达华测绘有限公司、疏浚技术装备国家工程研究中心、镇江亿华系统集成有限公司、江苏科技大学、中国船舶工业综合技术经济研究院、中交天津港航勘察设计研究院有限公司。

本标准主要起草人:丁树友、田俊峰、李金贵、顾明、侯晓明、刘念君、王培胜、许向东、史美祥、周泉生、李进军、王健、曹湘波、张洪涛、俞孟蕻、杨洪杰、魏伟、饶维生、刘瑞祥、刘长云、罗刚。

绞吸/斗轮挖泥船疏浚监控系统

1 范围

本标准规定了绞吸/斗轮挖泥船疏浚监控系统的要求、试验方法、检验规则、标志、包装、运输和贮存。

本标准适用于绞吸/斗轮挖泥船疏浚监控系统的设计、制造、改造和验收，绞吸/斗轮挖泥船疏浚监控系统的维修可参照使用。

2 规范性引用文件

下列文件对于本文件的应用是必不可少的。凡是注日期的引用文件，仅注日期的版本适用于本文件。凡是不注日期的引用文件，其最新版本(包括所有的修改单)适用于本文件。

GB/T 191　包装储运图示标志

GB/T 2423.1　电工电子产品环境试验　第2部分:试验方法　试验A:低温

GB/T 2423.2　电工电子产品环境试验　第2部分:试验方法　试验B:高温

GB/T 2423.3　电工电子产品环境试验　第2部分:试验方法　试验Cab:恒定湿热试验

GB/T 2423.4　电工电子产品环境试验　第2部分:试验方法　试验Db:交变湿热(12 h+12 h循环)

GB/T 2423.10　电工电子产品环境试验　第2部分:试验方法　试验Fc:振动(正弦)

GB/T 2423.16—2008　电工电子产品环境试验　第2部分:试验方法　试验J及导则:长霉

GB/T 2423.17　电工电子产品环境试验　第2部分:试验方法　试验Ka:盐雾

GB/T 2423.18　电工电子产品环境试验　第2部分:试验方法　试验Kb:盐雾，交变(氯化钠溶液)

GB/T 2423.101　电工电子产品环境试验　第2部分:试验方法　试验:倾斜和摇摆

GB 4208　外壳防护等级(IP代码)

GB/T 6587.8　电子测量仪器　电源频率与电压试验

GB 11806　放射性物质安全运输规程

GB/T 13384　机电产品包装通用技术条件

GB/T 15479—1995　工业自动化仪表绝缘电阻、绝缘强度技术要求和试验方法

GB/T 15511—1995　海洋船电气自动化系统一般要求

GB 15702　电子海图技术规范

GB/T 17626.2—2006　电磁兼容　试验和测量技术　静电放电抗扰度试验

GB/T 17626.3—2006　电磁兼容　试验和测量技术　射频电磁场辐射抗扰度试验

GB/T 17626.4—2008　电磁兼容　试验和测量技术　电快速瞬变脉冲群抗扰度试验

GB/T 17626.5—2008　电磁兼容　试验和测量技术　浪涌(冲击)抗扰度试验

GB/T 17626.11—2008　电磁兼容　试验和测量技术　电压暂降、短时中断和电压变化的抗扰度试验

GB/T 21671—2008　基于以太网技术的局域网系统验收测评规范

GBZ 135　密封γ放射源容器卫生防护标准

JTJ 203 水运工程测量规范
中国船级社《钢质海船入级规范》
中国船级社《国内航行海船建造规范》
中国船级社《钢质内河船舶建造规范》

3 术语和定义

下列术语和定义适用于本文件。

3.1

绞吸/斗轮挖泥船疏浚监控系统 cutter/bucket-wheel dredger supervisory control system;CDSCS

利用传感器、测量、网络、通信、计算机、自动化等技术,对绞吸/斗轮挖泥船疏浚作业过程进行监测与控制的系统。

3.2

基本型疏浚监控系统 basic dredging supervisory control system

满足绞吸/斗轮挖泥船疏浚作业过程最低配置的疏浚监控系统。

3.3

扩展型疏浚监控系统 expanded dredging supervisory control system

在基本型疏浚监控系统的基础上,具有按需求要求扩展功能的疏浚监控系统。

3.4

挖掘自动控制 automatic cut control;ACC

采用计算机和可编程逻辑控制器,按照设定逻辑对桥架起升/下放、横移摆动及速度、定位桩换桩及台车步进等进行联锁自动控制,实现绞吸/斗轮挖泥船挖掘自动控制。

3.5

疏浚自动控制系统 automatic dredging control system;ADCS

对绞吸/斗轮挖泥船疏浚作业的相关设备进行自动控制的系统。

3.6

疏浚辅助决策系统 dredging decision-making assistant system;DDAS

利用数据挖掘、数据融合等手段,对疏浚施工数据进行动态综合分析,寻找最优施工工艺参数的信息处理系统。

3.7

控制网 control network

通过标准的网络协议,实现疏浚作业过程控制功能的计算机网络。

3.8

管理网 administration network

通过标准的网络协议,实现疏浚作业过程的信息查询、管理功能的计算机网络。

3.9

设备控制与监视系统 machinery control and monitoring system;MCMS

对绞吸/斗轮挖泥船疏浚设备进行控制与监视的系统。

4 缩略语

下列缩略语适用于本文件。

AMS ——监测报警系统(Alarm and Monitoring System)

APC ——泥泵自动控制(Automatic Pump Control)
CCS ——中国船级社(China Classification Society)
DTPM——疏浚轨迹与剖面显示系统(Dredging Tracking and Profile Monitor)
HMI ——人机交互(Human Machinery Interaction)
PLC ——可编程逻辑控制器(Programmable Logic Controller)

5 要求

5.1 设计与结构

5.1.1 分类

CDSCS按照系统实现功能的复杂程度和技术水平,分为基本型疏浚监控系统和扩展型疏浚监控系统。

5.1.2 基本型疏浚监控系统组成

基本型疏浚监控系统应包括:

a) 设备控制与监视系统(MCMS);
b) 疏浚轨迹与剖面显示系统(DTPM);
c) 监测报警系统(AMS);
d) 疏浚仪器仪表。

5.1.3 扩展型疏浚监控系统组成

扩展型疏浚监控系统除包含5.1.2外,宜包括:

a) 疏浚自动控制系统(ADCS);
b) 疏浚辅助决策系统(DDAS)。

5.1.4 结构

5.1.4.1 CDSCS宜采用现场设备层、过程监控层、信息管理层等多层网络互联型式结构。

5.1.4.2 基本型疏浚监控系统也可采用非网络互联型式。

5.1.4.3 控制网和管理网应相互隔离。

5.1.4.4 网络和服务器具有至少一比一的冗余。

5.1.5 操纵方式

CDSCS应具有下列操纵方式:

a) 手动控制方式:手柄、按钮、旋钮等操纵控制和人机交互(HMI)方式;
b) 自动控制方式;
c) 应急控制方式。

5.1.6 软件

软件应满足GB 15702及JTJ 203要求。HMI的人机界面图形颜色应符合附录A的要求。

5.1.7 接地

CDSCS接地应满足中国船级社《钢质海船入级规范》规定的要求。

5.1.8 电源

5.1.8.1 CDSCS由主/备两路电源供电。

5.1.8.2 CDSCS应配备不间断电源，其容量应至少在主/备两路电源失电的情况下正常运行30 min。

5.2 功能

5.2.1 设备控制与监视系统(MCMS)

MCMS应具有对下列设备的控制与监视功能：

a) 动力装置及驱动装置的启动、停止、调速等；

b) 绞刀/斗轮、桥架、横移、定位桩及台车、三缆定位装置及抛锚杆的启动、停止、调速、升/降、进/退、收/放等；

c) 泥泵、封水泵的启动、停止、调速等；

d) 液压系统启动、停止、流量及压力的调整等；

e) 真空释放阀、疏浚闸阀的开/闭等；

f) 装驳系统控制。

5.2.2 疏浚轨迹与剖面显示系统(DTPM)

5.2.2.1 DTPM应具有下列功能：

a) 设计、输入、编辑、绘制计划线、电子海图、挖槽剖面、船形等；

b) 坐标转换与投影计算及相关参数设置，满足全球范围内施工定位；

c) 导入、显示标准图形数据文件；

d) 以平面视图、剖面视图和数字显示方式监视挖泥船船位、艏向、横移速度、绞刀/斗轮位置、绞刀/斗轮深度等。

5.2.2.2 DTPM宜具有三维土质地理信息录入、建模及显示功能。

5.2.3 监测报警系统(AMS)

AMS应具有下列功能：

a) 采集、处理、显示和记录监测报警量，满足中国船级社《钢质海船入级规范》、《国内航行海船建造规范》和《钢质内河船舶建造规范》相关要求；

b) 通过权限密码可设置报警参数值。

5.2.4 疏浚自动控制系统(ADCS)

ADCS宜具有下列功能：

a) 挖掘自动控制(ACC)；

b) 泥泵自动控制(APC)；

c) 真空释放阀自动控制。

5.2.5 疏浚辅助决策系统(DDAS)

5.2.5.1 DDAS应具有下列功能：

a) 对监测及计算生成的数据进行记录存储及回放；

b) 报表统计分析；

c) 对挖掘和输送施工作业参数进行智能寻优分析。

5.2.5.2 DDAS 宜具有基于土质的施工工艺参数寻优分析。

5.3 性能

CDSCS 应满足下列性能要求：

a) 网络链路传输速率：控制网不小于 2 Mbps；管理网不小于 100 Mbps；

b) 监测容量：监测点满足使用并留有不小于 20%余量；

c) 数据显示更新时间间隔：不大于 1 s；

d) 数据存储时间间隔：不大于 2 s；

e) 数据存储介质容量：连续记录 365 d 的 CDSCS 数据；

f) 报警响应时间(多点报警)：

  1) 涉及船舶安全的报警响应时间：应满足中国船级社《钢质海船入级规范》、《国内航行海船建造规范》和《钢质内河船舶建造规范》相关要求；

  2) 其他报警响应时间：不大于 6 s。

g) 报警系统 I/O 点：I/O 点满足使用并留有不小于 20%余量；

h) 控制响应时间：不大于 0.5 s；

i) 控制系统 I/O 点：I/O 点满足使用并留有不小于 20%余量；

j) 船舶平面位置定位中误差：±2.0 m；

k) 船舶航向中误差：±0.3°；

l) 绞刀/斗轮下放深度最大允许误差：±0.15 m；

m) 绞刀/斗轮平面位置中误差：±2.5 m；

n) 台车行程最大允许误差：±0.10 m；

o) 耳轴吃水最大允许误差：±0.05 m；

p) 流速最大允许误差：±3.0%；

q) 泥浆密度最大允许误差：±3.0%；

r) 泥泵真空、压力最大允许误差：±1.0%。

5.4 外观质量

CDSCS 各设备的外表应无伤痕、锈斑、色差、毛刺。

5.5 环境适应性

5.5.1 温度

CDSCS 温度应满足 GB/T 15511—1995 中 3.2.1 的要求。

5.5.2 相对湿度

CDSCS 相对湿度应满足 GB/T 15511—1995 中 3.2.2 的要求。

5.5.3 倾斜和摇摆

CDSCS 倾斜和摇摆应满足 GB/T 15511—1995 中 3.2.4 的要求。

5.5.4 振动

CDSCS 振动应满足 GB/T 15511—1995 中 3.2.3 的要求。

5.5.5 霉菌

CDSCS 在黑曲霉、黄曲霉、杂色曲霉、绳状青霉、球毛壳霉的条件下经 56 d，长霉等级应不大于 GB/T 2423.16—2008 中规定的 2 级。

5.5.6 盐雾

CDSCS 暴露的金属零件、部件及内部金属部分在盐雾条件下经 48 h，表面应无金属腐蚀物。

5.6 电磁兼容性

CDSCS 抗扰度应满足下列要求：

a) 静电放电：能承受 GB/T 17626.2—2006 中严酷等级 3 级的静放电抗干扰；
b) 电磁场辐射干扰：能承受 GB/T 17626.3—2006 中严酷等级 3 级的射频电磁场辐射干扰；
c) 电快速瞬变干扰：能承受 GB/T 17626.4—2008 中严酷等级 3 级的电快速瞬变脉冲群干扰；
d) 浪涌干扰：能承受 GB/T 17626.5—2008 中严酷等级 3 级的浪涌(冲击)干扰；
e) 电压暂降、短时中断：能承受 GB/T 17626.11—2008 中严酷等级 3 类的电压暂降、严酷等级 2 类的短暂中断干扰。

5.7 外壳防护

CDSCS 设备的外壳防护应满足下列要求：

a) 潜水设备外壳防护等级：IP68；
b) 甲板以上露天设备外壳防护等级：IP56；
c) 机泵舱设备外壳防护等级：IP44；
d) 控制台设备外壳防护等级：IP20；
e) 其他设备满足 GB 4208 中有关外壳防护要求。

5.8 电压和频率

CDSCS 供电电源的电压与频率应满足 GB/T 15511—1995 中 3.3 的有关要求。

5.9 绝缘电阻

CDSCS 绝缘电阻应满足 GB/T 15479—1995 中 4.1 的要求。

5.10 绝缘强度

CDSCS 绝缘强度应满足 GB/T 15479—1995 中 4.2 的要求。

6 试验方法

6.1 功能

功能按下列方法进行试验：

a) CDSCS 全部程序完成调试后，在工厂将 CDSCS 与模拟试验台和被控设备模拟器连接，按照 5.2 所要求的功能进行模拟试验，测试并记录各项功能；
b) 实船将 CDSCS 与被控设备连接，程序联调完毕，进行功能测试，并记录各项功能。

结果应符合 5.2 的要求。

6.2 性能

CDSCS 性能试验按照附录 B 的规定进行。结果应符合 5.3 要求。

6.3 外观质量

目视检查 CDSCS 各设备的外观。结果应符合 5.4 的要求。

6.4 温度

CDSCS 按 GB/T 2423.1、GB/T 2423.2 规定的方法进行温度试验。结果应符合 5.5.1 的要求。

6.5 相对湿度

CDSCS 按 GB/T 2423.3、GB/T 2423.4 规定的方法进行相对湿度试验。结果应符合 5.5.2 的要求。

6.6 倾斜和摇摆

CDSCS 按 GB/T 2423.101 规定的方法进行倾斜和摇摆试验。结果应符合 5.5.3 的要求。

6.7 振动

CDSCS 按 GB/T 2423.10 规定的方法进行振动试验。结果应符合 5.5.4 的要求。

6.8 霉菌

CDSCS 按 GB/T 2423.16—2008 规定的方法进行霉菌试验。结果应符合 5.5.5 的要求。

6.9 盐雾

设备金属零部件应按 GB/T 2423.17 规定的方法进行盐雾试验，设备整机应按 GB/T 2423.18 规定的方法进行盐雾试验。结果应符合 5.5.6 的要求。

6.10 电磁兼容性

CDSCS 分别按 GB/T 17626.2—2006、GB/T 17626.3—2006、GB/T 17626.4—2008、GB/T 17626.5—2008、GB/T 17626.11—2008 规定的方法进行静电放电干扰试验、电磁场干扰试验、电快速瞬变脉冲群干扰试验、浪涌干扰试验、电压暂降和短暂中断干扰试验。结果应符合 5.6 的要求。

6.11 外壳防护

CDSCS 按 GB 4208 规定的方法进行外壳防护试验。结果应符合 5.7 的要求。

6.12 电压和频率

CDSCS 按 GB/T 6587.8 规定的方法进行交流供电的设备电压和频率试验。结果应符合 5.8 的要求。

6.13 绝缘电阻

CDSCS 按 GB/T 15479—1995 中 5.3 规定的方法进行绝缘电阻试验。结果应符合 5.9 的要求。

6.14 绝缘强度

CDSCS 按 GB/T 15479—1995 中 5.4 规定的方法进行绝缘强度试验。结果应符合 5.10 的要求。

7 检验规则

7.1 检验分类

CDSCS 检验分为型式检验和出厂检验。

7.2 型式检验

7.2.1 检验时机

CDSCS 有下列情况之一，应进行型式检验：

a) 新产品试制或转厂生产；

b) 设计、工艺、材料有较大改变，足以影响产品性能；

c) 有关质量监督检验部门提出要求。

7.2.2 检验项目和顺序

CDSCS 型式检验的项目和顺序按表 1 的规定。

表 1 CDSCS 的检验项目和顺序

序号	检验项目	型式检验	出厂检验	要求的章条号	试验方法的章条号
1	外观质量	●	●	5.4	6.3
2	温度	●	—	5.5.1	6.4
3	相对湿度	●	—	5.5.2	6.5
4	倾斜和摇摆	●	—	5.5.3	6.6
5	振动	●	—	5.5.4	6.7
6	霉菌	●	—	5.5.5	6.8
7	盐雾	●	—	5.5.6	6.9
8	电磁兼容性	●	—	5.6	6.10
9	外壳防护	●	—	5.7	6.11
10	电压和频率	●	—	5.8	6.12
11	绝缘电阻	●	●	5.9	6.13
12	绝缘强度	●	●	5.10	6.14
13	功能	●	●	5.2	6.1
14	网络链路传输速率	●	●	5.3 a)	B.1
15	监测容量	●	●	5.3 b)	B.2
16	数据显示更新时间间隔	●	●	5.3 c)	B.3
17	数据存储时间间隔	●	●	5.3 d)	B.4
18	数据存储介质容量	●	●	5.3 e)	B.5
19	报警响应时间	●	●	5.3 f)	B.6
20	报警系统 I/O 点	●	●	5.3 g)	B.7

表 1（续）

序号	检验项目	型式检验	出厂检验	要求的章条号	试验方法的章条号
21	控制响应时间	●	●	5.3 h)	B.8
22	控制系统 I/O 点	●	●	5.3 i)	B.9
23	船舶平面位置定位中误差	●	●	5.3 j)	B.10
24	船舶航向中误差	●	●	5.3 k)	B.11
25	绞刀/斗轮下放深度最大允许误差	●	●	5.3 l)	B.12
26	绞刀/斗轮平面位置监测中误差	●	●	5.3 m)	B.13
27	台车行程最大允许误差	●	●	5.3 n)	B.14
28	耳轴吃水最大允许误差	●	●	5.3 o)	B.15
29	流速最大允许误差	●	●	5.3 p)	B.16
30	泥浆密度最大允许误差	●	●	5.3 q)	B.17
31	泥泵真空最大允许误差	●	●	5.3 r)	B.18
32	泥泵压力最大允许误差	●	●	5.3 r)	B.19
注：●为必检项目；—为不检项目。					

7.2.3　**检验样品数量**

CDSCS 型式检验样品数量为一台。

7.2.4　**判定规则**

CDSCS 全部检验项目符合要求时，则判定型式检验合格。若其中任一项目检验不符合要求时，允许采取改进措施后进行复验，复验不超过一次。若复验符合要求，仍判定 CDSCS 型式检验合格；若复验仍有不符合要求的项目，则判定 CDSCS 型式检验不合格。

7.3　**出厂检验**

7.3.1　**检验项目和顺序**

CDSCS 出厂检验的项目和顺序按表 1 规定。

7.3.2　**检验样品数量**

CDSCS 每台均应进行出厂检验。

7.3.3　**判定规则**

全部检验项目符合要求时，则判定 CDSCS 出厂检验合格。若其中任一项检验不符合要求时，允许采取改进措施后进行复验，复验不超过一次。若复验符合要求，仍判定 CDSCS 出厂检验合格；若复验仍有不符合要求的项目，则判定 CDSCS 出厂检验不合格。

8　标志、包装、运输和贮存

8.1　**标志**

CDSCS 应在明显位置安装中、英文铭牌，铭牌应包括下列内容：

a) 制造商名称；

b) 产品名称和出厂年月；

c) 产品符合标准号；

d) 额定工作电压、频率。

8.2 包装

CDSCS包装应符合GB/T 13384的要求，包装标志应符合GB/T 191的要求。CDSCS交付文件应符合附录C的规定。

8.3 运输

CDSCS设备的运输应满足下列要求：

a) CDSCS设备在－25 ℃～70 ℃的条件下运输，无异常情况。温度恢复正常后，设备的性能符合5.3的规定；

b) CDSCS适于陆运、空运、水运(海运)，运输装卸按包装箱的标志进行操作；

c) 装有放射源的密度计运输应满足GB 11806、GBZ 135的要求，并持有县级以上卫生主管部门对放射源防护装置泄漏量的监测报告。

8.4 贮存

CDSCS设备的贮存应满足下列要求：

a) CDSCS设备在相对湿度不大于85％，无酸、碱、盐及腐蚀性、爆炸性气体和灰尘以及雨、雪侵害的库房内贮存；

b) 装有放射源的密度计贮存满足GBZ 135的要求。

附　录　A
（规范性附录）
人机界面图形颜色的约定

A.1　报警级别

CDSCS 报警级别按表 A.1 的规定设置红、黄两种颜色，对应两级报警。

表 A.1　色彩选用约定

颜色		通用意义	与图形符号相结合的意义
中文	英文		
红	red	危险	最高级报警
黄	yellow	警告	异常条件；次级报警
灰	grey	静态	停止；关闭；断开
青	cyan	特殊意义	遥控
兰	blue	次要	备用设备；标签位号等
白	white	动态数据	测量值或状态值；程序激活状态
绿	green	安全；程序激活状态	正常操作；运行；打开；闭合；图形示值

A.2　画面颜色的约定

画面颜色采用下列约定：

a）人机界面图形的颜色宜采用冷色调，非操作图形的颜色可采用暖色调；
b）人机界面图形的配色应使流程图画面简单明确，色彩协调，前后一致，颜色数量不宜过多；
c）人机界面图形色彩选用应符合表 A.1 的约定；
d）相同功能的“软操作键”在不同画面的相对位置尽量相同。

A.3　图形的亮度

人机界面图形的亮度应与环境的亮度相匹配，画面的亮度应是环境亮度的 2 倍～3 倍。

附　录　B
（规范性附录）
性能试验方法

B.1　网络链路传输速率试验

CDSCS 网络链路传输速率试验按照 GB/T 21671—2008 中 7.1.2 规定的方法进行。

B.2　监测容量试验

B.2.1　试验条件

CDSCS 全部程序完成调试，在工厂进行模拟试验。

B.2.2　试验方法

CDSCS 监测容量试验按下列方法进行：

a）读取 CDSCS 显示的已用数据通道数和未用数据通道数；

b）计算已用数据通道数与未用数据通道数之和，即为 CDSCS 监测容量。

B.3　数据显示更新时间间隔试验

B.3.1　试验条件

CDSCS 全部程序完成调试，至少具有 20%网络流量下，在工厂进行模拟试验。

B.3.2　试验器具

CDSCS 数据显示更新时间间隔试验器具为信号发生器和电子秒表。

B.3.3　试验方法

CDSCS 数据显示更新时间间隔试验按下列方法进行：

a）将信号发生器的输出端连接到最远或最底层的控制器相同电压类型和等级的输入端；

b）设定信号发生器脉冲时间间隔，应不得大于 5.3.2 c)要求的数值；

c）在 CDSCS 监控系统配置一标签（Tag），该标签地址指向该控制器输入端；

d）在 CDSCS 监控系统界面配置一显示该标签的值或状态的窗口；

e）目测监视该窗口（或电子秒表）的显示更新时间间隔。

B.4　数据存储时间间隔试验

B.4.1　试验条件

CDSCS 全部程序完成调试，所有检测数据在线时，在船上进行试验。

B.4.2 试验方法

CDSCS 数据存储时间间隔试验按下列方法进行：

a） 从 CDSCS 存储介质中读取记录的数据；

b） 计算两组数据存储的时间差，即为 CDSCS 数据存储时间间隔。

B.5 数据存储介质容量试验

B.5.1 试验条件

CDSCS 全部程序完成调试，且连续运行 24 h 后，在船上进行试验。

B.5.2 试验方法

CDSCS 数据存储介质容量试验按下列方法进行：

a） 从 CDSCS 数据存储介质中读取 24 h 的数据所占用的存储容量；

b） 已知 CDSCS 存储介质容量除以 24 h 的数据所占用的存储容量，即为 CDSCS 数据存储介质容量。

B.6 报警响应时间试验

B.6.1 试验条件

CDSCS 全部程序完成调试，在工厂进行模拟试验。

B.6.2 试验器具

报警响应时间试验器具为电子毫秒表和按钮盒。

B.6.3 试验方法

报警响应时间试验按下列方法进行：

a） 至少三路报警点同时进行试验；

b） 将电子毫秒表的启动端连接到报警的输入端；

c） 将电子毫秒表的停止端连接到报警的输出端；

d） 通过按钮盒触发报警信号同时启动电子毫秒表；

e） 报警输出，电子毫秒表停止计时；

f） 电子毫秒表所显示的时间为报警响应时间。

B.7 报警系统 I/O 点试验

B.7.1 试验条件

CDSCS 全部程序完成调试，在工厂进行模拟试验。

B.7.2 试验方法

CDSCS 报警系统 I/O 点试验按下列方法进行：

a） 根据图纸绘制的报警点观测 CDSCS 已用 I/O 报警点数量与未用 I/O 报警点数量；

b) 计算已用 I/O 报警点数量与未用 I/O 报警点数量之和，即为 CDSCS 报警系统 I/O 点。

B.8 控制响应时间试验

B.8.1 试验条件

CDSCS 全部程序完成调试，在工厂进行模拟试验。

B.8.2 试验器具

控制响应时间试验器具为电子毫秒表和按钮盒。

B.8.3 试验方法

控制响应时间试验按下列方法进行：

a) 在最远或最底层的控制器中找到与电子毫秒表相同电压等级和类型的一个输入点和一个输出点；
b) 在控制器内编程，以输入点的触点直接连接输出点的线圈；
c) 将电子毫秒表的启动端连接到输入端；
d) 将电子毫秒表的停止端连接到输出端；
e) 将按钮盒连接到输入端；
f) 按动按钮盒，同时启动电子毫秒表；
g) 输出端有信号输出，电子毫秒表停止计时；
h) 记录电子毫秒表所显示的控制响应时间。

B.9 控制系统 I/O 点试验

B.9.1 试验条件

CDSCS 全部程序完成调试，在工厂进行模拟试验。

B.9.2 试验方法

CDSCS 控制系统 I/O 点试验按下列方法进行：

a) 根据图纸绘制的控制系统 I/O 点观测 CDSCS 的已用 I/O 点数量与未用 I/O 点数量；
b) 计算已用 I/O 点数量与未用 I/O 点数量之和，即为 CDSCS 控制系统 I/O 点。

B.10 船舶平面位置定位中误差试验

B.10.1 试验环境

风力小于 3 级且平潮，系稳船舶，船舶正浮姿态下，在船上进行试验。

B.10.2 试验设备

具备有效的计量检定合格证书的平面精度优于 0.2 m 的定位仪器一套。

B.10.3 试验方法

船舶平面位置定位中误差试验按下列方法进行：

a） 将试验器具定位点置于船舶定位仪器点，同步记录不少于 1 000 组试验器具与船舶定位仪器输出的船舶平面位置数据；

b） 船舶平面位置定位中误差（M）按式（B.1）～式（B.5）计算。

$$\Delta X_i = X_{si} - X_{Xi} \quad \cdots\cdots\cdots\cdots (B.1)$$

$$\Delta Y_i = Y_{si} - Y_{Xi} \quad \cdots\cdots\cdots\cdots (B.2)$$

$$M_X = \pm\sqrt{\frac{[\Delta X_i \Delta X_i]}{n-1}} \quad \cdots\cdots\cdots\cdots (B.3)$$

$$M_Y = \pm\sqrt{\frac{[\Delta Y_i \Delta Y_i]}{n-1}} \quad \cdots\cdots\cdots\cdots (B.4)$$

$$M = \pm\sqrt{M_X^2 + M_Y^2} \quad \cdots\cdots\cdots\cdots (B.5)$$

式中：

ΔX_i ——第 i 组 X 方向误差，单位为米（m）；

X_{si}、X_{Xi} ——分别为试验器具与船舶定位仪器输出的第 i 组船舶平面位置 X 坐标值，单位为米（m）；

ΔY_i ——第 i 组 Y 方向误差，单位为米（m）；

Y_{si}、Y_{Xi} ——分别为试验器具与船舶定位仪器输出的第 i 组船舶平面位置 Y 坐标值，单位为米（m）；

M_X ——X 坐标试验标准偏差的数值，单位为米（m）；

M_Y ——Y 坐标试验标准偏差的数值，单位为米（m）；

$[\Delta X_i \Delta X_i]$——$\Delta X_1 \Delta X_1 + \Delta X_2 \Delta X_2 + \cdots + \Delta X_n \Delta X_n$；

$[\Delta Y_i \Delta Y_i]$——$\Delta Y_1 \Delta Y_1 + \Delta Y_2 \Delta Y_2 + \cdots + \Delta Y_n \Delta Y_n$；

n ——观测值个数；

M ——计算的船舶平面位置定位中误差值，单位为米（m）。

B.11 船舶航向中误差试验

B.11.1 试验条件

风力小于 3 级且平潮，系稳船舶，船舶正浮姿态下，在船上进行试验。

B.11.2 试验器具

具备有效的计量检定合格证书的精度优于 0.1°的定向仪器一套。

B.11.3 试验方法

船舶航向中误差试验按下列方法进行：

a） 将试验器具定向基准置于船艏纵剖线上，同时记录不少于 1 000 组试验器具航向值（H_{si}）与船舶航向仪器输出的船舶航向值（H_{Xi}）；

b） 船舶航向中误差（M_H）按式（B.6）～式（B.7）计算。

$$\Delta H_i = H_{si} - H_{Xi} \quad \cdots\cdots\cdots\cdots (B.6)$$

$$M_H = \pm\sqrt{\frac{[\Delta H_i \Delta H_i]}{n-1}} \quad \cdots\cdots\cdots\cdots (B.7)$$

式中：

ΔH_i ——第 i 组船舶航向误差，单位为度（°）；

H_{si} ——试验器具输出的第 i 组航向值，单位为度(°)；

H_{Xi} ——船舶航向仪器输出的第 i 组船舶航向值，单位为度(°)；

M_H ——计算的船舶航向中误差的数值，单位为度(°)；

$[\Delta H_i \Delta H_i]$——$\Delta H_1 \Delta H_1 + \Delta H_2 \Delta H_2 + \cdots + \Delta H_n \Delta H_n$；

n ——观测值个数。

B.12 绞刀/斗轮下放深度最大允许误差试验

B.12.1 试验条件

风力小于 3 级且平潮，系稳船舶，船舶正浮姿态下，在船上进行试验。

B.12.2 试验器具

绞刀/斗轮下放深度最大误差试验的器具：

a) 试验器具精度为 0.1%并具有计量检定合格证书的投入式压力传感器一套；

b) 试验器具精度为 0.1%并具有计量检定合格证书的数字显示表一套；

c) 试验器具总不确定度应小于 CDSCS 绞刀/斗轮下放深度最大允许误差 1/3。

B.12.3 试验方法

绞刀/斗轮下放深度最大误差试验按下列方法进行：

a) 将投入式压力传感器固定在绞刀/斗轮挖深试验点；

b) 在绞刀/斗轮下放深度全量程范围内，由浅至深下放绞刀/斗轮，均匀整米选取不少于 8～10 个测试点测量下放深度，同步记录试验器具深度值(D_{si})与 CDSCS 绞刀/斗轮下放深度值(D_{Xi})；

c) 回程由深至浅起升桥架，重复 b)项试验；

d) 绞刀/斗轮下放深度测量误差(ΔD_i)按式(B.8)计算；

$$\Delta D_i = D_{si} - D_{Xi} \qquad \cdots\cdots\cdots\cdots (B.8)$$

式中：

ΔD_i——计算的第 i 次测量误差的数值，单位为米(m)；

D_{si} ——试验器具第 i 次测量的绞刀/斗轮下放深度的数值，单位为米(m)；

D_{Xi} ——CDSCS 第 i 次测量的绞刀/斗轮下放深度的数值，单位为米(m)。

e) 从计算结果中找出绞刀/斗轮下放深度最大误差。

B.13 绞刀/斗轮平面位置中误差试验

B.13.1 试验条件

风力小于 3 级且平潮，系稳船舶，船舶正浮姿态下，在船上进行试验。

B.13.2 试验器具

绞刀/斗轮平面位置中误差试验器具为计量检定合格证书的平面精度优于 0.2 m 的定位仪器一套。

B.13.3 试验方法

绞刀/斗轮平面位置中误差试验按下列方法进行：

a) 绞刀/斗轮在水面以上，将试验器具定位点置于绞刀/斗轮监测点上，同时记录不少于 1 000 组试验器具与 CDSCS 输出的绞刀/斗轮平面位置坐标数据；

b) 绞刀/斗轮平面位置中误差(M)按式(B.9)～式(B.13)计算。

$$\Delta X = X_{si} - X_{Xi} \quad \cdots\cdots(B.9)$$

$$\Delta Y = Y_{si} - Y_{Xi} \quad \cdots\cdots(B.10)$$

$$M_X = \pm\sqrt{\frac{[\Delta X \Delta X]}{n-1}} \quad \cdots\cdots(B.11)$$

$$M_Y = \pm\sqrt{\frac{[\Delta Y \Delta Y]}{n-1}} \quad \cdots\cdots(B.12)$$

$$M = \pm\sqrt{M_X^2 + M_Y^2} \quad \cdots\cdots(B.13)$$

式中：

ΔX ——第 i 组 X 方向误差，单位为米(m)；

X_{si}、X_{Xi} ——分别为试验器具与 CDSCS 输出的第 i 组绞刀/斗轮平面位置 X 坐标值，单位为米(m)；

ΔY ——第 i 组 Y 方向误差，单位为米(m)；

Y_{si}、Y_{Xi} ——分别为试验器具与 CDSCS 输出的第 i 组绞刀/斗轮平面位置 Y 坐标值，单位为米(m)；

M_X ——X 坐标试验标准偏差的数值，单位为米(m)；

M_Y ——Y 坐标试验标准偏差的数值，单位为米(m)；

n ——观测值个数；

M ——计算的绞刀/斗轮平面位置中误差值，单位为米(m)。

B.14 台车行程最大允许误差试验

B.14.1 试验环境

风力小于 3 级且平潮，船舶正浮姿态下，在船上进行试验。

B.14.2 试验器具

台车行程最大误差试验器具为对讲机两台、具有 2 级计量合格证书的 30 m 钢卷尺一个。

B.14.3 试验方法

台车行程最大误差试验按下列方法进行：

a) 在台车行程全量程范围内均匀选取不少于 8～10 个测试点，每个测试点往复测试两次，同步记录用钢卷尺测量值(L_{si})和 CDSCS 台车行程显示值(L_{Xi})；

b) 台车行程测量误差(ΔL_i)按式(B.14)计算；

$$\Delta L_i = L_{si} - L_{Xi} \quad \cdots\cdots(B.14)$$

式中：

ΔL_i——计算的第 i 次测量误差的数值，单位为米(m)；

L_{si} ——钢卷尺第 i 次测量值的数值，单位为米(m)；

L_{Xi} ——CDSCS 第 i 次测量的台车行程的数值，单位为米(m)。

c) 从计算结果中找出台车行程最大误差。

B.15 耳轴吃水最大允许误差试验

B.15.1 试验环境

风力小于3级且平潮，船舶正浮姿态下，在船上进行试验。

B.15.2 试验器具

耳轴吃水最大误差试验器具为水铊一个，具有2级计量合格证书的30 m钢卷尺一个。

B.15.3 试验方法

耳轴吃水最大误差试验按下列方法进行：

a) 桥架在水面以上，用水铊和钢卷尺测量耳轴点至水面的距离不少于五次，同步记录耳轴吃水示值；

b) 桥架在水面以下，用水铊和钢卷尺测量耳轴点至水面的距离不少于五次，同步记录耳轴吃水示值；

c) 耳轴吃水测量误差(ΔD_{r_i})按式(B.15)计算；

$$\Delta D_{r_i} = D_{r_{si}} - D_{r_{Xi}} \qquad \cdots\cdots\cdots\cdots (B.15)$$

式中：

ΔD_{r_i}——计算的第i次测量误差的数值，单位为米(m)；

$D_{r_{si}}$——钢卷尺第i次测量的耳轴吃水的数值，单位为米(m)；

$D_{r_{Xi}}$——CDSCS第i次测量的耳轴吃水的数值，单位为米(m)。

d) 从计算结果中找出耳轴吃水最大误差。

B.16 流速最大允许误差试验

B.16.1 试验条件

排泥管线长度1 000 m～3 000 m，船舶正浮姿态下，在船上进行试验。

B.16.2 试验器具

流速最大误差试验器具为高锰酸钾、秒表和对讲机。

B.16.3 试验方法

流速最大误差试验按下列方法进行：

a) 试验时流速测试点应不少于三点(约为量程的40%、55%、75%)，每个测试点至少进行连续三次测量；

b) 每次测量时，保持泥泵转速稳定，持续吹清水直至流速稳定；在泥泵吸口投入高锰酸钾，用秒表开始计时，当排泥管出口见红色，同时记录高锰酸钾走行的时间(t)和CDSCS显示的流速示值；

c) 流速测量误差(δ_i)按式(B.16)～式(B.17)计算；

$$v_{si} = \frac{L}{t} \qquad \cdots\cdots\cdots\cdots (B.16)$$

式中：

v_{si}——高锰酸钾第 i 次测试流速的数值，单位为米每秒(m/s)；

L ——管线长度值，单位为米(m)；

t ——高锰酸钾走行的时间，单位为秒(s)。

$$\delta_i = \frac{v_{si} - v_{Xi}}{v_{si}} \times 100\% \quad \cdots\cdots(\text{B.17})$$

式中：

δ_i ——第 i 次测试相对误差的数值，单位为百分数(%)；

v_{Xi}——CDSCS 第 i 次测试流速的数值，单位为米每秒(m/s)。

d) 从计算结果中找出流速最大误差。

B.17 泥浆密度最大允许误差试验

B.17.1 试验条件

泥浆密度最大误差试验条件：

a) 在淤泥或细粉砂土施工工况条件下，在船上进行试验；

b) 试验时保持挖掘密度稳定。

B.17.2 试验器具

泥浆密度最大误差试验器具为比重计、天平秤、泥浆取样器皿、量具、秒表和对讲机。

B.17.3 试验方法

泥浆密度最大误差试验按下列方法进行：

a) 泥浆密度计进行清水标定；

b) 保持泥浆密度稳定，在泥泵出口适当位置进行泥浆取样。同时记录取样时间和密度计测量的泥浆密度示值(ρ_{Xi})，用比重计或天平秤测定取样的泥浆密度(ρ_{si})；

c) 修正取样和泥浆密度计测量时间；

d) 重复上述泥浆取样测定 n 次(至少三次)；

e) 泥浆密度测量误差(δ''_i)按照式(B.22)计算；

$$\delta''_i = \frac{\rho_{si} - \rho_{Xi}}{\rho_{si}} \times 100\% \quad \cdots\cdots(\text{B.18})$$

式中：

δ''_i ——计算的第 i 次泥浆密度相对误差的数值，单位为百分数(%)；

ρ_{si} ——试验器具第 i 次取样的泥浆密度的数值，单位为吨每立方米(t/m^3)；

ρ_{Xi}——密度计第 i 次测量的泥浆密度的数值，单位为吨每立方米(t/m^3)。

f) 从计算结果中找出泥浆密度最大误差。

B.18 泥泵真空最大允许误差试验

B.18.1 试验条件

船舶停工状态下，在船上进行试验。

B.18.2 试验器具

泥泵真空最大误差试验器具为便携式手动真空泵、过渡法兰、精密压力表和手持对讲机。

B.18.3 试验方法

泥泵真空最大误差试验按下列方法进行：

a) 将泥泵真空传感器前闸阀关闭，拆下传感器与检测过渡法兰一端连接好。过渡法兰另一端与便携式手动真空泵连接，用三通管接入精密压力表；

b) 在量程范围之内，每隔一定真空间隔均匀选取不少于10个测试点，使用手动真空泵进行正程抽真空和回程加压对测试点进行测量，同步记录CDSCS监测示值(p_{Xi})和精密真空表读数(p_{si})；

c) 泥泵真空测量误差(Δp_i)按式(B.19)计算；

$$\Delta p_i=\frac{p_{si}-p_{Xi}}{p_{si}}\times 100\% \qquad \cdots\cdots(\text{B.19})$$

式中：

Δp_i——第 i 次泥泵真空相对误差的数值，单位为百分数(%)；

p_{si} ——精密真空表第 i 次测量的数值，单位为千帕(kPa)；

p_{Xi} ——CDSCS第 i 次监测的数值，单位为千帕(kPa)。

d) 从计算结果中找出泥泵真空最大误差。

B.19 泥泵压力最大允许误差试验

B.19.1 试验条件

船舶停工状态下，在船上进行试验。

B.19.2 试验器具

泥泵压力最大误差器具为便携式手动压力泵、过渡法兰、精密压力表和手持对讲机。

B.19.3 试验方法

泥泵压力最大误差试验按下列方法进行：

a) 将泥泵压力传感器前闸阀关闭，将拆下的传感器与检测过渡法兰连接。过渡法兰与便携式手动压力泵连接，用三通管接入精密压力表；

b) 在量程范围之内，每隔一定压力间隔均匀选取不少于十个测试点，使用手动压力泵进行正程加压和回程减压对测试点进行测量，同步记录CDSCS监测压力表示值(p''_{Xi})和精密压力表读数(p''_{si})；

c) 泥泵压力测量误差($\Delta p''_i$)按式(B.20)计算；

$$\Delta p''_i=\frac{p''_{si}-p''_{Xi}}{p''_{si}}\times 100\% \qquad \cdots\cdots(\text{B.20})$$

式中：

$\Delta p''_i$ ——第 i 次泥泵压力相对误差的数值，单位为百分数(%)；

p''_{si} ——精密压力表第 i 次的数值，单位为兆帕(MPa)；

p''_{Xi} ——CDSCS第 i 次监测压力表的数值，单位为兆帕(MPa)。

d) 从计算结果中找出泥泵压力最大误差。

附 录 C
（规范性附录）
交付文档和资料

交付文档和资料如下：

a） 产品检验合格证；

b） 产品质保证；

c） 要求提交的船级社证书；

d） CDSCS 使用说明书；

e） 完工系统图、原理图、接线图、硬件安装位置平面布置图、操作台、机柜平面布置图、I/O 地址分配表；

f） CDSCS 配置的硬件设备说明书、合格证书、质保证书；

g） 型式检验、出厂检验、软件测试报告、硬件测试报告；

h） 备份的 CDSCS 系统软件。

ICS 93.080.30
P 66

中华人民共和国国家标准

GB/T 28967—2012

电子收费　车道系统技术要求

Electronic toll collection—Technical requirement for the lane system

2012-12-31 发布　　2013-06-01 实施

中华人民共和国国家质量监督检验检疫总局
中国国家标准化管理委员会　发布

前　　言

本标准按照 GB/T 1.1—2009 给出的规则起草。

本标准由全国智能运输系统标准化技术委员会(SAC/TC 268)提出并归口。

本标准起草单位:交通运输部公路科学研究院。

本标准主要起草人:刘鸿伟、江运志、杨蕴、陈丙勋、葛涛等。

电子收费 车道系统技术要求

1 范围

本标准规定了公路电子收费车道系统的基本组成、布局、功能、性能要求等。

本标准适用于公路电子收费系统，车辆出入管理、城市道路收费等领域可以参照使用。

2 规范性引用文件

下列文件对于本文件的应用是必不可少的。凡是注日期的引用文件，仅注日期的版本适用于本文件。凡是不注日期的引用文件，其最新版本(包括所有的修改单)适用于本文件。

GB/T 18277 公路收费制式

GB/T 18367 公路收费方式

GB/T 20135 智能运输系统 电子收费 系统框架模型

GB/T 20839 智能运输系统 通用术语

GB/T 20851(所有部分) 电子收费 专用短程通信

JTG B01 公路工程技术标准

3 术语、定义和缩略语

3.1 术语和定义

GB/T 20135 和 GB/T 20839 中界定的术语和定义以及下列术语和定义适用于本文件。

3.1.1

车道控制器 lane controller

与车道路侧设备及其他外围设备相连、配合车道控制软件控制车道逻辑流程的工业控制计算机。

3.1.2

报警设备 alarm equipment

用于提示驾驶员和现场工作人员本次交易失败、车道发生异常等的车道设备。

3.1.3

信息显示屏 information screen

用于向驾驶员提示账户信息，如本次通行费额、余额、提示续费等的车道设备。

3.1.4

雨棚信号灯 canopy lights

用于指示 ETC 车道当前工作状态的车道设备。

3.1.5

车道信号灯 lane lights

用于提示驾驶员本次交易状态，如是否能正常通行等的车道设备。

3.1.6

车辆检测器 vehicle detector

又称为地感线圈，车辆检测器状态用 I/O 信号的电平方式输入到车道控制器，用于系统检测车辆的到来和离去。

3.1.7

车道摄像机　lane camera

用于实现对车道状况的全天候监视的车道设备，其信号不通过车道控制器，直接与监控中心连接。

3.1.8

CPU卡　CPU Card

含有中央处理单元(CPU)的IC卡，按通信界面分为接触式CPU卡、非接触式CPU卡和双界面CPU卡。作为非现金支付的记账卡和储值卡应采用CPU卡。

3.1.9

合法ETC车辆　ETC legal vehicle

装有能够与路侧设备成功交易的车载设备(包括OBU和CPU卡)的车辆。

3.1.10

非法ETC车辆　ETC illegally vehicle

包括无OBU、非法OBU、CPU卡没有插好、黑名单车辆等情况造成与路侧设备交易失败的车辆。

3.1.11

黑名单　black list

禁止通过收费车道的非现金支付卡列表。当用户的预付款余额已经低于其最低使用限额或其该卡已超过规定的透支限额时，该非现金支付卡将被列入黑名单。持有黑名单非现金支付卡的用户将禁止通过收费车道。

3.1.12

灰名单　gray list

储值卡中的余额低于特定限额所组成的非现金支付卡集合(列表)。当用户的预付款余额(储值卡中的余额)已低于电子收费系统规定的限额时，该非现金支付卡(储值卡等)将被列入灰名单。持有灰名单非现金支付卡的用户仍允许通过收费车道，但系统将警示其余额不足，需尽快充值。

3.2　缩略语

ETC　电子收费(Electronic Toll Collection)

MTBF　平均无故障时间(Mean Time Between Failure)

MTC　人工半自动收费(Manual Toll Collection)

OBU　车载单元(On Board Unit)

RSU　路侧单元(Roadside Unit)

4　一般规定

除特别说明外，电子收费车道机电系统均应符合GB/T 18277、GB/T 18367、JTG B01相关规定。

5　电子收费车道机电系统基本组成及功能

5.1　电子收费车道机电系统的基本组成

电子收费车道分为入口车道、出口车道。入口、出口电子收费车道系统的配置设备基本一致，主要由车道控制器、路侧设备、自动栏杆、报警设备、信息显示屏、雨棚信号灯、车道信号灯、车辆检测器及车道摄像机等组成。

5.2 电子收费车道的基本功能

在正常情况下，入口车道应至少具备以下功能：

——能够控制 RSU 与其通信区域内的 OBU 建立通信链路，完成双向认证以及对 CPU 卡的入口信息写入，通信及交易过程应符合 GB/T 20851(所有部分)相关规定；

——能够按照 OBU 及 CPU 卡信息核对是否在黑、灰名单之列；

——将入口车道信息通过 OBU 写入 CPU 卡后，能够根据执行结果控制车道外部设备(车道信号灯、自动栏杆、信息显示屏等)状态，放行或拦截车辆；

——系统自动生成入口过车记录(主要包括 OBU 信息、CPU 卡信息、车辆基本信息、入口车道信息以及车辆图像数据等)保存到本地数据库，同时可以通过网络上传至收费站；

——能够与收费站实现实时数据通信，以完成数据的自动传输；如果通信链路长期故障，可以人工通过移动介质(可读写光盘/U 盘等)对 ETC 车道进行数据采集，到收费站进行数据上载以实现人工传输数据；

——能够处理异常情况(无 OBU、OBU 故障、非法 OBU 等)，凡是异常情况，需要做报警处理，并将本次异常记录信息存储本地数据库，同时通过网络上传至收费站；

——能够处理特殊情况(如黑名单、灰名单等)，凡是特殊情况应能启动相应的车道状态，如灰名单车辆，将车道状态置于 ETC 车道警告通行状态(车道信号灯变红，自动栏杆抬起，信息显示屏显示警告信息)；如黑名单车辆，将车道状态置于 ETC 车道车辆阻截状态(车道信号灯变红，启动报警器，自动栏杆落下状态，信息显示屏提示异常信息)；

——能够接收收费站下发的系统参数及数据表格(时钟参数、费率表、黑名单、灰名单等)，并受控使其有效；

——部分非关键设备发生故障时，系统仍然能够继续工作；

——能够自动检测部分关键外围设备故障，将其结果存在本地数据库的同时，可通过网络上传至收费站；

——能够对车道状况进行全天候视频监视。

在正常情况下，出口车道应至少具备以下功能：

——能够控制 RSU 与其通信区域内的 OBU 建立通信链路，自动完成双向认证，计算通行费额，从 CPU 卡扣除本次通行费额，并将本次交易信息写入 CPU 卡，通信及交易过程应符合 GB/T 20851(所有部分)相关规定；

——能够根据交易执行结果正确控制车道外围设备放行、警告通行或拦截车辆，并将出口信息和入口信息组成一条完整的出口过车记录(主要包括 OBU 信息、CPU 卡信息、车辆信息、本次扣款费额、入口车道信息、出口车道信息、交易状态以及车辆图像数据等)存入本地数据库，同时通过网络上传至收费站；

——能够按照 OBU 及 CPU 卡信息核对是否在黑、灰名单之列；

——能够与收费站实现实时数据通信，以完成数据的自动传输；如果通信链路长期故障，可以人工通过移动介质(可读写光盘/U 盘等)对 ETC 车道进行数据采集，到收费站进行数据上载以实现人工传输数据；

——能够处理异常情况(无 OBU、OBU 故障、非法 OBU 等)，凡遇异常情况，需要做报警处理，并将本次异常记录信息存储本地数据库，同时通过网络上传至收费站；

——能够处理特殊情况(如黑名单、灰名单等)，凡遇特殊情况应能启动相应的车道状态，如灰名单车辆，将车道状态置于 ETC 车道警告通行状态；如黑名单车辆，将车道状态置于 ETC 车道车辆阻截状态；

——能够接受收费站系统下发的系统参数及数据表格(时钟参数、费率表、黑名单、灰名单等)，并受控使其有效；

——部分非关键设备故障时，系统仍然能够继续工作；
——能够自动检测部分主要外围设备的故障，将其结果存入本地数据库，同时通过网络上传至收费站；
——能够对车道状况进行全天候视频监视。

5.3 电子收费车道的性能

在正常情况下，电子收费车道系统应满足以下性能指标的要求：
——每条电子收费车道通行能力：不小于 550 辆/h；
——交易可靠性：合法 ETC 车辆在其车载设备均工作正常的状态下，以 20 km/h 的速度通过电子不停车收费车道，每千笔电子收费交易不能多于 3 次错误；
——电子收费车道信息保存：不少于 40 天的电子收费交易记录；
——MTBF 不小于 10 000 h。

6 电子收费车道布局模式

6.1 ETC 车道布局模式类型

电子收费车道布局模式分为以下 3 种：
——自动栏杆岛内布局模式；
——自动栏杆短岛头布局模式；
——自动栏杆长岛头布局模式。

6.2 自动栏杆岛内布局模式

6.2.1 基本布局

自动栏杆岛内布局的基本布设如图 1 所示，具体描述如下：
——自动栏杆设置在收费岛的后端，处于常闭状态；
——无线通信区域设置在收费岛的前端；
——车道至少设有两个地感线圈，地感线圈 1 用来检测车辆的驶入，地感线圈 2 用来检测车辆的驶离。

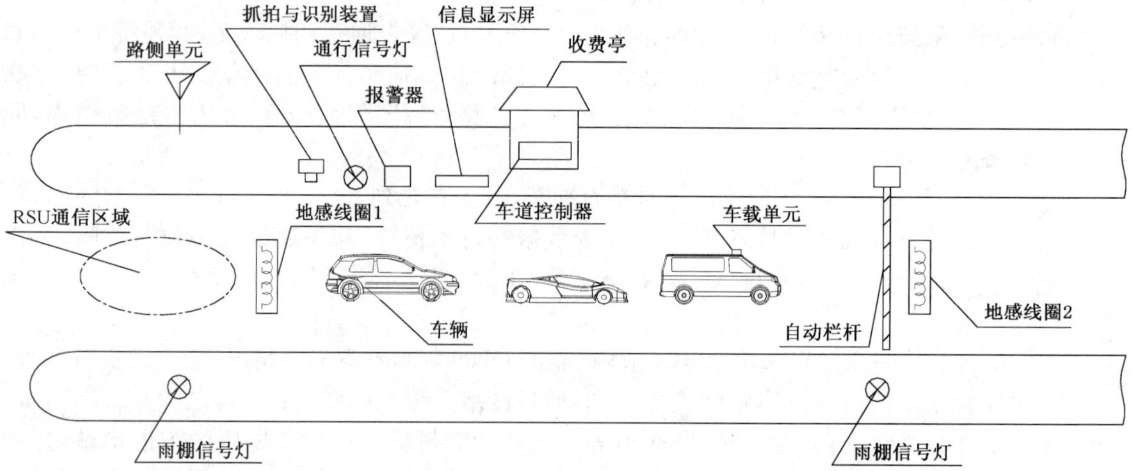

注：除路侧单元、地感线圈 1、地感线圈 2、自动栏杆、收费亭等相对位置固定外，其他外设根据实际情况布设。

图 1 自动栏杆岛内布局示意图

6.2.2 功能要求

功能要求如下：

——满足 5.2 电子收费车道的基本功能；

——能够正常处理 ETC 车道形成队列情况；

——拦截在 ETC 车道内交易失败的车辆，需要人工处理。

6.3 自动栏杆短岛头布局模式

6.3.1 基本布局

自动栏杆短岛头布局的基本布设如图 2 所示，具体描述如下：

——自动栏杆设置在收费车道的前端，且处于常闭状态；

——无线通信区域设置在收费岛的前端；

——车道至少设有两个地感线圈，地感线圈 1 用来检测车辆的驶入，地感线圈 2 用来检测车辆的驶离；

——自动栏杆离通信区域的距离较近，其间最多只能容纳一辆车。

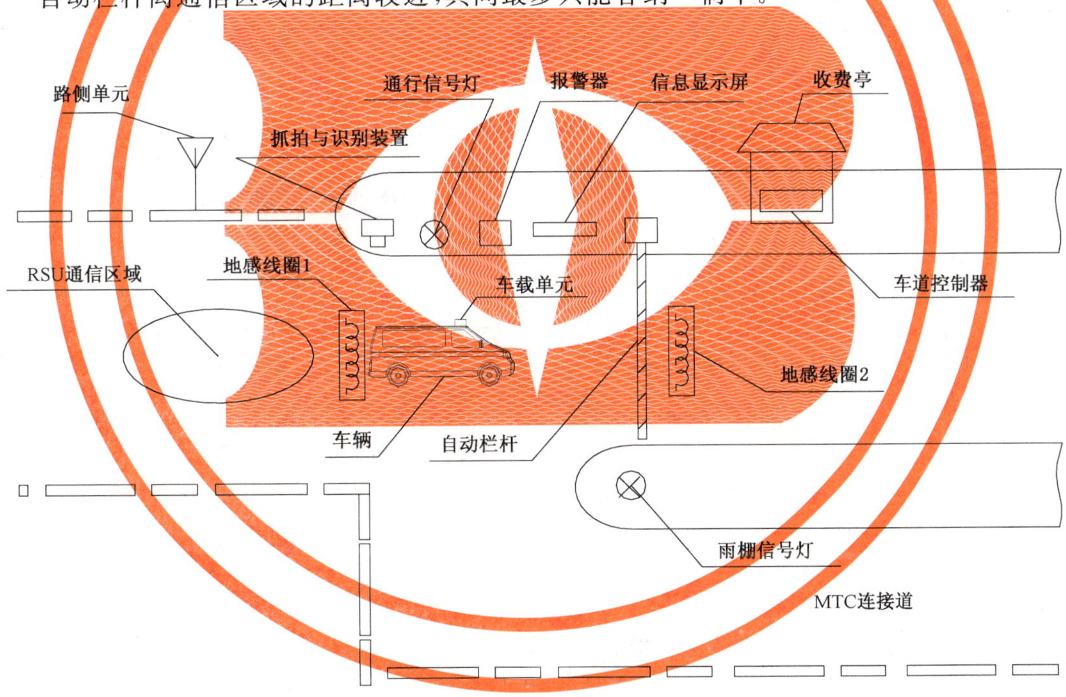

注：除路侧单元、地感线圈 1、地感线圈 2、自动栏杆、收费亭等相对位置固定外，其他外设根据实际情况布设。

图 2 自动栏杆短岛头布局示意图

6.3.2 功能要求

功能要求如下：

——满足 5.2 电子收费车道的基本功能；

——拦截在 ETC 车道内的非法 ETC 车辆，可以转入邻近的 MTC 车道刷卡通行。

6.4 自动栏杆长岛头布局模式

6.4.1 基本布局

自动栏杆长岛头布局的基本布设如图 3 所示，具体描述如下：

——自动栏杆设置在收费车道的前端，处于常闭状态；

——无线通信区域设置在收费岛的前端；

——在 ETC 车道和邻近的 MTC 车道之间有一个连接道，且连接道处设置一个地感线圈；

——车道至少设有 3 个地感线圈，地感线圈 1 用来检测车辆的驶入，地感线圈 2 用来检测车辆的驶离，地感线圈 3 用来检测车辆从连接道转入邻近 MTC 车道。

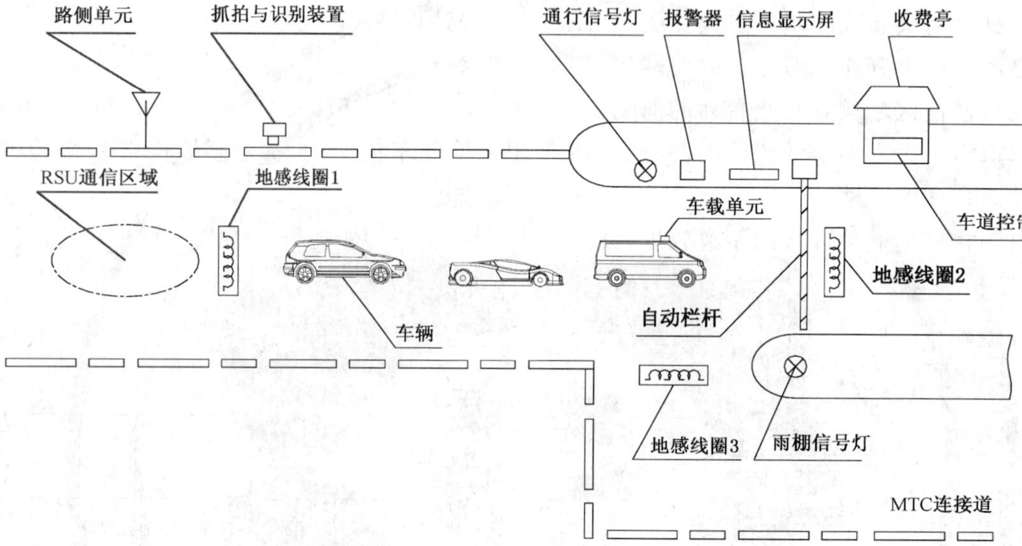

注：除路侧单元、地感线圈 1、地感线圈 2、地感线圈 3、自动栏杆、收费亭等相对位置固定外，其他外设根据实际情况布设。

图 3 自动栏杆长岛头布局示意图

6.4.2 功能要求

功能要求如下：

——满足 5.2 电子收费车道的基本功能；

——能够正常处理 ETC 车道形成队列情况，逻辑周全、缜密，队列车辆的放行原则是：不能由于队列后边的合法 ETC 车辆导致前边非法 ETC 车辆的放行；

——拦截在 ETC 车道内的非法 ETC 车辆，可以从连接道经地感线圈 3 转入邻近的 MTC 车道刷卡通行。

ICS 93.080.30
P 66

中华人民共和国国家标准

GB/T 28968—2012

电子收费 车道配套设施技术要求

Electronic toll collection—Technical requirement for facilities of the lane system

2012-12-31 发布 2013-06-01 实施

中华人民共和国国家质量监督检验检疫总局
中国国家标准化管理委员会 发布

前言

本标准按照GB/T 1.1—2009给出的规则起草。

本标准由全国智能运输系统标准化技术委员会(SAC/TC 268)提出并归口。

本标准主要起草单位:交通运输部公路科学研究院、北京交科公路勘察设计研究院有限公司。

本标准主要起草人:葛涛、闻静、付怀珀、李琼芝、何培舟、肖媛媛、冯海伟、谢元真、刘奕含、王黎等。

电子收费　车道配套设施技术要求

1　范围

本标准规定了公路电子收费车道、收费岛、电子收费标志标线等配套设施的技术要求。

本标准适用于公路收费站设置的电子收费车道、收费岛、电子收费标志标线等配套设施的设计与建设。

2　规范性引用文件

下列文件对于本文件的应用是必不可少的。凡是注日期的引用文件,仅注日期的版本适用于本文件。凡是不注日期的引用文件,其最新版本(包括所有的修改单)适用于本文件。

GB 5768　道路交通标志和标线

GB/T 20135　智能运输系统　电子收费系统框架模型

GB/T 20839　智能运输系统　通用术语

3　术语、定义和缩略语

3.1　术语和定义

GB/T 20135 和 GB/T 20839 中界定的术语和定义适用于本文件。

3.2　缩略语

ETC　电子收费(Electronic Toll Collection)

MTC　人工半自动收费(Manual Toll Collection)

OBU　车载单元(On Board Unit)

4　ETC 车道技术要求

4.1　ETC 车道的设置位置

ETC 车道宜连续设置在收费广场内侧车道,也可连续设置在收费广场的外侧车道。

4.2　ETC 车道的宽度

ETC 车道宽度要求见表 1。

表 1　ETC 车道宽度

单位为米

收费方式	ETC	
	标准值	一般值
内侧车道	3.5	3.2,3.75
超宽车道	4.0	3.5,4.5

5 ETC车道收费岛技术要求

5.1 ETC车道收费岛设置原则

设置原则如下：

——ETC车道收费岛以防撞、美观、与MTC车道整体协调为设计原则。岛头的混凝土强度等级不低于C40号；

——收费岛内应为岛上设备预埋(留)基础和管线，预埋管的内径不小于50 mm，并为穿缆线预留穿线带(或铅线)；

——为方便收费岛上设备的定位、安装和敷设管线，收费岛体不宜采用混凝土整体浇注；

——收费岛上设备或机箱距收费岛边缘的安全距离不小于0.5 m；

——收费岛应按GB 5768的要求喷涂立面标记。

5.2 ETC车道收费岛设置长度

ETC车道收费岛的长度应综合考虑ETC车道设计通行能力、设计速度、设置模式、建议的限速值以及收费岛高度。

6 ETC标志、标线设置要求

6.1 ETC标志、标线功能与内容

ETC标志、标线用于指示前方收费站设置有ETC车道。

ETC常用的标志、标线的内容包括：

——ETC车道预告类标志；

——ETC车道信息指示类的标志；

——ETC收费岛头标志；

——ETC车道地面标线和文字。

6.2 ETC车道预告类标志

6.2.1 版面

ETC车道预告类标志版面样式主要分为单独型和组合型两种，单独型一般多用在改造项目中，组合型一般多用于新建项目中。

具体版面样式和尺寸结构详见图1～图3，图中标注单位为毫米。

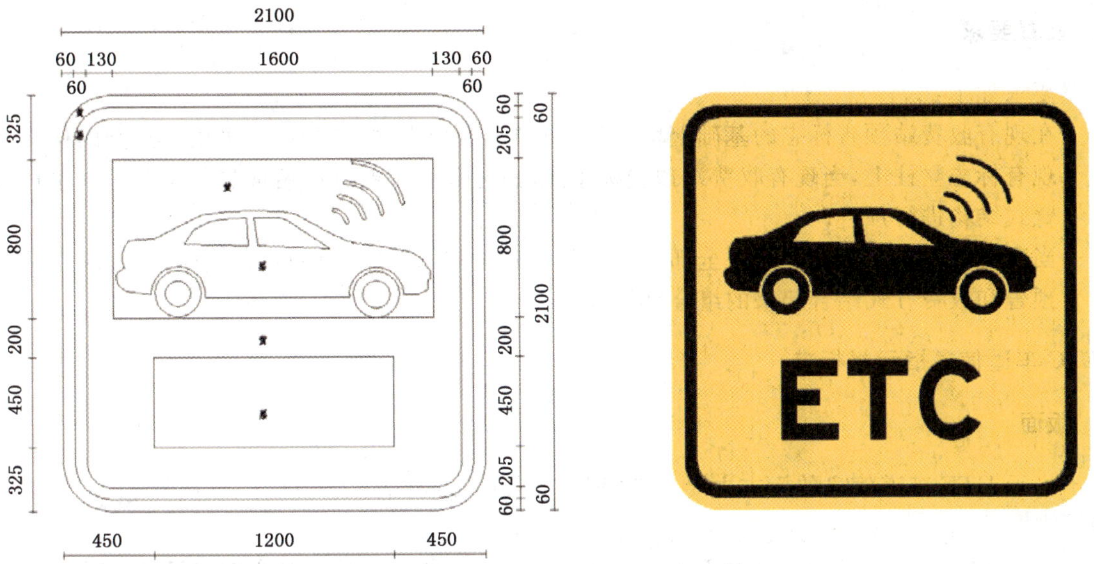

图 1　单独式标志(附着/单柱)

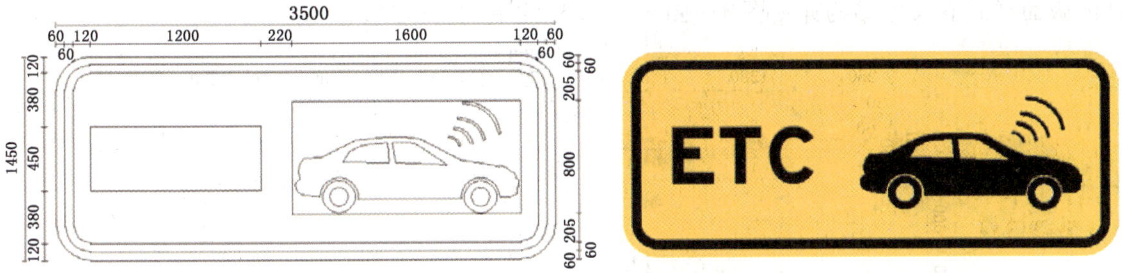

图 2　单独式标志(单悬)

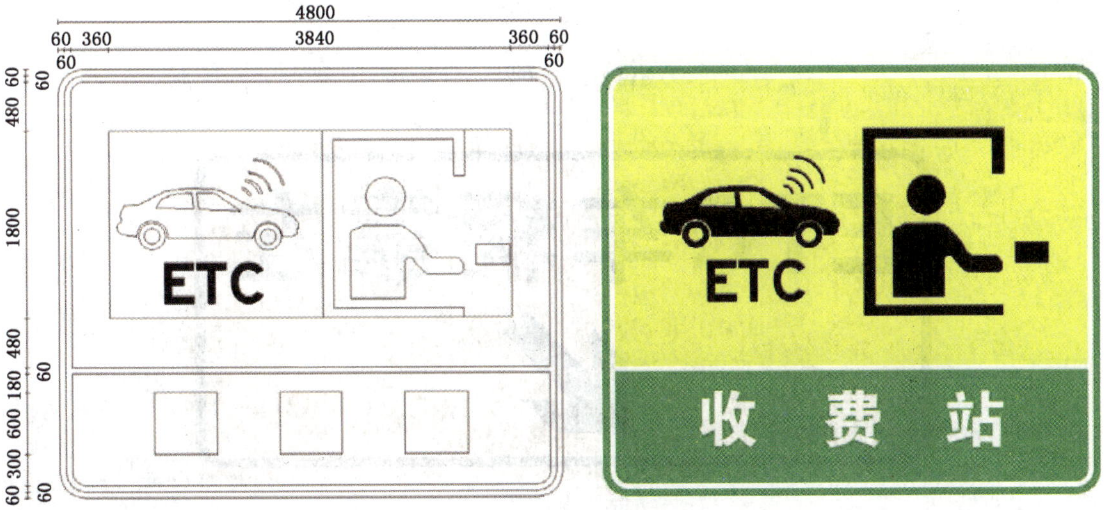

图 3　组合式标志(单悬)

6.2.2 **设置要求**

设置要求如下：

——在现有收费站预告标志的基础上增加对 ETC 车道预告的标志时，可采用单独型的样式附着在现有标志立柱上，当现有收费站预告标志无法利用时，可在其前后适当的位置采用单柱式或悬臂式结构进行预告；

——当现有收费站预告标志需要全部替换或是新建设有 ETC 车道的收费站时，一般采用将收费站预告和收费方式结合起来的组合型样式。

6.3 ETC 车道信息指示类标志

6.3.1 版面

用于指示 ETC 车道信息的标志主要包括“ETC 车道指示标志”、“ETC 广场前标志”以及“ETC 车道天棚标志”；

“ETC 车道指示标志”版面中黄色箭头表示安装有 OBU 的车辆的行驶方向；“ETC 广场前标志”设置在收费广场前，用于指示 ETC 车道在收费广场的设置位置；设置在收费天棚上的“ETC 车道天棚标志”一般附着在 ETC 车道正上方的天棚上，用于指示 ETC 车道的具体位置；

具体版面样式和尺寸结构详见图 4～图 8，图中标注单位为毫米。

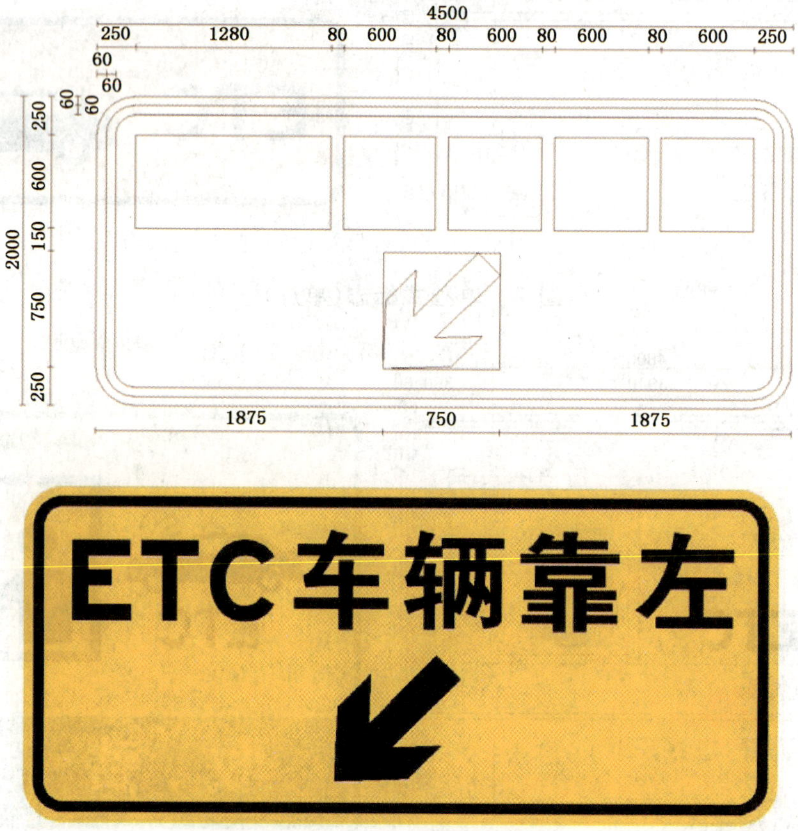

图 4 ETC 广场前标志(单悬)

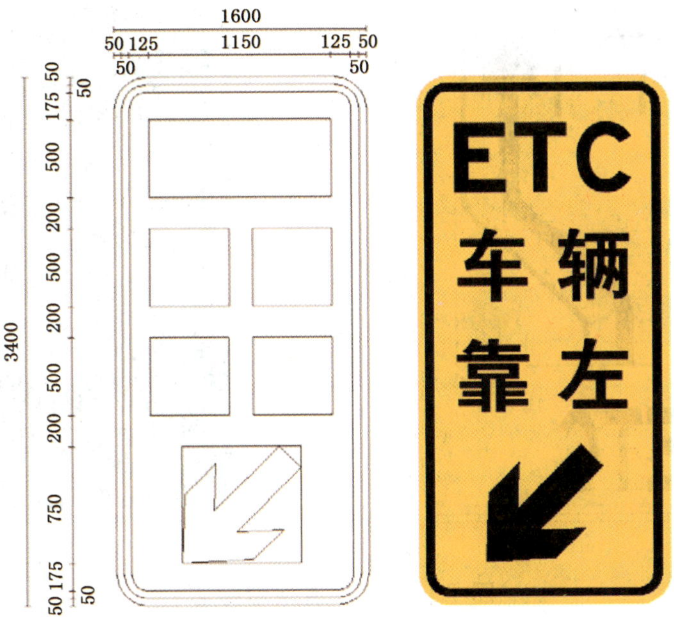

图 5　ETC 广场前标志(单柱)

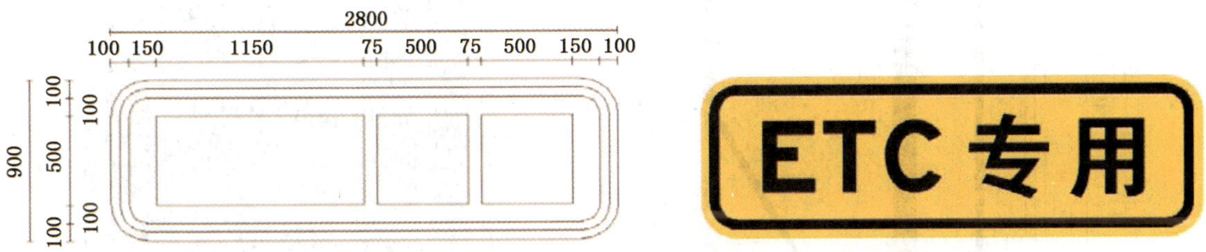

图 6　设置在收费天棚上的 ETC 车道天棚标志

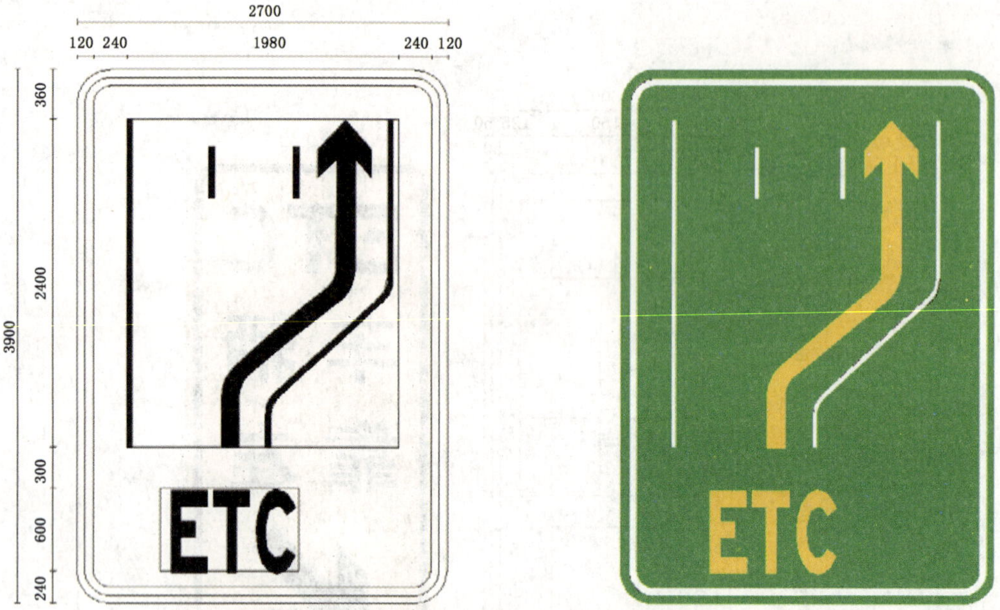

图 7　**ETC 车道指示标志**

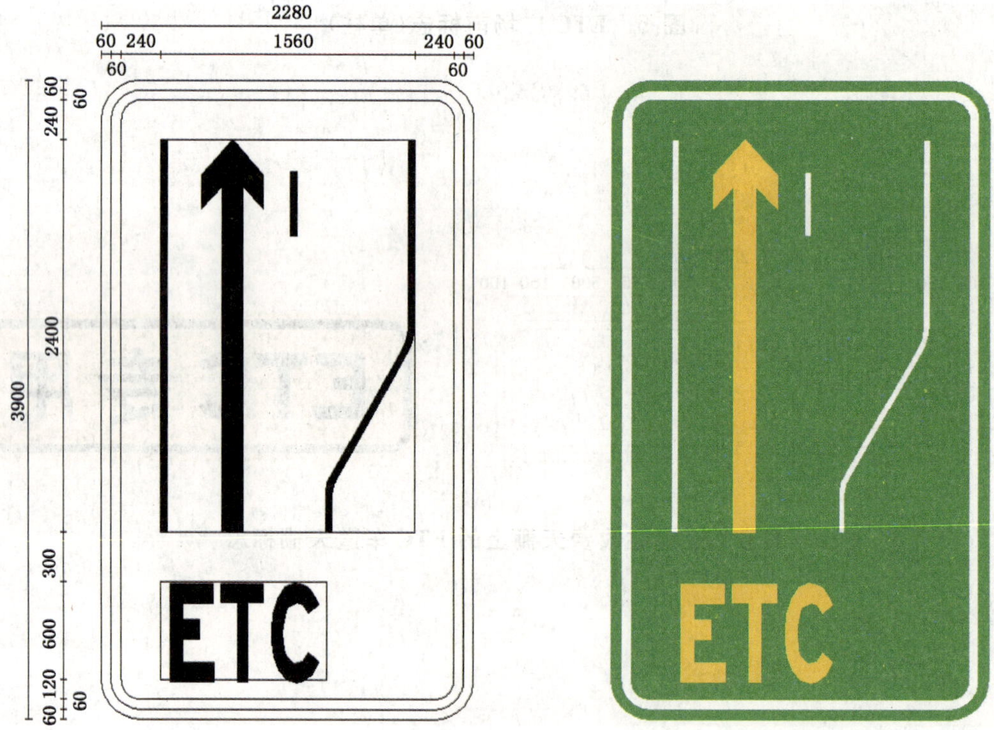

图 8　**ETC 车道指示标志**

6.3.2　**设置要求**

设置要求如下：

——"ETC 车道指示标志"一般设置在收费广场渐变段起点前 300m 左右，用图形化的方式指示出 ETC 车道在收费广场的位置，对于交通量大、路幅宽度较宽的收费站宜采用门架结构进行设置，而在较小的匝道收费站则可采用单悬的结构进行设置。

——“ETC 广场前标志”一般应设置在收费广场渐变段起点前，具体位置应根据现场情况确定。对于大型收费站、主线站，ETC 广场前标志应根据现场情况适当提前，以便主线上车辆驾驶员能够提前做出判断。ETC 广场前标志宜采用单悬式结构，在条件限制或者不同方向匝道共同进入收费广场时，可在匝道三角端处设置单柱式标志。

——“ETC 车道天棚标志”一般设置在 ETC 车道正上方，多附着在天棚上。对于特殊型式的天棚，不宜或无法附着时，可采取其他结构型式，但应注意避免遮挡信号灯。同时，标志宜增加夜间的可视性，有条件的地区可在标志牌的上方架设标志牌照射灯，或在标志牌上用小频闪灯勾勒出“ETC 专用”字样的轮廓，用以区别 ETC 专用车道和普通车道，并加强夜间可视效果。

6.4 ETC 收费岛头标志

6.4.1 版面

ETC 收费岛头标志主要由“建议限速标志”和“辅助标志”组成。

具体版面样式和尺寸结构详见图 9，图中标注单位为毫米。

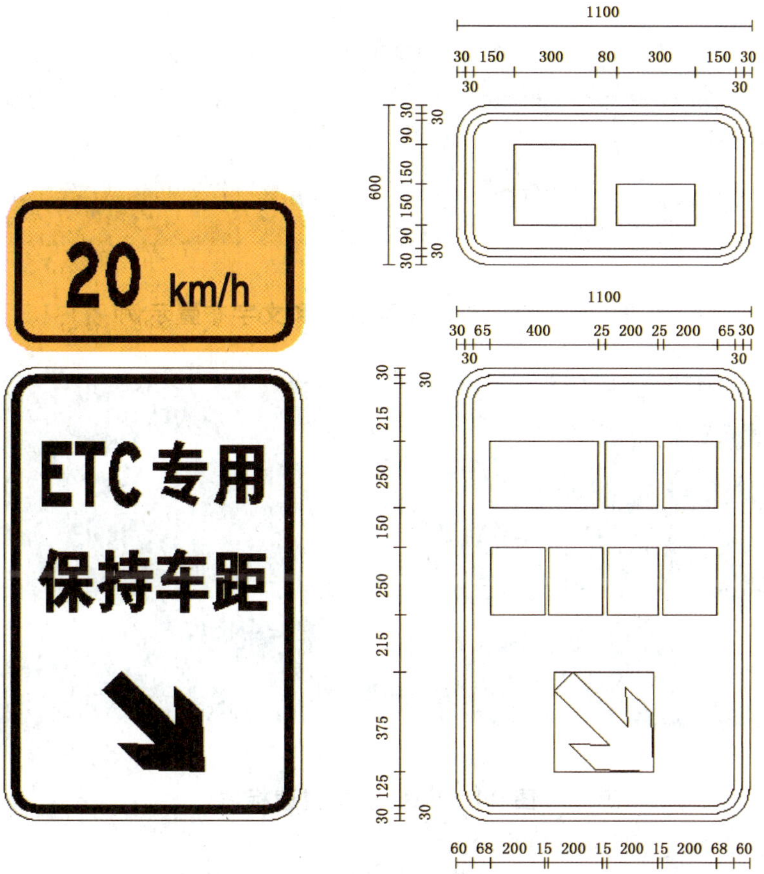

注：图中限速值仅为示例。

图 9 ETC 收费岛头标志

6.4.2 设置要求

设置要求如下：

——标志设置在 ETC 收费岛头，可单独设置立柱，也可附着在原有岛头立柱上，但应注意避免与岛

头其他设施(例如雾灯)的相互遮挡;

——标志的底板材料宜采用公路用玻璃纤维增强塑料(也称玻璃钢)等非金属类板材,从而降低标志版对 ETC 信号的影响。

6.5 ETC 车道地面标线和文字

ETC 车道地面标线包括:车行道边缘线、纵向减速标线等多种组合型式,并配合地面文字、警示桩等辅助设施,示例如图 10~图 13 所示,图中标注单位为厘米;

ETC 车道地面文字一般包括:ETC 专用、限速等内容;

具体设置要求如下:

——ETC 车道地面标线从 ETC 车道相邻的两个岛头的导流标线头部开始施划,一般应延长至广场直线段末端,各省(市)可结合收费广场的具体情况进行调整;

——ETC 车道地面文字应尽量布置在广场水泥混凝土路面范围内,为了醒目,地面文字宜采用橙黄色;

——各地可根据自身的管理需要增加其他辅助内容。

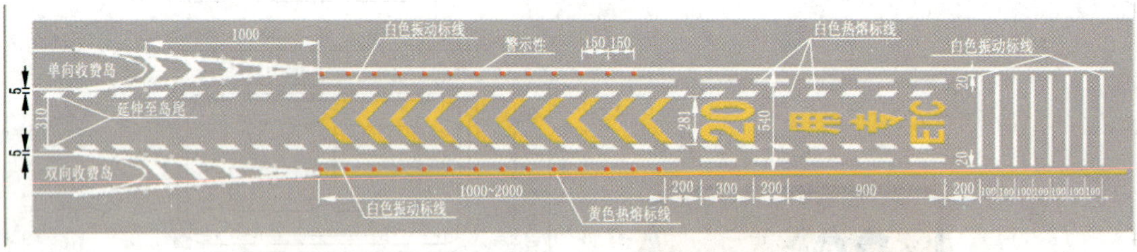

图 10 ETC 车道路面标线和文字布置示例

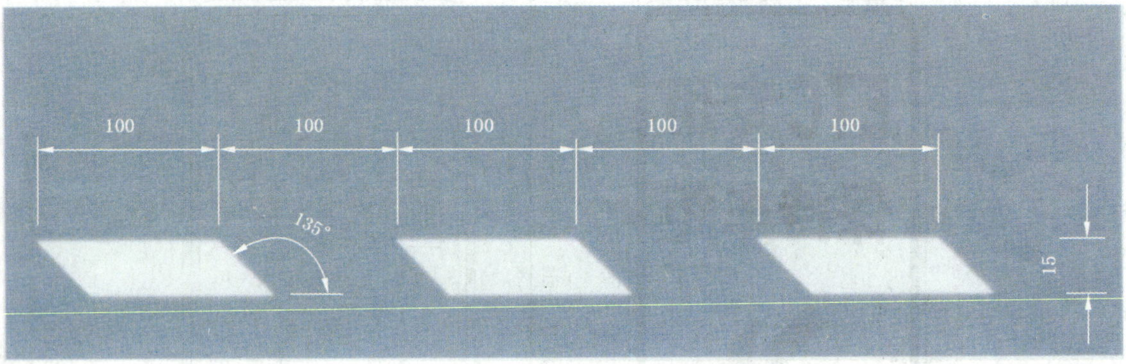

图 11 ETC 视觉减速标线

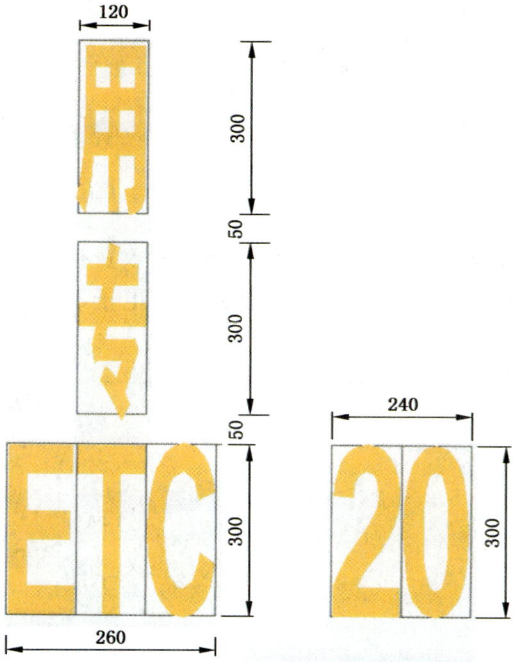

图 12　ETC 路面文字大样图

图 13　ETC 纵向振动标线

参 考 文 献

[1] GB/T 18277—2000 公路收费制式
[2] GB/T 18367—2001 公路收费方式
[3] JTG B01—2003 公路工程技术标准
[4] 交通运输部2007年第35号公告 《收费公路联网收费技术要求》
[5] 交通运输部2011年第13号公告 《收费公路联网电子不停车收费技术要求》

ICS 35.200
L 65

中华人民共和国国家标准

GB/T 28969—2012

电子收费　车载单元初始化设备

Electronic toll collection—On board unit initialize equipment

2012-12-31 发布　　2013-06-01 实施

中华人民共和国国家质量监督检验检疫总局
中国国家标准化管理委员会　发布

前　言

本标准按照 GB/T 1.1—2009 给出的规则起草。

本标准由全国智能运输系统标准化技术委员会(SAC/TC 268)提出并归口。

本标准起草单位:交通运输部公路科学研究院。

本标准主要起草人:刘鸿伟、杨蕴、梅新明、肖迪、李汉魁等。

电子收费　车载单元初始化设备

1　范围

本标准规定了公路电子收费系统中基于专用短程通信(DSRC)的车载单元初始化设备的应用总则、设备技术要求以及应用交易流程。

本标准适用于公路电子收费系统,车辆出入管理、城市道路收费等领域可参照使用。

2　规范性引用文件

下列文件对于本文件的应用是必不可少的。凡是注日期的引用文件,仅注日期的版本适用于本文件。凡是不注日期的引用文件,其最新版本(包括所有的修改单)适用于本文件。

GB/T 2423.10　电工电子产品环境试验　第2部分:试验方法　试验Fc:振动(正弦)

GB 4943　信息技术设备的安全

GB/T 16649(所有部分)　识别卡　带触点的集成电路卡

GB/T 20135　智能运输系统　电子收费　系统框架模型

GB/T 20839　智能运输系统　通用术语

GB/T 20851.1　电子收费　专用短程通信　第1部分:物理层

GB/T 20851.2　电子收费　专用短程通信　第2部分:数据链路层

GB/T 20851.3　电子收费　专用短程通信　第3部分:应用层

GB/T 20851.4　电子收费　专用短程通信　第4部分:设备应用

GB/T 28420　电子收费　OBE-SAM 数据格式和技术要求

GB/T 28423　电子收费　路侧单元与车道控制器接口

ISO/IEC 14443　识别卡　无触点的集成电路卡　邻近卡(Identification cards—Contactless integrated circuit cards—Proximity cards)

3　术语、定义和缩略语

3.1　术语和定义

GB/T 20135 和 GB/T 20839 界定的术语和定义适用于本文件。

3.2　缩略语

下列缩略语适用于本文件。

API　应用编程接口(Application Programming Interface)

BST　信标服务表(Beacon Service Table)

DSRC　专用短程通信(Dedicated Short Range Communication)

e.i.r.p　等效全向辐射功率(Equivalent Isotropically Radiated Power)

ETC　　电子收费(Electronic Toll Collection)
IC　　集成电路 (Integrated Circuit)
MAC　　报文鉴别码(Message Authentication Code)
OBE-SAM 车载设备安全访问模块(On Board Equipment Secure Access Module)
OBU　　车载单元(On Board Unit)
PBOC　　中国人民银行(People Bank Of China)
PC　　个人计算机(Personal Computer)
PIN　　个人密码(Personal Identification Number)
PSAM　　消费安全存取模块(Purchase Secure Access Module)
RSU　　路侧单元(Roadside Unit)
TAC　　交易认证码(Transaction Authorization Cryptogram)

4　应用总则

4.1　系统构成

OBU初始化系统由前端系统和后台数据库系统组成,本标准只对前端系统进行规定,前端系统主要包括PC机、OBU初始化设备和OBU,前端系统的总体架构如图1所示。

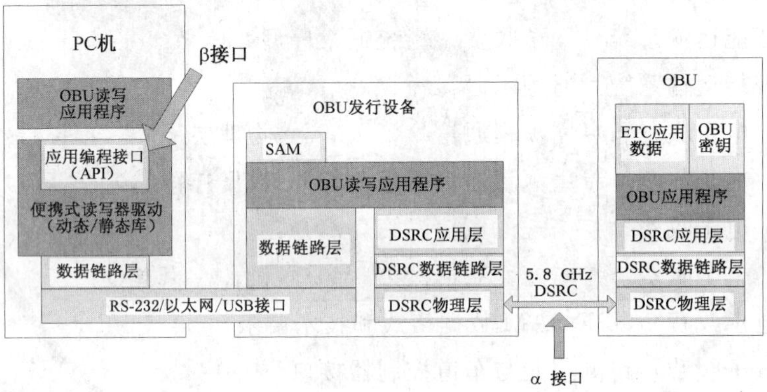

图1　联机初始化前端系统总体架构

为了便于描述,本标准规定上述系统架构中涉及到的数据接口为:

- α接口:OBU初始化设备与OBU之间的DSRC接口;
- β接口:OBU初始化设备驱动程序的API。

前端系统构成共分为三个部分:PC机、OBU初始化设备、OBU,各个部分的功能和接口应符合表1的规定。

表1

构成部分	功能职责	连接接口	连接对象
OBU初始化设备	接收并执行PC机指令,完成初始化流程;便携式初始化设备脱机使用时,由其自行组织数据,发起并控制发行流程或交易流程	β接口:TCP/IP、标准RS-232,USB接口等。 α接口:5.8 GHz无线链路	PC机 OBU

表 1（续）

构成部分	功能职责	连接接口	连接对象
OBU	接收并执行发行设备指令，存储关键读写数据	α接口：5.8 GHz 无线链路	OBU 初始化设备
PC 机	负责组织数据，发起并控制初始化流程，主要以编程 API 形式提供给应用程序调用	β 接口：TCP/IP、标准 RS-232，USB 接口等	OBU 初始化设备

4.2 工作方式

OBU 初始化设备按照应用方式划分，分为 OBU 桌面式初始化设备和 OBU 便携式初始化设备。根据应用场景的不同，既可以采用桌面式 OBU 初始化设备对 OBU 进行联机初始化，也可以采用便携式 OBU 初始化设备对 OBU 进行脱机初始化。具体如下：

- 采用联机工作方式时，由 PC 机控制发行流程，此时桌面式 OBU 初始化设备作为透明通道，转发 PC 机与 OBU 之间的数据通讯，数据输入、流程控制等工作均由 PC 机完成；
- 采用脱机工作方式时，由 OBU 便携式初始化设备控制发行流程，数据输入、流程控制等工作也均由 OBU 便携式初始化设备完成。

5 设备技术要求

5.1 通信接口

5.1.1 OBU 初始化设备与 OBU 的微波通信接口(α 接口)

OBU 初始化设备与 OBU 的通信接口为 DSRC 无线链路，除了 OBU 桌面式初始化设备的部分物理层参数指标应符合表 2 的特别规定外，其他物理参数指标和 OBU 便携式初始化设备的所有物理参数指标均应符合 GB/T 20851.1 相关规定，链路层、应用层、设备应用均应符合 GB/T 20851.2、GB/T 20851.3以及 GB/T 20851.4 的规定。

表 2

序　号	参　数	A　类
1	e.i.r.p	≤+10 dBm
2	天线半功率波瓣宽度	<90°

5.1.2 OBU 初始化设备与 PC 间的通信接口(β 接口)

OBU 初始化设备与 PC 间的通信接口(含接口物理形式、通信数据帧格式、特殊字节转义以及 DATA 数据域定义)应符合 GB/T 28423 相关定义。

5.1.3 OBU 初始化设备提供给 PC 机的应用编程接口(β 接口)

OBU 初始化设备与 PC 间的通信接口调用方式：PC 机调用封装过的 API 函数方式与初始化设备进行通信，API 以动态/静态库的形式由初始化设备提供。API 应基于应用层和设备应用服务原语的接口方式，OBU 初始化设备与 PC 间交互的接口指令应符合表 3 的规定，具体接口函数定义应符合 GB/T 28423相关定义。

表 3

指令类型	指令名称	API 函数	功能说明
设备指令	打开设备端口	RSU_Open	打开与初始化设备连接的物理端口，如以太网口、标准串行接口、USB 接口
	关闭设备端口	RSU_Close	关闭与初始化设备物理端口的连接
	设备初始化	RSU_Init_rq	对初始化设备关键参数（如功率、信道号、BST 发送时间间隔等）进行初始化设置，建立与设备的连接
	设备初始化返回	RSU_Init_rs	返回设备相关信息（如设备状态、设备厂商代码、设备编号、设备软件版本号等）
	设备信息查询	RSU_Info_rq	查询设备信息（包括设备厂商代码、设备编号、设备软件版本号等）
	初始化设备信息查询返回	RSU_Info_rs	查询设备信息的返回
	PSAM 通道复位	PSAM_Reset_rq	对初始化设备中 PSAM 卡进行复位操作
	PSAM 通道复位返回	PSAM_Reset_rs	对初始化设备中 PSAM 卡进行复位操作的返回
	PSAM 通道指令	PSAM_Channel_rq	对初始化设备中 PSAM 卡的通道操作
	PSAM 通道指令返回	PSAM_Channel_rs	对 PSAM 卡通道操作返回
INITIALISATION 原语指令	BST	INITIALISATION_rq	初始化设备广播 BST 数据帧给 OBU
	VST	INITIALISATION_rs	初始化设备接收 OBU 返回的 VST 数据帧
ACTION 原语指令	GetSecure. request	GetSecure_rq	对 OBU 文件进行安全读取请求（用于测试验证初始化成功与否）
	GetSecure. response	GetSecure_rs	初始化设备接收 OBU 返回的信息（用于测试验证初始化成功与否）
	TransferChannel. request	TransferChannel_rq	初始化设备对 OBE-SAM 进行读写操作请求
	TransferChannel. response	TransferChannel_rs	初始化设备接收 OBE-SAM 的操作响应
	SetMMI. request	SetMMI_rq	初始化设备向 OBU 发出界面提示请求
	SetMMI. response	SetMMI_rs	初始化设备接收 OBU 界面提示响应
EVENT_REPORT 原语指令	EVENT-REPORT. request	Event_Report_rq	释放与 OBU 的通信链路

5.2 IC 卡读写

5.2.1 接触式读写

PSAM 卡座数量应不少于两个，并符合 GB/T 16649 协议，支持 T=0，T=1 两种协议。

5.2.2 非接触式读写

非接触式读写接口可选支持，如果支持，接口应符合 ISO/IEC 14443 协议。

5.3 图像处理

图象抓拍、存储可选支持。

5.4 数据存储

数据存储功能可选支持。

5.5 环境适应性

工作温度：−20 ℃～+55 ℃。
存储温度：−20 ℃～+55 ℃。
相对工作湿度：10%～90%。
震动：符合 GB/T 2423.10 的要求，频率 2 Hz～150 Hz，在 2 Hz～9 Hz 时按位移控制，位移峰值 7.5 mm，在 9 Hz～150 Hz 时按加速度控制，加速度为 20 m/s^2，1 min1 倍频程，循环 20 周期。

5.6 安全

符合 GB 4943 的规定。

5.7 可靠性

MTBF 不少于 5 000 h。

5.8 电池工作时间

针对 OBU 便携式初始化设备，电池充满电后，应能够连续工作时间不少于 6 h。

5.9 输入界面

键盘、触摸屏可选支持。

6 应用交易流程

6.1 总体说明

OBU 初始化操作，包括一次发行、二次发行（个人化）、防拆功能设置等，其应用涉及 BST、VST、TransferChannel、SetMMI、EventReport（Release）等服务原语。

OBU 的信息存取基于 OBE-SAM，OBU 发行是基于 OBE-SAM 进行，所有对密钥和文件的建立和修改应符合 GB/T 28420 相关规定。

6.2 OBU 初始化总体流程

6.2.1 通信阶段划分

整个 OBU 初始化过程可划分为通信链路建立及应用信息获取、OBE-SAM 初始化操作、用户提示、链路释放等四个阶段。

6.2.2 通信链路建立和应用信息获取

该阶段主要完成通信链路的建立，协商通信及应用参数的获取。通信链路建立和应用信息获取流程如下：

- 初始化设备：BST；
- OBU：VST。

6.2.3 OBE-SAM 发行操作阶段

OBE-SAM 发行操作流程如下：

- 初始化设备：TransferChannel. request；
- OBU：TransferChannel. response。

使用多条 Transfer_Channel 携带 OBE-SAM 操作命令/响应，完成 OBU(OBE-SAM)和 OBU 初始化设备(母卡/PSAM 卡)之间的双向认证，以及各项 OBU(OBE-SAM)发行操作。

6.2.4 用户提示阶段

提示用户 OBU 的发行操作结果，提示流程如下：

- 初始化设备：SETMMI. request；
- OBU：SETMMI. response。

6.2.5 链路释放阶段

初始化设备释放与 OBU 的通信连接，链路释放流程如下：

- 初始化设备：EVENT-REPORT (Release)，初始化设备释放 OBU。

6.3 一次发行

一次发行的主要功能应包括替换 OBE-SAM 的系统维护密钥和应用密钥，以及更新主目录下的系统信息文件。一次发行交易流程可参考附录 A。

6.4 二次发行

OBU 二次发行是根据用户的个人化信息，应包括对“ETC 应用车辆信息文件”的更新写入，以及“系统信息文件”中“合同签署日期”、“合同到期日期”以及“拆卸状态”等字节的更新写入。二次发行交易流程可参考附录 B。

附 录 A
（资料性附录）
一次发行流程

一次发行交易流程见图 A.1。

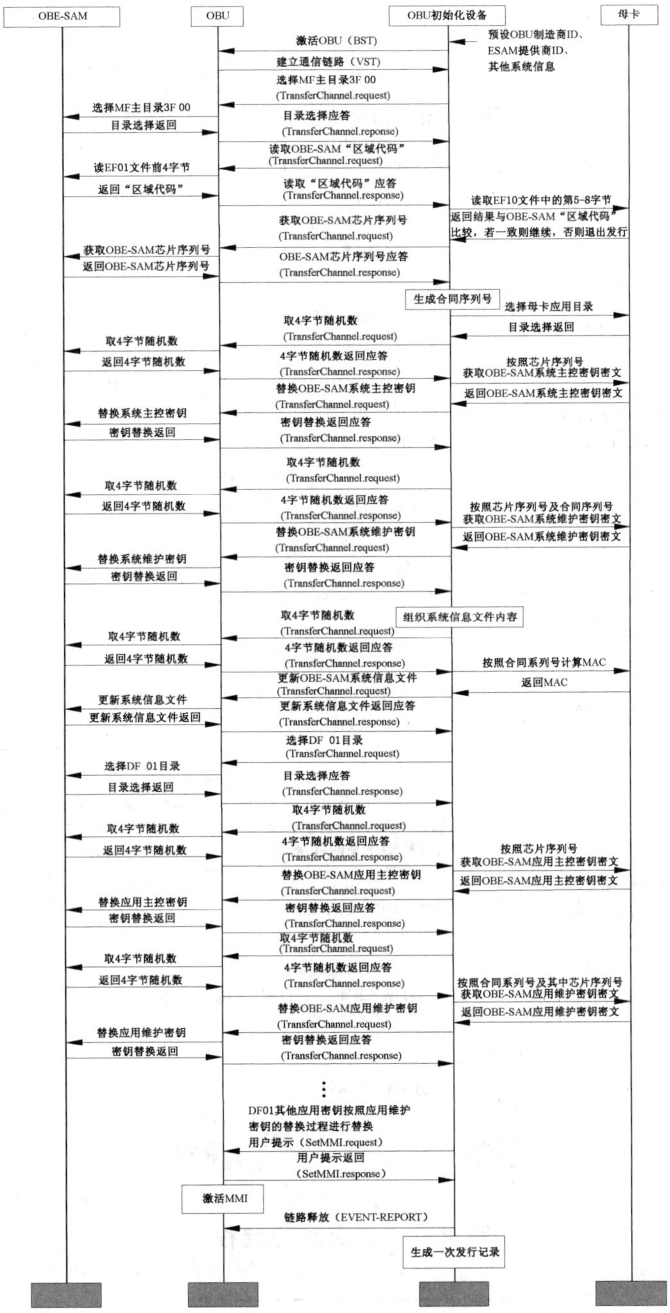

图 A.1 一次发行流程

附 录 B
（资料性附录）
二次发行流程

二次发行交易流程见图 B.1。

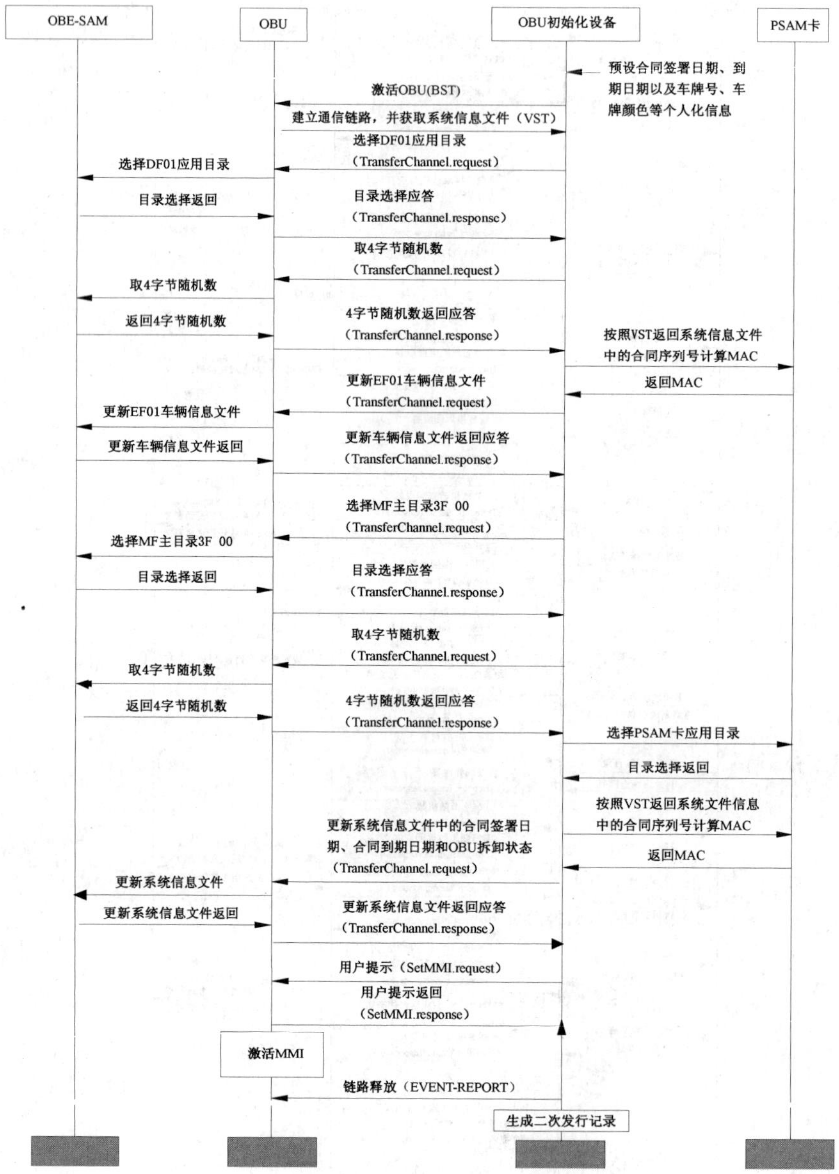

图 B.1 二次发行流程

ICS 03.220.20;35.240.60
R 07

中华人民共和国国家标准

GB/T 28970—2012

道路交通运输　地理信息系统 数据字典要求

Road transportation—Geographic information system—Requirements for data dictionaries

2012-12-31 发布　　2013-06-01 实施

中华人民共和国国家质量监督检验检疫总局
中国国家标准化管理委员会　发布

前　言

本标准按照GB/T 1.1—2009的规则起草。

本标准由全国智能运输系统标准化技术委员会(SAC/TC 268)提出并归口。

本标准起草单位:交通运输部公路科学研究院、国家基础地理信息中心、同济大学。

本标准主要起草人:张建通、李莉、吴志周、杨琪、熊奕宁、王东柱。

道路交通运输 地理信息系统 数据字典要求

1 范围

本标准规定了道路交通运输地理信息系统数据字典中所用的术语、格式要求、空间数据表达规则要求和内容要求。

本标准适用于指导道路交通运输地理信息系统开发者和用户建立地理信息数据字典，也适用于基于地理信息的道路交通运输信息系统规划、设计与开发。

2 规范性引用文件

下列文件对于本文件的应用是必不可少的。凡是注日期的引用文件，仅注日期的版本适用于本文件。凡是不注日期的引用文件，其最新版本(包括所有的修改单)适用于本文件。

GB/T 13923 基础地理信息分类与代码

GB/T 15273.1 信息处理 八位单字节编码图形字符集 第1部分：拉丁字母一

ISO 8859-1 Information technology—8-bit single-byte coded graphic character sets—Part1: Latin alphabet No. 1

3 术语和定义

下列术语和定义适用于本文件。

3.1

数据记录 data record

包含与要素相关的数据的记录。

[GB/T 19711—2005 定义 3.1.3]

3.2

字段 field

表示一个数据单元的字符组。

[GB/T 19711—2005 定义 3.4.18]

3.3

要素 feature

现实世界的对象在数据库中的表示。

[GB/T 19711—2005 定义 3.4.12]

3.4

属性 attribute

要素所具有的一个特征，它独立于其他要素。

[GB/T 19711—2005 定义 3.4.2]

3.5

数据集 dataset

特定地理区域内的数据集合。是册(Album)的构成部分,它可以被再次划分成区(Section)。

[GB/T 19711—2005 定义 3.4.10]

3.6

结点 node

一个0维元素,是两个或更多边的拓扑连接点,或是一条边的端点。

[GB/T 19711—2005 定义 3.2.10]

3.7

点要素 point feature

表示几何位置的0维元素。一个二元坐标(或三元坐标)定义一个位置。

[GB/T 19711—2005 定义 3.2.15]

3.8

线要素 line feature

一个1维要素。一个线要素由一个或多个边组成。

[GB/T 19711—2005 定义 3.2.8]

3.9

面要素 area feature

一个2维要素,由一个或多个面(Face)定义。

[GB/T 19711—2005 定义 3.2.1]

3.10

层 level

基于地理信息的道路交通运输系统中的要素从概念上分为三层,即0-层、1-层、2-层。

3.11

0-层 level 0

用图元来描述地图的几何特性,定义基本的图形构造块,即结点属于0-层,边属于1-层,面属于2-层,或者使用另一种等价的形式:结点(Point(s))、多段线(Polyline)和多边形(Polygon)。

3.12

1-层 level 1

表达静态要素,包括简单要素和复杂要素。简单要素由0-层要素的基本构造块构成,简单要素以点要素、线要素或面要素的形式表达。复杂要素由简单要素或其他复杂要素构成。1-层表达的静态要素应具备空间拓扑关系信息。

3.13

2-层 level 2

表达动态要素,描述交通运输中随时间变化的动态要素。

3.14

非显式拓扑 non-explicit topology

没有显式定义对象之间的拓扑关系,即拓扑关系仅通过坐标值来定义。

3.15

连通拓扑 connectivity topology

明确定义0维与1维对象之间的拓扑关系。

3.16

完全拓扑 full topology

0、1、2 层对象之间的全部拓扑关系都明确定义。

3.17

关系 relationship

一个要素所具有的涉及其他要素的特性。

[GB/T 19711—2005 定义 3.4.26]

3.18

图层 layer

根据信息内容对数据集进行划分后形成的一个子集。

[GB/T 19711—2005 定义 3.4.19]

3.19

事件 event

与交通管理、交通服务相关的活动，如：道路施工、交通事故等。

3.20

位置参照 location reference

沿着交通网络、参照位置等已知位置的元素确定要素位置的方法。

3.21

点参照 point reference

根据线性要素的已知点位置，通过到已知点位置的距离或者到已知点的方位来确定位置的方法。

3.22

线参照 line reference

根据线性要素的特征，确定线性事件或要素精确位置的方法，如北三环中路严重拥堵等。

3.23

运动要素 moving feature

道路交通运输中，参照交通基础设施，可随时间变化而位置发生变化的要素，如运动中的车辆、行人等。

4 缩略语

下列缩略语适用于本文件：

GIS-T—交通运输地理信息系统(Geographic Information System for Transportation)

ITS—智能运输系统(Intelligent Transportation Systems)

LRS—线性参照系统(Linear Referencing System)

5 道路交通运输地理信息系统数据字典格式要求

5.1 字段定义

5.1.1 概述

字段定义数据集中使用的字段类型，数据集中的字段数量和数据字典中的字段定义数量应保持一致。字段定义应包括如下项：

· 字段名称

· 字段长度
· 数据类型
· 数据单位
· 单位指数
· 无数据
· 字段值域
· 字段类别
· 字段说明

5.1.2 字段名称

字段的名称是 GB/T 15273.1 字符集中，由除空格字符以外的任何字符组成的字符串。

5.1.3 字段长度

字段长度表示该字段保留的字符数，是该字段能保存的最大字符数。

固定长度字段的长度用 1 到 99 的正整数表示，变长字段长度用:值=0 表示。

数据类型为 L(地方字符集)的字段，字段长度应该为不小于 4 字节的偶数。一般来说，数据类型为本地字符集类型的字段，其字段类型可取变长类型。

5.1.4 数据类型

数据类型是在定义字段时，允许使用的通用字符集或地方字符集的子集。有效的数据类型值包括：

· Local ::= {＜间隔＞|＜可印刷字符＞| ＜地方字符串＞ }
· Global ::= ＜间隔＞|＜可印刷字符＞{＜可印刷字符＞| 间隔字符}
· Alphabet ::= ＜间隔＞|＜可印刷字符＞{＜字母字符＞| 间隔字符}
· Alphabetic Number ::= ＜间隔＞|＜可印刷字符＞{＜字母数字字符＞| 间隔字符}
· Number ::= {间隔字符}{＜数字＞}
· Identify ::= {间隔字符}[＜符号字符＞＜数字＞{数字}]

其中：

· ＜可印刷字符＞ ::= ＜字母数字字符＞ |＜图形字符＞|＜符号字符＞
· ＜字母数字字符＞ ::= ＜字母字符＞|＜数字＞
· ＜字母字符＞ ::= A| B| C| ¡-. Z| a| b| c| .... z|
(见 GB/T 15273.1)
· ＜数字＞ ::= 0| 1| 2| 3| 4| 5| 6| 7| 8| 9|
· ＜图形字符＞ ::= ! |"| # | $ | % | & |′|(|)| * |,|/|:|;|＜|＝|＞|? |@|[|\|]|^|_|`
|{|||}|~|
(见 GB/T 15273.1)|
· ＜符号字符＞ ::= +|-
· ＜间隔＞ ::= 间隔字符{间隔字符}
· 间隔字符 ::= 见 GB/T 15273.1 中有位组 02/00 表示的字符

且：

· ＜地方字符串＞ ::= ＜地方字符串开始编码＞{＜地方字符＞}＜地方字符串结束编码＞
· ＜地方字符＞ ::= 地方 1 字节字符|地方 2 字节字符
· ＜地方字符串开始编码＞ ::= ＜2 字节编码＞

- ＜地方字符串结束编码＞　∷＝　＜2 字节编码＞
- ＜2 字节编码＞　∷＝　＜双精度 1 字节字符＞|＜单精度 2 字节字符＞
- ＜双精度 1 字节字符＞　∷＝　地方 1 字节字符,地方 2 字节字符
- ＜单精度 2 字节字符＞　∷＝　地方 2 字节字符
- 地方 1 字节字符　∷＝　用户定义的 1 字节字符集中的一个字符
- 地方 2 字节字符　∷＝　用户定义的 2 字节字符集中的一个字符

以上规则定义中使用的符号的含义如下：

- ∷＝　替换,产生,组成
- |　取其一,或
- [ ]　可选项,可取 0 次或 1 次。
- { }　可选项,可取 0 次、1 次和多次。
- ＜＞　非终结符
- ,　表示前后项是共存关系
- ...　表示相似项的重复列表

5.1.5 数据单位

数据单位类型分为度量单位和本标准自定义单位两种。

可使用下面指定的单位。采用十进制的单位,划分为基本单位和单位指数。

主要使用的数据度量单位与其对应的单位代码如下：

- MTR ＝ 米
- KLM ＝ 千米
- DEG ＝ 度(表示角度的单位,0～360)
- SEC ＝ 秒(时间单位)
- MIN ＝ 分(时间单位)
- HOR ＝ 小时(时间单位)
- YMD ＝ 年,月,日
- MDH ＝ 月,日,小时
- DHM ＝ 日,小时,分
- WHM ＝ 周,小时,分
- YXM ＝ 年,月,日,小时,分
- YXH ＝ 年,月,日,小时
- KGR ＝ 吨
- MPS ＝ 米/秒
- KMH ＝ 千米/小时
- KBS ＝ 千字节/秒
- WAT ＝ 瓦特
- VLT ＝ 伏特
- OTH ＝ 在"字段说明"部分描述的其他单位

可使用下列由本标准自定义的数据单位：

- COD ＝ 代码
- CNT ＝ 计数器
- BOL ＝ 布尔值
- TMR ＝ 时间域

· TXT　=　文本记录
· PRC　=　百分比
· DMAP =　图形/图像文件格式

如果字段的值不是以某种度量单位表示(例如当字段的值为一个自由文本注释或一个标识符时),“数据单位”可不填。

5.1.6 单位指数

单位指数把字段的值转化成以“数据单位”中指定的单位来表示的值。

单位指数是一个10的指数。指数的前面要加“+”或“−”号,其值域为−9到+9。

当字段值的单位与数据单位中指定的单位一致时,单位指数取0。

当不存在单位指数时,应采用无数据标识:＜S＞。

数据单位和单位指数的例子见表1:

表1 数据单位和单位指数示例

值	数据单位	单位指数	字段值
2.65 m	MTR	−2	265
377 mm	MTR	−3	377
7.3 tons	KGR	+2	73
75 km/h	KMH	0	75
45%	PRC	0	45
30 October 1986	YMD	＜S＞	19861030

5.1.7 无数据

当字段值为空,无数据的时候,字段值将包含ISO 8859-1字符集中的某些字符,可能的情况如下:

· ＜Space＞　空字段中只包含空格字符。这种情况在数据类型是N和I的字段中使用(但不仅限于这些类型),＜S＞大写。

· 0　空字段中只包含‘0’字符。这种情况用于除数据类型为N和I之外的其他字段中。

· Obl　表示这个字段不允许为空。

5.1.8 字段值域

5.1.8.1 概述

根据允许的最大值和最小值确定字段值的范围。

5.1.8.2 允许的最小值

该字段允许取的最小值。

5.1.8.3 允许的最大值

该字段允许取的最大值。

5.1.9 字段类别

表明字段的目的和用途。字段的类别如下:

· 1 ＝ 实体
· 2 ＝ 外部标识符
· 3 ＝ 字段计数器（编号）
· 4 ＝ 其他

5.1.10 字段说明

字段内容和用途的文字说明。

5.2 记录定义

5.2.1 概述

使用数据集的说明，数据集中的每一个记录应先定义后使用。

记录定义应包括下列项：

· 记录类型码
· 记录子类型码
· 记录名称
· 字段名表
· 重复字段标志
· 记录类型说明

5.2.2 记录类型码

表示记录类型的引用代码。其代码值应出现在每一个具有该种类型记录的开始位置。

记录类型码应用两位数字表示，用 01 到 99 表示。无效记录用包含两个空格字符的类型码表示。

5.2.3 记录子类型码

表示记录子类型的引用代码。子类型可以存在，也可不存在。

“记录子类型码”将记录类型进一步细分成 99 种子类型。它是一种数字代码，其值应出现在每一个具有该种子类型的记录的开始位置。当记录不存在子类型时，记录子类型码应为空。

5.2.4 记录名称

规范文档中涉及的记录类型的名称。由可印刷的 ISO 8859-1 字符组成，最大长度为五个字符。

5.2.5 字段名表

根据 5.1 中所定义的字段名称，构造的字段名称列表。在字段名称列表中，字段名称的顺序，应与该记录出现时数据字段的顺序相同。

5.2.6 重复字段标志

区分重复字段和非重复字段的标志。

5.2.7 记录类型说明

记录类型的文字说明。

5.3 要素定义

5.3.1 概述

道路交通运输地理信息系统数据字典中要求的要素可分为道路交通网络、附属设施、路径及位置参照、事件、运动要素等基本要素专题。要素的层级可通过一些要素的子类列表获得,用户可新定义子类。在要素种类的子类列表定义中,子类由它们的要素种类码标识。要素定义由下列项组成:

· 要素类
· 语言代码
· 要素种类名称
· 要素说明
· 要素层次信息

5.3.2 要素类

要素种类的定义,用两位数字表示,与要素种类名称对应。

5.3.3 语言代码

描述要素种类名称所使用的语言代码。中文为CHI,英文为ENG。

5.3.4 要素种类名称

要素种类的名称。对于英文,名称单词的第一个字母大写,其余字母小写。每个要素种类名称可使用多种语言指定。

5.3.5 要素说明

关于此要素类型的文字说明。

5.3.6 要素层次信息

要素层次信息由要素在所属分层的层次数、一个可选的子要素种类列表及所有子要素种类的文字描述组成,见表2所示。

5.3.6.1 层次数

要素在所属分层中的层次数。未分层的要素默认设置层次级数为1。在功能域数据字典中不允许设置0层。

5.3.6.2 子要素类

要素直接子类的说明。这些要素种类来自于道路交通基础设施、道路交通网络、附属设施、路径及位置参照、事件、运动要素和基础地理信息数据等要素专题。

5.4 要素属性及属性值定义

5.4.1 概述

属性是现实世界中要素的特征,属性定义包括如下项:

· 属性类型码
· 属性类型名称

·属性值范围
·属性说明
·属性的可选情况

5.4.2 属性类型码

指属性类型的代码。代码由两个字母组成，属性类型码应是唯一值。属性代码应与使用属性字段的代码值相符。

5.4.3 属性类型名称

属性类型的名称。英文属性类型名称单词的首字母大写，其余字母小写。

5.4.4 属性值范围

5.4.4.1 概述

属性中最大值和最小值的逻辑范围。

5.4.4.2 最大属性值

属性中允许的最大值。

5.4.4.3 最小属性值

属性中允许的最小值。

5.4.5 属性说明

当前属性类型的内容和应用的文字说明。

5.4.6 属性的约束条件

数据字典中应给出属性的可选情况，属性的约束条件可以分为三个种类：
·必选属性(M)：此属性在道路交通运输地理信息系统中应包含的属性，以便保持行业的一致性；
·条件可选(C)：在一定的条件下应包含的属性，此类条件可以由数据字典根据应用的需求而设定；
·任意可选(O)：用户根据自己的需要选择的属性项，即没有任何条件也不做任何要求的属性项。

5.4.7 属性值定义概述

属性值定义指采用枚举值编码来描述属性取值范围。属性值定义与其对应的一套代码值。属性值定义由下列项组成：
·属性值类型码
·属性值
·语言代码
·值说明

5.4.8 属性值类型码

属性值类型码由两个可印刷字符组成。

5.4.9 属性值

特定的属性值，应与“值说明”中的意义保持一致。

5.4.10 语言代码

描述“值说明”所使用的语言代码。中文为CHI，英文为ENG。

5.4.11 值说明

属性值的文字说明。

5.5 关系定义

5.5.1 概述

关系定义包括如下项：

- 关系类型名称
- 语言代码
- 关系类型码
- 关系成员
- 关系说明

5.5.2 关系类型名称

关系类型的名称。英文名称单词的首字母大写，其余字母小写。

5.5.3 语言代码

描述“关系类型名称”所使用的语言代码。中文为CHI，英文为ENG。

5.5.4 关系类型码

定义关系类型的由四位阿拉伯数字组成的代码。

示例：

类型码	类型名称	关系成员
1001	收费路段	收费站位置
		道路元素
		交叉口

5.5.5 关系成员

5.5.5.1 概述

在“关系”中扮演角色的“要素”的说明。要素在“关系”中出现的顺序，表明了它们在“关系”中的成员代码。应指出要素是能够重复出现还是只能出现一次。此处重复出现应理解为出现的次数不固定。如果重复次数是固定的，则每次出现都要用单独的“要素种类”来说明。

5.5.5.2 要素种类代码

“关系”中作为角色出现的“要素”的要素种类代码，用四个阿拉伯数字表示。

5.5.5.3 重复标志

指明这个“要素种类”是否重复出现。

5.5.5.4 必须标志

指明这个“要素种类”是否应出现。

5.5.6 关系说明

对所定义的关系类型的内容以及预定用途的文字说明。

6 道路交通运输地理信息系统数据字典空间数据表达规则要求

6.1 要素结构

6.1.1 概述

每个要素应属于且仅属于一个要素类别及其类别代码，要素类别和类别代码由一个名称和一个分类码唯一标识。每个要素有一个或多个属性，可与一个或多个要素关联。每个要素应为一个要素表达类型。要素表达类型包括点要素、线要素、面要素和复杂要素。

要素表达类型包括简单要素和复杂要素。简单要素是一个不包含其他要素的要素；复杂要素由简单要素或复杂要素构成。

6.1.2 层结构

各类要素从概念上分成三层：0-层、1-层、2-层。0-层要素由基本的图形构造块构成，这些基本的构造块是 0-层结点、1-层的边和 2-层的面、多段线和多边形。1-层表达静态要素，包括简单要素和复杂要素。简单要素由 0-层要素的基本构造块构成，简单要素以点要素、线要素或面要素的形式表达。复杂要素由简单要素或复杂要素构成。2-层表达动态要素，描述交通运输中随时间变化的动态目标，包括车辆的位置、交通事故、施工占路等信息。

6.1.3 拓扑类型

拓扑类型分为非显式拓扑、连通拓扑和完全拓扑。其中连通拓扑和完全拓扑为显式拓扑。非显式拓扑不用于实现网络分析（如仅用于地图显示的数据）；连通拓扑用于有效实现网络分析；完全拓扑便于有效地在网络分析中集成面状信息。

- 非显式拓扑：没有显式定义要素之间的拓扑关系，0-层要素、1-层要素、2-层要素之间的拓扑关系仅通过坐标值来关联。
- 连通拓扑：明确定义了 0-层和 1-层要素之间的拓扑关系，但没有明确定义 0-层要素、1-层要素与 2-层要素之间的拓扑关系。
- 完全拓扑：0-层要素、1-层要素、2-层要素之间的所有拓扑关系都明确定义。

0-层、1-层要素定义上述三种拓扑类型。

6.2 要素表达类型

与完全拓扑与连通拓扑相应的要素称为拓扑要素。而非显式拓扑方法则称为非拓扑方法，相应要素称为“非拓扑要素”。

在拓扑方法中，要素由基本构造块结点、边和面来定义。它们包含了相关要素的几何与拓扑关系。

一个拓扑点要素由一个结点来表达;一个拓扑线要素由一个或多个边表达;一个拓扑面要素由一个或多个面,或由一个或多个构成一个或多个封闭边界线的边所表达。

在非拓扑方法中,要素用基本构造块点、多义线和多边形来定义。它们包含了相关要素的几何信息,但不显式表达拓扑关系。一个非拓扑点要素总是用一个点来表达,一个非拓扑线要素由多段线定义,一个非拓扑面要素由一个多边形定义。

非拓扑要素不应与拓扑要素放在同一图层。当任何现实世界对象可用拓扑要素表达时,就不用非拓扑要素表达。例如道路与渡口、公交要素专题中的要素不应表达为非拓扑要素。

6.3 要素关系结构

要素关系是两个或多个要素之间的联系,这些要素可以是同一种类,也可以是不同种类。关系可以是二元的,即涉及两个要素;关系也可涉及三个或多个要素。例如在交通规则中需要涉及一个道路元素、一个连接点以及其他道路元素。

由关系所联系的要素可存在于相同或不同的图层中。

有共同结构与共同意义的关系属于同一关系类型。关系类型具有惟一的关系名称或关系代码。

6.4 数据管理

数据库中的数据应划分为一个或多个数据集,每个数据集包括数据库所覆盖全部区域中的某一子区域的数据。在一个数据集中,按照要素内容进行划分,形成一个或多个图层。

7 道路交通运输地理信息系统数据字典内容要求

7.1 道路交通运输地理信息数据分类

道路交通运输地理信息数据分为道路交通运输专题数据和基础地理数据。道路交通运输专题数据指与道路交通运输直接相关的地理信息;基础地理数据是道路交通运输的地理参考信息。道路交通运输地理信息系统数据字典的内容应包括道路交通运输地理信息系统数据时空参照系要求、数据分类要求、数据属性要求。

7.2 交通运输地理信息时空参照系

7.2.1 坐标系统

道路交通运输中应用的坐标系统主要有1954年北京坐标系、1980年西安坐标系、WGS84世界大地坐标系、2000国家大地坐标系,用户应注明使用的坐标系统。

7.2.2 高程系统

道路交通运输中可选的高程坐标主要有1956年黄海高程系和1985年国家高程基准。

7.2.3 线性参照系统

线性参照系统包括线性参照方法、基础线性网络和线性分布事件(包括设施),在建立功能域数据字典时,应该明确说明系统采用的是何种线性参照方法。

7.3 道路交通运输地理信息专题数据分类及属性要求

7.3.1 道路交通运输地理信息专题数据分类

道路交通运输地理信息专题数据的分类应遵循先进性与实用性相结合、规范性与兼容性相结合、安全性与可维护性相结合、集中管理与分散管理相结合的原则。道路交通运输地理专题数据的分类包括：道路交通基础设施、附属设施、道路交通网络、路径及位置参照、事件和运动要素六大类。表2给出了数据的五级分类，在设计功能域数据字典时可以根据需要进一步细分。

表2 道路交通运输地理信息专题数据参考分类

0类	1类	2类	3类	4类
道路交通运输专题数据	道路交通基础设施	道路基础设施	路基	
			路面	
		大型构造物	隧道	
			涵洞	
			桥梁	
			收费站	
			道路监控中心	
	附属设施	交通管理设施	交通安全设施	交通标志
				护栏
				隔离栅
				交通标线
			交通监控设施	视频监控
				道路流量检测
				可变情报板
				交通信号
				违法监测
		公共交通设施		
		停车管理设施		
		其他附属设施		
	道路交通网络	路段	公路	高速公路
				一级公路
				二级公路
				三级公路
				四级公路
				等外公路
			城市道路	快速路
				主干道
				次干道
				支路
				街坊路

表 2(续)

0类	1类	2类	3类	4类
道路交通运输专题数据	道路交通网络	结点	交叉口	平面交叉口
				通达式立交
			场站	火车站
				公交站
				渡口
				空港
	交通事件	交通事故		
		自然灾害		
		交通运营事件	交通堵塞	
			道路养护	
			道路封闭	
		基础设施事件		
	运动要素	车辆	货车	
			公交车	
			小汽车	
			特种车辆	
			自行车	
		运动物体	行人	
			集装箱	
		运动物体组	车队	

7.3.2 道路交通运输地理信息专题数据属性要求

7.3.2.1 一般要求

道路交通运输地理信息系统数据字典的属性具体内容包括:标识信息、限制信息、数据质量信息、数据维护信息、空间表示信息、参考系信息、内容信息、图示表达目录信息、分发信息等。

7.3.2.2 道路交通运输基础设施

道路交通运输基础设施是实现交通运输任务必须的交通设施,它主要记录基础设施的属性信息,如所属单位、建设年代、服务年限、状况等,表征设施的本质特征,交通运输基础设施应包括:路基、路面、大型桥梁、隧道、收费站、安全设施、养护管理机构等。

7.3.2.3 附属设施

道路附属设施是实现安全、便捷运输任务相关的交通设施,主要包括交通管理设施,公共交通设施,停车管理设施和其他附属设施,其属性应包括:所属单位、建设年代、服务年限、状况等。

7.3.2.4 道路交通运输网络

道路交通运输网络由路段和结点构成,数据以道路中心线和结点分别描述路段和路口的空间信息和基本属性信息,以反映网络的连通特征。

道路交通运输网络属性应体现路段的自身分段、拓扑关系及线性参照特征。

路段属性除体现一般地理信息和数据库关联的属性外,还应增加交通相关的属性信息,如:交通模式、通行能力、限制车速、车道数、坡度等。

结点属性分为两大类,即交叉口和场站。交叉口结点应反映交叉口的空间属性,即实际结点和虚拟结点,实际结点如平面道路交叉口、公路和铁路交叉口,立交道路和交叉口。

7.3.2.5 路径及位置参照

路径属性包括路径的类型、路径的构成、转向限制。位置参照分为点参照和线参照两类。

7.3.2.6 交通事件

交通事件是指公路上偶发性事件如交通事故、自然灾害、交通运营事件、基础设施事件等,这类偶发性或计划性的事件影响交通的正常运营。其中自然灾害包括:地震、水毁、雪灾等;交通运营事件包括:交通堵塞、道路养护、道路封闭等。允许用户扩展交通事件的种类。

7.3.2.7 运动要素

运动要素的属性根据用户的需求定义。

7.4 基础地理信息数据分类

道路交通运输中的基础地理信息要素按从属关系依次分为0类、1类和2类。1类要素包括定位、水系、居民地及设施、管线、境界与政区、地貌、土质与植被(其中不包括交通);2类要素可包含若干子类。0类、1类要素不应重新定义和扩充,2类要素可根据需要可进行扩充。每类基础地理信息要素的属性包括名称、代码、等级等有关信息,详细分类见GB/T 13923。

参 考 文 献

[1] GB/T 19711—2005 导航地理数据模型与交换格式
[2] GB/T 20606—2006 智能运输系统 数据字典要求
[3] GB/T 20611—2006 智能运输系统 中央数据登记簿数据管理机制要求
[4] ISO 14825 智能运输系统 地理数据文件要求
[5] CJJ 100—2004 城市基础地理信息系统技术规范
[6] CJJ 103—2004 城市地理空间框架数据标准

ICS 65.160
X 87

中华人民共和国国家标准

GB/T 28971—2012

卷烟　侧流烟气中烟草特有 *N*-亚硝胺的测定　气相色谱-热能分析仪法

Cigarettes—Determination of tobacco specific *N*-nitrosamines in sidestream smoke—GC-TEA method

2012-12-31 发布　　2013-06-01 实施

中华人民共和国国家质量监督检验检疫总局
中国国家标准化管理委员会　发布

前　言

本标准按照 GB/T 1.1—2009 和 GB/T 20001.4—2001 给出的规则起草。

请注意本文件的某些内容可能涉及专利。本文件的发布机构不承担识别这些专利的责任。

本标准由国家烟草专卖局提出。

本标准由全国烟草标准化技术委员会(SAC/TC 144)归口。

本标准起草单位:中国烟草总公司郑州烟草研究院、红塔烟草(集团)有限责任公司。

本标准主要起草人:刘克建、杨柳、王洪波、彭斌、张凤梅、庞永强、赵乐、张晓兵、谢复炜、黄华发、白若石。

卷烟　侧流烟气中烟草特有 *N*-亚硝胺的测定　气相色谱-热能分析仪法

1　范围

本标准规定了卷烟侧流烟气中 *N*-亚硝基降烟碱(NNN)、*N*-亚硝基新烟碱(NAT)、*N*-亚硝基假木贼碱(NAB)和 4-(甲基亚硝胺基)-1-(3-吡啶基)-1-丁酮(NNK)4 种烟草特有亚硝胺的气相色谱-热能分析仪测定方法。

本标准适用于卷烟侧流烟气中 NNN、NAT、NAB、NNK 等 4 种烟草特有亚硝胺的测定。

本方法测定卷烟侧流烟气中 NNN 的检出限为 1.0 ng/cig,定量限为 3.3 ng/cig;NAT 的检出限为 0.9 ng/cig,定量限为 2.9 ng/cig;NAB 的检出限为 1.0 ng/cig,定量限为 3.5 ng/cig;NNK 的检出限为 1.0 ng/cig,定量限为 3.5 ng/cig。

2　规范性引用文件

下列文件对于本文件的应用是必不可少的。凡是注日期的引用文件,仅注日期的版本适用于本文件。凡是不注日期的引用文件,其最新版本(包括所有的修改单)适用于本文件。

GB/T 6682　分析实验室用水规格和试验方法

GB/T 19609　卷烟　用常规分析用吸烟机测定　总粒相物和焦油

YC/T 185　卷烟　侧流烟气中焦油和烟碱的测定

3　术语和定义

下列术语和定义适用于本文件。

3.1

烟草特有 *N*-亚硝胺　tobacco specific *N*-nitrosamines(TSNAs)

仅在烟草及烟草制品中存在的 *N*-亚硝胺。

4　原理

使用抗坏血酸处理后的玻璃纤维滤片和侧流抽吸专用鱼尾罩,分别捕集卷烟侧流烟气中的总粒相物,用二氯甲烷萃取粒相物中的 TSNAs,浓缩萃取物并用碱性氧化铝层析柱进行纯化。通过气相色谱-热能分析联用仪(GC-TEA)测定萃取物中亚硝胺的含量。

5　试剂与材料

除特别要求以外,均应使用分析纯级试剂,水应符合 GB/T 6682 中二级水的规定。

警告——NNN 和 NNK 是强烈致癌物质。所有前处理操作应在通风橱内进行,实验人员要佩带防护手套、面具以保证安全。实验废液收集后要统一处理。

5.1 二氯甲烷,色谱纯。

5.2 甲醇,色谱纯。

5.3 无水硫酸钠,应在 550 ℃条件下活化 5 h。

5.4 抗坏血酸,白色粉末,不应有颜色变化。

5.5 碱性氧化铝[(200～300)目,pH 为 9.5±0.5],应在 110 ℃下活化 8 h 以上。

5.6 *N*-戊基-(3-甲基吡啶基)亚硝胺(内标)、NNN、NAT、NAB、NNK,纯度应不小于 98%。

5.7 羧甲基纤维素钠(CMC)。

5.8 抗坏血酸-甲醇饱和溶液

用不少于 5 g 抗坏血酸(5.4)溶解于 100 mL 甲醇(5.2)中,振荡摇匀,应确保底部有不溶固体物存在。

5.9 抗坏血酸饱和溶液

用不少于 40 g 抗坏血酸(5.4)溶解于 100 mL 水中,振荡摇匀,应确保底部有不溶固体物存在。

5.10 甲醇-二氯甲烷溶液(8%,体积比),用作洗脱液。

5.11 内标溶液

5.11.1 内标储备液

称取(10±0.5)mg *N*-戊基-(3-甲基吡啶基)亚硝胺(5.6),精确至 0.1 mg,使用约 50 mL 二氯甲烷(5.1)完全溶解后,转移至 100 mL 棕色容量瓶中,用二氯甲烷(5.1)定容至刻度。该内标储备液在 −20 ℃条件下存放,有效期为 6 个月。

5.11.2 一级内标溶液

移取 2 mL 内标储备液(5.11.1)至 50 mL 棕色容量瓶中,用二氯甲烷(5.1) 定容至刻度。该内标溶液在 −20 ℃条件下存放,有效期为 6 个月。

5.11.3 二级内标溶液

移取 10 mL 一级内标溶液(5.11.2)至 100 mL 棕色容量瓶中,用二氯甲烷(5.1) 定容至刻度。该内标溶液在 −20 ℃条件下存放,有效期为 3 个月。

5.12 TSNAs 标准溶液

5.12.1 标准储备液

分别称取(10±0.5)mg NNN、NAT、NAB 和 NNK(5.6),精确至 0.1 mg,使用约 5 mL 二氯甲烷(5.1)完全溶解后,转移至 10 mL 棕色容量瓶中,用二氯甲烷(5.1) 定容至刻度。该标准储备液在 −20 ℃条件下存放,有效期为 6 个月。

5.12.2 一级标准储备液

移取 1 mL 标准储备液(5.12.1)至 100 mL 棕色容量瓶中,用二氯甲烷(5.1) 定容至刻度。该标准储备溶液在 −20 ℃条件下存放,有效期为 6 个月。

5.12.3 二级标准储备液

移取 1 mL 一级标准储备溶液(5.12.2)至 10 mL 棕色容量瓶中,用二氯甲烷(5.1) 定容至刻度。该标准储备溶液在 −20 ℃条件下存放,有效期为 3 个月。

5.12.4 TSNAs 工作标准溶液

分别移取 0.5 mL、1 mL、2 mL、5 mL 二级标准储备液(5.12.3),1 mL、2 mL 一级标准储备液(5.12.2)至不同的 10 mL 棕色容量瓶中,再分别加入 1 mL 二级内标溶液(5.11.3),最后用二氯甲烷(5.1) 定容至刻度。对含量低于最低标线的测试样品,应重新配置工作标准溶液。对于高浓度样品,应稀释后进样。TSNAs 工作标准溶液应即配即用。

6 仪器设备

常用实验仪器以及下述各项。

6.1 分析天平,感量 0.1 mg。

6.2 气相色谱-热能分析联用仪

按照制造商操作手册运行气相色谱-热能分析联用仪。以下分析条件可供参考,采用其他条件应验证其适用性。

——程序升温:初始温度 150 ℃,保持 2 min;以 3 ℃/min 升至 175 ℃,保持 8 min;以 5 ℃/min 升至 210 ℃;以 30 ℃/min 升至 250 ℃,保持 5 min;

——进样口温度:230 ℃;

——载气:氦气,恒流 10 mL/min;

——进样量 2 μL,不分流,不分流时间 1 min,吹扫流量 50 mL/min;

——热裂解温度:500 ℃;

——接口温度:250 ℃。

6.3 超声波发生器(功率可调或功率 280 W)。

6.4 氮吹浓缩仪(或旋转蒸发仪)。

6.5 色谱柱:弹性毛细管柱 30 m×0.53 mm×1 μm,推荐固定液:50%二苯基 50%二甲基硅氧烷共聚物,其他色谱柱应验证其适用性。

6.6 保护柱:弹性石英毛细管柱 1 m×0.53 mm,经脱活处理。样品分析次数达到 30 次即应更换保护柱。

6.7 玻璃层析柱:具塞,内径 20 mm,长度 300 mm。

6.8 侧流吸烟机。

7 分析步骤

7.1 玻璃纤维滤片处理

于洁净容器上,向 44 mm 玻璃纤维滤片加入 2 mL 抗坏血酸-甲醇饱和溶液(5.8),在避光通风场所自然晾干后,转入温度为(22±1)℃、相对湿度为(60±2)%的环境下平衡 48 h 以上。处理后玻璃纤维滤片应常温避光保存,有效期为一周。

7.2 鱼尾罩处理

称取 200 g 抗坏血酸饱和溶液(5.9),在磁力搅拌下缓慢加入 3 g 羧甲基纤维素钠(5.7),搅拌至完全溶解,得到粘度约为 1 200 cp 的溶液。该溶液－20 ℃条件下存放,有效期为一周。

用上述溶液充分浸润侧流吸烟机专用标准鱼尾罩内壁后,将鱼尾罩口向下悬挂于通风避光处静止过夜,使罩内壁完全变干。

7.3 卷烟抽吸

按照 GB/T 19609 的要求调节烟支水分,并确定和标记烟蒂长度。按照 YC/T 185 的要求,调节鱼尾罩气体流量为(3±0.1)L/min。按照 GB/T 19609 的要求在每张滤片抽吸 2 支卷烟(对侧流烟气亚硝胺传输量特别低的卷烟可每张滤片抽吸 3 支),抽吸完成后,应在 6 h 内完成样品的分析处理。

7.4 样品处理

7.4.1 样品萃取

将抽吸后的5张滤片(7.3)置于250 mL锥形瓶中,每个鱼尾罩使用20 mL二氯甲烷(5.1)洗涤,合并洗涤液于具滤片锥形瓶中。将锥形瓶置于超声波发生器(6.3)内,超声萃取30 min。萃取完成后将萃取液转移至浓缩瓶中。分3次,每次15 mL二氯甲烷(5.1)淋洗萃取瓶,合并后转移至浓缩瓶。

7.4.2 萃取液浓缩

在氮吹浓缩仪或旋转蒸发仪(6.4)上,将萃取液(7.4.1)在40 ℃条件下浓缩至约5 mL。

7.4.3 样品净化

7.4.3.1 层析柱准备

向玻璃层析柱(6.7)中加入30 mL二氯甲烷(5.1),用湿法将15 g碱性氧化铝(5.5)加到层析柱中,充分搅拌并赶走所有气泡,然后再向柱中装入10 g无水硫酸钠(5.3)。用50 mL二氯甲烷(5.1)淋洗层析柱。

7.4.3.2 层析(样品分离)

将浓缩萃取液(7.4.2)一次性加入到层析柱(7.4.3.1)中。分3次,每次5 mL二氯甲烷(5.1)洗涤浓缩瓶,合并洗涤液加入到层析柱中。用30 mL二氯甲烷(5.1)淋洗层析柱,流速约为2 mL/min,不收集该部分洗脱液。用100 mL洗脱液(5.10)淋洗层析柱,收集此部分洗脱液至另一浓缩瓶中。

7.4.4 洗脱液浓缩

洗脱液(7.4.3.2)中加入1 mL二级内标溶液(5.11.3),在氮吹浓缩仪或旋转蒸发仪(6.4)上浓缩至0.5 mL,使用0.5 mL二氯甲烷(5.1)洗涤浓缩瓶壁,合并转移至2 mL色谱分析瓶中待分析。

7.5 样品测定

用气相色谱-热能分析联用仪(6.2)测定TSNAs工作标准溶液(5.12.4),得到4种TSNAs和内标的积分峰面积,用TSNAs与内标峰面积的比值作为纵坐标,TSNAs的浓度作为横坐标,分别建立4种TSNAs成分的校正曲线。对校正数据进行线性回归,R^2应不小于0.995。

测定浓缩洗脱液(7.4.4),根据样品中的峰面积比值计算每一个卷烟侧流烟气样品中4种TSNAs的浓度。标准样品和卷烟样品典型色谱图参见附录A。

8 结果的计算与表述

侧流烟气中4种TSNAs的传输量m由公式(1)计算得出:

$$m=\frac{\rho \times L}{n} \qquad \cdots\cdots (1)$$

式中:

m ——卷烟侧流烟气TSNAs的传输量,单位为纳克每支(ng/cig);

ρ ——浓缩洗脱液中TSNAs的质量浓度,单位为纳克每毫升(ng/mL);

L ——浓缩洗脱液的体积,单位为毫升(mL);

n ——烟支数量,单位为支(cig)。

取两个平行样品的算术平均值作为样品的测试结果。结果精确到 0.1 ng/cig。两次平行测定结果的相对标准偏差不超过 10%。

9 精密度和回收率

本方法的精密度和回收率结果参见附录 B。

10 检验报告

检验报告应包括以下内容：

——检验环境大气条件；

——卷烟的名称、规格、类型、盒标焦油量、盒标烟气烟碱量；

——检验结果包括各单次测定结果及其平均值；

——卷烟总粒相物产生量；

——总粒相物中烟碱含量(或烟气烟碱量)；

——总粒相物中水分含量；

——依据本标准所使用的试验方法；

——测定结果，包括各单次测定结果及其平均值；

——与本标准规定的分析步骤的差异；

——在试验中观察到的异常现象；

——试验日期；

——测定人员。

附 录 A
（资料性附录）
色谱图示例

按照本标准规定的方法对卷烟样品和标准样品进行分析得到的典型色谱图如图 A.1 和图 A.2。

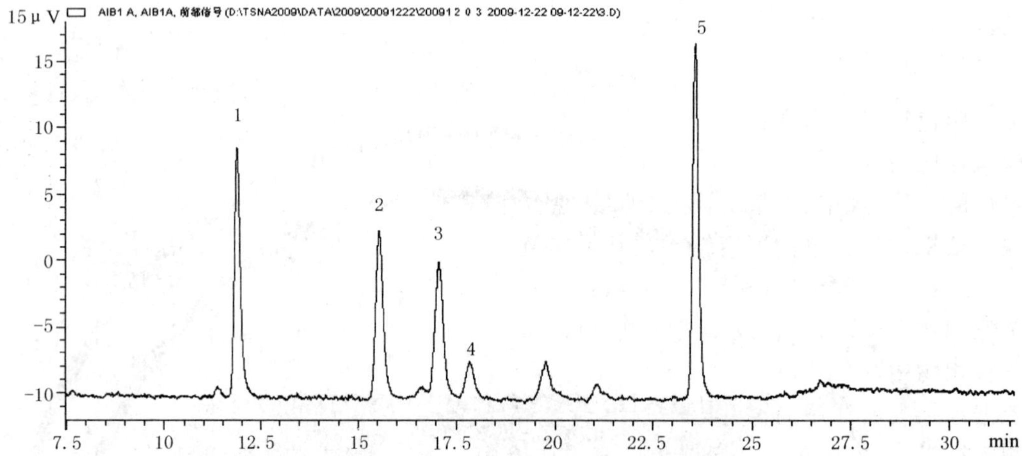

1——IS；

2——NNN；

3——NAT；

4——NAB；

5——NNK。

图 A.1 典型卷烟样品色谱图

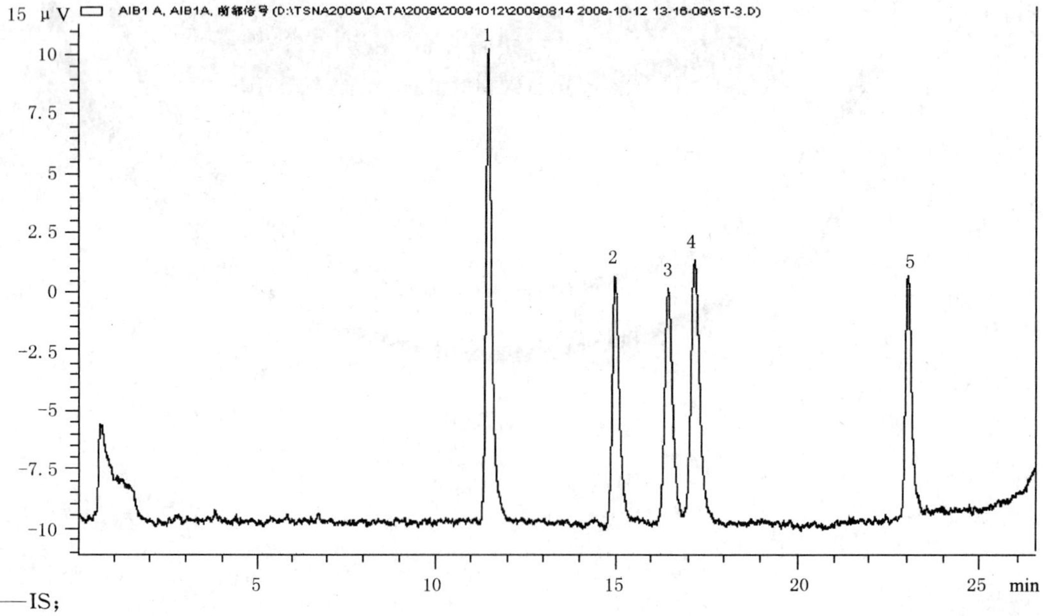

1——IS；

2——NNN；

3——NAT；

4——NAB；

5——NNK。

图 A.2 标准样品色谱图

附 录 B
（资料性附录）
方法的精密度和回收率

本方法的精密度和回收率结果见表 B.1。

表 B.1 本方法的精密度和回收率结果

单位：%

TSNAs	混合型卷烟测定变异系数 (n=25)	烤烟型卷烟测定变异系数 (n=25)	加标回收率 (n=5)
NNN	4.4	9.1	91.8
NAT	5.9	7.9	88.3
NAB	9	9.8	94.3
NNK	4.3	7.2	90.1

ICS 65.020.01
B 16

中华人民共和国国家标准

GB/T 28972—2012

出口植物检疫出证体系

Export certification system for plant quarantine

2012-12-31 发布 2013-03-01 实施

中华人民共和国国家质量监督检验检疫总局
中国国家标准化管理委员会 发布

前　言

本标准按照 GB/T 1.1—2009 给出的规则起草。

本标准修改采用联合国粮食及农业组织国际植物保护公约组织(International Plant Protection Convention,IPPC)制定、发布的国际植物检疫措施标准第7号出版物(International Standards for Phytosanitary Measures,ISPM No.7)《出口验证体系》(Export Certification System)1997 英文版。

根据植物检疫证书出口验证制度在我国植物检疫工作中的实施现状和我国对国家标准编制的基本规定,本标准与 ISPM No.7 的主要技术性差异如下:

——删除了原标准中的目录;

——删除了原标准中的批准、应用、审查及修正、分发等四个部分;

——删除了原标准的要求概要;

——重新编写了标准范围;

本标准由全国植物检疫标准化技术委员会(SAC/TC 271)提出并归口。

本标准起草单位:中华人民共和国深圳出入境检验检疫局、中国检验检疫科学研究院、深圳市检验检疫科学研究院。

本标准主要起草人:陈枝楠、康林、胡献星、朱水芳、余道坚、王伍。

出口植物检疫出证体系

1 范围

本标准规定了国家出口植物检疫证书验证的内容。

本标准适应于出口植物、植物产品及其他检疫物需要验证的国家植物检疫证书。

2 规范性引用文件

下列文件对于本文件的应用是必不可少的。凡是注日期的引用文件，仅注日期的版本适用于本文件。凡是不注日期的引用文件，其最新版本(包括所有的修改单)适用于本文件。

GB/T 20478—2006 植物检疫术语

3 术语和定义

GB/T 20478—2006 界定的术语和定义适用于本文件。

4 法定机构

出入境检验检疫机构是国家唯一指定或授权管理和签发出口植物检疫证书的机构。在行使这一职权时，出入境检验检疫机构应当：

a) 拥有采取合法行为的权力；

b) 采取措施防止出现利益冲突、欺骗性使用证书等情况。出入境检验检疫机构有权防止不符合输入国检疫要求的货物出口。

5 管理责任

出入境检验检疫机构负有以下职责：

a) 建立管理体系，确保符合管理规范，法律要求和行政规定等各项要求；

b) 指定专人或部门负责出口出证体系管理；

c) 明确出证相关责任人员的职责和联系方式；

d) 确保有足够的人员和资源履行如下职能：

——对输入国植物检疫信息进行维护；

——制定生产操作指南，使之符合输入国的植物检疫要求；

——开展货物检查、检测和运输工具查验；

——对货物查验过程中发现的有害生物进行鉴定；

——确认植物检疫程序的真实性和完整性；

——出具植物检疫证书；

——文件的保存和检索；

e） 培训；

f） 发出证相关的信息；

g） 定期审查现行输出出证体系的有效性；

h） 必要时签订双边协议书。

6 资源

6.1 人员

出入境检验检疫机构应具备能履行相关职责、承担相应业务的专业技术水平。应建立培训机制或具备培训渠道，使人员具备下列工作经验：

a） 能够开展植物、植物产品和其他检疫物的植物检疫查验工作；

b） 能够识别植物和植物产品；

c） 开展有害生物的检测和鉴定；

d） 对需要按出证要求进行植物检疫处理的，能开展处理和监管工作；

e） 能开展植物检疫出证相关的调查、监测和防治活动；

f） 按输入国植物检疫要求制定出证体系、编制证书格式；

g） 必要时对授权人员和出证体系进行审核。

除了颁发植物检疫证书以外，出入境检验检疫机构可任命非政府人员履行特定的验证职能。为获得任命，这类人员应当具有相应的资格和技能，并对出入境国家检验检疫机构负责。为确保其独立地行使官方职能，他们应受到与政府官员相同的限制，并与工作结果无任何经济利益联系。

6.2 关于输入国植物检疫要求的资料

出入境检验检疫机构应当并尽可能地保存关于其贸易伙伴输入植物检疫要求的当前官方信息，输出商应当了解输入国当前的输入要求并通报出入境检验检疫机构。

6.3 技术信息

出入境检验检疫机构应当向输入国参与植物检疫验证人员提供关于检疫性有害生物的足够技术信息，并尽可能地提供关于非检疫性有害生物的足够技术信息，其中包括：

a） 它们在输出国国内的发生和分布；

b） 有害生物的生物学、监测、发生和鉴定；

c） 必要时提供有害生物的防治情况。

6.4 设备

出入境检验检疫机构应当确保有足够的设备和设施开展检查、检验、货物确认或植物检疫验证程序。

7 文件

7.1 植物检疫证书

应当使用国际植物保护公约附件推荐的植物检疫证书样本，植物检疫证书应当包括相关货物的足够信息。植物检疫证书不应当提供与植物检疫无关的其他信息。

植物检疫证书的有效性不应当是无限期的，在时间上（出口之前）限于出入境检验检疫机构认为能保障植物检疫和植物完整所适宜的程度。颁发的植物检疫证书中可以包含涉及法律义务相关的免责声明。

7.2 转口植物检疫证书

在签发转口货物植物检疫证书之前，出入境检验检疫机构应当首先审查原产国签发的原始植物检疫证书，确定与原产国植物检疫证书的要求相比，输入国的检疫要求是否更严、相同或更宽。

如果货物重新包装，则不论要求的严格程度如何，都应当另外进行检查。

如果货物没有重新包装，则有两种情况，如果要求的严格程度相同或较宽，就无须另外进行检查；如果检疫要求更严，则应当另外进行检查。

如果输入国有转口国不能达到的特殊要求（如实地检查），则原始植物检疫证书必需包括或声明这一特殊事项或能够对样品进行输入国同意的相应实验室检验，才能颁发转口植物检疫证书。如果经常进行转口贸易，原产国和转口国的国家植保组织可以商定达到这些特殊要求的适宜程序。

如果转口国不要求有关商品附有植物检疫证书而输入国有这一要求，转口国可通过感观检验或实验室检测来达到这一要求，转口国可以签发常规的植物检疫证书，并在括号内注明原产国。

7.3 程序

出入境检验检疫机构应当酌情保存与出证体系相关的各个方面的指导性文件、程序和工作指令。主要部分包括：

a) 有关植物检疫证书的指令：
——控制签发（纸质或电子）；
——确定官员签发；
——列入附加声明；
——填写证书处理部分；
——经证明的修改；
——填写植物检疫证书；
——植物检疫证书的签署和发放；

b) 关于其他部分的指令：
——行业工作程序；
——抽样、查验和核准程序；
——官方封条/标志安全；
——货物证明、追踪和安全；
——记录保存。

7.4 记录

通常情况下，本标准提出的所有活动都应保存记录。每份植物检疫证书都应保存一份副本供核查和存档备查。签发植物检疫证书的每批货物都应当酌情保存下列记录：

a) 以货物为单位进行的任何检查、检验或其他核准；
b) 开展这些工作的人员名单；
c) 开展工作的日期；
d) 工作结果；
e) 所有抽取的样品。

对于未达到要求，未颁发植物检疫证书的货物应保存同等的记录。

必要时，出入境检验检疫机构应当能够回收一定时间的这些记录，建议用安全的电子储存手段保存和备份这些标准的记录文件。

7.5 货物追踪

货物及其证书在生产、搬运和运抵输出地的所有阶段都能追踪。如果在出证之后，出入境检验检疫机构认为该批货物可能达不到输入国的植物检疫要求时，则应当尽快将此情况通知输入国的植物保护机构。

8 交流

8.1 输出国内部交流

出入境检验检疫机构应当建立就以下变化情况与有关人员和行业及时联系的程序：

a） 输入国植物检疫要求；

b） 有害生物状况和地理分布；

c） 工作程序。

对于不符合检疫要求的货物，出入境检验检疫机构可以建立与所有有关行业和验证人员及迅速联系的程序。以便及时解决问题，防止在未采取经批准的补救行动的情况下，再次提交该批货物。

8.2 输出国外部交流

出入境检验检疫机构应当：

a） 与有关国家的植保机构指定的代表交流，讨论植物检疫要求；

b） 指定联络点，向输入国出入境检验检疫机构通报不符合要求的情况；

c） 与有关的区域植物保护组织和其他国际组织联系，促进统一植物检疫措施并传播技术及管制信息。

9 审查机制

9.1 体系审查

出入境检验检疫机构应当定期审查其输出验证体系各个方面的效率，必要时，对体系进行修改。

9.2 违章审查

出入境检验检疫机构应当建立程序，对输入国关于具备植物检疫证书的不合格通报进行调查。

ICS 65.020.01
B 16

中华人民共和国国家标准

GB/T 28973—2012

番茄环斑病毒检疫鉴定方法 纳米颗粒增敏胶体金免疫层析法

Detection and identification of tomato ring spot virus—Nanoparticles-enlarged in colloidal gold immunochromatographic assay

2012-12-31 发布 2013-06-01 实施

中华人民共和国国家质量监督检验检疫总局
中国国家标准化管理委员会 发布

前　　言

本标准按照 GB/T 1.1—2009 给出的规则起草。

本标准由全国植物检疫标准化技术委员会(SAC/TC 271)提出并归口。

本标准起草单位:中国检验检疫科学研究院、中华人民共和国湖南出入境检验检疫局。

本标准主要起草人:邹明强、李锦丰、张永江、陈艳、戴华、马吉湘、田世民。

引　言

本文件的发布机构提请注意，申明符合本文件时，可能涉及到6.4.3、B.4与增敏试剂相关的专利的使用。

本文件的发布机构对于该专利的真实性、有效性和范围无任何立场。

该专利持有人已向本文件的发布机构保证，他愿意同任何申请人在合理且无歧视的条款和条件下，就专利授权许可进行谈判。该专利持有人的声明已在本文件的发布机构备案。相关信息可以通过以下联系方式获得：

该专利持有人：中国检验检疫科学研究院

联系人：邹明强

地址：北京市朝阳区高碑店北路甲3号　中国检验检疫科学研究院　邮编：100123

请注意除上述专利外，本文件的某些内容能够仍可能涉及专利。本文件的发布机构不承担识别这些专利的责任。

番茄环斑病毒检疫鉴定方法　纳米颗粒增敏胶体金免疫层析法

1　范围

本标准规定了用纳米颗粒增敏胶体金免疫层析法检测番茄环斑病毒的原理、实验步骤及结果判定等。

本标准适用于植物及其产品组织中番茄环斑病毒的快速筛查。

2　规范性引用文件

下列文件对于本文件的应用是必不可少的。凡是注日期的引用文件，仅注日期的版本适用于本文件。凡是不注日期的引用文件，其最新版本（包括所有的修改单）适用于本文件。

GB 19489　实验室　生物安全通用要求

GB/T 23629—2009　引进植物病原生物安全控制技术要求

GB/T 23632—2009　进境植物检疫截获有害生物鉴定复核规程

3　番茄环斑病毒基本信息

中文名：番茄环斑病毒

学名：tomato ringspot virus

缩写：ToRSV

分类地位：豇豆花叶病毒科（Comoviridae）线虫传多面体病毒属（*Nepovirus*）。

番茄环斑病毒的其他信息参见附录 A。

4　方法原理

基于胶体金免疫层析双抗体夹心检测法原理，采用氯金酸与还原剂反应生成的纳米金颗粒对常规胶体金免疫层析试纸条进行处理，提高检测灵敏度，根据试纸条颜色的变化，判定待测样品中是否存在番茄环斑病毒。

5　仪器设备、用具及试剂材料

5.1　仪器设备

天平（感量，1/10 000 g）、离心机、组织捣碎机、低温冰箱等。

5.2　用具

微量移液器（2.5 μL、10 μL、20 μL、100 μL、200 μL、1 000 μL）、研钵、离心管等。

5.3 试剂材料

纳米颗粒增敏胶体金免疫层析法测定番茄环斑病毒试剂材料(见附录B)。

6 实验步骤

6.1 生物安全与废弃物处理

实验过程中的生物安全要求应严格按照GB 19489的规定进行操作,实验废弃物按照GB/T 23629—2009中5.7进行处理。

6.2 样品制备

称取1 g植物或其产品组织,加入2 mL样品提取缓冲液用研钵研磨,然后4 ℃下3 000 g～5 000 g离心10 min,取上清液制备成一个样品。

6.3 样本存放

制备的样品在2 ℃～8 ℃条件下保存应不超过24 h,若需长期保存,应置－70 ℃以下,避免反复冻融。

6.4 病毒检测

6.4.1 检测步骤

取同一批次胶体金免疫层析增敏快速检测试纸条(即开即用),置于平整的台面上,向样品垫中分别加入被检样品、阳性对照和阴性对照各100 μL,每个试验同时做平行。室温放置15 min,观察检测线和质控线条带。

6.4.2 质量控制

质控线条带出现颜色,阳性对照检测线条带出现颜色,阴性对照检测线条带不出现颜色,检测结果有效。如果质控线条带不出现颜色,或阳性对照检测线条带不出现颜色,或阴性对照检测线条带出现颜色,出现任何一种现象以上者,说明检测结果无效,另选一批次试纸条重新按6.4.1操作。

6.4.3 增敏实验

向检测线没有产生颜色条带的试纸条样品垫上加入100 μL的PBST缓冲溶液进行清洗,反复清洗3次,每次1 min,然后在硝酸纤维素膜靠近结合垫端加入30 μL增敏试剂,室温反应5 min～8 min后,观察检测线条带颜色。

6.4.4 结果判定

检测线条带出现颜色,判定为阳性;检测线条带不出现颜色,判定为阴性。

注:增敏前条带颜色为红色,增敏后因为氧化还原反应使条带颜色变为黑灰色。

7 结果的确认

可疑阳性样品应采用番茄环斑病毒RT-PCR检测方法进行确认。

8 样品的保存与复核

种子类样品保存 6 个月，如果发现带毒样品保存 1 年。植株中发现病毒的，采集病叶干燥后保存于 −20 ℃条件。检测原始记录、照片等文档按有关规定做好登记、标记和存档，以便必要时复核。复核程序按照 GB/T 23632—2009 中第 6 章进行操作。

附 录 A
（资料性附录）
番茄环斑病毒相关资料

A.1 寄主范围

ToRSV 的自然寄主有天竺葵属（*Pelargonium* spp.）、悬钩子属（*Rubus* spp.）、李属（*Prums* spp.）和烟草（*Nicotiana tabacum*）等。在人工接种的情况下还可以侵染茄科、藜科、葫芦科、蔷薇科和豆科的100多种植物。

A.2 病害症状

ToRSV 主要侵染多年生植物，在桃和其他李属植物上表现黄芽花叶症状；桃、樱桃和一些李属植物上表现茎部蚀损斑和退化症状；李树被 ToRSV 侵染后产生褐色线条；ToRSV 侵染苹果树后嫁接部位上方膨大，接穗和砧木连接处的树皮异常增厚并呈海绵状，剖开树皮后可发现明显的坏死线，苹果树也可出现衰退症状；ToRSV 在红树莓（redraspberry）上表现环斑和衰退症状；葡萄等多种植物被 ToRSV 侵染后均可出现衰退症状。

A.3 分布地区

ToRSV 主要分布于美洲、欧洲、大洋洲、亚洲的一些国家：美国、加拿大、秘鲁、智利、保加利亚、德国、意大利、法国、前苏联地区、前南斯拉夫、塞浦路斯、澳大利亚和韩国、日本等。

A.4 传播方式

A.4.1 近距离传播

ToRSV 在田间主要通过土壤中的剑线虫传播，剑线虫属中可能的传播介体有：*Xiphinema americanum*，*X. californicum*，*X. incognitum*，*X. occidium*，*X. rivesi*，*X. thornei*，*X. utahense*。机械接种、种子、花粉也能传播该病毒。

A.4.2 远距离传播

ToRSV 通过带毒种子、苗木、组培苗等繁殖材料的运输发生远距离传播。

附 录 B
（规范性附录）
纳米颗粒增敏胶体金免疫层析法测定番茄环斑病毒试剂材料

B.1 胶体金免疫层析增敏快速检测试纸条

样品垫为玻璃纤维素片；结合垫是喷好了金标番茄环斑病毒单克隆抗体的玻璃纤维素片，免疫金释放时间小于 5 min，释放效率大于 80%；硝酸纤维素膜的检测线上包被了番茄环斑病毒多克隆抗体；质控线上包被了 1 mg/mL 的羊抗鼠 IgG；吸水垫为吸水纸。其结构见图 B.1。

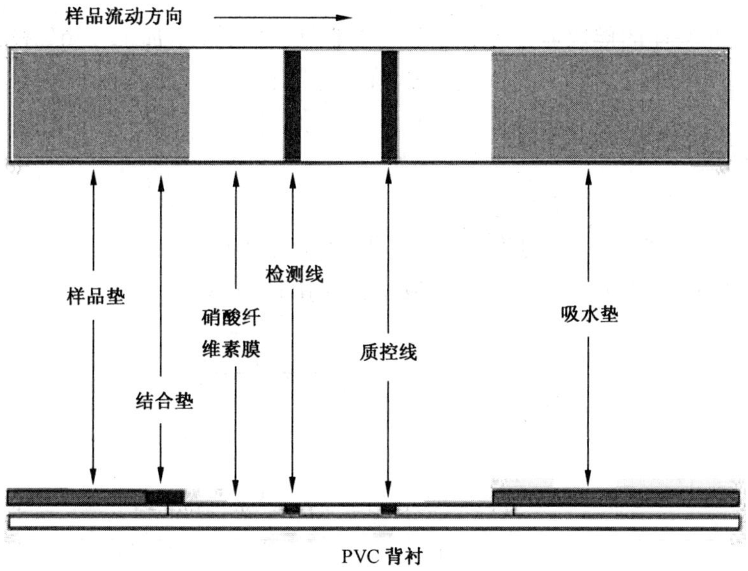

其中：玻璃纤维素片：吸水速率大于 4 s/cm，吸水量大于 50 mg/cm^2；
硝酸纤维素膜（NC 膜）：毛细流动速率大于 25 s/cm；
吸水纸：吸水速率大于 3 s/cm，吸水量大于 100 mg/cm^2；
聚氯乙烯（PVC）板：初粘力大于或等于 3 号球，持粘力标准条件下大于 80 h。

图 B.1 胶体金免疫层析增敏快速检测试纸条

B.2 样品提取缓冲液

PBST	1 L
亚硫酸钠（Na_2SO_3）	1.3 g
PVP（MW24 000～40 000）	20 g
叠氮钠（NaN_3）	0.2 g

4 ℃储存。

B.3 PBST 缓冲液（洗涤缓冲液 pH7.4）

氯化钠（NaCl）	8 g

磷酸氢二钠(Na_2HPO_4)　　1.15 g
磷酸二氢钾(KH_2PO_4)　　0.2 g
氯化钾(KCl)　　0.2 g
吐温-20　　0.5 mL
蒸馏水定容至 1 L。

B.4　增敏试剂

将 1%的氯金酸和 10 mmol/L 的盐酸羟胺按 1∶5 的体积比混合,混合后 5 min 内使用。

B.5　阴性对照

取 1 g 的 −20 ℃下保存的健康叶片组织,用研钵液氮研磨粉碎,加入 2 mL 样品提取缓冲液,4 ℃离心 10 min (3 000 g～5 000 g),取上清液制备成阴性对照。

B.6　阳性对照

取 1 g 的 −20 ℃下保存的灭活的病叶组织,用研钵液氮研磨粉碎,加入 2 mL 样品提取缓冲液,4 ℃离心 10 min (3 000 g～5 000 g),取上清液制备成阳性对照。

ICS 65.020.01
B 16

中华人民共和国国家标准

GB/T 28974—2012

马铃薯A病毒检疫鉴定方法 纳米颗粒增敏胶体金免疫层析法

Detection and identification of potato virus A—Nanoparticles-enlarged in colloidal gold immunochromatographic assay

2012-12-31 发布 2013-06-01 实施

中华人民共和国国家质量监督检验检疫总局
中国国家标准化管理委员会 发布

前　言

本标准按照 GB/T 1.1—2009 给出的规则起草。

本标准由全国植物检疫标准化技术委员会(SAC/TC 271)提出并归口。

本标准起草单位:中国检验检疫科学研究院、中华人民共和国湖南出入境检验检疫局。

本标准主要起草人:邹明强、张帆、李锦丰、陈艳、戴华、田世民、马吉湘、金涌。

引　言

本文件的发布机构提请注意，申明符合本文件时，可能涉及到6.4.3、B.4与增敏试剂相关的专利的使用。

本文件的发布机构对于该专利的真实性、有效性和范围无任何立场。

该专利持有人已向本文件的发布机构保证，他愿意同任何申请人在合理且无歧视的条款和条件下，就专利授权许可进行谈判。该专利持有人的声明已在本文件的发布机构备案。相关信息可以通过以下联系方式获得：

该专利持有人：中国检验检疫科学研究院

联系人：邹明强

地址：北京市朝阳区高碑店北路甲3号　中国检验检疫科学研究院　邮编：100123

请注意除上述专利外，本文件的某些内容能够仍可能涉及专利。本文件的发布机构不承担识别这些专利的责任。

马铃薯A病毒检疫鉴定方法 纳米颗粒增敏胶体金免疫层析法

1 范围

本标准规定了用纳米颗粒增敏胶体金免疫层析法检测马铃薯A病毒的原理、实验步骤及结果判定等。

本标准适用于植物及其产品组织中马铃薯A病毒的快速筛查。

2 规范性引用文件

下列文件对于本文件的应用是必不可少的。凡是注日期的引用文件，仅注日期的版本适用于本文件。凡是不注日期的引用文件，其最新版本(包括所有的修改单)适用于本文件。

GB 19489 实验室 生物安全通用要求

GB/T 23629—2009 引进植物病原生物安全控制技术要求

GB/T 23632—2009 进境植物检疫截获有害生物鉴定复核规程

3 马铃薯A病毒基本信息

中文名：马铃薯A病毒

学名：potato virus A

缩写：PVA

分类地位：马铃薯Y病毒科(Potyviridae)马铃薯Y病毒属(*Potyvirus*)。

马铃薯A病毒的其他信息参见附录A。

4 方法原理

基于胶体金免疫层析双抗体夹心检测法原理，采用氯金酸与还原剂反应生成的纳米金颗粒对常规胶体金免疫层析试纸条进行处理，提高检测灵敏度，根据试纸条颜色的变化，判定待测样品中是否存在马铃薯A病毒。

5 仪器设备、用具及试剂材料

5.1 仪器设备

天平(感量，1/10 000 g)、离心机、组织捣碎机、低温冰箱等。

5.2 用具

微量移液器(2.5 μL、10 μL、20 μL、100 μL、200 μL、1 000 μL)、研钵、离心管等。

5.3 试剂材料

纳米颗粒增敏胶体金免疫层析法测定马铃薯A病毒试剂材料(见附录B)。

6 实验步骤

6.1 生物安全与废弃物处理

实验过程中的生物安全要求应严格按照GB 19489的规定进行操作,实验废弃物按照GB/T 23629—2009中5.7进行处理。

6.2 样品制备

称取1 g植物或其产品组织,加入2 mL样品提取缓冲液用研钵研磨,然后4 ℃下3 000 g～5 000 g离心10 min,取上清液制备成一个样品。

6.3 样本存放

制备的样品在2 ℃～8 ℃条件下保存应不超过24 h,若需长期保存,应置－70 ℃以下,避免反复冻融。

6.4 病毒检测

6.4.1 检测步骤

取同一批次胶体金免疫层析增敏快速检测试纸条(即开即用),置于平整的台面上,向样品垫中分别加入被检样品、阳性对照和阴性对照各100 μL,每个试验同时做平行。室温放置15 min,观察检测线和质控线条带。

6.4.2 质量控制

质控线条带出现颜色,阳性对照检测线条带出现颜色,阴性对照检测线条带不出现颜色,检测结果有效。如果质控线条带不出现颜色,或阳性对照检测线条带不出现颜色,或阴性对照检测线条带出现颜色,出现任何一种现象以上者,说明检测结果无效,另选一批次试纸条重新按6.4.1操作。

6.4.3 增敏实验

向检测线没有产生颜色条带的试纸条样品垫上加入100 μL的PBST缓冲溶液进行清洗,反复清洗3次,每次1 min,然后在硝酸纤维素膜靠近结合垫端加入30 μL增敏试剂,室温反应5 min～8 min后,观察检测线条带颜色。

6.4.4 结果判定

检测线条带出现颜色,判定为阳性;检测线条带不出现颜色,判定为阴性。

注:增敏前条带颜色为红色,增敏后因为氧化还原反应使条带颜色变为黑灰色。

7 结果的确认

可疑阳性样品应采用马铃薯A病毒RT-PCR检测方法进行确认。

8 样品的保存与复核

种子类样品保存6个月，如果发现带毒样品保存1年。植株中发现病毒的，采集病叶干燥后保存于－20 ℃条件。检测原始记录、照片等文档按有关规定做好登记、标记和存档，以便必要时复核。复核程序按照GB/T 23632—2009中第6章进行操作。

附 录 A
（资料性附录）
马铃薯A病毒相关资料

A.1 寄主范围

马铃薯A病毒的自然寄主为马铃薯（*Solanum tuberosum*）；人工接种可侵染的植物（包括鉴别寄主）为番茄（*Lycopersicon esculentum* 和 *L. pimpinellifolium*）、假酸浆（*Nicandra physaloides*）、烟草（*Nicotiana debneyi*、*N. glauca*、*N. glutinosa*、*N. sanderae*、*N. sylverstris*、*N. tabacum* cv. Samsun 和 *N. tabacum* cv. White Burley）、*Solanum demissum*×*S. tuberosum* cv. Aquila（＝A6 hybrid）、*S. demissum*"SdA"和 *Datura meteloides*。

A.2 病害症状

多数马铃薯受该病毒侵染无明显症状，有的品种表现出轻型花叶、脉间叶组织凸起呈褶皱状、叶脉或叶脉间呈现不规则浅色斑及叶缘呈波状等症状。

A.3 分布地区

马铃薯A病毒分布于很多马铃薯重要产区，可存在于种薯、组培苗中，在欧洲各国、日本、美国、新西兰以及中国的福建、黑龙江、云南等地均有分布。

A.4 传播方式

该病毒可通过汁液、种薯及介体蚜虫（*Aphis frangulae*、*A. nasturtii*、*Macrosiphon solanifolu*、*Myzus persicae* 及 *Neomyzus cirumflexus* 等）传播。

附 录 B
（规范性附录）
纳米颗粒增敏胶体金免疫层析法测定马铃薯 A 病毒试剂材料

B.1 胶体金免疫层析增敏快速检测试纸条

样品垫为玻璃纤维素片；结合垫是喷好了金标马铃薯 A 病毒单克隆抗体的玻璃纤维素片，免疫金释放时间小于 5 min，释放效率大于 80%；硝酸纤维素膜的检测线上包被了马铃薯 A 病毒多克隆抗体；质控线上包被了 1 mg/mL 的羊抗鼠 IgG；吸水垫为吸水纸。其结构见图 B.1。

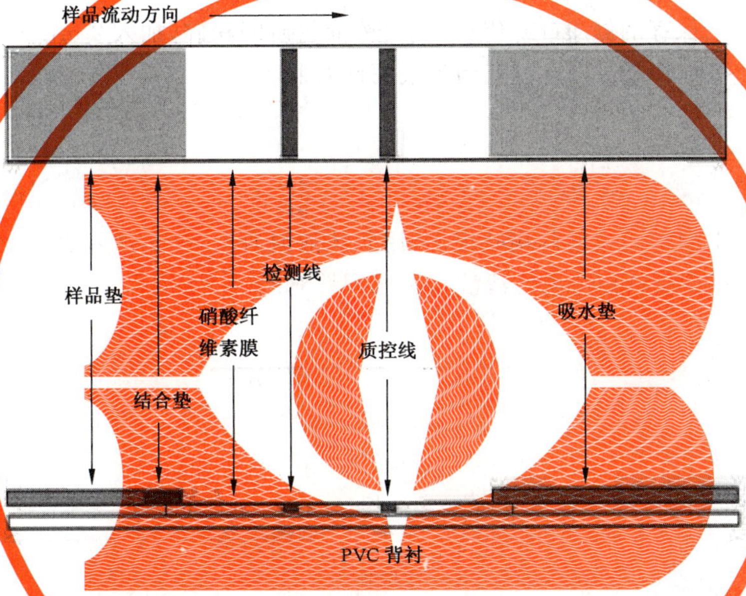

其中：玻璃纤维素片：吸水速率大于 4 s/cm，吸水量大于 50 mg/cm^2；
硝酸纤维素膜(NC 膜)：毛细流动速率大于 25 s/cm；
吸水纸：吸水速率大于 3 s/cm，吸水量大于 100 mg/cm^2；
聚氯乙烯(PVC)板：初粘力大于或等于 3 号球，持粘力标准条件下大于 80 h。

图 B.1 胶体金免疫层析增敏快速检测试纸条

B.2 样品提取缓冲液

PBST	1 L
亚硫酸钠(Na_2SO_3)	1.3 g
PVP(MW24 000～40 000)	20 g
叠氮钠(NaN_3)	0.2 g

4 ℃储存。

B.3 PBST 缓冲液（洗涤缓冲液 pH 7.4）

氯化钠(NaCl)	8 g

磷酸氢二钠(Na_2HPO_4)	1.15 g
磷酸二氢钾(KH_2PO_4)	0.2 g
氯化钾(KCl)	0.2 g
吐温-20	0.5 mL

蒸馏水定容至 1 L。

B.4 增敏试剂

将 1%的氯金酸和 10 mmol/L 的盐酸羟胺按 1∶5 的体积比混合,混合后 5 min 内使用。

B.5 阴性对照

取 1 g 的－20 ℃下保存的健康叶片组织,用研钵液氮研磨粉碎,加入 2 mL 样品提取缓冲液,4 ℃离心 10 min (3 000 *g*～5 000 *g*),取上清液制备成阴性对照。

B.6 阳性对照

取 1 g 的－20 ℃下保存的灭活的病叶组织,用研钵液氮研磨粉碎,加入 2 mL 样品提取缓冲液,4 ℃离心 10 min (3 000 *g*～5 000 *g*),取上清液制备成阳性对照。

ICS 65.020.01
B 16

中华人民共和国国家标准

GB/T 28975—2012

莴苣花叶病毒检疫鉴定方法　纳米颗粒增敏胶体金免疫层析法

Detection and identification of lettuce mosaic virus—Nanoparticles-enlarged in colloidal gold immunochromatographic assay

2012-12-31 发布　　2013-06-01 实施

中华人民共和国国家质量监督检验检疫总局
中国国家标准化管理委员会　发布

前　言

本标准按照 GB/T 1.1—2009 给出的规则起草。

本标准由全国植物检疫标准化技术委员会(SAC/TC 271)提出并归口。

本标准起草单位:中国检验检疫科学研究院、中华人民共和国湖南出入境检验检疫局。

本标准主要起草人:李锦丰、陈艳、马吉湘、田世民、戴华、张帆、金涌、邹明强。

引　　言

本文件的发布机构提请注意，申明符合本文件时，可能涉及到6.4.3、B.4与增敏试剂相关的专利的使用。

本文件的发布机构对于该专利的真实性、有效性和范围无任何立场。

该专利持有人已向本文件的发布机构保证，他愿意同任何申请人在合理且无歧视的条款和条件下，就专利授权许可进行谈判。该专利持有人的声明已在本文件的发布机构备案。相关信息可以通过以下联系方式获得：

该专利持有人：中国检验检疫科学研究院

联系人：邹明强

地址：北京市朝阳区高碑店北路甲3号　中国检验检疫科学研究院　邮编：100123

请注意除上述专利外，本文件的某些内容能够仍可能涉及专利。本文件的发布机构不承担识别这些专利的责任。

莴苣花叶病毒检疫鉴定方法　纳米颗粒增敏胶体金免疫层析法

1　范围

本标准规定了用纳米颗粒增敏胶体金免疫层析法检测莴苣花叶病毒的原理、实验步骤及结果判定等。

本标准适用于植物及其产品组织中莴苣花叶病毒的快速筛查。

2　规范性引用文件

下列文件对于本文件的应用是必不可少的。凡是注日期的引用文件,仅注日期的版本适用于本文件。凡是不注日期的引用文件,其最新版本(包括所有的修改单)适用于本文件。

GB 19489　实验室　生物安全通用要求

GB/T 23629—2009　引进植物病原生物安全控制技术要求

GB/T 23632—2009　进境植物检疫截获有害生物鉴定复核规程

3　莴苣花叶病毒基本信息

中文名:莴苣花叶病毒

学名:lettuce mosaic virus

缩写:LMV

分类地位:马铃薯 Y 病毒科(Potyviridae)马铃薯 Y 病毒属(*Potyvirus*)。

莴苣花叶病毒的其他信息参见附录 A。

4　方法原理

基于胶体金免疫层析双抗体夹心检测法原理,采用氯金酸与还原剂反应生成的纳米金颗粒对常规胶体金免疫层析试纸条进行处理,提高检测灵敏度,根据试纸条颜色的变化,判定待测样品中是否存在莴苣花叶病毒。

5　仪器设备、用具及试剂材料

5.1　仪器设备

天平(感量,1/10 000 g)、离心机、组织捣碎机、低温冰箱等。

5.2　用具

微量移液器(2.5 μL、10 μL、20 μL、100 μL、200 μL、1 000 μL)、研钵、离心管等。

5.3 试剂材料

纳米颗粒增敏胶体金免疫层析法测定莴苣花叶病毒试剂材料(见附录B)。

6 实验步骤

6.1 生物安全与废弃物处理

实验过程中的生物安全要求应严格按照 GB 19489 的规定进行操作,实验废弃物按照 GB/T 23629—2009中5.7进行处理。

6.2 样品制备

称取1 g植物或其产品组织,加入2 mL样品提取缓冲液用研钵研磨,然后4 ℃下3 000 *g*~5 000 *g* 离心10 min,取上清液制备成一个样品。

6.3 样本存放

制备的样品在2 ℃~8 ℃条件下保存应不超过24 h,若需长期保存,应置−70 ℃以下,避免反复冻融。

6.4 病毒检测

6.4.1 检测步骤

取同一批次胶体金免疫层析增敏快速检测试纸条(即开即用),置于平整的台面上,向样品垫中分别加入被检样品、阳性对照和阴性对照各100 μL,每个试验同时做平行。室温放置15 min,观察检测线和质控线条带。

6.4.2 质量控制

质控线条带出现颜色,阳性对照检测线条带出现颜色,阴性对照检测线条带不出现颜色,检测结果有效。如果质控线条带不出现颜色,或阳性对照检测线条带不出现颜色,或阴性对照检测线条带出现颜色,出现任何一种现象以上者,说明检测结果无效,另选一批次试纸条重新按6.4.1操作。

6.4.3 增敏实验

向检测线没有产生颜色条带的试纸条样品垫上加入100 μL的PBST缓冲溶液进行清洗,反复清洗3次,每次1 min,然后在硝酸纤维素膜靠近结合垫端加入30 μL增敏试剂,室温反应5 min~8 min后,观察检测线条带颜色。

6.4.4 结果判定

检测线条带出现颜色,判定为阳性;检测线条带不出现颜色,判定为阴性。

注:增敏前条带颜色为红色,增敏后因为氧化还原反应使条带颜色变为黑灰色。

7 结果的确认

可疑阳性样品应采用莴苣花叶病毒RT-PCR检测方法进行确认。

8 样品的保存与复核

种子类样品保存6个月，如果发现带毒样品保存1年。植株中发现病毒的，采集病叶干燥后保存于－20 ℃条件。检测原始记录、照片等文档按有关规定做好登记、标记和存档，以便必要时复核。复核程序按照GB/T 23632—2009中第6章进行操作。

附 录 A
(资料性附录)
莴苣花叶病毒相关资料

A.1 寄主范围

寄主范围很广，自然寄主有莴苣(*Lactuca sativa*)、野莴苣(*L. seriola*)、蓝琉璃繁缕(*Andgallis arvensis*)、鹰嘴豆(*Cicer arietinum*)、红花(*Corthamus tinctorius*)、藜(*Chenopodium album*)、墙生藜(*C. murale*)、芹叶牻牛儿苗(*Erodium cicutarium*)、宝盖草(*Lamium amplexicaule*)、香豌豆(*Lathyrus odoratus*)、小花锦葵(*Malva parviflora*)、豌豆(*Pisum sativum*)、欧洲千里光(*Senecio vulgaris*)、菠菜(*Spinacia oleracea*)、繁缕(*Stellaria media*)等；接种可侵染蔬菜、花卉和烟草中的10科植物。

A.2 病害症状

莴苣症状多变，但通常表现为明脉和黄斑驳。感病表现明脉黄斑驳，常有叶脉坏死并呈古铜色。病株不能包心，里面的叶片持续短小，呈丛簇状。鹰嘴豆(*Cicer arietinum*)：叶黄化。碗豆(*Pisum sativum*)：褪绿，叶斑驳。

A.3 分布地区

世界范围均有分布。

A.4 传播方式

该病毒可通过汁液、种子、花粉及介体蚜虫(*Aphis gossypii*、*Macrosiphum euphorbiae*、*M. gei* 和 *Myzus persicae*)传播。

附　录　B
（规范性附录）
纳米颗粒增敏胶体金免疫层析法测定莴苣花叶病毒试剂材料

B.1　胶体金免疫层析增敏快速检测试纸条

样品垫为玻璃纤维素片；结合垫是喷好了金标莴苣花叶病毒单克隆抗体的玻璃纤维素片，免疫金释放时间小于 5 min，释放效率大于 80%；硝酸纤维素膜的检测线上包被了莴苣花叶病毒多克隆抗体；质控线上包被了 1 mg/mL 的羊抗鼠 IgG；吸水垫为吸水纸。其结构见图 B.1。

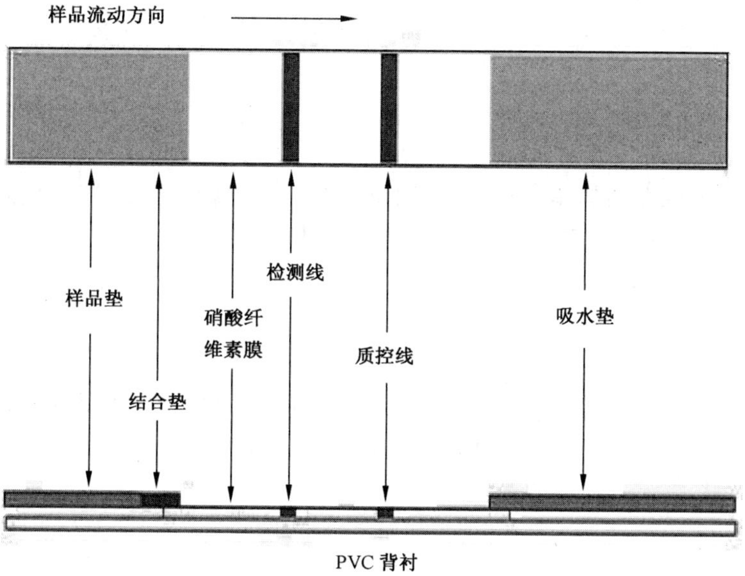

其中：玻璃纤维素片：吸水速率大于 4 s/cm，吸水量大于 50 mg/cm^2；
硝酸纤维素膜（NC 膜）：毛细流动速率大于 25 s/cm；
吸水纸：吸水速率大于 3 s/cm，吸水量大于 100 mg/cm^2；
聚氯乙烯（PVC）板：初粘力大于或等于 3 号球，持粘力标准条件下大于 80 h。

图 B.1　胶体金免疫层析增敏快速检测试纸条

B.2　样品提取缓冲液

PBST	1 L
亚硫酸钠（Na_2SO_3）	1.3 g
PVP（MW24 000～40 000）	20 g
叠氮钠（NaN_3）	0.2 g

4 ℃储存。

B.3 PBST 缓冲液(洗涤缓冲液 pH7.4)

氯化钠(NaCl)	8 g
磷酸氢二钠(Na_2HPO_4)	1.15 g
磷酸二氢钾(KH_2PO_4)	0.2 g
氯化钾(KCl)	0.2 g
吐温-20	0.5 mL

蒸馏水定容至 1 L。

B.4 增敏试剂

将 1%的氯金酸和 10 mmol/L 的盐酸羟胺按 1∶5 的体积比混合,混合后 5 min 内使用。

B.5 阴性对照

取 1 g 的−20 ℃下保存的健康叶片组织,用研钵液氮研磨粉碎,加入 2 mL 样品提取缓冲液,4 ℃离心 10 min (3 000 *g*～5 000 *g*),取上清液制备成阴性对照。

B.6 阳性对照

取 1 g 的−20 ℃下保存的灭活的病叶组织,用研钵液氮研磨粉碎,加入 2 mL 样品提取缓冲液,4 ℃离心 10 min (3 000 *g*～5 000 *g*),取上清液制备成阳性对照。

ICS 65.020.01
B 16

中华人民共和国国家标准

GB/T 28976—2012

草莓潜隐环斑病毒检疫鉴定方法

Detection and identification of strawberry latent ringspot virus

2012-12-31 发布

2013-06-01 实施

中华人民共和国国家质量监督检验检疫总局
中国国家标准化管理委员会
发布

前　言

本标准按照GB/T 1.1—2009给出的规则起草。

本标准由全国植物检疫标准化技术委员会(SAC/TC 271)提出并归口。

本标准起草单位:中华人民共和国上海出入境检验检疫局、中华人民共和国宁波出入境检验检疫局、中华人民共和国江苏出入境检验检疫局。

本标准主要起草人:杨翠云、于翠、闻伟刚、郑建中、印丽萍、李彬。

草莓潜隐环斑病毒检疫鉴定方法

1 范围

本标准规定了草莓潜隐环斑病毒的检疫鉴定方法。

本标准适用于植物材料,包括无性繁殖材料、种子和苗木中草莓潜隐环斑病毒的检疫鉴定。

2 规范性引用文件

下列文件对于本文件的应用是必不可少的。凡是注日期的引用文件,仅注日期的版本适用于本文件。凡是不注日期的引用文件,其最新版本(包括所有的修改单)适用于本文件。

SN/T 1840 植物病毒免疫电镜检测方法

SN/T 2122 进出境植物及植物产品检疫抽样

3 草莓潜隐环斑病毒基本信息

中文名:草莓潜隐环斑病毒

学　名:strawberry latent ringspot virus

缩　写:SLRSV

分类地位:Secoviridae 科,温州蜜柑矮缩病毒属(*Sadwavirus*)

草莓潜隐环斑病毒的其他信息参见附录 A。

4 方法原理

病毒粒子的形态特征、为害症状、血清学特性和分子生物学特征是检疫鉴定该病毒的主要依据,采用 DAS-ELISA、RT-PCR、实时荧光 RT-PCR、免疫电镜和鉴别寄主反应等方法进行检疫鉴定。

5 仪器设备、设施、用具和试剂

5.1 仪器设备

酶标仪、PCR 仪、实时荧光 PCR 仪、超净工作台、电子天平(感量 0.001 g)、电泳仪、电泳槽、凝胶成像系统、电子透射显微镜、水浴锅、高速冷冻离心机、超低温冰箱(−80 ℃)、高压灭菌锅、制冰机、微波炉、涡旋振荡器。

5.2 设施

植物隔离检疫圃。

5.3 用具

可调式微量移液器(2 μL、10 μL、100 μL、200 μL、1 000 μL)及相应的无 RNase 吸头、无 RNase 离心管、PCR 管、研钵、样品袋、标签、镊子、放大镜等。

5.4 试剂

5.4.1 除有特殊说明外,所有实验用试剂均为分析纯或生化试剂。

5.4.2 SLRSV 抗体、Trizol、焦碳酸二乙酯(DEPC)、液氮、三氯甲烷、异戊醇、异丙醇、乙醇、β-巯基乙醇、AMV 反转录酶、*Taq* DNA 聚合酶、DNA 相对分子质量标记、溴化乙锭、琼脂糖、溴酚蓝等。血清学和分子生物学检测试剂配制见附录 B。

6 症状观察及抽样

6.1 症状观察

现场检疫主要观察进境植物材料上病毒为害的症状,SLRSV 为害症状描述参见附录 A。

6.2 抽样

发现有病毒为害症状的植物材料直接送检;未发现症状的,则按 SN/T 2122 中规定进行抽样,并送实验室检疫鉴定。

7 检疫鉴定

7.1 鉴定流程

判定样品中是否携带草莓潜隐环斑病毒,应经过两种或两种以上的检测方法相互验证。具体操作流程可参照图 1。

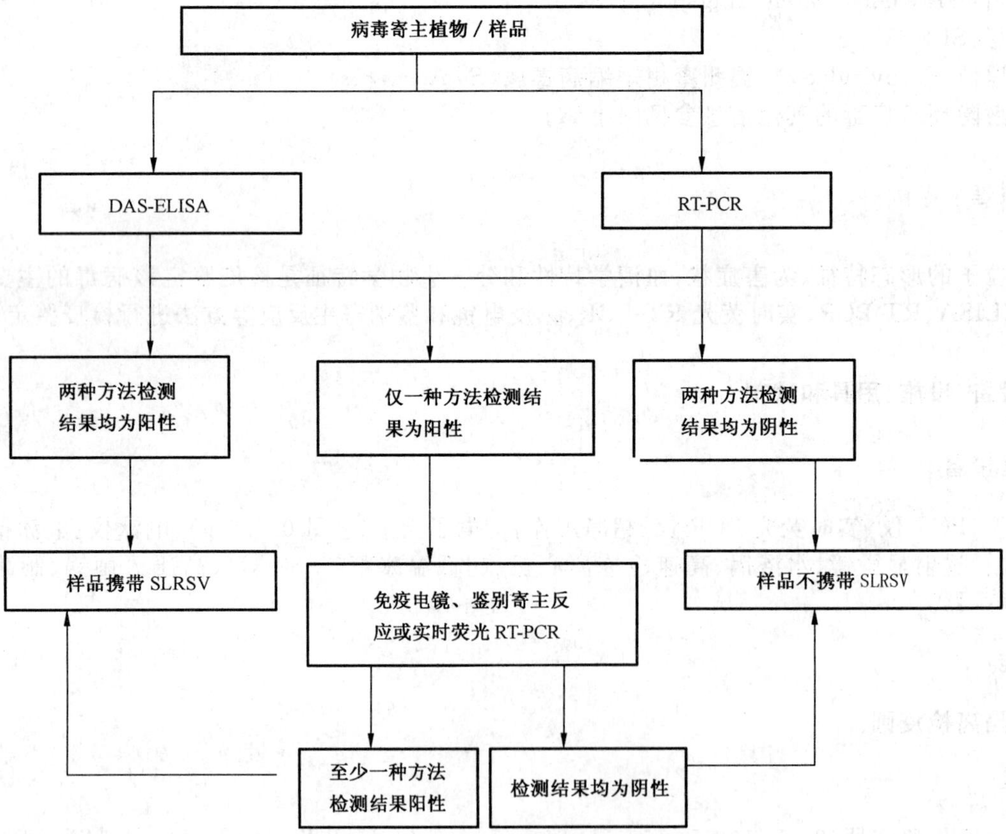

图 1 SLRSV 鉴定流程图

7.2 双抗体酶联免疫吸附方法(DAS-ELISA)

对种苗、球茎或由种子催生长出的叶片研磨,并按质量和抽提缓冲液 1∶10 的比例稀释,制备的汁液分别盛装于离心管中,离心后吸取上清液作为待测样品,并设阳性对照、阴性对照和空白对照。具体操作步骤见附录 C。

7.3 RT-PCR 方法

植株叶片、种球或种子液氮研细,取 0.1 g 用于提取植物总 RNA。具体操作步骤见附录 D。

7.4 实时荧光 RT-PCR 方法

植株叶片、种球或种子液氮研细,取 0.1 g 用于提取植物总 RNA。具体操作步骤参见附录 E。

7.5 鉴别寄主测定方法

在栽种于植物隔离检疫圃中的鉴别寄主植物真叶长出后用于摩擦接种,对 DAS-ELISA 或 RT-PCR检测 SLRSV 呈阳性的样品加入适量接种缓冲液研磨后接种鉴别寄主。当任意一种鉴别寄主植物出现如下描述症状时,即可判定接种成功。对接种后表现隐症的鉴别寄主植物,还需要对接种叶片结合 DAS-ELISA 或 RT-PCR 方法验证,如果结果阳性则判定样品携带 SLRSV。

a) 苋色藜(*Chenopdium amaranticolor*)或昆诺藜(*Chenopdium quinoa*):接种叶 7 d 内局部褪绿或坏死斑,以后是系统褪绿或变形,有时出现坏死或轻微的褪绿斑;
b) 菜豆(*Phaseolus vulgaris*):接种叶出现局部褪绿或坏死斑;
c) 黄瓜(*Cucumis sativus*):系统感染黄瓜,引起脉间褪绿和坏死,有时无症状;
d) 黄花烟(*Nicotiana rustica*)或矮牵牛(*Petunia hybrida*):属系统性侵染且无症状出现。

7.6 免疫电镜方法

利用草莓潜隐环斑病毒抗血清富集植物材料中的病毒,在透视电子显微镜下观察病毒颗粒的形态特征,具体操作步骤按照 SN/T 1840 规定进行。如观察到直径为 30 nm 的球状病毒粒子,即可判定免疫电镜结果阳性。

8 结果判定

8.1 样品经 DAS-ELISA 或者 RT-PCR 检测结果为阴性,判定该样品不携带草莓潜隐环斑病毒。

8.2 样品经 DAS-ELISA 检测为阳性,如果 RT-PCR 结果阳性,且序列测定结果证实与所检测的草莓潜隐环斑病毒一致;或者经实时荧光 RT-PCR 检测为阳性时,可判定样品携带草莓潜隐环斑病毒。

8.3 样品经 DAS-ELISA 或者 RT-PCR 检测结果为阳性,经免疫电镜观察到病毒颗粒或者接种鉴别寄主植物出现相应的症状时,可判定样品携带草莓潜隐环斑病毒。

9 样品保存与记录结果

9.1 样品保存:经检测确定携带草莓潜隐环斑病毒的样品应保存在适合的条件下以备复核。如种子保存在干燥室温环境中;种苗、鳞球茎等样品保存在−80 ℃冰箱中,做好登记和标记工作。样品保存期限至少 1 年。

9.2　记录包括：样品来源、种类、取样人员、实验的时间、地点、方法和结果、检疫员的签字等。酶联免疫吸附测定法检测应有酶联板反应的数值，生物学测定应有鉴别寄主的症状照片，免疫电镜检测需要有电镜图片，RT-PCR 检测应有电泳图及序列测定分析结果。实时荧光 PCR 需要有荧光曲线图与 Ct 值。结果记录与资料保存期限至少 1 年。

附 录 A
（资料性附录）
草莓潜隐环斑病毒相关资料

A.1 寄主范围

SLRSV寄主范围比较广。自然条件下，SLRSV可以侵染许多野生和栽培的寄主植物。在机械接种的167种双子叶植物中，受侵染的高达27科126种植物。该病毒主要为害草莓、覆盆子、欧洲甜樱桃、百合、芦笋、黑莓、黑醋栗、红醋栗、葡萄、李子、桃子、大黄和水仙等多种植物。

A.2 为害症状

SLRSV影响寄主植物的整个生长期，绝大多数是系统性侵染但不表现症状。系统感染草莓（*Fragaria* spp.）、覆盆子（*Rubus idaeus*）和欧洲卫矛（*Euonymus europaeus*）形成不同程度的斑驳；为害欧洲甜樱桃（*Prunus avium*）、桃（*Prunus persica*）、西洋接骨木（*Sambucus nigra*）、黄瓜（*Cucumis sativus*）等，引起脉间褪绿和坏死等症状；为害芹菜（*Apium* Linn.）形成舌形叶；为害刺槐（*Robinia pseudoacacia*）造成花叶症状；还可以侵染玫瑰（*Rosa rugosa*）形成绿色环斑及矮化。

A.3 分布地区

欧 洲：比利时、前捷克和斯洛伐克、芬兰、法国、德国、意大利、卢森堡、荷兰、波兰、葡萄牙、瑞士、西班牙、英国。

大洋洲：新西兰。

美 洲：加拿大。

A.4 传播方式

A.4.1 介体传播

SLRSV传播介体主要为裂尾剑线虫（*Xiphinema diversicaudatum*）和考克斯剑线虫（*Xiphinema coxi*），并且成虫和若虫都可以传毒。

A.4.2 种子及无性繁殖材料传毒

病毒可通过种子及种球、块茎和苗木等无性繁殖材料远距离传播，如可以随百合和郁金香等种球的调运进行传播。该病毒为害薄荷（*Mentha arvensis*）、宝盖草（*Lamium amplexicaule*）、悬钩子（*Rubus* Linn.）、繁缕（*Stellaria media*）、昆诺藜（*Chenopodium quinoa*）和芹菜（*Apium* Linn.）等寄主植物并以种传的方式进行传播，在薄荷等寄主上的种传率超过70%。

A.4.3 摩擦接种传毒

SLRSV为害草本植物时，病毒的汁液易通过摩擦接种传毒。但当SLRSV为害木本植物时，其中的多酚类物质抑制了病毒的侵染性，病毒汁液应置于2%的烟碱溶液中或高pH值的缓冲液中才易接种成功。

A.5 粒体形态

SLRSV 颗粒大小相等，直径 30 nm，通常有明显的六边形轮廓。

A.6 基因组

SLRSV 单链 RNA，总长 12.6 kb，由两部分组成，分别长为 7.8 kb 和 4.8 kb。在蛋白质组成上，SLRSV 颗粒包含两种多肽分子，相对分子质量分别是 43 kDa 和 27 kDa，而多面体属病毒一般只有一种相对分子质量为 55 kDa 的多肽。

附 录 B
（规范性附录）
试 剂 配 制

B.1 10×PBST 缓冲液(pH7.4)

氯化钠(NaCl)	80 g
磷酸二氢钾(KH_2PO_4)	2 g
磷酸氢二钠(Na_2HPO_4)	11.5 g
氯化钾(氯化钾)	2 g
吐温(Tween-20)	5 mL

溶于 900 mL 的蒸馏水中，用浓盐酸(HCl)调节 pH 至 7.4，并定容至 1 000 mL。

B.2 样品抽提缓冲液(pH7.4)

亚硫酸钠(Na_2SO_3)	1.3 g
聚乙烯基吡咯烷酮(PVP)	20 g
叠氮钠(NaN_3)	0.2 g
Tween-20	20 mL

溶于 900 mL 的 1×PBST 中，用 HCl 调节 pH 至 7.4，定容至 1 000 mL。

B.3 包被抗体缓冲液(pH9.6)

碳酸钠(Na_2CO_3)	1.59 g
碳酸氢钠($NaHCO_3$)	2.93 g

溶解于 900 mL 蒸馏水中，用浓盐酸(HCl)调节 pH 至 9.6，并定容至 1 000 mL。

B.4 酶标抗体缓冲液(pH7.4)

1×PBST 缓冲液	800 mL
牛血清白蛋白(BSA)	2 g
PVP(MW24 000～40 000)	20 g

用无菌蒸馏水定容至 1 000 mL。

B.5 底物(*ρ*NPP)缓冲液(pH9.8)

二乙醇胺	97 mL
NaN_3	0.2 g

溶解于 600 mL 的无菌蒸馏水中，用浓盐酸(HCl)调节 pH 至 9.8，然后用蒸馏水定容至 1 000 mL。

B.6　反应终止液

氢氧化钠(NaOH)120 g 溶于 1 000 mL 的无菌蒸馏水中，浓度 3 mol/L。

B.7　电泳缓冲液 TAE(50×)

三羟甲基氨基甲烷(Tris)	242 g
冰乙酸	52.1 mL
乙二胺四乙酸二钠(EDTA 0.5 mol/L)	100 mL

用时加蒸馏水稀释至 1×TAE。

B.8　溴化乙锭(EB)溶液(10 μg/μL)

溴化乙锭	20 mg
灭菌去离子水	20 mL

附 录 C
（规范性附录）
双抗体酶联免疫吸附方法（DAS-ELISA）

C.1 检测

C.1.1 根据检测需要将适量的孔条放于酶联板架上，包括2个阳性对照孔，2个阴性对照孔，2个空白对照孔和多个待检测样品孔。待测样品孔每个样品重复一次。

C.1.2 每孔加入100 μL的SLRSV的包被抗体溶液，封口膜包好，37 ℃孵育2 h～4 h（或4 ℃冰箱过夜）。

C.1.3 将酶联板孔中溶液控干，用200 μL的1×PBST洗涤液洗涤酶联板3次，每次3 min，然后在滤纸上控干。

C.1.4 将100 μL待测样品溶液加入到待检测孔中，对照孔中也各加入100 μL相应的阴性对照、阳性对照和空白对照。封口膜包好，37 ℃孵育2 h（或4 ℃冰箱过夜）。

C.1.5 洗涤，步骤同C.1.3。

C.1.6 用酶标抗体稀释缓冲液按照要求稀释SLRSV酶标抗体，每孔加入100 μL酶标抗体溶液，封口膜包好，37 ℃孵育2 h～4 h。

C.1.7 洗涤，步骤同C.1.3。

C.1.8 将ρNPP溶于底物缓冲液中，使最终浓度为1 mg/mL。每孔加入100 μL配好的底物溶液，室温孵育0.5 h～2 h。必要时每孔加入50 μL的3 mol/L氢氧化钠溶液终止反应。

C.1.9 酶标仪405 nm波长下检测各孔的吸收值并记录。

C.2 结果判定

C.2.1 质量控制要求

缓冲液孔和阴性对照孔的OD_{405}值小于0.15，阴性对照孔的OD_{405}值小于0.05时，按0.05计算。阳性对照有明显的颜色反应，孔的重复性以样品OD值的平行允许率控制，按照式（C.1）进行计算：

$$P=\frac{OD_1-OD_2}{(OD_1+OD_2)\times 1/2}\times 100\% \qquad \text{(C.1)}$$

式中：

P ——平行允许率；

OD_1——重复样品1；

OD_2——重复样品2。

当重复检测样品OD值平行允许率（P）小于20%时，判定检测结果有效。

C.2.2 若满足不了C.2.1的质量要求，则不能进行结果判定。

C.2.3 在满足了C.2.1的质量要求后，则按如下原则作出判定：

——样品OD_{405}/阴性对照OD_{405}值大于2，结果判定为阳性；

——样品OD_{405}/阴性对照OD_{405}值在阈值附近，判为可疑样品，需重做或用其他方法进行验证；

——样品OD_{405}/阴性对照OD_{405}值小于2，判为阴性。

附 录 D
（规范性附录）
RT-PCR 方法

D.1 RNA 提取

D.1.1 取 0.1 g 待测样品，液氮研细，加入 1 mL Trizol，混匀，倒入 1.5 mL 离心管中。

D.1.2 加入 0.2 mL 三氯甲烷，猛烈振荡 15 s，4 ℃ 11 000 r/min 离心 10 min，小心吸取上层无色水相到新离心管中。

D.1.3 加入等体积异丙醇，混匀，−20 ℃静置 10 min，4 ℃12 000 r/min 离心 15 min，保留沉淀。

D.1.4 加入 1 mL75%冷乙醇，悬浮沉淀，4 ℃8 000 r/min 离心 10 min，干燥沉淀。

D.1.5 加入 30 μL DEPC-H_2O，溶解沉淀（必要时，55 ℃～60 ℃水浴 10 min，加速溶解），存于−80 ℃备用。

注：或者按照商品 RNA 提取试剂盒进行操作。

D.2 引物序列

正向引物 SLRSV-F：5'-GATGCCTATCGGTACTTTGGTTC-3'；

反向引物 SLRSV-R：5'-GTAGTTGCCGGATTCAATCTCC-3'。

扩增片断长度 298 bp。

D.3 反转录

利用提取的 RNA 在 PCR 管中进行反转录。首先加入 2 μL 模板 RNA，1 μL 下游引物（20 μmol/L），9 μL DEPC-H_2O 混合后 70 ℃温育 5 min；立即置于冰上，2 min 后加入 4 μL AMV 缓冲液，2 μL dNTP(10 mmol/L)，1 μL AMV 反转录酶（5 U/μL），1 μL RNA 酶抑制剂(40 U/μL)，42 ℃反应 1 h。也可采用 RT-PCR 一步法试剂盒，操作步骤按使用说明进行。

D.4 核酸扩增

PCR 反应体系见表 D.1，每个样品设 2 个平行处理。反应体系中各试剂的量可根据具体情况或不同的反应总体积进行适当调整。检测时以含草莓潜隐环斑病毒材料的 cDNA 或含有草莓潜隐环斑病毒目标片断的质粒作为阳性对照，以健康植物材料的 cDNA 作为阴性对照，以水代替模板作为空白对照。

PCR 反应条件：94 ℃ 3 min；94 ℃ 30 s、54 ℃45 s、72 ℃45 s，30 个循环；72 ℃10 min 延伸。

表 D.1 PCR 反应体系

名 称	储存液浓度	终浓度	加样量/μL
PCR 缓冲液	10×	1×	2.5
dNTP	2.5 mmol/L	0.2 mmol/L	2
$MgCl_2$	25 mmol/L	2.0 mmol/L	2

表 D.1（续）

名　称	储存液浓度	终浓度	加样量/μL
上游引物	20 μmol/L	0.16 μmol/L	0.2
下游引物	20 μmol/L	0.16 μmol/L	0.2
Taq DNA 聚合酶	5 U/μL	0.06 U/μL	0.3
cDNA	—	—	2.5
补水至	—	—	25

D.5　琼脂糖凝胶电泳检测

D.5.1　制备凝胶

用 1×TAE 配制 1.5%琼脂糖凝胶，加热融化后冷却至 55 ℃左右。

D.5.2　加溴化乙锭

将溴化乙锭（EB）加入到配制好的凝胶中，EB 终浓度为 0.5 μg/mL。将凝胶倒入凝胶槽中，插上样品梳子。冷却凝固后拔掉梳子，在电泳槽内加入 1×TAE，缓冲液要没过凝胶表面约 1 mm。

D.5.3　加样

将加样缓冲液与样品混合后加入样品孔，同时设计 PCR 的阴性对照和阳性对照，并加入相对分子质量标准物（Marker）。

D.5.4　电泳

接通电源，以 3 V/cm～5 V/cm 电场强度进行电泳，0.5 h 后观察结果。

D.5.5　结果观察

电泳结束后，将整个凝胶置于凝胶成像系统上观察，记录结果。

D.6　结果判定

D.6.1　通过观察，在 298 bp 位点上，阳性对照应出现相应条带，阴性和空白对照不会出现相应条带，此时如果检测样品在上述位点上呈现出条带应被判为阳性，否则应被判为阴性。

D.6.2　如果是阳性可通过测序的方式进一步确认。如果 PCR 产物序列与草莓潜隐环斑病毒的序列同源，则可判定样品为草莓潜隐环斑病毒阳性，若序列不同源，则可判定样品为草莓潜隐环斑病毒阴性。

附 录 E
（规范性附录）
实时荧光 RT-PCR 方法

E.1 实验步骤

E.1.1 引物和探针设计

引物序列：SLRSV-FP：5'-AGATGGCCTCAGTACCACCAGA-3'

SLRSV-RP：5'-CCCCAAAGTGTTCCTTTCACA-3'

探针序列：SLRSV-MGB-PROBE：FAM-5'-CTCACCAGTATGCTGCTT-3'-MGB

E.1.2 RNA 提取及反转录

操作方法见附录 D。

E.1.3 实时荧光 PCR 反应体系

实时荧光 PCR 反应体系见表 E.1，每个样品设 2 个平行处理。并设阳性对照、阴性对照和空白对照，以含有草莓潜隐环斑病毒的 cDNA 为阳性对照；以健康植物材料的 cDNA 作为阴性对照；以水代替 DNA 模板作为空白对照。每种对照各做 2 个平行管。

表 E.1 实时荧光 PCR 反应体系

名 称	贮备液浓度	终浓度	加样量/μL
PCR 缓冲液	10×	1×	2.5
$MgCl_2$	25 mmol/L	3.0 mmol/L	3
dNTP	10 mmol/L	0.2 mmol/L	0.5
正向引物	20 μmol/L	0.24 μmol/L	0.3
反向引物	20 μmol/L	0.24 μmol/L	0.3
Taq DNA 聚合酶	5 U/μL	0.04 U/μL	0.2
探针	20 μmol/L	0.4 μmol/L	0.5
cDNA	—	—	2
补水至	—	—	25

E.1.4 实时荧光 PCR 反应参数

反应条件：预变性 94 ℃10 min，94 ℃15 s，60 ℃40 s，72 ℃40 s，共 40 个循环。本反应条件适用于 ABI 7500 型荧光 PCR 仪，如使用其他荧光 PCR 仪，可根据仪器性能进行适当调整。操作方法按照仪器的使用说明进行，反应结束后保存各项数据和图像。

E.2 结果判定

E.2.1 阈值设定

阈值设定根据仪器噪音情况进行调整，或以阈值线刚好超过正常阴性对照扩增曲线的最高点，结果显示阴性为准。

E.2.2 结果判定

在阳性样品和阴性样品 Ct 值正确的情况下，进行以下判定：

——待测样品的 Ct 值为 40 或无 Ct 值时，则判定结果阴性；

——待测样品的 Ct 值小于或等于 35 时，则判定结果阳性；

——待测样品的 Ct 值小于 40 而大于 35 时，应重新进行测试，如果重新测试的 Ct 值为 40 时，则判定结果阴性。如果重新测试的 Ct 值小于 40 而大于 35 时，则判定结果阳性。

ICS 65.020.01
B 16

中华人民共和国国家标准

GB/T 28977—2012

菊花滑刃线虫检疫鉴定方法

Detection and identification of *Aphelenchoides ritzemabosi* (Schwartz) Steiner & Buhrer

2012-12-31 发布　　2013-06-01 实施

中华人民共和国国家质量监督检验检疫总局
中国国家标准化管理委员会　发布

前　言

本标准按照 GB/T 1.1—2009 给出的规则起草。

本标准由全国植物检疫标准化技术委员会(SAC/TC 271)提出并归口。

本标准起草单位:宁波检验检疫科学技术研究院、广东出入境检验检疫局检验检疫技术中心。

本标准主要起草人:顾建锋、王江岭、张慧丽、赵立荣、陈先锋、闻伟刚。

菊花滑刃线虫检疫鉴定方法

1 范围

本标准规定了菊花滑刃线虫的检疫鉴定方法。

本标准适用于植物和繁殖材料、介质、土壤中菊花滑刃线虫的检疫和鉴定。

2 规范性引用文件

下列文件对于本文件的应用是必不可少的。凡是注日期的引用文件,仅注日期的版本适用于本文件。凡是不注日期的引用文件,其最新版本(包括所有的修改单)适用于本文件。

GB/T 24829 毛刺线虫属(传毒种类)检疫鉴定方法

3 菊花滑刃线虫基本信息

学名 *Aphelenchoides ritzemabosi*(Schwartz,1911)Steiner & Buhrer,1932。

英文名 chrysanthemum foliar nematode、chrysanthemum leaf nematode、bud and leaf nematode of chrysanthemum、foliar nematode of chrysanthemum 或 chrysanthemum eelworm。

中文名又称菊花叶线虫、菊花芽线虫、菊花叶芽线虫、腋芽滑刃线虫、菊花叶枯线虫或里泽马博斯滑刃线虫。

属滑刃目 Aphelenchida,滑刃科 Aphelenchoididae,滑刃属 *Aphelenchoides*。

菊花滑刃线虫是植物专性寄生线虫,主要外寄生或内寄生于多种寄主植物的芽、叶或花,也可存活于种子及土壤中,主要通过植物繁殖材料和鲜切花等进行远距离传播。

相关种类有草莓滑刃线虫 *A. fragariae* (Ritzema Bos) Christie、水稻干尖线虫 *A. besseyi* Christie 和毁芽滑刃线虫 *A. blastophthorus* Franklin 等。

菊花滑刃线虫的其他信息参见附录 A。

4 方法原理

根据菊花滑刃线虫的危害状,在检疫现场肉眼观察,选取变色、畸形的花、叶、芽以及根际介质或土壤,用直接浸泡法或漏斗法等进行线虫分离,用显微镜观察,根据形态特征对种类进行判定。雌虫尾尖突和雄虫交合刺形态是重要的种类鉴定依据。

5 器材与试剂

见 GB/T 24829。

6 症状检查

现场检疫时要注意观察植株花、叶、芽等是否有枯死、褐色角斑、矮小、畸形等受害症状(参见附录

A),以及是否带介质、土壤等。重点选取表现上述症状的花、叶、芽等植物组织及根际介质或土壤,如无可疑症状则按要求随机取样。取样后立即置密封塑料袋,标记后及时送实验室检测。

7 实验室检验

7.1 线虫分离

实验室接到样品后应立即进行线虫分离。若不能及时分离,可将样品保存在 4 ℃～10 ℃冷藏箱中。种子、花、叶、芽、茎等可用直接浸泡法或漏斗法分离线虫,介质或土壤适宜用漏斗法或浅盘分离法等分离线虫(参见 GB/T 24829)。

7.2 体视显微镜镜检

菊花滑刃线虫体长约 1 000 μm,放大 10 倍以上可见。虫体细长,在水中不停作"S"形扭动,行动活跃。

7.3 标本制作

若镜检发现线虫,需制作临时玻片或永久玻片(参见 GB/T 24829)。

7.4 生物显微镜观察、摄影和测量

应针对雌、雄虫主要鉴定特征仔细观察并显微摄影,主要鉴定特征包括雌虫尾尖突形态、后阴子宫囊、尾形、口针、侧线、排泄孔和神经环位置、雄虫交合刺等。应在每张图片上加相应标尺,测量并计算 a、b、b'、c、c'、V 等值。如样品足够,应测量雌、雄虫各 15 条以上。

8 形态学鉴定

8.1 滑刃属线虫形态鉴定特征

雌虫:体长 0.5 mm～1.2 mm,热杀死后虫体直或略腹弯;头部高圆,常有明显缢缩,头架骨化弱;口针细弱,长约 10 μm～12 μm,不超过 20 μm;中食道球发达,瓣门显著;雌虫阴门位于虫体中后部,一般位于体长的 60%～75%;单生殖腺、前伸,偶尔有回折;卵母细胞单行或多行排列;后阴子宫囊通常存在,并含有精子;尾圆锥形,有或无尾尖突,尾尖突形态多变。

雄虫:热杀死后尾端强烈腹弯,整个虫体呈"J"形;交合刺玫瑰刺状、成对、不愈合;基顶和喙通常发达,有时缺;尾乳突通常 3 对,无交合伞。

8.2 菊花滑刃线虫测计值

测计值见表 1。

表 1 菊花滑刃线虫测计值

菊花滑刃线虫	特征								
	L mm	体宽 μm	后阴子宫囊长 μm	a	b	b'	c	c'	V 或 T
雌虫	0.77～1.20	16.5～19.5	115～147	40.0～60.5	8.1～13.0	4.5～6.1	16.0～23.1	3.7～5.1	66.0～75.0

表 1（续）

菊花滑刃线虫	特征								
	L mm	体宽 μm	后阴子宫囊长 μm	a	b	b'	c	c'	V 或 T
雄虫	0.63～0.93	16.0～19.2	—	31.0～53.3	10.0～14.0	4.3～5.0	16.0～30.0	2.8～3.1	35.0～64.0

注 1：L＝体长；a＝体长/最大体宽；b＝体长/虫体前端至食道与肠连接处的距离；b'＝体长/虫体前端至食道腺末端的距离；c＝体长/尾长；c'＝尾长/肛门处体宽；St＝口针长；V＝虫体前端至阴门的距离×100/体长；T＝泄殖腔口至精巢末端的距离×100/体长。

注 2：表内数据综合参考 Allen，1952；Vovlas 等，2005；Chizhov 等，2006；Crozzoli 等，2008。

8.3　菊花滑刃线虫形态鉴定特征

雌虫：虫体细长，0.7 mm～1.2 mm；体环明显（宽为 0.9 μm～1.0 μm），侧区为体宽的六分之一至五分之一，侧线 4 条；头部近半球形，缢缩明显，头架骨化弱；口针细弱，针锥部急剧变尖，基部球小而明显；食道前体部较细，中食道球发达、卵形，瓣门显著，背、腹食道腺开口于中食道球；食道腺长叶状，背覆盖肠，长约 4 倍体宽；食道与肠交接处位于中食道球后约 8 μm 处，神经环位于中食道球后约 1.5 倍体宽处，排泄孔位于神经环后约 0.5～2 倍体宽处；单卵巢前伸，卵母细胞多行排列；阴门横裂，阴门唇稍突起；后阴子宫囊发达，长度超过肛阴距的 1/2，通常含有精子；尾长圆锥形，末端有 2～4 个尾尖突，使尾端侧面观呈刷状。

雄虫：较常见，虫体尾部向腹面弯曲超过 180°；单精巢前伸，交合刺玫瑰刺形，平滑弯曲，基顶和喙不显著，背边长 20.0 μm～26.5 μm；尾乳突 3 对，第 1 对位于泄殖腔附近，第 2 对位于尾中部，第 3 对位于近尾端；尾端有 2～4 个尾尖突，形态多变（参见附录 B、附录 C、附录 D）。

8.4　与近似种的区别

菊花滑刃线虫雌虫与属内其他近似种（主要是尾尖突呈星形的种类）的比较参见附录 E。

除菊花滑刃线虫外，滑刃属线虫中植物寄生线虫主要还有草莓滑刃线虫 *A. fragariae*、水稻干尖线虫 *A. besseyi* 和毁芽滑刃线虫 *A. blastophthorus*。

菊花滑刃线虫和水稻干尖线虫的区别是前者排泄孔位于神经环后 0.5～2 倍体宽处，后阴子宫囊长度超过肛阴距的二分之一，而后者排泄孔位于神经环对应处，后阴子宫囊小于肛阴距的三分之一。

菊花滑刃线虫与草莓滑刃线虫、毁芽滑刃线虫的主要区别是雌虫尾尖突：草莓滑刃线虫雌虫末端钝尖，无尾尖突；毁芽滑刃线虫只有 1 个尾尖突。

9　结果判断

以雌虫和雄虫的形态学特征为主要鉴定依据。菊花滑刃线虫的主要鉴定特征是：侧线 4 条；雌虫后阴子宫囊长超过肛阴距的二分之一，常充满精子；尾长圆锥形，尾尖突复杂，为 2～4 个向后伸的尾尖突，形成刷状结构。雄虫交合刺平滑腹弯，无基顶和喙。符合上述特征，可鉴定为菊花滑刃线虫，寄主与地理分布等信息可供参考。

10　记录和标本样品保存

若鉴定为菊花滑刃线虫，应将剩余的线虫杀死、固定后制成永久玻片保存；也可用4%甲醛固定后于指形管中长期保存。应保存的记录信息包括样品编号、为害症状（包括相关照片）、被感染材料的状态和来源、经鉴定的有害生物学名、测计数据、显微照片、标本鉴定人、鉴定时间、制作人、制作时间等信息。

对含有线虫的剩余样品材料，经登记后妥善保存。保存期至少为6个月，期满后视情况作销毁处理。

附 录 A
（资料性附录）
菊花滑刃线虫其他信息

A.1 生物学特性

菊花滑刃线虫是专性寄生线虫，可以在寄主植物叶片组织内寄生，也可以在叶芽、花芽和生长点营外寄生生活。主要以成虫在寄主植物的芽腋、生长点、叶片及其残体上越冬。次年春天，新叶初发期，当植物表面变得湿润时，线虫可借助水膜移动到寄主茎或叶部，从气孔或伤口入侵。当受害叶片掉落地面时，线虫在地面只能完成部分生活史。

该种线虫营两性生殖，不能进行孤雌生殖。雌虫的后阴子宫囊可贮存精子，这些精子可向前移动，与发育成熟的卵受精结合，因此受精后的雌虫即使不被再次受精，亦可持续生育 6 个月。交配后的雌成虫在寄主植物叶片上产卵，每条雌成虫可产卵 25～30 粒。在 17 ℃～24 ℃条件下，完成 1 个世代需 10 d～14 d。菊花滑刃线虫繁殖力强，1 年可以完成 10 代左右。只要温湿度适宜，该线虫全年都可以繁殖，在受侵染的一张菊花叶片中线虫数量可高达 15 000 条。植物种子也可携带线虫，每 14 g 受侵染的翠菊种子中可有 300 多条线虫。该病害发生的适宜温度是 20 ℃～28 ℃，高湿有利于病害的发生。

该线虫有较强的抗干旱能力，多数以休眠或脱水状态存活于植物组织和植物残体中，受感染的干燥菊花叶片 4 ℃存放 3 年后还能分离到活体线虫。

A.2 生态学特性

A.2.1 地理分布

欧洲：英国、德国、匈牙利、克罗地亚、意大利、俄罗斯；北美洲：美国、墨西哥；南美洲：巴西、委内瑞拉；大洋洲：斐济、新西兰、澳大利亚；非洲：南非、毛里求斯；亚洲：中国、日本、印度、伊朗。

我国曾报道云南等省偶有发现。

A.2.2 寄主范围

菊花滑刃线虫的寄主范围非常广，能寄生观赏植物、蔬菜、小果类植物和杂草等 200 多种植物，菊花（*Dendranthema morifolium*）是其典型寄主，其他重要的寄主有茄科（Solanaceae）、罂粟科（Papaveraceae）、草莓（*Fragaria* spp.）等，以及西伯利亚牛舌草（*Anchusa myosotidiflora*）、银莲花（*Anemone* spp.）、芹菜（*Apium graveolen*）、紫菀属（*Aster* spp.）、秋海棠（*Begonia* spp.）、雏菊（*Bellis* spp.）、蒲包花（*Calceolaria* spp.）、风铃草（*Campanula medium*）、西瓜（*Citrullus lanatus*）、飞燕草（*Delphinium grandiflorum*）、大丽花（*Dahlia pinnata*）、石竹（*Dianthus chinensis*）、金丝桃（*Hypericum* spp.）、莴苣（*Lactuca* spp.）、番茄（*Lycopersicon* spp.）、紫罗兰（*Matthiola incana*）、紫花苜蓿（*Medicago sativa*）、烟草（*Nicotiana* spp.）、菜豆（*Phaseolus vulgaris*）、福禄考（*Phlox* spp.）、酸浆属（*Physalis* spp.）、蕨类（*Pteridophyta*）、北美杜鹃（*Rhododendron canadense*）、非洲紫罗兰（*Saintpaulia ionantha*）、瓜叶菊（*Senecio cruentus*）、大岩桐（*Sinningia speciosa*）、绣线菊（*Spiraea* spp.）、马鞭草（*Verbena officinalis*）、百日草（*Zinnia eiegans*）等。

A.2.3 为害症状

菊花滑刃线虫主要为害植物地上部的花、叶、芽。在菊花被侵染早期，线虫外寄生在芽和生长点中，使花和芽受害，导致其生长受阻、畸形、扭曲、变小或不开花、枯死，并且被取食部位表面有褐色粗糙伤痕。线虫取食叶肉细胞，由于受寄主叶脉的限制，叶片在脉间形成特征性的黄褐色角斑或扇形斑，病斑最后变为深褐色、枯死。病叶自下而上枯死，枯死叶片下垂不脱落。烟叶被侵染时，叶片上形成格状花纹。有时线虫可潜伏侵染，植株可携带大量的线虫而没有任何症状(参见图 A.1)。

a) 菊花叶片受害症状

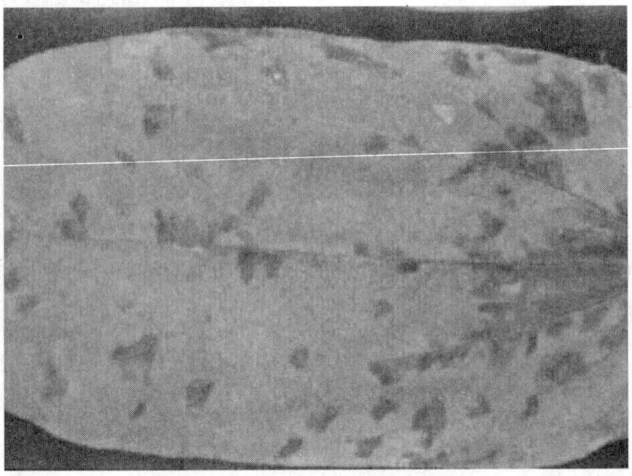

b) 百日草叶片受害症状

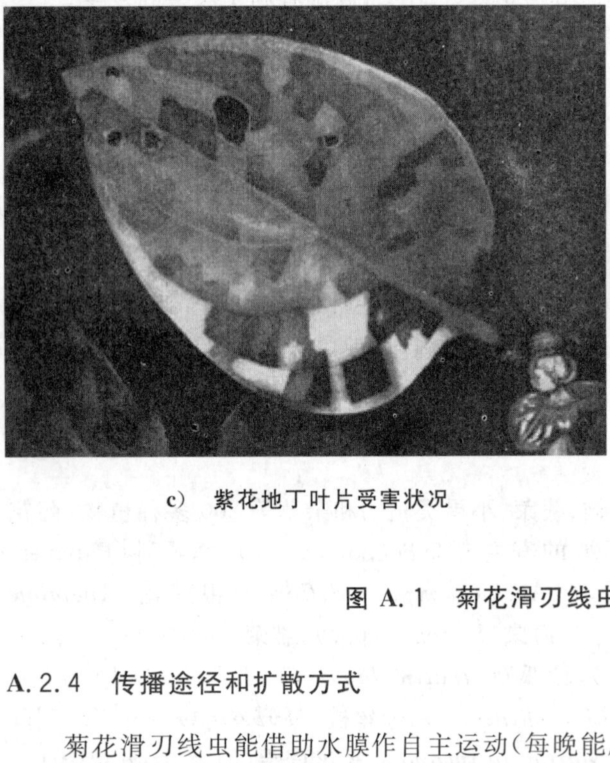

c) 紫花地丁叶片受害状况

d) 蕨类叶片受害症状

图 A.1 菊花滑刃线虫为害寄主植物叶片症状

A.2.4 传播途径和扩散方式

菊花滑刃线虫能借助水膜作自主运动(每晚能爬行约 15 cm)，爬行到相邻的植株上；能通过风、雨、枝叶接触和农事操作(灌溉、剪枝等)等近距离传播；还能通过种子、苗木、母株、插条、切花、植物残体以及介质、土壤等远距离扩散。

附 录 B
（资料性附录）
菊花滑刃线虫线描图

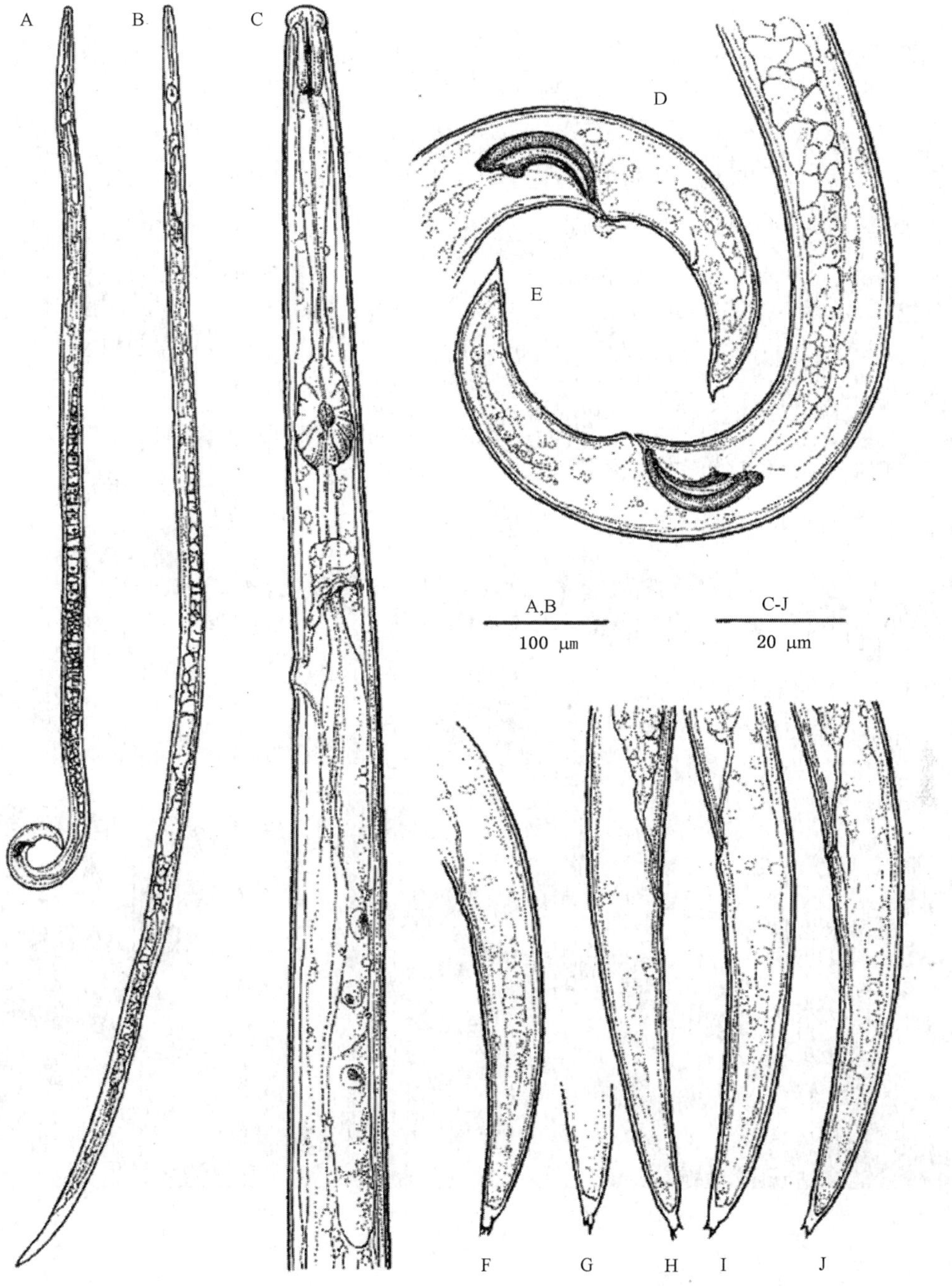

说明：

A——雄虫整体；

B——雌虫整体；

C——雌虫体前部；

D,E ——雄虫尾部；

F,G,H,I,J——雌虫尾部。

图 B.1 菊花滑刃线虫线描图(引自 Vovlas 等,2005)

附 录 C
（资料性附录）
菊花滑刃线虫光学显微照片

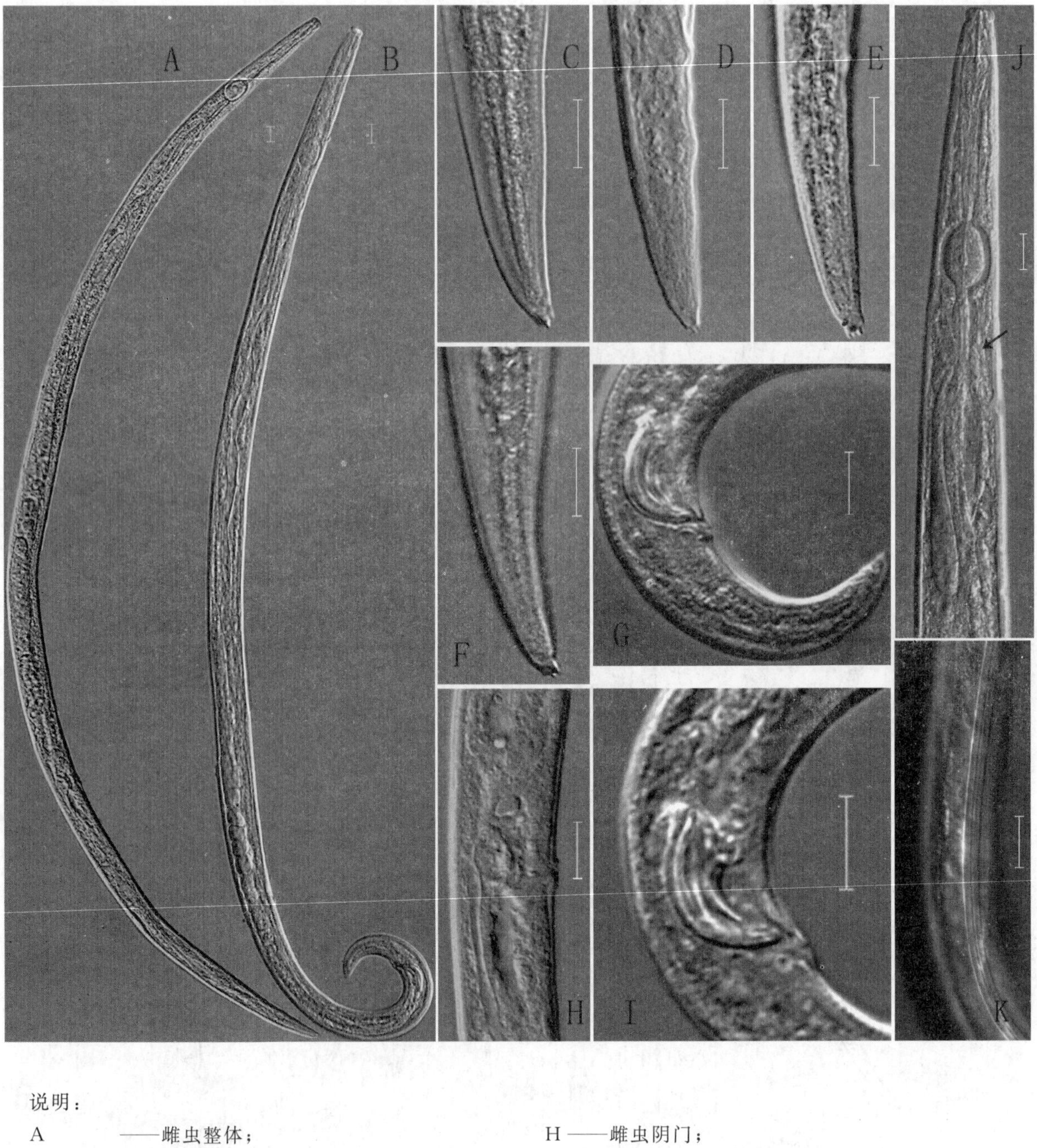

说明：

A ——雌虫整体；
B ——雄虫整体；
C,D,E,F——雌虫尾；
G,I ——雄虫尾部；
H ——雌虫阴门；
J ——体前部(箭头示神经环)；
K ——侧线。

注：标尺为 10 μm。

图 C.1 菊花滑刃线虫光学显微照片

附 录 D
（资料性附录）
菊花滑刃线虫扫描电镜图

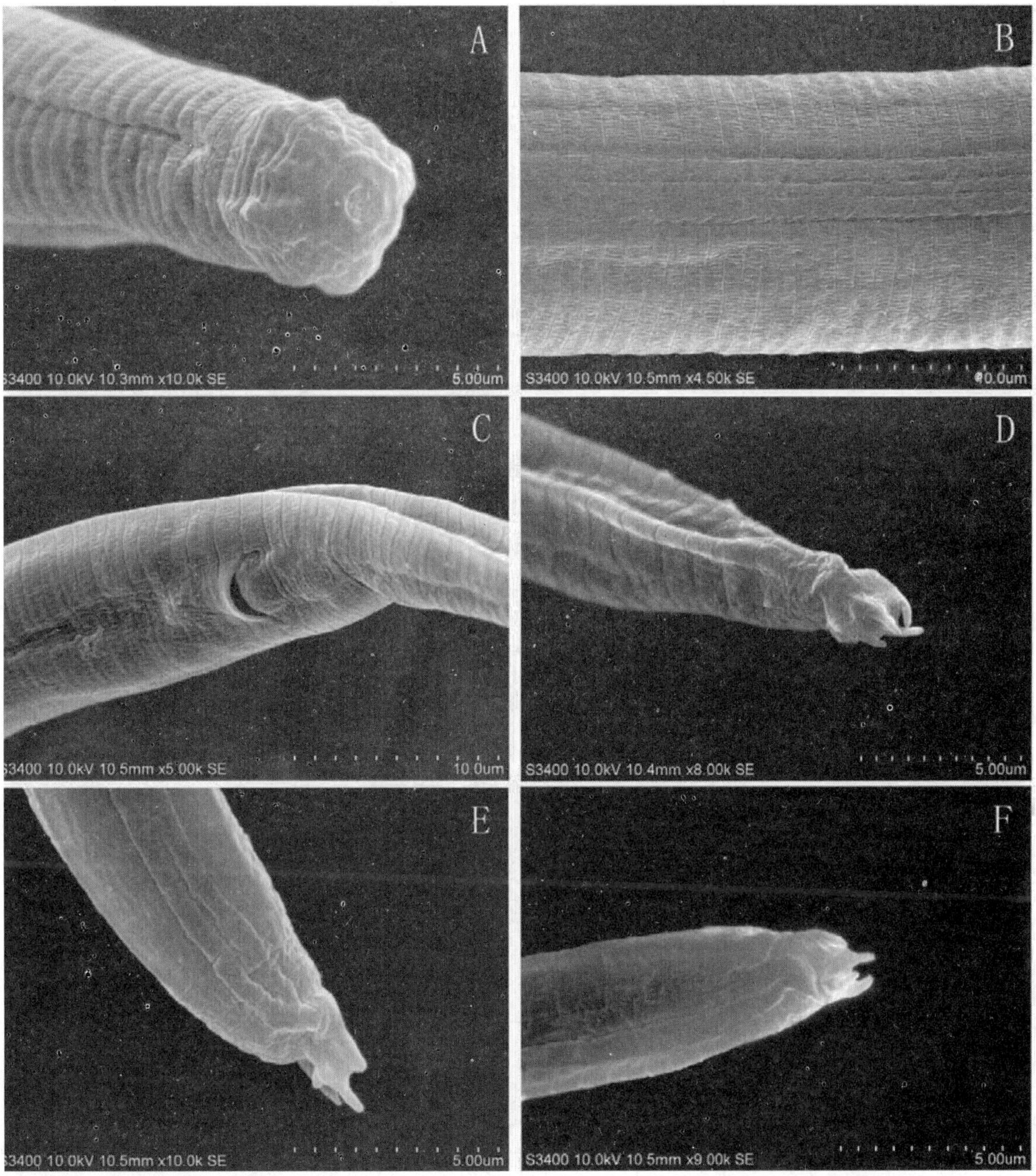

说明：

A——雌虫头部；　　C——雌虫阴门；

B——侧线；　　D,E,F——雌虫尾部。

图 D.1　菊花滑刃线虫扫描电镜图

附　录　E
(资料性附录)
菊花滑刃线虫雌虫与近似种鉴定特征

表 E.1　菊花滑刃线虫雌虫与近似种鉴定特征表(OEPP/EPPO Bulletin,2004)

种　类	尾尖突形态	后阴子宫囊长度	尾形	排泄孔和神经环位置	*a*	*b*	体长 mm	口针长 μm	侧线数	*c*
阿利加尔滑刃线虫 (*A. aligarhiensis*)	星形	5.5 倍阴门处体宽,超过肛阴距的二分之一	长圆锥形	排泄孔位于神经环略前	25～35	7.0～9.0	0.50～0.70	10	4	13～22
安德烈滑刃线虫 (*A. andrassyi*)	星形	3 倍阴门处体宽	长圆锥形	不详	23～28	3.2～3.9	0.39～0.44	9.0～10.0	3	6.0～12
星尾滑刃线虫 (*A. asterocaudatus*)	星形	2 倍阴门处体宽	圆锥形	排泄孔位于神经环之后	24～30	8～9	0.34～0.74	11～15	4	13～16
星尖突滑刃线虫 (*A. asteromucronatus*)	星形	1 倍阴门处体宽或更短	圆锥形	排泄孔位于神经环后缘	32～39	5.5～9.5	0.39～0.54	9	4	10.9～14.5
水稻干尖线虫 (*A. besseyi*)	星形	2.5～3.5 倍阴门处体宽,小于肛阴距的三分之一	圆锥形	排泄孔位于神经环前缘	26.6～58	9.0～13.1	0.57～0.88	10～12.5	4	13.8～21
毁芽滑刃线虫 (*A. blastophthorus*)	单尾尖突	约为肛阴距的二分之一	圆锥形	排泄孔位于神经环对应处	32～47	9.3～11	0.68～0.9	15～19.5	4	16～21
短针滑刃线虫 (*A. brevistylus*)	星形	肛阴距的三分之一至三分之二	圆锥形	排泄孔位于神经环之前	29.1～35.0	8.1～10.5	0.39～0.63	6.0～8.0	2	11.1～15.7
草莓芽线虫 (*A. fragariae*)	无尾尖突	超过肛阴距的二分之一	长圆锥形	排泄孔位于神经环略后	45～60	8～15	0.45～0.80	10～11	2	12～20

表 E.1(续)

种 类	尾尖突形态	后阴子宫囊长度	尾形	排泄孔和神经环位置	a	b	体长 mm	口针长 μm	侧线数	c
古氏滑刃线虫 (*A. goodeyi*)	星形	3 倍阴门处体宽	弯圆锥形	排泄孔位于神经环之后	29～39	8～10	0.46～0.61	11.5～12.5	4	14～18
海卢尔滑刃线虫 (*A. hylurgi*)	星形	1.5 倍阴门处体宽	圆锥形	排泄孔位于神经环略后	26.6	10.2	0.57	13	不清晰	14.7
琼斯滑刃线虫 (*A. jonesi*)	星形	近 2 倍阴门处体宽，约为肛阴距的二分之一	圆锥形	排泄孔位于神经环对应处	20～28	9.3～11.0	0.72～0.99	11.0～14.0	4	16～22
地衣滑刃线虫 (*A. lichenicola*)	星形	肛阴距的二分之一以上	长圆锥形	排泄孔位于神经环对应处或后缘	32～43	7.0～10.5	0.53～0.69	9.5～10	4	15～17
农维勒滑刃线虫 (*A. nonveilleri*)	星形	3 倍阴门处体宽	圆锥形	不详	31	不详	0.597	12.8	3	17
菊花滑刃线虫 (*A. ritzemabosi*)	末端有 2～4 个指状微突，侧面观呈刷状	肛阴距的二分之一以上	长圆锥形	排泄孔位于神经环后 0.5～2 倍体宽处	40～45	10～13	0.77～1.20	12	4	18～24
锡迪基滑刃线虫 (*A. siddiqii*)	星形	0.5～1 倍阴门处体宽	亚圆柱形	排泄孔位于神经环后缘，有时稍靠前	26.7～38.9	7.1～9.7	0.37～0.70	11～12.5	4	14.1～19.6
森林滑刃线虫 (*A. silvester*)	星形	不详	弯圆锥形	不详	37～38	8.0～9.7	0.48～0.56	9.5～10	4	15～16
单性滑刃线虫 (*A. unisexus*)	星形	肛阴距的五分之一至三分之一	圆锥形	排泄孔位于神经环后缘，或略后	30～36.0	7.9～10.2	0.48～0.76	10.0～11.0	2	13.0～17.5
华莱士滑刃线虫 (*A. wallacei*)	星形	2 倍阴门处体宽	弯圆锥形	排泄孔位于神经环之前	22～23	7.8～8.5	0.69～0.73	13.5～14	4	15～17

参 考 文 献

[1] 刘维志.植物病原线虫学[M].北京：中国农业出版社,2000:322-326.

[2] 刘维志.植物线虫志[M].北京:中国农业出版社,2004:603-605.

[3] 谢辉.植物线虫分类学(第二版)[M].北京:高等教育出版社,2005:303-304.

[4] 谢辉.菊花滑刃线虫及其检测和防疫方法[J].植物检疫,2007,21(3):190-192.

[5] D. D. Waele. Foliar nematodes: Aphelenchoides species [M]. CAB International, 2002: 141-151.

[6] D. J. Hunt. Aphelenchida, Longidoridae and Trichodoridae, their systematics and bionomics. Wallingford[M]. UK: CAB International, 1993: 63-67.

[7] F. Shahina. A Diagnostic compendium of the genus *Aphelenchoides* Fischer, 1894 (Nematode: Aphelenchida) with some new records of the group from Pakistan[J]. Pakistan Journal of Nematology, 1996, 14(1): 1-32.

[8] OEPP/EPPO. PM7/39 Diagnostics protocols for regulated pests: *Aphelenchoides Besseyi*. Bulletin OEPP/EPPO Bulletin, 2004, 34: 303-308.

[9] M. R. Siddiqi. *Aphelenchoides ritzemabosi*, C. I. H. Descriptions of Plantparasitic Nematodes [M]. UK: Commonwealth Agricultural Bureaux, Farnharm Royal, 1974, Set 3, No. 32.

[10] N. Vovlas, A. Minuto & A. Garibaldi, *et al*. Identification and histopathology of the foliar nematode *Aphelenchoides ritzemabosi* (Nematoda: Aphelenchoidae) on basil in Italy[J]. Nematology, 2005, 7(2): 301-308.

[11] N. V. Chizhov, A. O. Chumakova & A. S. Subbotin, *et al*. Morphological and molecular characterization of foliar nematodes of the genus *Aphelenchoides*: *A. fragariae* and *A. ritzemabosi* (Nematoda: Aphelenchoididae) from the Main Botanical Garden of the Russian Academy of Sciences, Moscow[J]. Russian Journal of Nematology, 2006, 14(2): 179-184.

ICS 65.020.01
B 16

中华人民共和国国家标准

GB/T 28978—2012

马铃薯环腐病菌检疫鉴定方法

Detection and identification of *Clavibacter michiganensis* subsp. *sepedonicus*

2012-12-31 发布　　2013-06-01 实施

中华人民共和国国家质量监督检验检疫总局
中国国家标准化管理委员会　发布

前　言

本标准按照 GB/T 1.1—2009 给出的规则起草。

请注意本文件的某些内容可能涉及专利。本文件的发布机构不承担识别这些专利的责任。

本标准由全国植物检疫标准化技术委员会(SAC/TC 271)提出并归口。

本标准起草单位:中华人民共和国厦门出入境检验检疫局检验检疫技术中心、中华人民共和国福建出入境检验检疫局检验检疫技术中心、中华人民共和国浙江出入境检验检疫局。

本标准主要起草人:廖富荣、林石明、吴媛、沈建国、吴志毅、陈青、张明哲、陈红运、黄蓬英。

马铃薯环腐病菌检疫鉴定方法

1 范围

本标准规定了基于生理生化特性、致病性特征、血清学、分子生物学特征的马铃薯环腐病菌检测和鉴定方法。

本标准适用于马铃薯环腐病菌在马铃薯块茎、植株上的检测与鉴定。

2 规范性引用文件

下列文件对于本文件的应用是必不可少的。凡是注日期的引用文件，仅注日期的版本适用于本文件。凡是不注日期的引用文件，其最新版本(包括所有的修改单)适用于本文件。

SN/T 1135.5—2007 马铃薯环腐病菌检疫鉴定方法

3 马铃薯环腐病菌基本信息

中文名称：密执安棒状杆菌环腐亚种

俗　　名：马铃薯环腐病菌

拉丁学名：*Clavibacter michiganensis* subsp. *sepedonicus*

属于微杆菌科(Microbacteriaceae)、棒形杆菌属(*Clavibacter*)的成员。

马铃薯环腐病菌(以下简称 Cms)引起马铃薯环腐病，可通过带病的种薯进行远距离传播，也报道可通过番茄等种子传播，关于 Cms 的其他信息参见附录 A。

4 方法原理

马铃薯环腐病菌具有独特的培养性状和生理生化特征，该病菌的生理生化特性、致病性特征，以及血清学、分子生物学特征是制定本标准的主要依据。

5 主要仪器设备

本标准的检测鉴定方法主要使用以下仪器设备：

微量榨汁机、酶标仪、洗板机、微量天平(感量：0.001 g)、生物培养箱、荧光显微镜、PCR 仪、荧光 PCR 仪、电泳仪、水平电泳槽、凝胶成像仪、高速冷冻台式离心机、BIOLOG 自动微生物鉴定系统、浊度计、水浴槽或恒温孵育器、pH 计、各种量程的可调移液器(1 000 μL、200 μL、100 μL、20 μL、10 μL、2 μL)。

6 检测与鉴定

6.1 症状检查

马铃薯环腐病菌侵染马铃薯植株后，在马铃薯块茎、植株上可产生症状(参见附录 A)，通过症状检查可以初步判断是否为 Cms 引起的病害。

6.2 表现症状样品中病原菌的分离

6.2.1 培养基的选择

从马铃薯块茎、茎杆、叶片等植物组织中分离病原菌选择用MTNA培养基(见B.1)或NCP-88培养基(见B.2),用酵母葡萄糖矿物盐培养基(YGM)(见B.3)或葡萄糖营养琼脂(NDA)(见B.4)进一步纯化。

6.2.2 分离纯化

按附录C给出的方法,从发病的植物组织中分离病原菌。当分离到疑似Cms的纯培养后,按6.4～6.6给出的方法进行鉴定,然后按6.7给出的方法进行致病性测定。

6.3 潜伏侵染样品初筛与分离

6.3.1 样品制备

按附录D的给出的方法,每份检测样品取200个马铃薯块茎,洗涤去除表面土壤后,切取维管束组织制备马铃薯块茎悬浮液。

6.3.2 初筛检测

利用DAS-ELISA方法(按6.5给出的方法)对制备马铃薯块茎悬浮液进行初筛检测。如果DAS-ELISA检测结果为阳性的,则用RT-PCR方法(按6.6.1给出的方法)进行验证。

6.3.3 生物学测定

把初筛检测阳性的马铃薯块茎悬浮液接种到感病的茄子上,进行生物学测定(按6.7给出的方法)。

6.3.4 分离纯化

按附录C给出的方法,把初筛检测阳性的马铃薯块茎悬浮液进行系列稀释(10^{-1}、10^{-2}、10^{-3}),分别取100 μL涂布到MTNA培养基(见B.1)或NCP-88培养基中(见B.2)上进行分离培养。

对疑似Cms菌落按6.4～6.6给出的方法进行鉴定,然后按6.7给出的方法进行致病性测定。

注:分离纯化可以和生物学测定平行进行。

6.4 BIOLOG鉴定

按附录E给出的方法,把疑似Cms的纯培养接种到BUG培养基(见B.7)上富集培养,然后接种到GEN Ⅲ鉴定板上进行鉴定。

6.5 DAS-ELISA检测

对于表现症状的植物组织样品,按1:10的比例(质量:体积)在检测样品中加入样品提取缓冲液(见B.10),研磨成匀浆后,离心,上清液作为检测样品。

对于已分离纯化的细菌纯培养,用样品提取缓冲液(见B.10)制备约106 CFU/mL的菌悬液作为检测样品。

对于潜伏侵染的植物组织样品,制成样品悬浮液后(见附录D),用样品悬浮液进行检测。

按试剂操作说明书或按SN/T 1135.5—2007中5.2给出的试验方法。用Cms已知菌株作阳性对照,并设置相应的阴性对照。

6.6 分子生物学检测

6.6.1 PCR 检测

本标准提供多个检测 Cms 的 PCR 方法，任意选用其中一种 PCR 法进行检测，按 F.1 和 F.2 给出的方法。用 Cms 已知菌株作阳性对照，并设置相应的阴性对照和空白对照。

6.6.2 实时荧光 PCR 检测

本标准提供 2 个检测 Cms 的实时荧光 PCR 方法，任意选用其中一种方法进行检测，按 F.1 和 F.3 给出的方法。用 Cms 已知菌株作阳性对照，并设置相应的阴性对照和空白对照。

6.7 致病性测定

按附录 G 给出的方法，把培养 3 d 的纯培养物制备成约 10^6 CFU/mL 菌悬液，接种到 5～10 株茄子幼苗的茎杆上。用新鲜配制的马铃薯环腐病菌已知菌株制备成约 0^5 CFU/mL～10^6 CFU/mL 的菌悬液作为阳性对照，接种 5 株茄子幼苗。用无菌水作为阴性对照，接种 5 株茄子幼苗。

7 结果判定与报告

7.1 结果判定

7.1.1 当 BIOLOG 检测或 DAS-EILS 检测或分子生物学检测(PCR 方法或实时荧光 PCR 方法)，其中两种基于不同原理的方法检测结果为阳性、且致病性测定为阳性时，判定为马铃薯环腐病菌。

7.1.2 当 DAS-EILSA 检测或分子生物学检测(PCR 方法或实时荧光 PCR 方法)初筛检测结果为阴性，或只有其中一种检测方法结果为阳性时，判定为非马铃薯环腐病菌。

7.2 结果记录与保存

7.2.1 记录各项实验数据，包括样品种类、来源，检测时间、地点、方法和结果等。DAS-ELISA 检测结果保存吸光值的数据报告，PCR 检测结果保存电泳照片，实时荧光 PCR 检测结果保存采集的数据。

7.2.2 检出马铃薯环腐病菌的马铃薯块茎、茎秆、或叶片等样品，在超低温冰箱中保存，以备复核；分离纯化的马铃薯环腐病菌保存到超低温冰箱中，或冻干后低温保存。

附　录　A
（资料性附录）
马铃薯环腐病菌相关信息

A.1　名称与分类地位

中文名称：密执安棒形杆菌马铃薯环腐亚种、密执安棒形杆菌环腐亚种、密执安棍状杆菌环腐亚种

拉丁名称：*Clavibacter michiganensis* subsp. *sepedonicus* (Speeckermann & Kotthof, 1914) Davis, Gillaspie, Vidaver & Harris 1984.

同物异名：*Corynebacterium michiganensis* subsp. *sepedonicum* (Spieckermann & Kotthof, 1914) Carlson & Vidaver, 1982; *Corynebacterium michiganensis* pv. *sepedonicum* (Spieckermann & Kotthof, 1914) Dye & Kemp 1977; *Corynebacterium sepedonicum* (Spieckermann & Kotthof, 1914) Skaptason & Burkholder 1942.

俗　　称：马铃薯环腐病菌

英文名称：Potato ring rot; bacterial ring rot of potato; ring rot of potato; vascular potato wilt

英文缩写：CMS 或 Cms

分类地位：细菌界(Bacteria)，厚壁菌门(Firmicutes)，放线菌纲(Actinobacteria)，放线菌亚纲(Actinobacteridae)，放线菌目(Actinomycetales)，微球菌亚目(Micrococcineae)，微杆菌科(Microbacteriaceae)，棒形杆菌属(*Clavibacter*)

A.2　症状特征

A.2.1　马铃薯块茎

A.2.1.1　马铃薯块茎上的症状

块茎外部症状不明显，但横切后可看到维管束变为乳黄色以至黑褐色，重病薯维管束变色部分可连成一圈、成环状，严重时皮层与髓部可以脱离。腐烂通常是从顶端的维管组织到块茎的中心皮层逐步发展的。用手挤压切开的病薯，可看到维管束部分有乳白色或黄色菌液流出。经越冬贮藏的病薯，芽眼干枯变黑或外表开裂。在病害晚期，由于次生菌的进一步侵染，维管束也可变黑并腐烂。

A.2.1.2　与青枯病(褐腐病)的区别

与茄科劳尔氏菌(*Ralstonia solanacearum*)引起的青枯病(褐腐病)区别在于：在病害早期，马铃薯环腐病腐烂组织通常保持乳白色、具粘稠的奶酪状特征，而马铃薯褐腐病腐烂组织呈褐色、更加粘稠、软泥状。

A.2.1.3　与黑茎病的区别

与胡萝卜软腐欧文氏菌马铃薯黑胫亚种(*Erwinia carotovora* subsp. *atroseptica*)引起的黑茎病区别在于：黑茎病在块茎上腐烂成粘团状，腐烂始于脐部，呈放射状向髓部扩展，病部黑褐色，横切可见维管束亦呈黑褐色，用手压挤皮肉不分离，湿度大时，薯块变为黑褐色，腐烂发臭。

A.2.2 马铃薯植株

A.2.2.1 马铃薯植株上的症状

在田间，马铃薯环腐病在植株上的症状有时很少被发现，经常只出现在季节的末期。该症状很容易被其他病害、衰老或机械损伤等混淆，所以在现场检验时很容易被遗漏。马铃薯环腐病引起萎蔫症状很少出现，只是叶片和块茎变小，偶尔植株矮化。环腐病引起萎蔫通常是缓慢的，最初只局限于叶缘。感染的嫩叶经常依旧展开，造成不成对的叶片。受侵染的叶片木质部堵塞，经常在脉间区域产生褪绿、黄色到橙色，进一步向下影响到茎杆。受感染的小叶、叶片、甚至茎杆，最终可能死亡。

A.2.2.2 与其他病害的区别

茄科劳尔氏菌、胡萝卜软腐欧文氏菌胡萝卜软腐亚种、胡萝卜软腐欧文氏菌马铃薯黑胫亚种(*E. carotovora* subsp. *atroseptica*)、菊欧文氏菌(*E. chrysanthemi*)、孔状短小茎点霉(*Phoma exigua* var. *foveata*)等系统性病原也可以引起萎蔫症状，与马铃薯环腐病菌引起的萎蔫症状的区别是：

——菊欧文氏菌侵染可以使茎杆变黑，而马铃薯环腐病菌不会使茎秆变黑。

——其他几种病菌引起的萎蔫症状是使整个叶片或整个植株快速萎蔫，而马铃薯环腐病菌不会引起快速萎蔫。

A.3 寄主范围

在自然条件下，只侵染马铃薯(*Solanum tuberosum*)。甜菜(*Beta vulgaris*)被认为也是该病菌的自然寄主，但不表现症状。人工接种可以侵染西红柿(*Lycopersicon esculentum*)、茄子(*Solanum melongena*)、醋栗番茄(*Lycopersicon pimpinellifolium*)等茄科(Solanaceae)植物，并都表现症状。

A.4 分布

欧洲：奥地利、白俄罗斯、塞浦路斯、捷克共和国、丹麦、爱沙尼亚、芬兰、德国、希腊、拉脱维亚、立陶宛、荷兰、挪威、波兰、罗马尼亚、俄罗斯、斯洛伐克、瑞典、乌克兰、英国。

亚洲：中国、日本、哈萨克斯坦、韩国、朝鲜、尼泊尔、乌兹别克斯坦。

非洲：阿尔及利亚。

北美洲：加拿大、美国。

A.5 形态特征

菌体棍棒状，球形，或卵圆形，单生或双呈“V”形，有时排列成栅栏状，大小(0.4 μm～0.6 μm)×(0.8 μm～1.2 μm)。不产生芽孢，无荚膜，无鞭毛，不能运动。该病菌革兰氏呈阳性，老龄菌易变为阴性。

A.6 培养性状

该病菌生长最低温度 1 ℃～2 ℃，最高温度 31 ℃～33 ℃，生长最适温度为 20 ℃～23 ℃，在温度 55 ℃条件下经 10 min 致死，生长最适 pH 值为 8.0～8.4。该病菌具有生理分化现象。

A.7 生理生化特性

马铃薯环腐病菌的生理生化特征见表 A.1。

表 A.1 用于马铃薯环腐病菌鉴定的营养和生理性状特征

测试	反应
氧化发酵测试(Oxidative and fermentative test,O/F)	惰性的或微弱的氧化反应
氧化酶测试(Oxidase test)	—
过氧化氢酶测试(Catalase test)	+
硝酸还原反应(Nitrate reduction)	—
脲酶活性(Urease activity)	—
H_2S 的产生(H_2S production)	—
吲哚的产生(Indole production)	—
柠檬酸利用(Citrate utilization)	—
淀粉水解(Starch hydrolysis)	—或微弱
纤维素酶活性(Cellulase activity)	+或微弱
37 ℃下生长(Growth at 37 ℃)	—
7% 氯化钠下生长(Growth in 7% NaCl)	—
凝胶水解(Gelatin hydrolysis)	—
秦皮素苷水解(Aesculin hydrolysis)	+
甘油产酸(Acid from glycerol)	—
乳糖产酸(Acid from lactose)	—或微弱
鼠李糖产酸(Acid from rhamnose)	—
水杨甙产酸(Acid from salicin)	—
注：+为阳性反应，—为阴性反应。	

A.8 侵染途径

A.8.1 带菌种薯是主要的初侵染源，采用切块播种时，切刀传病是扩大再侵染的主要途径。切一刀病薯的切刀能传染 24～40 个健薯。病菌从伤口侵入，潮湿时也可从皮孔侵入。

A.8.2 病菌可以在盛放种薯的容器上存活，这些容器也是薯块感病的来源之一。

A.8.3 环腐病细菌在土壤中不能长期存活，当年收获遗留田间的病薯不能成为次年初侵染源。

A.8.4 灌溉水或雨水也可将病薯腐烂释放出来的细菌传到健薯或健株根茎上。

A.8.5 带菌种薯的细菌随养分和水分的流动沿维管束依次向上进入新芽、茎、叶柄和叶内，形成系统侵染。病菌破坏输导组织，阻塞养分和水分的流通，造成地上部分卷叶、矮化和萎蔫。当匍匐茎长出时，病菌又沿匍匐茎的维管束进入新生薯块，但种子不带菌。

A.8.6 病害发生的最适温度 18 ℃～24 ℃，16 ℃以下症状出现少，当土温超过 31 ℃时，细菌生长受抑制，病害发生轻。

附　录　B
（规范性附录）
培养基及缓冲液的配制

B.1　MTNA 培养基

酵母提取物 2.0 g；甘露醇 2.5 g；K_2HPO_4 0.25 g；KH_2PO_4 0.25 g；NaCl 0.05 g；$MgSO_4 \cdot 7H_2O$ 0.1 g；$MnSO_4 \cdot H_2O$ 0.015 g；$FeSO_4 \cdot 7H_2O$ 0.005 g；琼脂（Oxoid no.1）16.0 g；蒸馏水加至 1.0 L。溶解，调整 pH 值到 7.2。

高压灭菌后（121 ℃，15 min），冷却至 50 ℃，加入抗生素：三甲氧苄二氨嘧啶 0.06 g，萘啶酸 0.002 g，两性霉素 B 0.01 g。

抗生素保存溶液：三甲氧苄二氨嘧啶（5 mg/mL）和萘啶酸（5 mg/mL）保存在 96 %的甲醇中，两性霉素 B（1 mg/mL）保存在二甲基亚砜中。保存溶液用无菌过滤器过滤。

基础培养基保质期 3 个月。当加入抗生素后，保存在冰箱中的培养基保质期 1 个月。

B.2　NCP-88 培养基

营养琼脂 23 g；酵母提取物 2.0 g；D-甘露醇 5 g；K_2HPO_4 2 g；KH_2PO_4 0.5 g；$MgSO_4 \cdot 7H_2O$ 0.25 g；蒸馏水加至 1.0 L。溶解，调整 pH 值到 7.2。

高压灭菌后（121 ℃，15 min），冷却至 50 ℃，加入抗生素：多粘菌素 B 0.003 g，萘啶酸 0.008 g，放线菌酮 0.2 g。

把抗生素溶解在保存溶液中：萘啶酸保存在 0.01 mol/L 的 NaOH，放线菌酮在 50%乙醇中，多粘菌素 B 在蒸馏水中。保存溶液用无菌过滤器过滤。

基础培养基保质期 3 个月。当加入抗生素后，保存在冰箱中的培养基保质期 1 个月。

B.3　酵母矿物盐培养基（Yeast glucose mineral salts medium，YGM）

Bacto 酵母提取物 2.0 g；D(+)葡萄糖（一水合物）2.5 g；K_2HPO_4 40.25 g；KH_2PO_4 0.25 g；$MgSO_4 \cdot 7H_2O$ 0.1 g；$MnSO_4 \cdot H_2O$ 0.015 g；NaCl 0.05 g；$FeSO_4 \cdot 7H_2O$ 0.005 g；Bacto 琼脂 18 g；蒸馏水加至 1.0 L。

溶解，0.5 L 体积的培养基在 115 ℃下高压灭菌 20 min。

B.4　葡萄糖营养琼脂（Nutrient dextrose agar，NDA）

含有 1% D(+) 葡萄糖（一水化物）的 Difco bacto 营养琼脂[1)]。115 ℃下高压灭菌 20 min。

1）Difco bacto 营养琼脂是由 Difco 提供的产品的商品名。给出这一信息是为了方便本标准的使用者，并不表示对该产品的认可。如果其他等效产品具有相同的效果，则可使用这些等效产品。

B.5 改良 YGM 培养基(YGM-modified)

酵母提取物 2.0 g;K_2HPO_4 0.25 g;KH_2PO_4 0.25 g;$MgSO_4 \cdot 7H_2O$ 0.1 g;$MnSO_4 \cdot H_2O$ 0.15 g;NaCl 0.05 g;$FeSO_4 \cdot 7H_2O$ 0.005 g;溴百里酚蓝 0.05 g;蒸馏水加至 1.0 L。在 115 ℃下高压灭菌 20 min。

B.6 NBY 培养基

营养琼脂 23 g;酵母提取物 2.0 g;KH_2PO_4 0.5 g;K_2HPO_4 2.0 g;$MgSO_4 \cdot 7H_2O$ 0.25 g;D(—)甘露醇 5.0 g;蒸馏水加至 1.0 L。在 115 ℃下高压灭菌 20 min。

B.7 BUG 培养基,pH 7.3

称取 57 g 的 BUG 琼脂培养基粉末(BIOLOG 公司)[2] 到 1 000 mL 蒸馏水或去离子水中,煮沸溶解;冷却后(25 ℃)调整 pH 值至 7.3±0.1。121 ℃灭菌 15 min;冷却至 45 ℃~50 ℃,分装至培养皿中。

B.8 50 mmol/L 磷酸缓冲液,pH 7.0

该缓冲液用于植物组织中细菌的提取。

Na_2HPO_4(无水) 4.26 g;KH_2PO_4 2.72 g;蒸馏水加至 1.00 L。溶解,调 pH 值至 7.0,在 121 ℃下高压灭菌 15 min。

以下试剂对于细菌提取可能是有益的:Lubrol flakes(抗絮凝剂) 0.5 g; DC silicone antifoam(防沫剂) 1.0 mL;焦磷酸四钠(抗氧化剂)1.0 g;聚乙烯吡咯烷酮 40 000(PVP-40)(PCR 抑制物的结合物)50 g。

B.9 10 mmol/L 磷酸缓冲液,pH 7.2

该缓冲液用于马铃薯块茎顶部提取物离心浓缩后重新悬浮和稀释。

$Na_2HPO_4 \cdot 12H_2O$ 2.7 g;$NaH_2PO_4 \cdot 2H_2O$ 0.4 g;蒸馏水加至 1.0 L。溶解,调 pH 值至 7.2,在 121 ℃下高压灭菌 15 min。

B.10 样品提取缓冲液,pH 7.4

Na_2SO_3 1.3 g;PVP(MW 24 000~40 000)20.0 g; Na_2N_3 0.2 g; Tween-20 20 mL,溶于 1 L 的 1×PBST(见 B.11),调 pH 到 7.4。

B.11 1×PBST,pH 7.4

NaCl 8.0 g,KH_2PO_4 0.2 g,Na_2HPO_4 1.15 g,KCl 0.2 g,NaN_3 0.2 g,加入 900 mL 蒸馏水溶解,用 NaOH 或 HCl 调节 pH 值到 7.4,然后加水至 1 L。

然后向上述溶液中加入 0.5 mL 的 Tween-20。

---

2) BUG 培养基粉末是由 BIOLOG 公司提供的商品名。给出这一信息是为了方便本标准的使用者,并不表示对该产品的认可。如果其他等效产品具有相同的效果,则可使用这些等效产品。

附 录 C
（规范性附录）
植物组织中病原菌的分离纯化

C.1 表现症状样品的制备

C.1.1 从表现症状的马铃薯块茎维管束环或者茎杆或叶片的维管束等检测样品中去除腐烂或褪绿组织（如果需要，使用70%乙醇进行表面消毒）。

C.1.2 加入少量的蒸馏水或50 mmol/L的磷酸缓冲液（见B.8）悬浮，或研磨样品。

C.1.3 每个检测样品从10^{-2}稀释到10^{-4}。

C.2 潜伏侵染样品的制备

C.2.1 按附录D给出的方法，从未表现症状的马铃薯块茎样品中制备马铃薯块茎悬浮液。

C.2.2 把马铃薯块茎悬浮液进行系列稀释（10^{-1}、10^{-2}、10^{-3}）。

C.3 病原菌的分离培养

C.3.1 方法一

C.3.1.1 分别取100 μL系列稀释的样品悬浮液，涂布到MTNA培养基（见B.1）或NCP-88培养基中（见B.2）。

C.3.1.2 利用Cms已知的菌株（如NCPPB 4053）制备成10^6 CFU/mL的菌悬液作为阳性对照，进行10倍系列稀释，并涂布到MTNA培养基或NCP-88培养基中。

C.3.2 方法二

C.3.2.1 用涂布器把最初100 μL马铃薯检测样品涂布到第一块MTNA培养基或NCP-88培养基平板上，然后把该涂布器使用到第二块琼脂平板上，用涂布器上的残留物进行划线。最后，在第三块琼脂平板上重复，通过涂布器产生一个有效稀释。

C.3.2.2 利用Cms已知的菌株（如NCPPB 4053）制备成10^6 CFU/mL的菌悬液作为阳性对照。

C.3.3 培养与检查

C.3.3.1 平板在黑暗中、21 ℃～23 ℃下培养。Cms最适宜的生长温度21 ℃，28 ℃将对生长造成伤害。

C.3.3.2 3 d后检查平板，并与阳性对照比较，然后在5 d、7 d和10 d后观察平板。

注：从植物组织上分离通常需要10 d。

C.3.3.3 在平板过分生长之前，也就是在3 d～5 d之后，观察是否有疑似菌落。

C.4 病原菌的纯化

把Cms疑似菌落转移到YGM培养基（见B.3）上培养、纯化，通常重复2～3次。用菌落放大灯观察菌落形态，确保疑似菌落已纯化。

附 录 D
（规范性附录）
潜伏侵染的马铃薯块茎样品的制备

D.1 洗涤

把200个马铃薯块茎放在自来水下冲洗，去除薯块表面土壤，晾干。

D.2 块茎顶部维管束组织的切取

用解剖刀（或其他合适的工具），去除每个马铃薯块茎块茎顶端部分的表皮，切下块茎顶部，并尽可能挖除块茎顶部上圆锥形的非维管束组织，保留块茎顶部的维管束组织。解剖刀通过在70%酒精浸泡后、燃烧消毒。

注：切下的块茎顶部最好立即处理，或在24 h内处理。否则，保存在−20 ℃中，但不要超过2周。

D.3 马铃薯块茎悬浮液的制备

D.3.1 在块茎顶部的维管束组织中加入约40 mL、50 mmol/L的磷酸缓冲液（pH 7.0）（见B.8），在摇床上（50 r/min～100 r/min）、低于24 ℃下搅动4 h或4 ℃下放置16 h～24 h。

注：也可以把块茎顶部的维管束组织放入搅拌机中粉碎；或者放入密封样品塑料袋中压碎。

D.3.2 轻轻倒出上清液，在4 ℃～10 ℃下7 000 *g* 离心15 min（或10 000 *g* 离心10 min），倒掉上清液。

注：如果极其混浊，在低速下离心澄清（低于180 *g* 离心10 min，4 ℃～10 ℃）；然后把上清液进一步离心。

D.3.3 在沉淀中加入1 mL无菌的10 mmol/L磷酸缓冲液（pH 7.2）（见B.9），把沉淀重新悬浮，即为马铃薯块茎样品悬浮液。

D.3.4 把制备的样品悬浮液分成相等的两份：一份用于检测鉴定，另一份加入无菌的甘油至终浓度为10%～25%（体积分数）并保存在−20 ℃冰箱中备用。

附 录 E
（规范性附录）
BIOLOG 微生物自动鉴定系统鉴定

E.1 细菌的纯培养

把经分离纯化的纯培养(见附录C)，用BIOLOG微生物自动鉴定系统进行鉴定。通过菌落放大灯观察菌落形态确认为纯培养物。

E.2 纯培养的富集培养

采用"＋"字交叉法画线，将纯化的培养物接种到BUG培养基上(见B.7)，在21 ℃～23 ℃下培养16 h～24 h。

E.3 菌悬液的制备

E.3.1 先关掉浊度计的开关，调整指针到0% T。用吸水纸擦干净接种液IF-A[3]的试管外壁。打开浊度计的开关，将IF-A空白液置于浊度仪中，调整指针至100% T。用标准浊度液(85% T Turbidity Standard、或65% T Turbidity Standard)检查浊度仪的准确性。

E.3.2 观察培养16 h～24 h后或更长时间的培养基纯培养平板外观，用记号笔在准备鉴定的菌落背面作好标记，标记1～3个菌落。

E.3.3 取无菌棉签粘取1个准备鉴定的菌落(注意不要带出培养基)。

E.3.4 将无菌棉签小心插入上述IF-A接种液的试管中。首先将无菌棉签沿试管内壁旋转几圈，将菌落转至试管内壁，然后用无菌棉签上下划动，并转动试管，将菌落均匀分散。

E.3.5 将试管置于试管架上静置5 min，然后用浊度计测量浊度值。如果浊度值不在90%～98% T范围内，通过添加菌体或空白接种液把浊度值调整到预定的浊度值范围内，最佳为94% T。

E.3.6 把调整好浓度的菌悬液用于下一步接种使用。

E.4 GEN Ⅲ鉴定板的接种与培养

E.4.1 从4 ℃冰箱中取出96孔GEN Ⅲ微孔板[4]，放置在工作台上，使之达到室温。

E.4.2 将制备好的菌悬液倾入V型加样槽中。保留约1 mL菌悬液在试管中，不要倾入加样槽。

E.4.3 用八道移液器吸取菌悬液到GEN Ⅲ鉴定板中，每孔加100 μL菌悬液。然后室温下静置10 min左右。

注：加样需小心，不要溅出，以避免污染；接种时间不得超过20 min。

E.4.4 将鉴定板放入密闭的盒或袋中(为防止水分蒸发，可加入湿的纸团或纱布)，在30 ℃培养箱中培养4 h～24 h。

---

3) IF-A是由BIOLOG公司提供的商品名。给出这一信息是为了方便本标准的使用者，并不表示对该产品的认可。如果其他等效产品具有相同的效果，则可使用这些等效产品。

4) GEN Ⅲ微孔板是由BIOLOG公司提供的商品名。给出这一信息是为了方便本标准的使用者，并不表示对该产品的认可。如果其他等效产品具有相同的效果，则可使用这些等效产品。

E.5 上机读数

E.5.1 打开计算机并打开应用软件“MicroStation/MicroLog 3”,并打开读数仪电源(MicroStation)。

E.5.2 点击“Setup”标签,在“Reader”标签下选择读数仪的型号(MicroStation 1 或 MicroStation 2),点击“initialize reader”按钮,当“Com Port”显示“Open”,下方显示“Ready”时,仪器初始化完毕。另外,在“Program Options”标签下设置显示信息、在 Database 标签下设置数据库。

E.5.3 点击“Read”标签,选择“Read Setup”标签,设置输入、输出模式。如在 Input Mode 下列菜单中选择“Reader”,Use Batch 下列菜单中选择“No”;在 Automatic Print-out 下列菜单中选择“Yes”可以自动打印结果,否则选“No”;在“Save To Data File”下列菜单中选择“Yes”,点击等号后的“Date File Name”,输入文件名称及保存的路径,不保存数据则选“No”。

E.5.4 点击右上角的“Read New Plate”按钮,显示“Plate Information”。在下列区域输入样品识别信息:

——Project:输入 3 个字母的计划信息;

——Plate Number:输入微孔板数量(可选项);

——Plate Type:下列菜单中选择微孔板类型“GEN Ⅲ”;

——Protocol:下列菜单中选择程序“A”;

——Incubation Hours:输入微孔板孵育时间。

E.5.5 在放置微孔板前,用软棉布或纸擦拭微孔板的底部,以去除底部的指纹及污染。

E.5.6 把微孔板放入读数仪的样品架内,取下微孔板盖,并确认 A1 孔在左上角,合上读数仪样品腔的盖子。

E.5.7 点击“Read”按钮开始读数,结果将显示在“Read Information”内。

E.6 结果判定

一般观察孔出现紫色较多的时候便可以开始上机读数(一般在 8 h 以后),24 h 基本可以确定结果,根据以下显示结果判定:

——当结果显示“No ID Yet”,或显示 Species ID 但非 *Clavibacter michiganensis* subsp. *sepedonicus* 时,则 BIOLOG 检测结果为阴性;

——当 PROB 接近或等于 1、SIM>0.75、DIS<5.0,且结果显示为“Species ID:*Clavibacter michiganensis* subsp. *sepedonicus*”时,则 BIOLOG 检测结果为阳性。

E.7 注意事项

使用 MicoStation 鉴定过程中,应注意以下几点:

——用于鉴定的菌株应完全纯化,并利用特定培养基经几次转代培养保证微生物的活性;

——应在无菌环境下操作,以避免污染;

——尽量使用一次性玻璃器皿,以避免残留的清洁剂对结果造成影响;

——用于鉴定的 GEN Ⅲ微孔板,使用前都应预热,使之达到室温;

——浊度仪每次使用前都应校正;

——用于接种的菌悬液浓度应用浊度仪进行测量,使菌悬液浓度位于特定浓度范围;

——制备菌悬液时,一定不要将培养基挑进去;

——从打开铝箔袋把微孔板暴露在空气中,到接种完成,在 20 min 以内完成。

附 录 F
（规范性附录）
分子生物学检测

F.1 DNA 模板的制备

F.1.1 快速制备法

F.1.1.1 马铃薯块茎悬浮液

按照以下方法从马铃薯块茎悬浮液中提取 DNA：

——吸取 100 μL 悬浮液到 1.5 mL 的离心管中，并盖上盖子；

——13 000 r/min 离心 3 min；

——倒掉上清液，放入 100 μL 的 50 mmol/L NaOH 溶液；

——在加热槽或水浴中（>95 ℃）加热 10 min～15 min；

——把样品转移到冰上冷却；

——在 PCR 或实时荧光 PCR 反应前，用磷酸缓冲液稀释 10 倍；

——取 2 μL 用于 PCR 或实时荧光 PCR 反应。

F.1.1.2 纯培养

按照以下方法从分离纯化的纯培养中提取 DNA：

——用超纯水制备大约 10^6 CFU/mL 的菌悬液；

——取 100 μL 菌悬液到 1.5 mL 的离心管中，并盖上盖子；

——13 000 r/min 离心 3 min；

——在加热槽或水浴中 100 ℃加热 4 min；

——在冰上冷却后，用于 PCR 或实时荧光 PCR 反应。

F.1.2 总 DNA 的常规制备

根据不同的样品类型，选择合适的 DNA 提取方法：

——对于分离纯化的纯培养，推荐使用革兰氏阳性菌 DNA 提取方法提取 DNA。

——对于具有症状的马铃薯块茎、叶片或茎秆等植物组织，从病斑上取 0.1 g 的植物组织，研磨后，使用植物 DNA 提取方法或其他商用的 DNA 提取试剂盒提取总 DNA。

——对于无症状的马铃薯块茎样品，取 100 μL 样品悬浮液（见附录 C）提取 DNA。

F.2 PCR 检测

F.2.1 引物及序列

目前，有多对可用于特异性检测的 PCR 引物，引物及序列见表 F.1。另外，引物 NS-7-F（5'-gaggcaataacaggtctgtgatgc-3'）和 NS-8-R（5'-tccgcaggttcacctacgga-3'）是用于扩增植物内 18S rRNA 基因的引物，可作为 PCR 内对照，从马铃薯、茄子和番茄中扩增的 DNA 片段大小为 377 bp。

表 F.1 用于马铃薯环腐病菌 PCR 检测的特异引物及序列

引物名称	引物序列(5'-3')	扩增大小	目的基因	参考文献
PSA-1	ctccttgtggggtgggaaaa	502 bp	IGS [a]	[9]
PSA-R	tactgagatgtttcacttcccc			
CMSIF1	tgtactcggccatgacgttgg	1 066 bp	IS1121[b]	[10]
CMSIR1	tactgggtcatgacgttggt			
CMSIF2	tcccacggtaatgctcgtctg	885 bp	IS1121	[10]
CMSIR2	gatgaaggggtcaagctggtc			
CmsSp1f	ccttgtggggtgggaaaa	215 bp	IGS	[11]
CmsSp5r	tgtgatccaccgggtaaa			
Cms50F	gagcgcgatagaagaggaactc	193 bp	Cms50 [c]	[12]
Cms50R	cctgagcaacgacaagaaaaatatg			
Cms72aF	ctactttcgcggtaagcagtt	213 bp	Cms72 [c]	[12],[13]
Cms72aR	gcaagaatttcgctgctatcc			

a 16S -23S rRNA 基因间隔区(Intergenic spacer region of the 16S -23S rRNA genes)。

b pCS1 质粒及染色体中的插入因子 IS1121(Insertion element IS1121)。

c Cms 基因组序列中该亚种的特异性序列。

F.2.2 PCR 扩增

25 μL 的反应体积:2.5 μL 10×PCR 缓冲液(含 Mg^{2+}),0.5 μL 的 dNTP(各 10 mmol/L),0.5 μL *Taq* DNA 聚合酶,上游引物 1 μL(10 μmol/L),下游引物 1 μL(10 μmol/L),2 μL 的 DNA 模板,17.5 μL 的分子级 H_2O。在 PCR 仪上完成反应,反应程序见表 F.2。所有检测样品都需重复一次。

注 1:当使用由引物 PSA-1/PSA-R 和 NS-7-F/NS-8-R 组成的多重 PCR 方法检测时,除特异引物外,还应加入另外一对引物 PSA-1/PSA-R 和 NS-7-F/NS-8-R,并相应减少 H_2O 的体积,使总体积为 25 μL。

注 2:引物 CMSIF1/CMSIR1 和 CMSIF2/CMSIR2 组成巢式 PCR,先由 CMSIF1/CMSIR1 扩增后,再由 CMSIF2/CMSIR2 扩增。

表 F.2 普通 PCR 反应条件

引物对	预变性	反应循环	总延伸
Sp1f/ Sp5r	95 ℃,5 min	94 ℃变性 60 s,62 ℃退火 45 s,72 ℃延伸 90 s;共 40 循环	72 ℃,7 min
PSA-1/ PSA-R	95 ℃,5 min	95 ℃变性 60 s,64 ℃退火 60 s,72 ℃延伸 60 s;共 10 循环 95 ℃变性 30 s,62 ℃退火 30 s,72 ℃延伸 60 s;共 25 循环	72 ℃,7 min
Cms50F/ Cms50R	95 ℃,5 min	94 ℃变性 45 s,55 ℃退火 60 s,72 ℃延伸 10 s;共 10 循环 94 ℃变性 45 s,55 ℃退火 40 s,72 ℃延伸 15 s;共 40 循环	72 ℃,7 min
Cms72aF/ Cms72aR	95 ℃,5 min	94 ℃变性 45 s,60 ℃退火 60 s,72 ℃延伸 15 s;共 10 循环 92 ℃变性 45 s,60 ℃退火 40 s,72 ℃延伸 20 s;共 40 循环	72 ℃,7 min
CelA-F/ CelA-R [a]	95 ℃,5 min	92 ℃变性 30 s,60 ℃退火 45 s,72 ℃延伸 30 s;共 40 循环	72 ℃,7 min
CMSIF1/ CMSIR1	95 ℃,5 min	94 ℃变性 60 s,60 ℃退火 60 s,72 ℃延伸 60 s;共 35 循环	72 ℃,7 min
CMSIF2/ CMSIR2	95 ℃,5 min	94 ℃变性 60 s,60 ℃退火 60 s,72 ℃延伸 60 s;共 35 循环	72 ℃,7 min

a 引物序列见表 F.3,扩增片段大小为 150 bp。

F.2.3 凝胶电泳

PCR 产物经 1.5%琼脂糖凝胶电泳分析。每个样品取 5 μL 的 PCR 产物与 1 μL 的 6×上样缓冲液混合均匀,并加到置于 0.5×TBE 缓冲液的 1.5%琼脂糖凝胶孔中,然后在 120 V 下电泳。电泳结束后,在 0.5 μg/μL 的溴化乙锭(EB)溶液中染色约 5 min,然后在清水中清洗后,在凝胶成像系统中观察,拍照,并保存照片。

F.2.4 PCR 检测结果的判定

在阴性对照和空白对照没有产生条带、阳性对照产生预期大小的条带情况下:

——如果检测样品出现与阳性对照大小一致的条带,则为阳性;

——如果检测样品未出现与阳性对照大小一致的条带,则为阴性。

F.3 实时荧光 PCR 检测

F.3.1 引物及探针

使用 *Taq* Man 检测系统,引物及探针序列见表 F.3。

表 F.3 实时荧光 PCR 所使用的引物

引物名称	引物序列(5'-3')	终浓度 μmol/L	目的基因	参考文献
CelA-F	tctctcagtcattgtaagatgat	0.75	Cellulase A [a]	[13]
CelA-R	attcgaccgctctcaaa	0.75		
CelA probe [b]	FAM-ttcgggcttcaggagtgcgtgt-BHQ1	0.16		
Cms 50-2F	cggagcgcgatagaagagga	0.3	Cms50	[14]
Cms 133R	ggcagagcatcgctcagtacc	0.3		
Cms 50-53T [c]	HEX-aaggaagtcgtcggatgaagatgcg-BHQ1	0.2		
注:*Taq* Man 探针 Cms 50-53T 和 CelA probe 也可以标记其他合适的报告基团和淬灭基团。				

[a] 纤维素酶 A 基因

[b] 探针:5'端标记报告基团 6-carboxy-fluorescein (FAM)(荧光发射最大波长 517 nm),3'端标记标记淬灭基团 BHQ1

[c] 探针:5'端标记报告基团 Hex(荧光发射最大波长 553 nm),3'端标记标记淬灭基团 BHQ1

F.3.2 实时荧光 PCR 步骤

25 μL 的反应体积:10 μL 2×定量 PCR 反应混合液,加入上下游引物及相应的 *Taq* Man 探针(使用量见表 F.3),2 μL 的 DNA 模板,ddH_2O 补足体积。所有检测样品都需重复一次。反应条件见表 F.4。

表 F.4 实时荧光 PCR 反应条件

引物对及探针	预变性	反应条件
CelA-F/ CelA-R,CelA probe	95 ℃,5 min	95 ℃ 30 s,60 ℃ 45 s,72 ℃ 32 s,共 40 循环
Cms 50-2F/ Cms 133R,Cms 50-53T	95 ℃,5 min	95 ℃ 15 s, 64 ℃ 45 s,共 40 循环

F.3.3 实时荧光 PCR 结果的判定

在阳性对照 Ct 值≤34,阴性对照和空白对照的 Ct 值≥40 前提下：

——如果检测样品的 Ct 值≤35 时,则判定为阳性；

——如果检测样品的 Ct 值≥40 时,则判定为阴性；

——如果 35＜Ct＜40 时,则应重新测试。重新测试后,如果仍然为 35＜Ct＜40,则判定为阳性。

附 录 G
（规范性附录）
生物学测定

G.1 说明

本附录规定的方法，一方面用于潜伏侵染样品的生物学测定，另一方面用于分离纯化后纯培养的致病性测定。

G.2 测试植物的培育

把感病的茄子种子播种在介质土中，待长到子叶完全展开（约 10 d～14 d），把幼苗转移花瓶中。待幼苗长至 2～3 叶期、第 3 真叶完全展开，用于接种。接种前的 1 d～2 d 不要给茄子浇水，以较少细胞压力。每个样品正常需要 15～25 株的茄子植物。

注：用于生物学测定的茄子应选择感病品种，如"Black Beauty"、"Long Tom"、" Balsa"、"Rima"等。

G.3 接种

G.3.1 接种前准备

在接种前，最好准备一个长宽高为 15 cm×10 cm×5 cm 的盒子，并切开一个可以放置 10 cm 的花瓶开口，用于接种时支撑（参见图 G.1）。

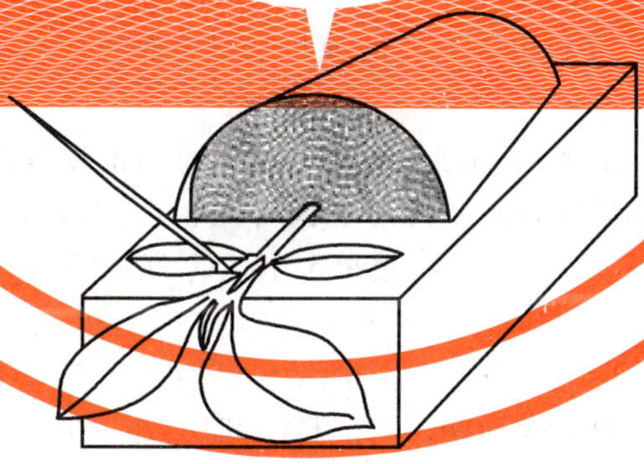

图 G.1 用于支撑及接种测试茄子的装置

G.3.2 切开接种

G.3.2.1 接种检测样品

把马铃薯块茎悬浮液（或菌悬液）接种到茄子苗上，每个样品接种 15～25 株的茄子。具体操作如下：

——把准备接种的茄子苗水平放在支撑装置中，并在茎杆和盒子间垫上一张无菌的铝箔纸；

——在茄子子叶和第一片真叶之间的茎杆上，用无菌的解剖刀纵向切开一个长约 0.5 cm～1.0 cm、深约为茎杆直径四分之三的切口；

——或者在茎杆上以约5°的斜角进行斜切，切口长约1.0 cm、深约茎杆直径的三分之二；

注：解剖刀必需在70%酒精浸泡后、然后燃烧消毒，以避免交叉污染。

——在切口上加入1滴（约5 μL～10 μL）的马铃薯块茎悬浮液（见附录D），或加入1滴约10^6 CFU/mL的菌悬液；

——用无菌的凡士林（或用1∶1配制的石蜡油和凡士林）封住切口。

G.3.2.2 接种对照样品

用已知的Cms菌株配制成10^5～10^6的菌悬液，用相同方法接种5株的茄子，作为阳性对照。用无菌的10 mmol/L磷酸缓冲液（见B.9），使用相同的接种方法接种5株的茄子，作为阴性对照。

G.3.3 注射接种

用无菌的注射器把马铃薯块茎悬浮液（见附录D）、或用纯培养制备的约10^6 CFU/mL的菌悬液注射到子叶上方的茎杆中。

G.4 培养与观察

G.4.1 把接种后的茄子苗放在18 ℃～24 ℃的温室中，至少培养4周，并保证充足的光照（每天光照16 h）和湿度（最好高于70%）、以及充足的水分以避免因水分流失或缺少水分而萎蔫。最适宜的温度是21 ℃。

G.4.2 1周后定期检查症状，并计算显示症状的植物数量。Cms在茄子上引起叶片萎蔫，可能开始于叶缘。萎蔫组织可能最初显示暗绿色或斑驳，但在变坏死前转暗淡。脉间萎蔫经常有油脂状的水渍出现，而坏死组织经常有一个明亮的黄色边缘。

G.4.3 一旦症状出现，按附录C给出的方法从萎蔫的叶片或茎杆上重新分离。用70%酒精擦拭叶片和茎杆进行表面消毒。

G.4.4 用PCR等方法对茄子汁液和重新分离的纯培养进行检测验证。或对重新分离的纯培养进行革兰氏染色。

G.4.5 在某些情况下（特别是生长条件不理想情况下），Cms可能以潜伏侵染形式存在茄子内，甚至在接种4周后也没有显示症状。如果观察到4周后还没有症状产生，在接种位置的上方切取1 cm的茎杆，然后采用PCR等方法进行检测。如果检测结果是阳性的，则按附录C给出的方法重新分离。

G.5 生物学测定结果的判定

在阳性对照的茄子上显示出典型的症状，并且阴性对照的茄子上没有发现症状：

——如果接种的茄子未显示症状，且PCR等方法检测结果为阴性，生物学检测结果则是阴性的；

——如果从接种的茄子上重新分离到Cms，生物学检测结果则是阳性的。

参 考 文 献

［1］ 程池，杨梅，等. Biolog 微生物自动分析系统——细菌鉴定操作规程的研究. 食品与发酵工业，2006，32(5)：50-54.

［2］ 东秀珠，蔡妙英，等. 常见细菌系统鉴定手册. 北京：科学出版社，2001：267-277.

［3］ OEPPO/EPPO. EPPO Standard PM 7/59 (1)：*Clavibacter michiganensis* subsp. *sepedonicus*. Bulletin OEPP/EPPO Bulletin，2006，36：99-109.

［4］ de la Cruz AR，Wiese MV & Schaad NW. A semi-selective medium for the isolation of *Clavibacter michiganensis* subsp. *sepedonicus* from potato tissue. Plant Disease，1992，75：830-834.

［5］ Jansing H & Rudolph K. Physiological capabilities of *Clavibacter michiganensis* subsp. *sepedonicus* and development of a semi-selective medium. Journal of Plant Pathology，1998，105：590-601.

［6］ CAB International，2005. Crop Protection Compendium，2005 Edition. Wallingford，UK：CAB International. www. cabicompendium. org/cpc.

［7］ Palomo JL，Lopez M M，Garcia-Benavides P，Velazquez E，Martinez-Molina E. Evaluation of the API 50CH and API ZYM systems for rapid characterization of *Clavibacter michiganensis* subsp. *sepedonicus*，causal agent of potato ring rot. European Journal of Plant Pathology，2006，115：443-451.

［8］ Martin J & Beaumanoir N. Comparison of the effectiveness of five extraction methods for *Clavibacter michiganensis* subsp. *sepedonicus* and *Ralstonia solanacearum* from potato tubers. Bulletin OEPP/EPPO Bulletin，2001，31，153-157.

［9］ Dinesen I & De Boer SH. Extraction of *Clavibacter michiganensis* subsp. *sepedonicus* from composite samples of potato tubers. American Potato Journal，1995，72：133-142.

［10］ Pastrik KH. . Detection of *Clavibacter michiganensis* subsp. *sepedonicus* in potato tubers by multiplex PCR with coamplification of host DNA. European Journal of Plant Pathology，2000，106：155-165.

［11］ Lee IM，Bartoszyk IM，Gundersen DE，Mogen B，and Davis R E. Nested PCR for ultrasensitive detection of the potato ring rot bacterium，*Clavibacter michiganensis* subsp. *sepedonicus*. Applied and Environmental Microbiology，1997，63：2625-2630.

［12］ Li X & De Boer SH. Selection of polymerase chain reaction primers from an intergenic spacer refion for detection of *Clavibacter michiganensis* subsp. *sepedonicus*. Phytopathology，1995，85：837-842.

［13］ Mills D，Russell B & Hanus JW. Specific detection of *Clavibacter michiganensis* subsp. *sepedonicus* by amplification of three unique DNA sequences isolated by subtraction hybridisation. Phytopathology，1997，87：853-861.

［14］ Gudmestad NC，Mallik I，Pasche JS，Anderson NR，and Kinzer K. A real-time PCR assay for the detection of *Clavibacter michiganensis* subsp. *sepedonicus* based on the cellulase A gene sequence. Plant Dis. ，2009，93：649-659.

［15］ Schaad W，Berthier-Schaad Y，Sechler A & Knorr D. Detection of *Clavibacter michiganensis* subsp. *sepedonicus* in potato tubers by BIO-PCR and an automated real-time fluorescence detection system. Plant Disease，1999，83：1095-1100.

参 考 文 献

[1] [illegible]

ICS 65.020.01
B 16

中华人民共和国国家标准

GB/T 28979—2012

欧芹壳针孢检疫鉴定方法

Detection and identification of *Septoria petroselini*

2012-12-31 发布　　　　2013-06-01 实施

中华人民共和国国家质量监督检验检疫总局
中国国家标准化管理委员会　发布

前　言

本标准按照 GB/T 1.1—2009 给出的规则起草。

本标准由全国植物检疫标准化技术委员会(SAC/TC 271)提出并归口。

本标准起草单位:中华人民共和国厦门出入境检验检疫局检验检疫技术中心。

本标准主要起草人:林石明、廖富荣、陈青、黄蓬英、陈红运、王宏毅、吴媛。

欧芹壳针孢检疫鉴定方法

1 范围

本标准规定了欧芹壳针孢的检测和鉴定方法。

本标准适用于欧芹属种子、苗木及其产品中欧芹壳针孢的检测和鉴定。

2 规范性引用文件

下列文件对于本文件的应用是必不可少的。凡是注日期的引用文件，仅注日期的版本适用于本文件。凡是不注日期的引用文件，其最新版本(包括所有的修改单)适用于本文件。

GB/T 18085—2000 植物检疫 小麦矮化腥黑穗病菌检疫鉴定方法

SN/T 1809 进出境植物种子检疫规程

SN/T 2122 进出境植物及植物产品检疫抽样

3 欧芹壳针孢基本信息

拉丁学名：*Septoria petroselini* (Libert) Desmazières

中文名称：欧芹壳针孢

属真菌界(Fungi)，无性真菌门(Anamorphic fungi)，未分目(曾归为球壳孢目 Sphaeropsidales)，未分科(曾归为球壳孢科 Sphaeropsidaceae)，壳针孢属(*Septoria*)。至今尚未发现其有性阶段。

欧芹壳针孢自然侵染欧芹(*Petroselinum crispum*)和芫荽(*Coriandrum sativum*)，引起欧芹壳针孢叶斑病。该病菌主要通过感染的种子进行远距离传播，种子是重要的初侵染源。

欧芹壳针孢的其他相关信息参见附录A。

4 方法原理

本标准通过分离培养，根据菌落形态特征，病原菌无性世代的分生孢子器、分生孢子梗和分生孢子的形态特征，结合病菌所引起的主要危害症状，对该病原进行鉴定。

5 主要试剂、仪器设备和用具

5.1 主要试剂

次氯酸钠，蔗糖，甘油，琼脂，酒精等。

5.2 仪器设备

超净工作台，高压灭菌锅，光照培养箱，生物显微镜(20×～400×)等。

5.3 用具

白瓷盘，培养皿，酒精灯，吸水纸，载玻片，盖玻片，刀片，手术剪，镊子，尖头镊子，刷子，pH计，血球计数板,塑料袋,离心管等。

6 抽样与检查

按 SN/T 1809 或 SN/T 2122 规定的抽样方法进行抽样检查。

检查种子、苗木及其产品是否有病斑、小黑点(分生孢子器)等(参见附录 A)。若有小黑点,直接切片在显微镜下检查。受感染的叶片初为黄色小斑,随后变成浅黄色至黄褐色,最后为褐色的病斑。病斑边缘颜色稍深,为坏死圈。病斑圆形至长圆球形,或不规则,平均 3 mm~8 mm,最大的直径约 13 mm,边缘具窄的褐色的坏死线。在叶柄上为卵圆形、暗褐色的小病斑。叶面上病斑产生黑色小点(即分生孢子器)。在种子表面具黑色小病斑或小黑点。

7 病菌分离

7.1 植物组织中病菌的分离

将植物组织用 1%的次氯酸钠消毒 2 min~5 min,用无菌蒸馏水冲洗,在无菌条件下晾干,放置在 PDA 培养基上,于 20 ℃~25 ℃下培养 3 d~5 d 后,挑取菌落边缘菌丝进行纯化。

7.2 种子中病菌的分离

7.2.1 洗涤检查

称取 50 g 或适量的种子,加无菌水 100 mL,在振荡器中振荡 5 min,取洗涤液在 1 000 r/min 离心 3 min,弃上清液,在沉淀中加入适量(约 1 mL)的席尔氏液(配制方法见 GB/T 18085—2000 的附录 A)悬浮,取 1 滴(约 50 μL)的悬浮液在显微镜下(20×~400×)检查。

7.2.2 分离培养

检查异常的种子,挑取表面具有小黑点的种子,或随机挑取种子,每份样品至少检测 400 粒种子。用蒸馏水将吸水纸充分湿润(避免产生多余的水),种子均匀置于吸水纸或 PDA 培养基上(如直径 9 cm 的培养皿约 25 粒/皿),加盖后,在 20 ℃~22 ℃,在 12 h 紫外光和 12 h 黑暗下交替培养。或者先在 20 ℃下培养 24 h,而后于−20 ℃冷冻 24 h。5 d~7 d 后观察培养结果,挑取可疑菌落进行分离纯化。

8 病菌鉴定

8.1 形态特征

8.1.1 在 PDA 培养基上(见附录 B),菌落糠秕状,呈暗褐色(参见图 A.3)。从病组织或分离纯化所得的菌落挑取的分生孢子器,在立体显微镜下进行形态观察和切片(最好能够从孔口处切开),根据分生孢子器、分生孢子梗和分生孢子的形态特征进行鉴定。

8.1.2 分生孢子器埋生于表皮下或稍微突出,单室,球形至近球形,有些较扁,黄色至黑褐色,直径 55 μm~200 μm;具近圆形至椭圆形孔口,直径 20 μm~40 μm。分生孢子器壁由多角形的厚壁细胞所组成,厚壁细胞直径为 3 μm~5 μm,黄色至褐色。分生孢子梗短,瓶梗形,无色透明,从分生孢子器的内壁伸出,产孢方式为全壁芽生合轴式。分生孢子具 0~4 个真隔膜,一般为 1~3 个隔膜,未成熟的可能没有隔膜,无色透明,线状或近圆柱形,(1.0 μm~1.5 μm)×(22 μm~51 μm),长宽比例大于 10,通常稍微弯曲,基部钝圆而顶部渐尖。参见图 A.4~图 A.6。

8.2 致病性测定

8.2.1 接种体制备

刮取在 PDA 培养 3 d 的可疑菌落的分生孢子，用无菌水配制成 10^5 CFU/mL～10^6 CFU/mL 孢子悬浮液。

8.2.2 接种试验

将欧芹种子播种于小盆钵中，每盆播种 5～8 粒种子，生长 5 周～7 周，备用。用刷子轻扫欧芹幼苗叶片进行创伤，将孢子悬浮液喷雾接种于欧芹的叶片上，每盆接种 5 株，重复二次。用无菌水作空白对照。如可能，采用欧芹壳针孢已知菌株作阳性对照。接种后用干净的塑料袋包扎封口，在饱和湿度，于 20 ℃下黑暗中培养 48 h 后，去掉塑料袋，在 65%～70%的相对湿度下，移入培养箱，20 ℃～25 ℃下黑暗中培养；注意观察，一般在 14 d 后就产生典型的症状。

9 结果判定与样品保存

9.1 结果判定

9.1.1 未分离到可疑菌落

病菌分离培养 7 d 后，仍未产生可疑菌落，则未检出。

9.1.2 分离到可疑菌落

分离培养后的可疑菌落，其形态特征如果符合 8.1 描述的鉴定特征，经致病性接种试验又产生典型的症状，而空白对照没有表现症状，则判定为检出；可疑菌落没有产生典型的症状，则判定为未检出。

9.2 记录及样品保存

检测报告应包含所采用的病菌分离方法，包括菌落形态特征、致病性测定所产生的症状照片等。供试样品和所分离到的菌种，应保存在低温冰箱中，以备复核。

附 录 A
（资料性附录）
欧芹壳针孢相关信息

A.1 病原菌的名称

A.1.1 中文名称

欧芹壳针孢

A.1.2 英文名称

leaf blight of parsley, leaf spot of parsley

A.1.3 拉丁学名

Septoria petroselini (Libert) Desmazières

A.1.4 同物异名

Septoria apii (Briosi & Cavara) Rostrup. sensu Kleb
Septoria apii Chester
Septoria apii Rostrup.
Septoria apii f. *punctiformis* Laib.
Septoria apii-graveolentis Dorogin
Septoria petroselini Desm
Septoria petroselini f. *apii* Roum
Septoria petroselini var. *apii* Briosi & Cavara
Septoria petroselini f. *emaculata* Sacc

A.2 病原菌的分类地位

属真菌界(Fungi)，无性真菌门(Anamorphic fungi)，未分目(曾经归为球壳孢目 Sphaeropsidales)，未分科(曾经归为球壳孢科 Sphaeropsidaceae)，壳针孢属(*Septoria*)。至今尚未发现其有性阶段。

A.3 寄主植物

A.3.1 自然寄主

欧芹壳针孢只发现侵染欧芹(*Petroselinum crispum*)和芫荽(*Coriandrum sativum* L.)，但不侵染芹菜(*Apium graveolens*)。与之类似的芹菜生壳针孢(*Septoria apiicola*)，不会侵染欧芹。欧芹壳针孢引起欧芹叶斑病(亦称叶疫病)，严重影响产量，影响种子的萌发率。

A.3.2 接种寄主

至今未发现有接种寄主。

A.4 传播途径

种子是初侵染来源。病菌在干燥的病残体上可存活 3 年以上，种子中可存活 2 年以上，枯死叶片上也可存活几周。种子上可见分生孢子器。在大田，病菌通过雨水的飞溅、风和人工或机械传带而扩散。

A.5 症状特征

症状主要表现于叶片和叶柄。叶片上初为黄色小斑，随后变黄褐色至浅黄色，最后为褐色。病斑圆形至长圆球形，或不规则，平均 3 mm～8 mm，最大约 1.5 cm。病斑边缘颜色稍深，边缘具窄的褐色坏死线。在叶柄上为卵圆形、暗褐色的小病斑。病斑上产生黑色小点(即分生孢子器)。参见图 A.1 和图 A.2。

图 A.1 在叶片上的症状

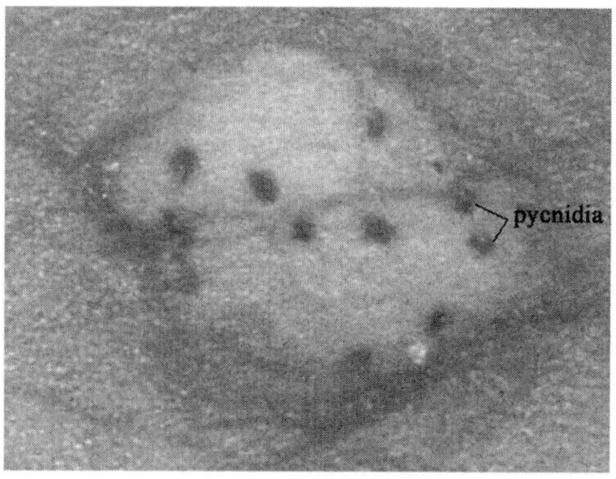

图 A.2 在叶片病斑上的分生孢子器

潮湿的气候有利于病害发生，发病率达 40%～80%。

A.6 菌形态特征

在 PDA 培养基上的菌落(参见图 A.3)，分生孢子器(参见图 A.4)、分生孢子器的孔口(参见图 A.5)、分生孢子梗和产孢细胞及分生孢子(参见图 A.6)。

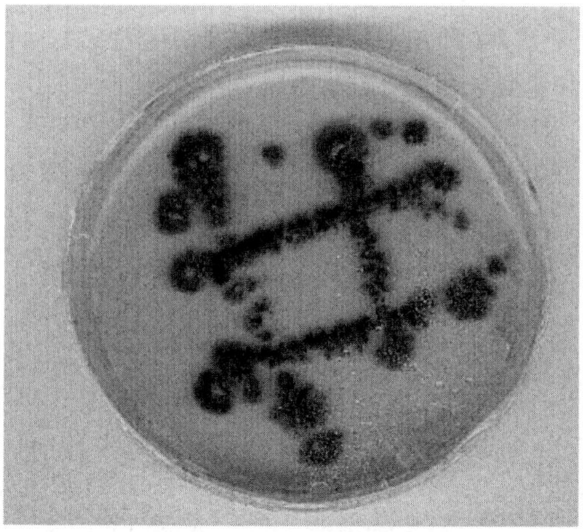

图 A.3 在 PDA 培养基上的菌落
(引自 Hagner-Holler，2002)

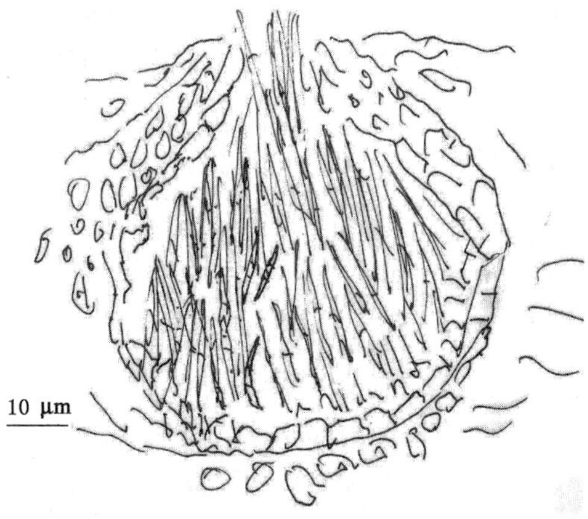

图 A.4 分生孢子器的孔口
(仿自 Hagner-Holler，2002)

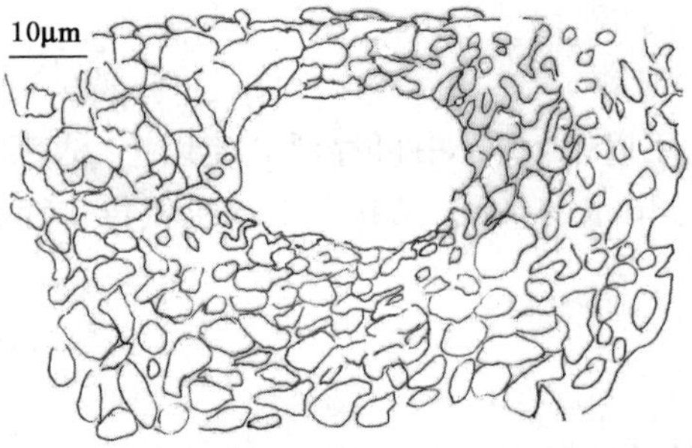

图 A.5 分生孢子器孔口
(仿自 Hagner-Holler,2002)

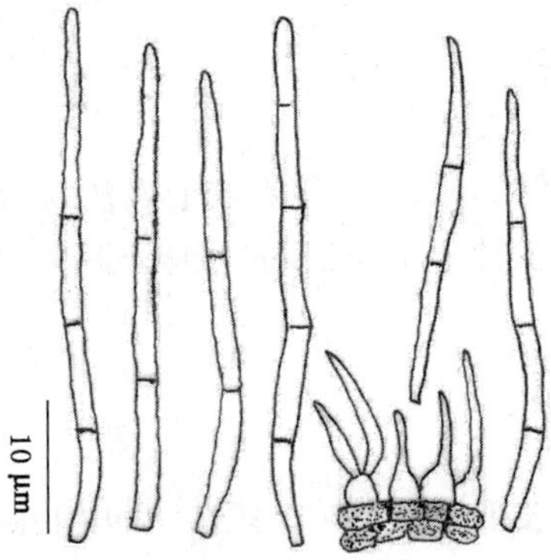

图 A.6 产孢细胞和分生孢子
(仿自 J.A. Cooper)

A.7 与芹菜生壳针孢的区别

欧芹壳针孢与芹菜生壳针孢容易混淆,区别见表 A.1。

表 A.1 欧芹壳针孢与芹菜生壳针孢区别特征

形态特征	芹菜生壳针孢	欧芹壳针孢
分生孢子器	叶面两面生或茎上生,散生或聚生,球形或扁球形,直径 70 μm～100 μm	球形至近球形,有些较扁,黄色至黑褐色,直径 55 μm～200 μm;具近圆形至椭圆形孔口,直径20 μm～40 μm
分生孢子	无色,针形,基部钝圆,1～6 个隔膜,多数 3～4 个,(2.5 μm ～5.0 μm)×(5 μm～10 μm)	无色透明,线状或近圆柱形,0～4 个真隔膜,一般为 1～3 个,(1.0 μm～1.5 μm)×(22 μm～51 μm),长宽比例大于 10
产孢方式	内壁芽生瓶梗式(eb-ph)	全壁芽生合轴式(hb-sym)

A.8 地理分布

美洲:美国(夏威夷、佛罗里达等)、加拿大;亚洲:土耳其等;欧洲:德国、英国、法国、荷兰、意大利、罗马尼亚、乌克兰、波兰、希腊、保加利亚、匈牙利、瑞士等;大洋洲:澳大利亚、新西兰等。

附　录　B
（规范性附录）
PDA 培养基的配制

B.1　培养基配方

马铃薯 200 g，葡萄糖 20 g，琼脂 20 g，纯净水 1 000 mL。

B.2　培养基配制

将马铃薯去皮，洗净，称取 200 g，切成小块，放入 1 000 mL 水中煮沸 20 min，用双层纱布过滤，得到马铃薯汁，补足水分，再加入 20 g 葡萄糖和琼脂不断搅拌至琼脂完全融化，补充水量至 1 000 mL，再加热至沸腾，高压灭菌后使用。

或选用市售 PDA 培养基，加入琼脂和纯净水，高压灭菌后使用。

参 考 文 献

［1］ 白金铠.2003.中国真菌志.第十七卷 球壳孢目 壳二胞属 壳针孢属.北京:科学出版社.

［2］ Agriculture and Horticulture Development Board (UK),2010. Outdoor herbs: Integrated management of parsley septoria and coriander bacterial blight,Final Report 2010,P13.

［3］ Best-practice guidelines for protected herbs, Septoria leaf spot, http : //www. protected-herbs. org. uk.

［4］ Cerkauskas R. F. and Uyenaka J. ,1990. First Report of Septoria Blight of Parsley in Ontario,Plant Dis. 74 : 1037.

［5］ Davis R. M. and Raid R. N. ,2002. Compendium of Umbelliferous crop diseases, APS Press. P24.

［6］ Desmazières J. B. H. J. , 1842. Notice sur seize espèces du genre Septoria, récemment découvertes en France, et la plupart inédites. Mémoires de la Société Royale des Sciences, de l'Agriculture et des Arts de Lille. 1842 : 94-103.

［7］ Ellis M. B. & Ellis J. P. ,1987. Microfungi on Land Plants: An Identification Handbook, The Richmond Publishing Co. Ltd.

［8］ Farr D. F. ,Bills G. F. ,Chamuris G. P. & Rossman A. Y. ,1989. Fungi on plants and plant products in the United States. APS Press. The American Phytopathological Society. St. Paul, Minnesota. USA.

［9］ Gamliel A. and Yarden O. ,1998. Diversification of diseases affecting Herb Crops in Israel-Accompanies the increase in Herb Crop Production. Phytoparasitica. 26(1) : 53-58.

［10］ Hagner-Holler S. ,2002. Occurence and biology of Septoria petroselini on parsley, Rheinischen Friedrich-Wilhelms-Universitat, Institut für Pflanzenkrankheiten, Inaugural-Dissertation.

［11］ Hochmuth G. J. and Maynard D. N. , 1999. Parsley Production in Florida : In : G. J. Hochmuth (ed.), Vegetable Production Guide in Florida, SP 170, University of Florida, Gainesville. p. 189-192.

［12］ Kurt S. and Tok F. M. ,2006. Influence of inoculum concentration, leaf age, temperature, and duration of leaf wetness on Septoria blight of parsley. Crop Protection, 25(6) : 556-561.

［13］ Kurt S. ,2003. First report of Septoria blight of parsley caused by Septoria petroselini in the Mediterranean region of Turkey. Plant Dis. ,87 : 99.

［14］ Lacy M. L. ,Berger R. D. ,Girbertson R. L. and Little E. L. ,1996. Current challenges in controlling diseases of celery. Plant Dis. ,80 : 1084-1091.

［15］ Smith I. M. ,Dunez J. ,Lelliott R. A. ,Phillips D. H. and Archer S. A. ,1988. European handbook of plant diseases, Blackwell Scientific Publications.

［16］ Mohammad S. E. ,1990. Identification study of parsley late blight in Nenevah province, Iraq. Mesopotamia, J. Agric. ,22: 313-319.

[17] Pennycook S. R. ,1989. Part II. Fungal plant diseases recorded in New Zealand. Plant Diseases Recorded in New Zealand. 2：5-502. Auckland：Plant Diseases Division,DSIR.

[18] Saccardo P. A. ,1899. Syllogae Funggorum,XIV,p. 972.

[19] Saccardo P. A. ,1884. Syllogae Funggorum,III,p. 531.

[20] Saccardo P. A. ,1884. Rev. Myc. ,XVI,p. 12.

[21] http://www. agro. ar. szczecin. pl/~jblaszkowski/Mycota/pages /Septoria%20petroselini-17-9-r_psd. htm.

ICS 65.020.01
B 16

中华人民共和国国家标准

GB/T 28980—2012

松异带蛾检疫鉴定方法

Detection and identification of *Thaumetopoea pityocampa* (Denis & Schiffermüller)

2012-12-31 发布　　2013-06-01 实施

中华人民共和国国家质量监督检验检疫总局
中国国家标准化管理委员会　发布

前　言

本标准按照 GB/T 1.1—2009 给出的规则起草。

本标准由全国植物检疫标准化技术委员会(SAC/TC 271)提出并归口。

本标准起草单位：中华人民共和国厦门出入境检验检疫局检验检疫技术中心、中华人民共和国江苏出入境检验检疫局、福建省农业科学院植物保护研究所、中华人民共和国浙江出入境检验检疫局。

本标准主要起草人：黄蓬英、徐梅、林玲玲、傅建炜、吴志毅、林石明、廖富荣、吴媛。

松异带蛾检疫鉴定方法

1 范围

本标准规定了松异带蛾的取样、饲养、成虫生殖器解剖和鉴定等方法。

本标准适用于松异带蛾检疫和鉴定。

2 术语和定义

下列术语和定义适用于本文件。

2.1

眼骨突 canthus

两复眼之间的骨化突起。

2.2

前闰脉 discoidal vein

鳞翅目中的第1中脉。

2.3

中室 median cell

翅中部区域所在的翅室。

3 松异带蛾基本信息

学名：*Thaumetopoea pityocampa* (Denis & Schiffermüller)。

异名：*Traumatocampa pityocampa* (Denis & Schiffermüller)

Cnethocampa pityocampa Schiff。

属鳞翅目 Lepidoptera，异舟蛾科 Thaumetopoeidae，异舟蛾属 *Thaumetopoea*。

幼虫随寄主植物针叶、枝条传播是主要传播途径，老熟幼虫或蛹也可能随包装材料传带。

近似种类 *Thaumetopoea bonjeani* Powell，*Thaumetopoea jordana* Staudinger，*Thaumetopoea herculeana* Rambur，*Thaumetopoea processionea* Linnaeus，*Thaumetopoea pinivora* Treitschke，*Thaumetopoea solitaria* Freyer，*Thaumetopoea wilkinsoni* Tams 等(参见附录 A)。

松异带蛾的其他信息参见附录 B。

4 方法原理

根据松异带蛾的危害状，在检疫现场肉眼观察寄主针叶、枝条，集装箱四周，包装材料，取得幼虫或蛹虫样，饲养幼虫或蛹获得成虫，解剖制作外生殖器标本，用显微镜观察，根据形态特征对种类进行判定。

5 器材和试剂

体视显微镜、手持放大镜、昆虫针、解剖刀、解剖针、载玻片、盖玻片、塑料盒(管)、细沙、小毛笔、玻璃纸、展翅板、70%乙醇、10%氢氧化钠、无水乙醇、二甲苯、加拿大树胶、乙醚、氰化钾毒瓶、控温控湿培养箱。

6 检测与饲养

6.1 寄主植物检查

仔细检查寄主植物针叶、枝条等,将现场检疫所获得的各虫态带回实验室。

6.2 包装材料检查

在检疫现场,检查集装箱四周、包装材料上有无老熟幼虫或蛹。如发现疑似幼虫或蛹,可用指形管盛装,带回实验室。

6.3 蛹的培养

将蛹置于有透气孔的塑料盒(管)内的湿细沙表层中,将塑料盒(管)置于养虫箱内,在20 ℃~25 ℃、相对湿度为65%的条件下饲养至成虫。

7 标本的制作准备

7.1 成虫针插标本

在容器内投入滴有乙醚的棉球,成虫失去活力后,将其取出置于氰化钾毒瓶内,使之真正死亡。使用小毛笔和玻璃纸展翅制成针插标本,供鉴定。

7.2 成虫外生殖器玻片标本

将成虫腹部取下,浸泡在10%氢氧化钠水溶液中,煮沸5 min,取出解剖,剔除与外生殖器无关的体壁、肌肉、内脏等,再放到75%、85%、95%和100%乙醇中各10 min,最后置于二甲苯中透明,整形,再放到载片上,滴上加拿大胶,盖片风干,加贴标签。

8 实验室鉴定

8.1 异舟蛾科鉴定特征(参见附录C)

喙退化或缺;下唇须小,常高度退化。单眼缺。后足胫节只有1对距。雄腹部末端有1简单的毛簇。

8.2 异舟蛾属鉴定特征

雌雄虫触角双栉齿状(有时雌虫触角线状)。额间具眼骨突。喙退化。后足胫节具一对简单距。翅相当阔,前翅前缘直,翅端呈直角,臀角不明显。雄性外生殖器的爪形突短,通常圆;颚形突阔,豆芽形,甚至半圆;背兜阔,向末端缢缩;抱握器叶片状,抱器背基部具典型短突起,有时在前缘或末端具突起,阳茎与抱握器几乎等长,纤细。

8.3 松异带蛾鉴定特征

8.3.1 成虫

8.3.1.1 概貌

雌成虫翅展35 mm~50 mm。雄成虫较小,翅展30 mm~40 mm。眼骨突明显(参见附录D),呈锯齿状脊突。雌虫触角线状,雄虫双栉齿状,或雌雄为双栉齿状(参见附录E)。触角基部浅黄色,末端深褐色。胸部具毛。雌虫腹部粗壮,最后几节覆盖大片鳞片,鳞片长于2 mm,近基部不呈点状。雄虫腹部尖细,具毛簇。

8.3.1.2 **翅**

前翅灰白色,翅脉、翅缘和3条横带深色。雌虫翅上斑纹不明显,横带弱锯齿状,两端圆钝,前翅前闰脉第1段与前缘形成35°夹角。后翅白色,边缘灰色,臀区具灰褐色斑(参见附录F)。

8.3.1.3 **雄性外生殖器**

雄性外生殖器的爪形突短,末端钝;颚形突短阔;背兜阔,向末端缢缩;抱握器叶片状,抱器背前缘近基部具指状突起,阳茎与抱握器近等长,末端尖,阳茎端基环下部盾形,基部伸出阳茎外(参见附录G)。

8.3.2 **卵**

球形,白色。常产在树冠底部,围绕松针堆产成圆柱形。卵块宽25 mm~40 mm,高5 mm,每卵块大约有70~300粒。卵块上覆盖有雌虫腹部末端覆盖的鳞片。有时卵灰褐色,与树枝颜色相似,是一种保护色(参见图H.1)。

8.3.3 **幼虫**

共5龄。一龄幼虫暗绿色。第二次褪皮后幼虫的特征不再变化。每节体背具成对排列的红色毛簇。老熟幼虫38 mm~45 mm。毛丛生,每体节上具一对。不同地区幼虫毛丛和覆盖物颜色变化大,在严寒地区为暗灰蓝色至黑色。头壳黑色。侧毛和腹毛颜色为白至深黄色。背毛颜色在黄色或深棕色之间,虫体下方浅褐色至褐色(参见图H.2和图H.3)。

8.3.4 **蛹**

在土中化蛹,卵圆形,浅褐色。被蛹,长20 mm,椭圆形,浅褐黄色,后变成深红褐色。臀棘钝圆,具2根粗壮弯曲的刺(参见图H.4)。

8.4 **与近似种 *Th. pinivora* 的主要区别**

与松异带蛾相比,*Th. pinivora* 分布更北,也可以从前翅横带、后翅缘毛、雌虫胸部鳞片的颜色及眼骨突(参见附录D)等相区别。

松异带蛾:前翅横带不清楚或呈弱锯齿形,前缘区的横带从中后部起无分叉,伸达翅内缘的三分之二。后翅缘毛白色,臀角区缘毛为褐黑色,雌虫胸部具浅灰色鳞片,眼骨突后部分比 *Th. pinivora* 更突出(参见图D.2)。

Th. pinivora:前翅横带清楚或呈尖锯齿形,前缘区的横带从中后部起具许多分叉,伸达翅内缘的四分之三。后翅缘毛灰色,雌虫胸部具深灰色鳞片(参见图D.3)。

9 结果判定

以成虫鉴别特征为依据,完全符合8.3.1描述的形态特征可以确定为松异带蛾。以卵、幼虫、蛹的形态特征为参考。

10 样品保存

鉴定后的标本要永久保存,并加注明时间、地点、寄主、采集人等信息的标签。幼虫可保存在70%的乙醇中。

附　录　A
（资料性附录）
检　索　表

松异带蛾及其近似种成虫检索表

1. 眼骨突突起圆、大且光滑 …… 2
   眼骨突突起呈不同形状，不光滑 …… 3
2. 后翅无横带 …… *Th. solitaria*
   后翅具横带 …… *Th. processionea*
3. 前翅底色灰白色 …… 4
   前翅底色栗褐色或白色 …… 7
4. 雄虫前翅具横线，黑色，无浅黄色鳞片；雌虫臀板具鳞片，鳞片长长于 2 mm 或近基部不呈点状 …… 5
   雄虫前翅具横线，黑色，无浅黄色鳞片；雌虫臀板具鳞片，鳞片长不长于 2 mm 或近基部不呈点状 …… 6
5. 前翅前闰脉第 1 段与前缘形成 35°夹角 …… *Th. pityocampa*
   前翅前闰脉第 1 段与前缘形成 50°夹角 …… *Th. wilkinsoni*
6. 亚基线与前缘相比更靠近内缘，基线与内缘汇合在一起 …… *Th. pinivora*
   亚基线与前缘和内缘的距离相等 …… *Th. bonjeani*
7. 前翅具中室 …… *Th. herculeana*
   前翅无中室 …… *Th. jordana*

附　录　B
（资料性附录）
松异带蛾其他信息

B.1　寄主植物

主要为害松属、雪松属和落叶松属植物，是它们的毁灭性害虫之一。

松属 *Pinus*（*Pinus nigra* var. *austriaca*，*Pinus sylvestris*，*Pinus nigra* var. *laricio*，*Pinus pinea*，*Pinus halepensis*，*Pinus pinaster*，*Pinus canariensis*）

雪松属 *Cedrus*（*Cedrus atlantica*）

落叶松属植物 *Larix*（*Larix decidua*）。

B.2　地理分布

法国、葡萄牙、西班牙、瑞士、希腊、匈牙利、以色列、意大利、奥地利、保加利亚、前南斯拉夫、塞浦路斯、阿尔巴尼亚、阿尔及利亚、土耳其、黎巴嫩、叙利亚、突尼斯、摩洛哥、利比亚等。

B.3　生物学

松异带蛾幼虫主要取食松针，对松树（尤其幼龄树）造成严重危害，严重时导致幼树全部死亡，影响成年树生长发育。老熟幼虫入土化蛹。

松异带蛾生活史周期一般为 1 年，但在高原或纬度较高的北部地区全部或部分种群生活史周期可为 2 年以上。生活周期有 2 个阶段，成虫、卵和幼虫在地上完成发育，蛹在地下完成发育。－12 ℃～30 ℃该虫可存活，最适发育温度为 20 ℃～25 ℃。卵以锯齿状卵块形式产在针叶对生处周围，呈螺旋形排列。

在地中海地区，松异带蛾为最重要的森林害虫之一，在松树林中普遍可见。在新再生林地区食叶危害特别严重，可直接导致树木死亡。在成熟林树木虽很少被致死，但可严重减少树木生长量。

附 录 C
（资料性附录）
异舟蛾科成虫背面及脉序

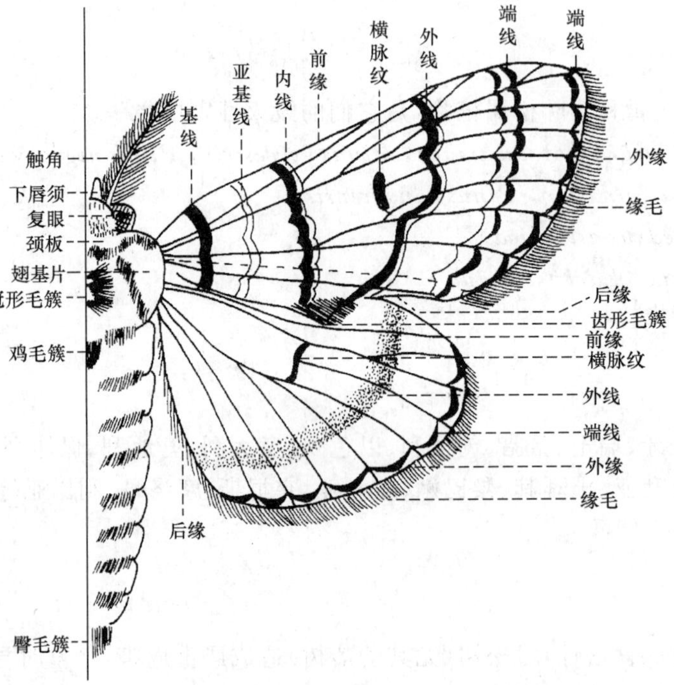

图 C.1 异舟蛾科成虫背面特征示意图

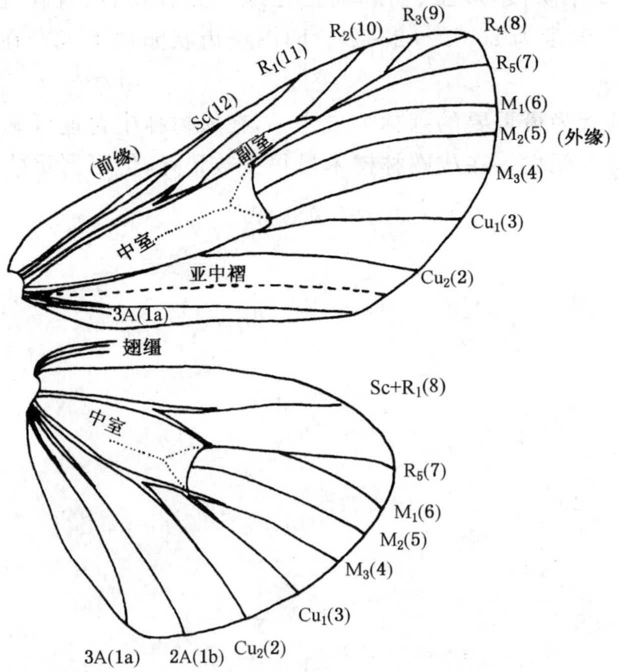

图 C.2 异舟蛾科的脉序

附 录 D
（资料性附录）
眼 骨 突

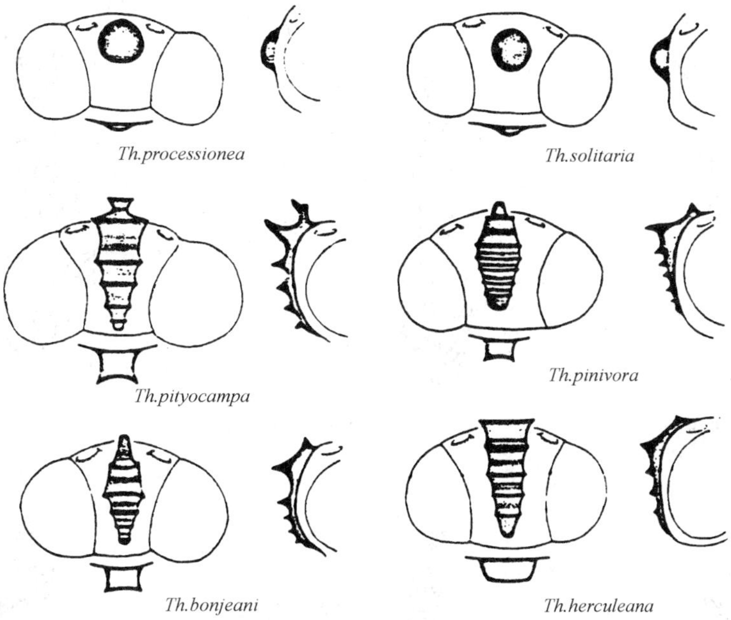

图 D.1 松异带蛾及其近似种眼骨突[引自 OEPP/EPPO PM7/37(1)]

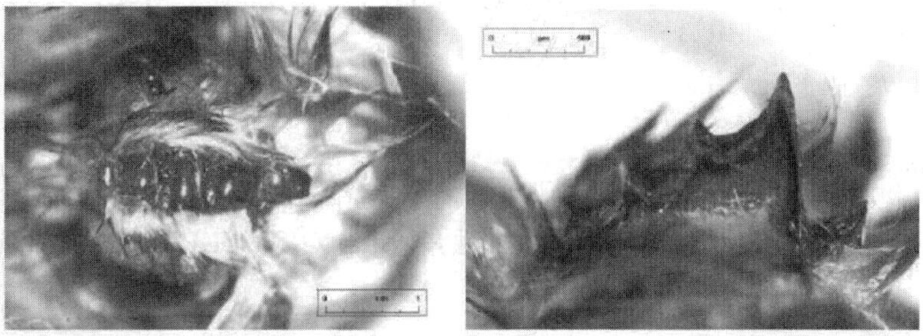

图 D.2 松异带蛾眼骨突[引自 OEPP/EPPO PM7/37(1)]

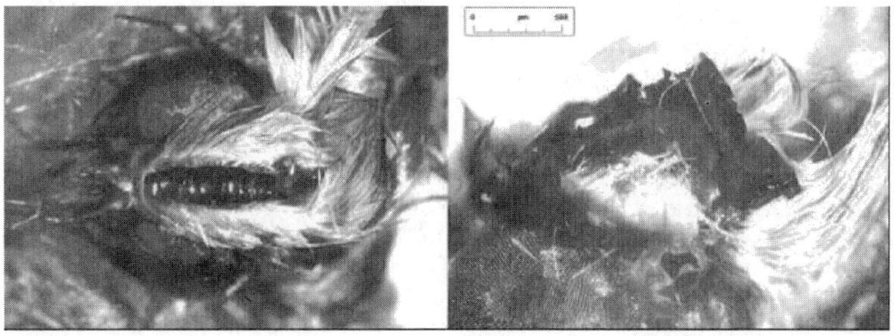

图 D.3 *Th. pinivora* 眼骨突[引自 OEPP/EPPO PM7/37(1)]

附 录 E
（资料性附录）
雄虫触角

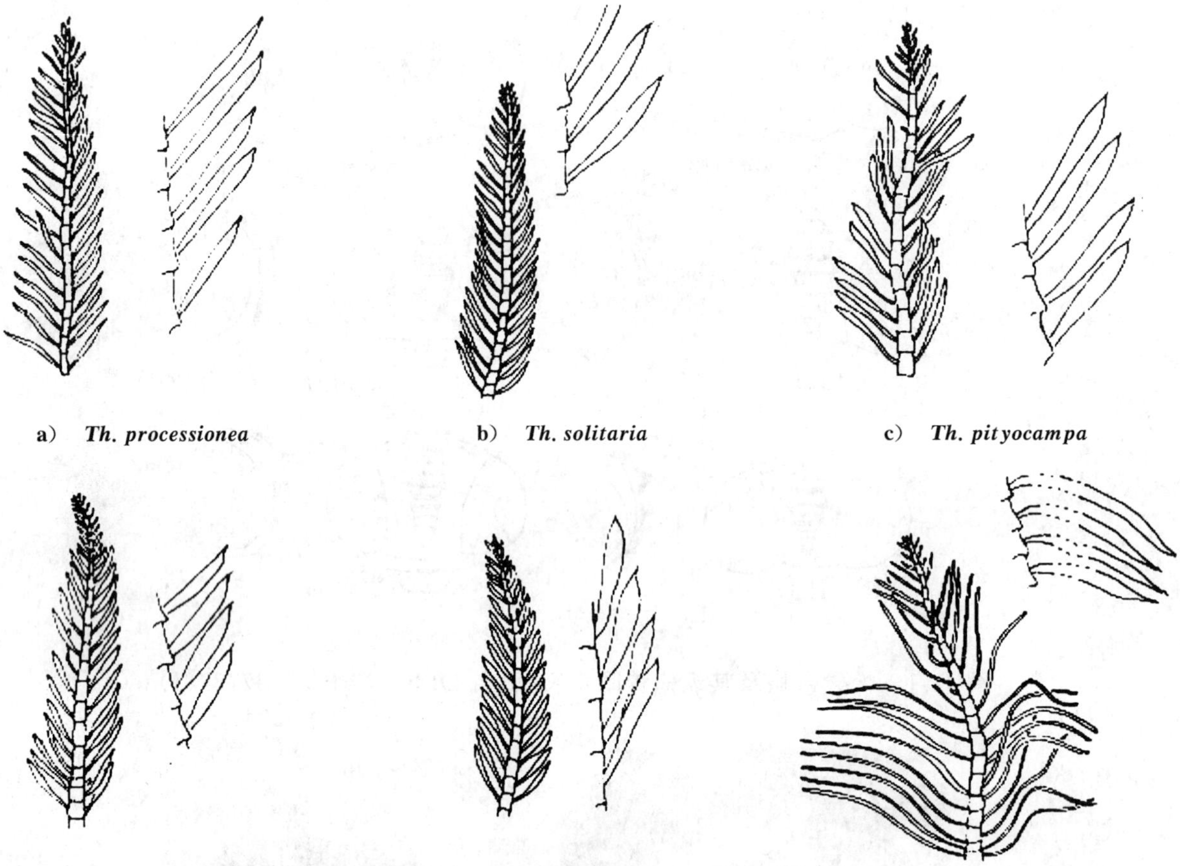

a） *Th. processionea*　　b） *Th. solitaria*　　c） *Th. pityocampa*

d） *Th. pinivora*　　e） *Th. bonjeani*　　f） *Th. herculeana*

图 E.1　松异带蛾及其近似种雄虫触角[引自 OEPP/EPPO PM7/37(1)]

附 录 F
（资料性附录）
成 虫 图

图 F.1　松异带蛾成虫图

图 F.2　不同生境下松异带蛾成虫

图 F.3　*Th. pinivora* 成虫图

附 录 G
（资料性附录）
雄性外生殖器

a） *Th. pityocampa*　　b） *Th. pinivora*　　c） *Th. bonjeani*

图 G.1 松异带蛾及其近似种雄性外生殖器[引自 OEPP/EPPO PM7/37(1)]

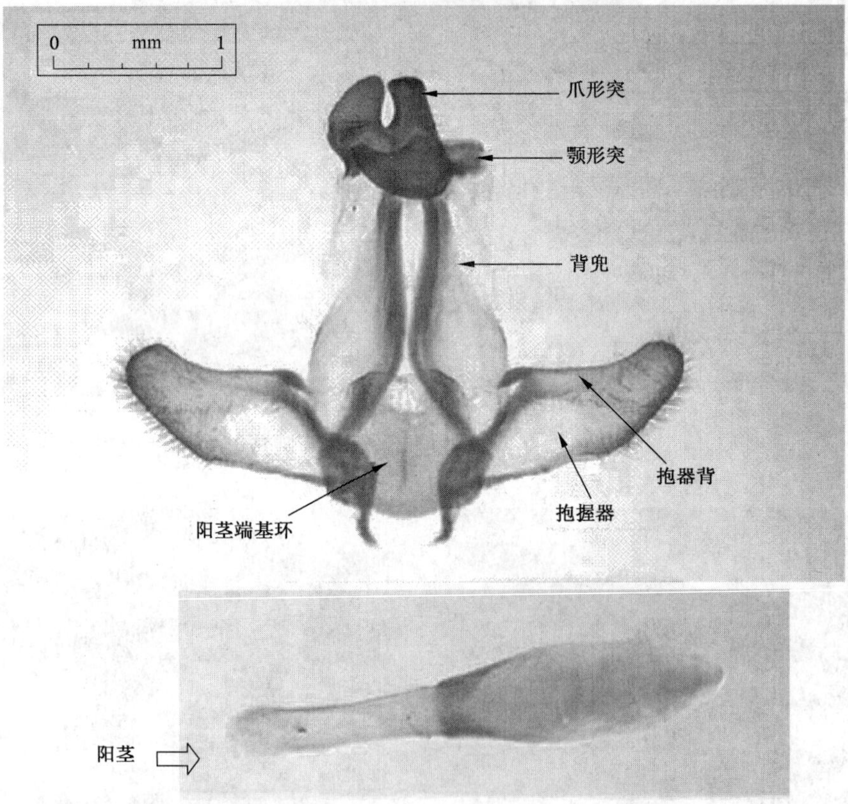

图 G.2 松异带蛾雄性外生殖器[引自 OEPP/EPPO PM7/37(1)]

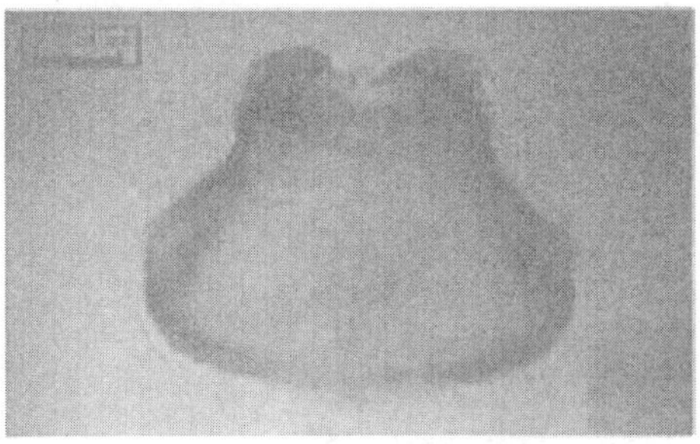

a） *Th. pityocampa*

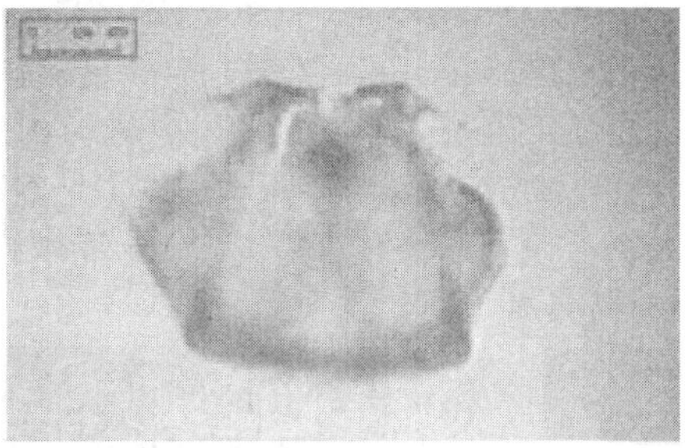

b） *Th. pinivora*

图 G.3 松异带蛾与 *Th. pinivora* 雄性外生殖器阳茎端基环[引自 OEPP/EPPO PM7/37(1)]

附 录 H
（资料性附录）
松异带蛾卵块、幼虫、蛹及巢

图 H.1 松异带蛾卵块

图 H.2 松异带蛾初龄幼虫

图 H.3 松异带蛾老熟幼虫

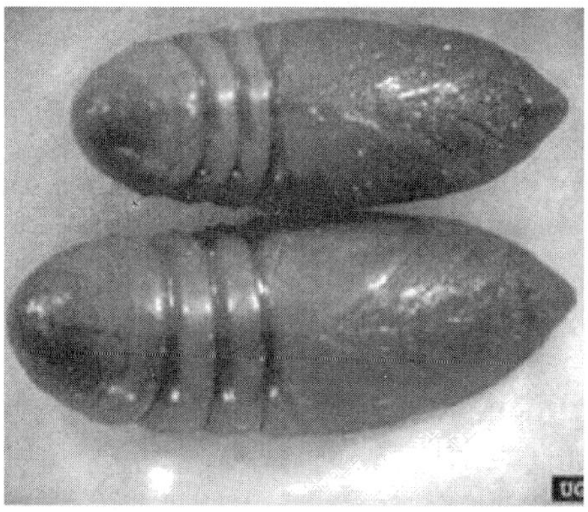

图 H.4 松异带蛾蛹

图 H.5 松异带蛾巢

ICS 65.020.01
B 16

中华人民共和国国家标准

GB/T 28981—2012

齿兰环斑病毒检疫鉴定方法

Detection and identification of odontoglossum ringspot virus

2012-12-31 发布　　　　2013-06-01 实施

中华人民共和国国家质量监督检验检疫总局
中国国家标准化管理委员会　发布

前　言

本标准按照 GB/T 1.1—2009 给出的规则起草。

本标准由全国植物检疫标准化技术委员会(SAC/TC 271)提出并归口。

本标准起草单位:中华人民共和国宁波出入境检验检疫局、中华人民共和国上海出入境检验检疫局、中国检验检疫科学研究院、中华人民共和国浙江出入境检验检疫局。

本标准主要起草人:闻伟刚、陈先锋、杨翠云、郭立新、鲁洁、张永江、张明哲、徐瑛、崔俊霞、张慧丽。

齿兰环斑病毒检疫鉴定方法

1 范围

本标准规定了齿兰环斑病毒血清学和分子生物学特征的检测方法。

本标准适用于种子、种球、花卉和种苗等植物材料中齿兰环斑病毒的检测，也适用于蚜虫等传播媒介中该病毒的检测。

2 齿兰环斑病毒基本信息

中文名：齿兰环斑病毒

学　名：odontoglossum ringspot virus

缩　写：ORSV

属烟草花叶病毒属（*Tobamovirus*），齿兰环斑病毒其他信息参见附录 A。

3 方法原理

利用基于抗原抗体反应的双抗夹心酶联免疫吸附测定（Double antibody sandwich enzyme-linked immunosorbent assay，DAS-ELISA）、体外 DNA 合成技术的反转录聚合酶链式反应（Reverse transcription polymerase chain reaction，RT-PCR）、实时荧光反转录聚合酶链式反应（real-time fluorescent RT-PCR）进行检测鉴定。

4 仪器设备、用具和试剂

4.1 仪器设备

PCR 仪、实时荧光 PCR 仪、超净工作台、电子天平（感量：0.001 g）、电泳仪、电泳槽、凝胶成像系统、高速冷冻离心机、超低温冰箱（−80 ℃）、高压灭菌锅、小型食品加工机、微波炉、酶标仪。

4.2 用具

可调式微量移液器（2 μL、10 μL、100 μL、200 μL、1 000 μL、5 000 μL）及相应的无 RNase 吸头、无 RNase 离心管、PCR 管和研钵等。

4.3 试剂

主要试剂和缓冲液见附录 B 和附录 C。

5 检测

5.1 样品制备

取 0.5 g～10 g 种子、种球鳞片或畸形、变色症状的叶片等植物组织，在研钵或小型食品加工机中充分研磨，取五分之一量的均匀后样品，转入离心管中，按1∶10(质量∶体积)加入样品提取缓冲液振荡混匀。媒介昆虫按1∶10(质量∶体积)加入样品提取缓冲液研磨混匀。2 000 *g* 离心10 min，上清液即为DAS-ELISA、RT-PCR和实时荧光RT-PCR检测粗提液。

注：提取液在3 h内使用，否则保存在4 ℃条件下。

5.2 检测方法

5.2.1 双抗体酶联免疫吸附测定方法(DAS-ELISA)

DAS-ELISA检测应设置对照，用健康的植物组织作阴性对照，用感染ORSV的植物组织作阳性对照，用样品提取缓冲液作空白对照。其中，阴性对照材料应该尽量与所检测样品一致。

具体操作步骤见附录B。当使用商品化检测试剂盒时，参照试剂盒使用说明进行操作。

5.2.2 RT-PCR方法

RT-PCR检测应设置对照，用健康的植物组织作阴性对照，用感染ORSV的植物组织作阳性对照，用ddH_2O作空白对照。

具体操作步骤见附录C。当使用商品化检测试剂盒时，参照试剂盒使用说明进行操作。

5.2.3 实时荧光RT-PCR方法

实时RT-PCR检测应设置对照，用健康的植物组织作阴性对照，用感染ORSV的植物组织作阳性对照，用ddH_2O作空白对照。

具体操作步骤见附录D。当使用商品化检测试剂盒时，参照试剂盒使用说明进行操作。

6 结果判定

样品经DAS-ELISA与RT-PCR检测，结果均呈阳性，可判定样品携带齿兰环斑病毒。

样品经DAS-ELISA与实时荧光RT-PCR检测，结果均呈阳性，可判定样品携带齿兰环斑病毒。

7 样品保存与记录

7.1 样品保存

经检测确定携带齿兰环斑病毒的样品保存在－80 ℃冰箱中，并做好登记和标记工作。样品保存期限至少1年。

7.2 结果记录与资料保存

完整的实验记录包括：样品的来源、名称、唯一性标识、检测时间、地点、方法和结果等。血清学测定需有酶联反应吸光值的原始数据，RT-PCR检测需有电泳结果图片，实时荧光PCR需要有荧光曲线图与Ct值。结果记录与资料保存期限至少1年。

附 录 A
（资料性附录）
齿兰环斑病毒相关资料

A.1 名称

中文名：齿兰环斑病毒

学 名：odontoglossum ringspot virus

缩 写：ORSV

分类地位：烟草花叶病毒属（*Tobamovirus*）。

A.2 寄主范围

主要寄主是建兰（*Cymbidium ensifolium*）、蝴蝶兰（*Phalaenopsis* sp.）、文心兰（*Oncidium* sp.）等兰科（Orchidaceae）植物。

A.3 为害症状

感染了ORSV的兰花，叶片常产生黄化条纹或不规则褪绿色斑块，花部甚至出现畸形或褪色斑，红色系花朵尤为明显。

A.4 分布地区

在世界各地均有分布。

A.5 传播方式

可通过无性繁殖材料、机械操作携带汁液、蚜虫等传播。

A.6 粒体形态

长约300 nm，宽约18 nm的杆状病毒，颗粒中轴可清楚分辨，部分病毒头尾相连。

A.7 基因组

ORSV粒体分散在细胞质内基晶格排列。内含体为X—体，病毒基因组6 395 nt。沉降系数211.6 S，核酸为单链RNA，相对分子质量2×10^{6}。

附 录 B
（规范性附录）
双抗体夹心酶联免疫吸附方法（DAS-ELISA）

B.1 试剂

B.1.1 10×PBST 缓冲液（pH 7.4）

氯化钠（NaCl）	80 g
磷酸二氢钾（KH_2PO_4）	2 g
磷酸氢二钠（Na_2HPO_4）	11.5 g
氯化钾（KCl）	2 g
吐温（Tween-20）	5 mL

溶于 900 mL 的灭菌蒸馏水中，用浓盐酸（HCl）调节 pH 至 7.4，并定容至 1 000 mL。

B.1.2 样品抽提缓冲液（pH 7.4）

亚硫酸钠（Na_2SO_3）	1.3 g
聚乙烯基吡咯烷酮（PVP）	20 g
叠氮钠（NaN_3）	0.2 g
Tween-20	20 mL

溶于 900 mL 的 1×PBST 中，用 HCl 调节 pH 至 7.4，定容至 1 000 mL。

B.1.3 包被抗体缓冲液（pH 9.6）

碳酸钠（Na_2CO_3）	1.59 g
碳酸氢钠（$NaHCO_3$）	2.93 g

溶解于 900 mL 灭菌蒸馏水中，用浓盐酸（HCl）调节 pH 至 9.6，并定容至 1 000 mL。

B.1.4 酶标抗体缓冲液（pH 7.4）

1×PBST 缓冲液	800 mL
牛血清白蛋白（BSA）	2 g
PVP（MW 24 000～40 000）	20 g

用灭菌蒸馏水定容至 1 000 mL。

B.1.5 底物（ρNPP）缓冲液（pH 9.8）

二乙醇胺	97 mL
NaN_3	0.2 g

溶解于 600 mL 的灭菌蒸馏水中，用浓盐酸（HCl）调节 pH 至 9.8，然后用灭菌蒸馏水定容至1 000 mL。

B.2 检测

B.2.1 包被抗体

用包被缓冲液将 ORSV 抗体按说明稀释，加入酶联板的孔中，100 μL/孔，室温孵育 2 h 或 4 ℃包被过夜。

B.2.2 加样

清空酶联板孔中溶液，用 PBST 缓冲液清洗 6～8 次，在吸水纸上拍干。每孔加入 100 μL 制备好的样品检测粗提液，每个样品设 2 个重复。同时，设置阴性对照、阳性对照和空白对照。室温孵育 2 h 或 4 ℃过夜。

B.2.3 加酶标抗体

用酶标抗体缓冲液将酶标抗体按说明稀释。清空酶联板孔中溶液，用 PBST 缓冲液清洗 6～8 次，在吸水纸上拍干。每孔加入 100 μL 酶标抗体溶液，室温孵育 2 h。

B.2.4 加底物

将底物 ρNPP 加入到底物缓冲液中使终浓度为 1 mg/mL(现配现用)。清空酶联板孔中溶液，用 PBST 缓冲液清洗 6～8 次，在吸水纸上拍干。每孔加入 100 μL 底物溶液，室温避光孵育至阳性对照孔显色明显(约 30 min～60 min)。

B.2.5 吸光值的测定

用酶标仪在 405 nm 波长下测定各孔的吸光值并记录。

B.3 结果判定

B.3.1 质量控制要求

缓冲液孔和阴性对照孔的 OD_{405} 值小于 0.15，阴性对照孔的 OD_{405} 值小于 0.05 时，按 0.05 计算。阳性对照有明显的颜色反应，孔的重复性以样品 OD 值的平行允许率控制，按照式(B.1)进行计算：

$$P=\frac{OD_1-OD_2}{(OD_1+OD_2)\times 1/2}\times 100\% \qquad \text{(B.1)}$$

式中：

P ——平行允许率；

OD_1 ——重复样品 1；

OD_2 ——重复样品 2。

当重复检测样品 OD 值平行允许率(P)小于 20%时，判定检测结果有效。

B.3.2 若满足不了 B.3.1 的质量要求，则不能进行结果判定。

B.3.3 在满足了 B.3.1 的质量要求后，则按如下原则作出判定：

样品 OD_{405}/阴性对照 OD_{405} 值≥2，结果判定为阳性；

样品 OD_{405}/阴性对照 OD_{405} 值<2，判为阴性。

附 录 C
（规范性附录）
RT-PCR 方法

C.1 主要试剂

C.1.1 RNA 提取试剂

Trizol、三氯甲烷、异丙醇、70%乙醇、焦碳酸二乙酯(DEPC)处理的 ddH_2O。

C.1.2 RT-PCR 反应试剂

一步 RT-PCR 反应试剂：AMV 反转录酶(5 U/μL)、RNA 酶抑制剂(40 U/μL)、AMV-*Optimized Taq* 聚合酶(5 U/μL)、10×RT 缓冲液(含 50 mmol/L 的 Mg^{2+})、dNTP 混合物(各 10 mmol/L)。

C.1.3 电泳缓冲液 TAE(50×)

三羟甲基氨基甲烷(Tris)	242 g
冰乙酸	52.1 mL
乙二胺四乙酸二钠($Na_2EDTA \cdot 2H_2O$)	37.2 g

用灭菌蒸馏水定容至 1 000 mL。用时加灭菌蒸馏水稀释至 1×TAE。

C.1.4 溴化乙锭(EB)溶液(10 μg/μL)

溴化乙锭	20 mg
灭菌去离子水	20 mL

C.2 RNA 提取

C.2.1 取 100 μL 样品检测粗提液到 1.5 mL 离心管中，再加入 700 μL Trizol 和 200 μL 三氯甲烷，上下颠倒混匀 5 min；4 ℃ 10 000 *g* 离心 10 min，小心吸取上层无色水相到新离心管中。

C.2.2 加入等体积异丙醇，混匀，4 ℃ 静置 10 min；4 ℃ 10 000 *g* 离心 10 min，弃上清液。

C.2.3 加入 700 μL 70%乙醇清洗一遍沉淀。RNA 沉淀干燥后，加入 20 μL 焦碳酸二乙酯(DEPC)处理的 ddH_2O 溶解。

注：在保证能够得到质量满意的总 RNA 情况下，也可以采用其他总 RNA 提取方法。

C.3 引物序列

ORSV1：5'-ttacagacccgtctaagctggc-3'；

ORSV2：5'-caagtaagtccagacatcgtctc-3'。

预期扩增片断长度为 451 bp。

C.4 RT-PCR 扩增

反应体系如下：10×RT 缓冲液(含 50 mmol/L 的 Mg^{2+})2.5 μL、dNTP 混合物(各 10 mmol/L)

2.5 μL、RNA 酶抑制剂(40 U/μL)0.5 μL、AMV 反转录酶(5 U/μL)0.5 μL、AMV-*Optimized Taq* 聚合酶(5 U/μL)0.5 μL、ORSV1 引物(20 μmol/L)0.5 μL、ORSV2 引物(20 μmol/L)0.5 μL、总 RNA 1 μL、RNase free dH_2O 16.5 μL,总体积 25 μL。使用 One-step RNA PCR kit 试剂盒或其他等效产品,也可采用两步法 RT-PCR 反应试剂,操作步骤按使用说明进行。每个样品设 2 个重复,同时设置阴性对照、阳性对照和空白对照。

反应条件:50 ℃ cDNA 合成 30 min,94 ℃预变性 2 min;94 ℃变性 30 s,60 ℃复性 30 s,72 ℃延伸 1 min,35 个循环;最后 72 ℃延伸 5 min。

C.5 琼脂糖凝胶电泳检测

C.5.1 制备凝胶

用 1×TAE 配制 1.5%琼脂糖凝胶,加热溶化后冷却至 55 ℃左右。

C.5.2 加溴化乙锭

将溴化乙锭(EB)加入到配制好的凝胶中,EB 终浓度为 0.5 μg/mL。将凝胶倒入凝胶槽中,插上样品梳子。冷却凝固后拔掉梳子,在电泳槽内加入 1×TAE,缓冲液要没过凝胶表面约 1 mm。

C.5.3 加样

将加样缓冲液与扩增产物按比例混合后加入样品孔,并设置相对分子质量标准(Marker)。

C.5.4 电泳

接通电源,以 3 V/cm~5 V/cm 电场强度进行电泳,0.5 h 后观察结果。

C.5.5 结果观察

电泳结束后,将整个凝胶置于凝胶成像系统上观察,记录结果。

C.6 结果判定

阳性对照、阴性对照与空白对照正确,待测样品出现 451 bp 的扩增条带,经测序和同源性比较,结果为 ORSV 序列时,判定为阳性。

阳性对照、阴性对照与空白对照正确,待测样品未出现 451 bp 的扩增条带,判定为阴性。

附　录　D
（规范性附录）
实时荧光 RT-PCR 方法

D.1　实验步骤

D.1.1　引物和探针序列

引物序列：ORSV-TF：5’-gggctgaccccaattcacta-3’

ORSV-TR：5’-atcagcaaactgctgttgaacag-3’

探针序列：ORSV-probe：5’-FAM-accaattctctgggtaatcagttcca-Eclipse-3’

D.1.2　RNA 提取

操作方法见 C.2。

D.1.3　实时荧光 PCR 反应体系

反应体系如下：2× One Step RT-PCR Buffer Ⅲ 10 μL、20 μmol/L 上下游引物各 0.6 μL、20 μmol/L荧光探针 0.6 μL、50×ROX reference dye 0.4 μL、5 U/μL EX *Taq*™ HS 0.4 μL、PrimeScript™ RT Enzyme MixⅡ 0.4 μL、总 RNA 1 μL、RNase free dH_2O 6 μL，总体积 20 μL。采用 One Step PrimeScript™ RT-PCR Kit (Perfect Real Time)或其他等效产品，也可采用两步法实时荧光 RT-PCR 反应试剂，操作步骤按使用说明进行。每个样品设 2 个重复，同时设置阴性对照、阳性对照和空白对照。

D.1.4　实时荧光 PCR 反应参数

反应条件：42 ℃ 5 min，95 ℃ 10 s；然后 95℃ 5 s，60 ℃ 31 s，共 40 个循环。本反应条件适用于 ABI 7 000 型荧光 PCR 仪，如使用其他荧光 PCR 仪，可以根据仪器性能进行适当调整。仪器操作方法按照设备使用说明进行，反应结束后保存各项数据和图像。

D.2　结果判定

D.2.1　阈值设定

阈值设定根据仪器噪音情况进行调整，或以阈值线刚好超过阴性对照扩增曲线的最高点。

D.2.2　质控标准

阳性对照的 Ct 值应<30.0，并出现典型的扩增曲线。否则，此次实验结果无效。阴性对照和空白对照无 Ct 值。

D.2.3 结果判定

样品无 Ct 值并且无扩增曲线，判定为阴性。

样品 Ct 值≤35.0，且出现典型的扩增曲线，判定为阳性。

样品 Ct 值在 35.0～40.0 之间时，应重新提取样品总 RNA 进行扩增检测。重做结果无 Ct 值，判为阴性；否则判为阳性。

ICS 65.020.01
B 16

中华人民共和国国家标准

GB/T 28982—2012

番茄斑萎病毒PCR检测方法

Detection of tomato spotted wilt virus by PCR

2012-12-31发布 2013-06-01实施

中华人民共和国国家质量监督检验检疫总局
中国国家标准化管理委员会 发布

前言

本标准按照 GB/T 1.1—2009 给出的规则起草。

本标准由全国植物检疫标准化技术委员会(SAC/TC 271)提出并归口。

本标准起草单位：中华人民共和国上海出入境检验检疫局、中华人民共和国厦门出入境检验检疫局、中华人民共和国北京出入境检验检疫局。

本标准主要起草人：于翠、杨翠云、廖富荣、易建平、邓丛良、戚龙君。

番茄斑萎病毒 PCR 检测方法

1 范围

本标准规定了番茄斑萎病毒的 RT-PCR、免疫磁珠 RT-PCR 和实时荧光 RT-PCR 检测方法。

本标准适用于包括种子、苗木和无性繁殖材料的活体植物材料及传毒介体中携带的番茄斑萎病毒的检测。

2 规范性引用文件

下列文件对于本文件的应用是必不可少的。凡是注日期的引用文件，仅注日期的版本适用于本文件。凡是不注日期的引用文件，其最新版本(包括所有的修改单)适用于本文件。

SN/T 2122 进出境植物及植物产品检疫抽样

3 番茄斑萎病毒基本信息

中文名：番茄斑萎病毒

英文名：tomato spotted wilt virus

缩写：TSWV

分类地位：布尼亚病毒科(Bunyaviridae)，番茄斑萎病毒属(*Tospovirus*)

番茄斑萎病毒其他信息参见附录 A。

4 方法原理

用特异性抗体修饰的磁株吸附待测样品中的病毒粒子后经高温裂解释放出病毒 RNA，或直接从待测样品材料中提取植物总 RNA，然后在逆转录酶的作用下合成 cDNA，以 cDNA 为模板再通过普通 RT-PCR 或实时荧光 RT-PCR 进行检测。分析 PCR 结果即可明确材料中是否含有病毒核酸成分。

5 仪器、用具及试剂

5.1 仪器设备

PCR 仪，实时荧光 PCR 仪，旋转孵育器，电泳仪，凝胶分析成像系统，水浴锅，高速冷冻离心机，高压灭菌锅，微波炉，涡旋振荡器，电子天平(感量 0.001 g)，超低温冰箱(−80 ℃)等。

5.2 用具

磁力架，可调式微量移液器，无 RNase 吸头，无 RNase 离心管，PCR 管，研钵等。

5.3 试剂

除有特殊说明外，所有实验用试剂均为分析纯或生化试剂。试剂配制见附录 B。

番茄斑萎病毒抗体，磁珠(具有超顺磁性的聚苯乙烯珠子，直径 280 nm，表面标记有甲苯磺酰基)，

Trizol 或 RNA 抽提试剂盒，三氯甲烷，异丙醇，无水乙醇，无 RNAase 水，逆转录试剂盒，PCR 反应相关试剂，溴化乙锭，DNA 相对分子质量标记(100 bp～2 000 bp)，琼脂糖等。

6 抽样和样品制备

6.1 症状观察

现场检疫主要观察进境植物材料上病毒为害的症状，TSWV 为害症状描述参见附录 A。

6.2 抽样

尽量抽取有病毒为害症状的植物材料送检，当寄主植物无症状时，也需要抽样送检。若在抽样过程中发现蓟马，则需高度重视，植物样品和发现的所有蓟马装入虫样管中送实验室检测。抽样方法按 SN/T 2122 中规定执行。

6.3 样品制备

如果是种苗样品，建议在植物的不同部位采样、制样以避免病毒在植物体内分布的不均匀；将待测样品放入研钵后加入液氮研磨，取 100 mg 用于抽提 RNA；或者将待测样品在常温下研磨后加入样品抽提缓冲液，离心取上清液用于免疫磁珠分离。

7 检测鉴定

采用 RT-PCR(见附录 C)、免疫磁珠 RT-PCR(见附录 D)和实时荧光 RT-PCR(见附录 E)进行病毒检测、鉴定。

8 结果判定

8.1 样品经 RT-PCR、免疫磁珠 RT-PCR 和实时荧光 RT-PCR 三种方法之一检测为阴性时，判定样品不携带番茄斑萎病毒。

8.2 样品经 RT-PCR 和免疫磁珠 RT-PCR 检测为阳性，需要进行序列测定，如果序列测定结果证实与所检测的番茄斑萎病毒一致，则可判定携带番茄斑萎病毒。

8.3 样品经实时荧光 RT-PCR 检测为阳性时，也可判定样品携带番茄斑萎病毒。

9 样品保存和结果记录

9.1 样品保存

经检测确定携带番茄斑萎病毒的样品应保存在适合的条件下以备复核。如种子在干燥条件下保存 6 个月，其他繁殖材料在－20 ℃保存，带毒介体则保存于－80 ℃。做好登记和标记工作。

9.2 结果记录

记录包括：样品来源、种类、取样人员、实验的时间、地点、方法和结果、检验检疫员的签字等。RT-PCR检测或免疫磁珠 RT-PCR 应有电泳结果照片及序列测定报告，实时荧光 RT-PCR 应有扩增曲线图片等。

附　录　A
（资料性附录）
番茄斑萎病毒相关资料

A.1　生物学特性

A.1.1　主要寄主

番茄斑萎病毒的寄主范围很广，可侵染70个科925种植物。主要寄主包括：番茄（*Lycopersicon esculentum*）、辣椒（*Capsicum annuum*）、莴苣（*Lactuca sativa*）、豌豆（*Pisum sativum*）、烟草（*Nicotiana tabacum*）、马铃薯（*Solanum tuberosum*）、凤梨（*Ananas comosus*）、落花生（*Arachis hypogaea*）、刀豆（*Canavalia gladiata*）、菽麻（*Crotalaria juncea*）、大豆（*Glycine max*）、向日葵（*Helianthus annuus*）、假酸浆（*Nicandra physaloides*）、菜豆（*Phaseolus vulgaris*）、灯笼果（*Physalis peruviana*）、茄子（*Solanum melongena*）、灰毛豆（*Tephrosia purpurea*）、蚕豆（*Vicia faba*）、黑吉豆（*Vigna mungo*）、绿豆（*Vigna radiata*）、豇豆（*Vigna unguiculata*）、百日菊（*Zinnia elegans*）、六出花（*Alstroemeria aurantiaca*）、银莲花（*Anemone cathayensis*）、旱芹（*Apium graveolens*）、秋海棠（*Begonia evansiana*）、冬瓜（*Benincasa hispida*）、番木瓜（*Carica papaya*）、菊苣（*Cichorium intybus*）、鹰嘴豆（*Cicer arietinum*）、西瓜（*Citrullus lanatus*）、翠菊（*Callistephus chinensis*）、长春花（*Catharanthus roseus*）、黄瓜（*Cucumis sativus*）、西葫芦（*Cucurbita pepo*）、树番茄（*Cyphomandra betacea*）、菜蓟（*Cynara scolymus*）、大丽花（*Dahlia pinnata*）、紫色洋桔梗（*Eustoma russellianum*）、橡胶树（*Ficus elastica*）、薜荔（*Ficus pumila*）、非洲菊（*Gerbera jamesonii*）、辣子草（*Galinsoga parviflora*）、棉属（*Gossypium* Linn.）、凤仙花属（*Impatiens* Linn.）、家山黧豆（*Lathyrus sativus*）、羽扇豆（*Lupinus polyphyllus*）、辣薄荷（*Mentha piperita*）、文心兰属（*Oncidium*）、蝴蝶兰属（*Phalaenopsis* Blume）、佛手瓜（*Sechium edule*）、大岩桐（*Sinningia speciosa*）、葡萄（*Vitis vinifera*）、马蹄莲（*Zantedeschia aethiopica*）、碧冬茄属（*Petunia* Juss.）、菊花（*Dendranthema morifolium*）、天竺葵（*Pelargonium hortorum*）、罗勒（*Ocimum basilicum*）等。

A.1.2　野生寄主

杂草也是番茄斑萎病毒及其传毒介体重要的中间宿主，主要包括：刺苋（*Amaranthus spinosus*）、繁缕（*Stellaria media*）、藜（*Chenopodium album*）、牛蒡（*Arctium lappa*）、三爷鬼针草（*Bidens pilosa*）、辣子草（*Galinosoga parviflora*）、苦苣菜（*Sonchus oleraceus*）、荠菜（*Capsella bursa-pastoris*）、草木犀（*Meliltus officinalis*）、小花堇葵（*Malva parviflora*）、匙叶草（*Limonium latifolium*）、马齿苋（*Portulaca oleraceae*）、龙葵（*Solanum nigrum*）、旱金莲（*Tropaeolum majus*）、马鞭草（*Verbena litoralis*）等。

A.1.3　受影响的植物部分

整株、叶片、果实/荚。

A.1.4　危害症状

TSWV的危害症状，即使是在同一寄主植物上，也会因品种、年龄、营养状况和环境条件的不同有很大差异，该病毒在一些重要经济作物和观赏植物上产生的症状如下：

——番茄上的症状：叶子呈青铜色、卷曲、出现坏死条纹和斑点，叶柄、茎和茎尖也产生黑褐色条纹。与健康植株相比，被害植物矮小。红色或黄色的番茄成熟时表皮出现暗红色和黄色块斑。坏死严重时，能够导致植株死亡。偶尔症候仅在水果上发现。

——辣椒上的症状：植株矮化和黄化，叶片出现褪绿线纹或花叶并伴有坏死斑，茎上坏死条纹从茎部蔓延至枝端。成熟果实产生黄化，伴有同心环或坏死条纹。

——莴苣上的症状：植株受害后，从一侧叶子开始出现褪绿并产生褐色斑块，接着中央叶片开始褪色，之后这一侧植株停止生长产生特征性的变形。

——花生上的症状：表现为芽坏死，叶片褪绿和植株死亡。

——菊花上的症状：不同品种症状差异较大，常见的症状有茎黑色条纹和萎蔫，Gloxinia 品种的菊花被害症状是产生黄色或褐色叶斑或叶片转为栎叶状。

——凤仙花上的症状：一些受 INSV 和 TSWV 感染的新几内亚杂种的栽培品种出现矮化，叶基变黑或叶片出现褐色叶斑。

——大岩桐上的症状：染病叶片显示让黄色或褐色叶片斑驳或者褐色橡树叶片图案。

A.1.5 传毒方式

自然界至少有九种蓟马可以持久性传播该病毒，分别为 8 种蓟马科(*Frankliliniella occidentalis*, *F. schultzei*, *F. fusca*, *F. tenuicornis*, *Thrips tabaci*, *T. setosus*, *T. moultoni*, *Scirtothrips dorsalis*)和 1 种管蓟马科(*Lithrips dorsalis*)昆虫介体。蓟马若虫获毒，成虫不能获毒，但只有成虫才能传毒，介体有的可以终生带毒。千里光属植物和番茄种子可以带毒，但仅发现 1%是感染性的，病毒带在外种皮上而不在胚内。可摩擦接种。

A.2 分布

欧洲：比利时、保加利亚、克罗地亚、捷克、丹麦、芬兰、法国、德国、希腊、克里特岛、匈牙利、爱尔兰、意大利、立陶宛、马耳他、摩尔达维亚、荷兰、挪威、波兰、葡萄牙、罗马尼亚、俄罗斯远东及南部、斯洛伐克、西班牙、加纳利群岛、瑞典、瑞士、英国、南斯拉夫。

亚洲：阿富汗、亚美尼亚、阿塞拜疆、中国四川、云南和广东、中国台湾、塞浦路斯、印度、以色列、日本北海道、日本本州、琉球岛群岛、马来西亚、尼泊尔、巴基斯坦、沙特阿拉伯、斯里兰卡、泰国、土耳其、乌兹别克斯坦。

非洲：阿尔及利亚、刚果民主共和国、埃及、利比亚、马达加斯加、毛里求斯、摩洛哥、尼日尔、尼日利亚、塞内加尔、南非、苏丹、坦桑尼亚、突尼斯、乌干达、津巴布韦。

南美洲：阿根廷、波利维亚、巴西、智利、圭亚那、海地、牙买加、马提尼克、巴拉圭、波多黎各、乌拉圭、委内瑞拉。

北美洲：加拿大、墨西哥、美国。

大洋洲：澳大利亚、新西兰、巴布亚新几内亚。

A.3 粒体形态

病毒粒子为球形，直径约为 85 nm，表面有一层膜包裹，膜外层由 5 nm 厚几乎连续的凸起层组成。

A.4 基因组

三分体基因组，其中 ssRNA-L 为负义，ssRNA-M 和 ssRNA-S 为双义，各个基因组片段具有末端序列，在 3'端是 UCUCGUU...，在 5'端是 AGAGCAAU...，区域互补而形成锅饼状结构。番茄斑萎病毒的 L 片段编码一个 332 kDa 的多聚酶；M 片段的互补链 RNA 编码两个糖蛋白 G1 和 G2，病毒链 RNA 编码 33.6 kDa 非结构蛋白 NSm；S 片段的互补链 RNA 编码 28.8 kDa 外壳蛋白，病毒链 RNA 编码 52.4 kDa 非结构蛋白 NSs。

附 录 B
（规范性附录）
试剂配制

B.1 样品抽提缓冲液(pH7.4)

亚硫酸钠(Na_2SO_3)	1.3 g
聚乙烯基吡咯烷酮(PVP，MW 24 000～40 000)	20 g
叠氮钠(NaN_3)	0.2 g
Tween-20	20 mL

溶于 900 mL 的 1×PBST 中，用 HCl 调节 pH 至 7.4，定容至 1 000 mL。

B.2 酶标抗体缓冲液(pH7.4)

1×PBST 缓冲液	800 mL
牛血清白蛋白(BSA)	2 g
PVP(MW 24 000～40 000)	20 g

用无菌蒸馏水定容至 1 000 mL。

B.3 电泳缓冲液 TAE(50×)

三羟甲基氨基甲烷(Tris)	242 g
冰乙酸	52.1 mL
乙二胺四乙酸二钠(EDTA 0.5 mol/L)	100 mL

用时加蒸馏水稀释至 1×TAE。

B.4 溴化乙锭(EB)溶液(10 μg/μL)

溴化乙锭	20 mg
灭菌去离子水	20 mL

B.5 缓冲液 A(0.1 mol/L 磷酸钠缓冲液 pH7.4)

磷酸二氢钠(NaH_2PO_4)	2.62 g
磷酸氢二钠(Na_2HPO_4)	14.42 g

溶解于去离子水中，最后定容至 1 000 mL。

B.6 缓冲液 B(0.1 mol/L 硼酸缓冲液 pH9.5)

硼酸(H_3BO_3)	6.183 g

溶解于 800 mL 去离子水中，以 5 mol/L NaOH 调整 pH 至 9.5 并定容至 1 000 mL。

B.7 缓冲液 C[磷酸盐缓冲液(含 0.1%BSA) pH 7.4]

氯化钠(NaCl)	0.88 g
牛血清白蛋白(BSA)	0.1 g

溶解于 80 mL 0.01 mol/L 磷酸钠缓冲液中 pH 7.4,彻底混匀并定容至 100 mL。

B.8 缓冲液 D[0.2 mol/L Tris pH8.5 with 0.1%质量浓度 BSA]

2.42 g Tris 溶于 80 mL 去离子水中,用 1 mol/L HCl 调整 pH 值至 8.5。然后加入 0.1%BSA 至 100 mL。

附　录　C
（规范性附录）
RT-PCR 方法

C.1　引物

TSWVCP-F：5’-GCTTTGTTGACACAAGGCAAAGACC-3’

TSWVCP-R：5’-GGCAAGCCTCACAGACTTTGCATC-3’

扩增片段长度为 390 bp。

C.2　植物总 RNA 的提取

C.2.1　取 1 g 样品，放入研钵后加入液氮研磨至细粉，然后取 0.1 g 放入灭菌离心管中，加入 1 mL Trizol，混匀。

C.2.2　加入 0.2 mL 三氯甲烷，猛烈振荡 15 s，4 ℃ 11 000 g 离心 10 min，小心吸取上层无色水相到新离心管中。

C.2.3　加入等体积异丙醇，混匀，−20 ℃静置 10 min，4 ℃ 12 000 g 离心 15 min，保留沉淀。

C.2.4　加入 1 mL 75%预冷乙醇，悬浮沉淀，4 ℃ 8 000 g 离心 10 min，干燥沉淀。

C.2.5　加入 30 μL DEPC-H_2O，溶解沉淀（必要时，55 ℃～60 ℃水浴 10 min，加速溶解）。若不能立即使用建议保存于−80 ℃冰箱备用。

注：或者按照商品 RNA 提取试剂盒进行操作。

C.3　cDNA 第一链的合成

反应体系 20 μL，其中 2 μL 模板 RNA，1 μL 反向引物（20 μmol/L），4 μL 5×AMV 酶缓冲液，2 μL dNTP（10 mmol/L），1 μL AMV 反转录酶（5 U/μL），1 μL RNAase 抑制剂，9 μL 无 RNAase 的水。42 ℃反应 1 h。

C.4　PCR 反应

PCR 反应体系见表 C.1，每个样品设 2 个平行处理。反应体系中各试剂的量可根据具体情况或不同的反应总体积进行适当调整。检测时以含番茄斑萎病毒材料的 cDNA 或含有番茄斑萎病毒目标片断的质粒作为阳性对照，以健康植物材料作为阴性对照，以水代替模板作为空白对照。反应条件：94 ℃ 4 min；94 ℃ 30 s、58 ℃ 30 s、72 ℃ 45 s、30 个循环；72 ℃ 10 min 延伸。取 10 μL 扩增产物与 2 μL 的 6×上样缓冲液混合均匀，在 0.5×TAE 缓冲液配制的 1.5%琼脂糖凝胶中，4 V/cm～6 V/cm 电泳 30 min，溴化乙锭（EB）染色后在成像系统中观察，拍照并保存。

表 C.1 RT-PCR 反应体系

名称	储存液浓度	终浓度	加样量 μL
PCR 缓冲液	10×	1×	2.5
dNTP	2.5 mmol/L	200 μmol/L	2
上游引物	10 μmol/L	0.2 μmol/L	0.5
下游引物	10 μmol/L	0.2 μmol/L	0.5
Taq 酶	5 U/μL	0.05 U/μL	0.25
cDNA	—	—	1.5
无菌水	—	—	17.75
总体积	—	—	25

C.5 结果判定

C.5.1 阳性对照在 390 bp 处有扩增片段，阴性对照和空白对照无特异性扩增，待测样品在 390 bp 处无条带，则可判定样品为番茄斑萎病毒阴性。

C.5.2 阳性对照在 390 bp 处有扩增片段，阴性对照和空白对照无特异性扩增，待测样品出现与阳性对照一致的扩增条带，可通过测序的方式进一步确认。如果 PCR 产物序列与番茄斑萎病毒的序列同源，则可判定样品为番茄斑萎病毒阳性，若序列不同源，则可判定样品为番茄斑萎病毒阴性。

附　录　D
（规范性附录）
免疫磁珠 RT-PCR 方法

D.1　免疫磁珠分离

D.1.1　磁珠的清洗

D.1.1.1　将装有纳米磁珠的瓶子，涡旋混匀 1 min，过程中避免出现泡沫。

D.1.1.2　根据待检测的样品数量移取适量的磁珠，加入离心管中。

D.1.1.3　将离心管放入磁力架上约 2 min，直到磁珠贴壁，液体部分澄清透明。

D.1.1.4　将清液移出，操作过程避免影响到贴壁的磁珠。

D.1.1.5　将磁珠重新悬浮于缓冲液 B 中。

D.1.1.6　重复 D.1.1.3～D.1.1.5 步骤，将磁珠清洗 3～5 次，以备后用。

D.1.2　抗体的包被

D.1.2.1　计算抗体和磁珠使用浓度，推荐按照 3 μg 抗体/10^7 磁珠的浓度进行包被，但此浓度仅为推荐浓度，不同来源的抗体包被浓度可能不同。

D.1.2.2　向含有适量清洗后的磁珠的离心管中加入 100 μL 约 3 μg 的抗体，用枪头轻轻吹打，使之成为均一的悬浊液。

D.1.2.3　将此悬浊液置 37 ℃过夜(16 h～18 h)，过程中始终保持离心管的旋转振荡，避免磁珠沉淀到管底，影响包被效果。

D.1.2.4　将试管放于试管架上 2 min，待磁珠贴壁，液体部分澄清透明，去除清液。

D.1.2.5　将包被有抗体的磁珠按以下步骤清洗：

——加入缓冲液 C 置 4 ℃清洗 5 min，2 次；

——加入缓冲液 D 置 37 ℃清洗 4 h；

——加入缓冲液 C 置 4 ℃清洗 5 min。

D.1.2.6　已经包被抗体的磁珠可以直接用于抗原吸附。若暂时不用，也可保存于缓冲液 C 中，在 4 ℃的温度条件下可保存数月，为避免滋生细菌，可加 0.02%的叠氮钠。

注：该体系可根据需要自行调整。

D.1.3　抗原吸附

D.1.3.1　将样品或阴性对照和阳性对照用病毒提取缓冲液稀释备用。

D.1.3.2　取病汁液加入到包被有抗体的磁珠中，用枪头轻轻吹打 1 min，混合均匀。

D.1.3.3　将此悬浊液置 37 ℃孵育器中 2 h，过程中始终保持离心管的旋转振荡，避免磁珠沉淀到管底，影响吸附效果。

D.1.3.4　将包被好抗原的磁珠放于磁力架上吸附 2 min 左右，待磁珠贴壁，液体部分澄清透明，去除清液，备用。

D.1.3.5　将吸附好抗原的磁珠用无 RNase 的水漂洗，5 000 *g* 30 s 离心沉淀磁珠。

D.2 cDNA 第一链的合成

直接在吸附了病毒的带有磁珠的离心管中进行反转录。反转录体系总体积为 20 μL,其中 1 μL 反向引物(20 μmol/L),4 μL 5×AMV 酶缓冲液,2 μLdNTP(10 mmol/L),11 μL 无 RNAse 的水,稍离心混匀后置于 85 ℃孵育器中变性 5 min,迅速置冰上 2 min～3 min,然后迅速加入 1 μLAMV 反转录酶(5 U/μL),1 μLRNA 酶抑制剂(40 U/μL),42 ℃反应 1 h。

D.3 PCR 反应

具体步骤见 C.4

D.4 结果判定

D.4.1 阳性对照在 390 bp 处有扩增片段,阴性对照和空白对照无特异性扩增,待测样品在 390 bp 处无条带,则可判定样品为番茄斑萎病毒阴性。

D.4.2 阳性对照在 390 bp 处有扩增片段,阴性对照和空白对照无特异性扩增,待测样品出现与阳性对照一致的扩增条带,可通过测序的方式进一步确认。如果 PCR 产物序列与番茄斑萎病毒的序列同源,则可判定样品为番茄斑萎病毒阳性,若序列不同源,则可判定样品为番茄斑萎病毒阴性。

附 录 E
（规范性附录）
实时荧光 RT-PCR 方法

E.1 引物（引自 Boonham et al.，2002）

E.1.1 TSWV 检测引物和探针

TSWV-CP-17F：5’-TSWV CTC TTG ATG ATG CAA AGT CTG TGA-3’

TSWV-CP-100R：5’-TSWV TCT CAA AGC TAT CAA CTG AAG CAA TAA-3’

TSWV-CP-73T：5’-AGG TAA GCT ACCTCC CAG CAT TATGGC AAG-3’

E.1.2 蓟马内源基因引物和探针

WFT-RNA-25F WFT-actin 5’-GGT ATC GTC CTG GAC TCT GGT G-3’

WFT-RNA-93R WFT-actin 5’-GGG AAG GGC GTA ACC TTC A-3’

WFT-RNA-48T WFT-actin 5’-CGG TGT CTC CCA CAC TGT CCC CA-3’

E.2 RNA 提取

E.2.1 植物 RNA 提取

见附录 C.2。

E.2.2 蓟马 RNA 提取

将单个昆虫放入 0.5 mL 离心管中，加入 50 μL DEPC 处理水（在冰上操作）浸软。每个样品中加入 50 μL 50%（质量浓度）的 chelex resin（Chelex100，Biorad）。94 ℃加热 5 min。4 ℃ 13 000 *g* 离心 5 min。弃沉淀，上清液－20 ℃保存。

E.3 cDNA 第一链的合成

见附录 C.3。

E.4 实时荧光 RT-PCR 反应

PCR 反应体系见表 E.1，每个样品设 2 个平行处理。反应体系中各试剂的量可根据具体情况或不同的反应总体积进行适当调整。检测时以含番茄斑萎病毒材料的 cDNA 或含有番茄斑萎病毒目标片断的质粒作为阳性对照，以健康植物材料作为阴性对照，以水代替模板作为空白对照。反应参数：95 ℃预变性 10 min；95 ℃ 15 s，60 ℃ 1 min，40 个循环。

表 E.1 实时荧光 PCR 反应体系

试剂	贮备液浓度	终浓度	加样量 μL
PCR 缓冲液	10×	1×	2.5
$MgCl_2$	25 mmol/L	3.0 mmol/L	3
dNTP	10 mmol/L	0.2 mmol/L	0.5
TSWV-CP-17F	20 μmol/L	0.15 μmol/L	0.3
TSWV-CP-100R	20 μmol/L	0.15 μmol/L	0.2
WFT-RNA-25F	20 μmol/L	0.15 μmol/L	0.2
WFT-RNA-93R	20 μmol/L	0.15 μmol/L	0.2
TSWV-CP-73T(FAM 标记)	20 μmol/L	0.15 μmol/L	0.2
WFT-RNA-48T(VIC 标记)	20 μmol/L	0.15 μmol/L	0.2
Taq 酶	5 U/μL	0.04 U/μL	0.2
cDNA	—	—	2
补水至	—	—	25

E.5 结果判定

E.5.1 阈值设定：阈值设定根据仪器噪音情况进行调整，或以阈值线刚好超过正常阴性对照品扩增曲线的最高点，结果显示阴性为准。

E.5.2 待测样品的 Ct 值为 40 或无 Ct 值时，则判定未检测到番茄斑萎病毒。

E.5.3 待测样品的 Ct 值小于或等于 35 时，则判定检测到番茄斑萎病毒。

参 考 文 献

［1］ Boonham, N., Smith, P., Walsh, K., Tame, J., Morris, J., Spence, N., Bennison, J., Barker, I., 2002. The detection of Tomato spotted wilt virus (TSWV) in individual thrips using real time fluorescent RT-PCR(TaqMan), Journal of Virological Methods. 101:37-48.

ICS 65.020.01
B 16

中华人民共和国国家标准

GB/T 28983—2012

南洋臀纹粉蚧检疫鉴定方法

Detection and identification of *Planococcus lilacinus* (Cockerell)

2012-12-31 发布　　2013-06-01 实施

中华人民共和国国家质量监督检验检疫总局
中国国家标准化管理委员会　发布

前　言

本标准按照 GB/T 1.1—2009 给出的规则起草。

本标准由全国植物检疫标准化技术委员会(SAC/TC 271)提出并归口。

本标准起草单位:中华人民共和国深圳出入境检验检疫局。

本标准主要起草人:焦懿、康林、徐浪、向才玉、娄定风、陈志粦、余道坚、陈冬美。

南洋臀纹粉蚧检疫鉴定方法

1 范围

本标准规定了南洋臀纹粉蚧检疫鉴定方法。

本标准适用于南洋臀纹粉蚧的检疫和鉴定。

2 规范性引用文件

下列文件对于本文件的应用是必不可少的。凡是注日期的引用文件，仅注日期的版本适用于本文件。凡是不注日期的引用文件，其最新版本(包括所有的修改单)适用于本文件。

SN/T 2034 香蕉灰粉蚧和新菠萝灰粉蚧检疫鉴定方法

3 术语和定义

下列术语和定义适用于本文件。

3.1

腹脐 circulus

位于虫体腹部腹面第3、4腹节间，常以局部角质化的狭窄硬化框为界限，其数目和大小在不同种类的蚧虫中变化很大。又名腹裂。

3.2

背孔 ostioles

着生在虫体背面的一横裂如嘴唇状的构造，数目通常为两对，少数种类只具一对。背孔按着生的位置分为前背孔和后背孔。前背孔着生在前胸背板上，后背孔着生在第6腹节背板上。又名背裂。

3.3

盘状腺 disk pores

为蚧虫泌蜡腺的一种类型，包括三格腺、五格腺、多格腺、筛状孔等多种形状的腺体。

3.4

三格腺 trilocular pores

盘状腺的一种，各种大小的略呈三角形或圆形的硬化结构，其中部有三个长形的孔眼。

3.5

多格腺 multilocular disc pores

盘状腺的一种，不同直径的圆形或卵圆形的硬化孔，在中央常有一个小孔和一圈边缘孔，孔眼多于5个。

3.6

管状腺 tubular ducts

蚧虫泌蜡腺的一种类型，有不同的直径和长度，管筒的两边近于平行，开口处具一狭窄的硬化框。

3.7

刺孔群　cerarii

粉蚧科蚧虫的特殊泌蜡构造,一般由两个,少数一个或数个圆锥状刺或聚集在刺附近的三格腺或少数五格腺,并常有一些附毛共同组成。

3.8

肛环　anal ring

肛门开口处的硬化环状结构,常为椭圆形,其上具有成列环孔和肛环毛。

3.9

尾瓣　Anal lobes

肛环两侧的突出部分。尾瓣端部具1根长刚毛,称端毛。端毛基部腹面常有不同形状的硬化片、硬化棒或硬化条。

4　南洋臀纹粉蚧的基本信息

学名:*Planococcus lilacius* (Cockerell)。

异名:*Pseudococcus lilacinus* Cockerell,*Planococcus crotonis* (Green),*Planococcus tayabanus* (Cockerell),*Planococcus indicus* Avasthi & Shafee。

俗名:Coffee mealybug,Oriental cacao mealybug。

分类地位:半翅目 Hemiptera、蚧总科 Coccoidea、粉蚧科 Pseudococcidae、臀纹粉蚧属 *Planococcus* Ferris。

臀纹粉蚧属在全世界已知共43种。分布较广,为害较重的有10余种,其中大洋臀纹粉蚧 *P. minor* (Maskell)和桔臀纹粉蚧 *P. citri* (Risso)与南洋臀纹粉蚧形态相近,且常在一种寄主上混合发生,极易混淆。

南洋臀纹粉蚧的其他信息参见附录A。

5　方法原理

依据该虫的危害习性和危害状进行检测,收集样本。雄成虫寿命短,形态特征单一,不作为种的鉴定依据。分类鉴定主要以雌成虫的形态特征为依据,将雌成虫制作成玻片标本。显微镜下观察玻片标本进行鉴定。

6　仪器、器材与试剂

体视显微镜、生物显微镜、放大镜、镊子、昆虫解剖针、小毛笔、培养皿、载玻片、盖玻片、乙醇、氢氧化钠、冰醋酸、品红、石碳酸、二甲苯、甘油、加拿大树胶等。

7　现场检测

对可能携带南洋臀纹粉蚧的进境水果、苗木、花卉等检疫物各部位进行检查,重点检查果实的果柄、果蒂及植株的叶片、嫩枝、嫩茎等幼嫩、粉蚧可食部位。寄生部位常伴有白色的蜡粉,在现场检测时,如发现粉蚧,应将其放入样品袋中,做好现场记录,送实验室进行鉴定。

8 实验室鉴定

8.1 玻片标本制作

南洋臀纹粉蚧玻片标本制作程序见 SN/T 2034。

8.2 鉴定特征

8.2.1 臀纹粉蚧属 *Planococcus* Ferris 雌成虫鉴定特征

雌成虫椭圆形，盖有白色蜡粉。体缘有 18 对细蜡丝，末端 1 对最长。触角 8 节，偶 7 节。足发达，后足基节和胫节常具透明孔，爪下无齿。腹脐发达或缺，存在时位于第 3、4 腹节腹板间，有侧凹或节间褶横过。背孔 2 对，发达。肛环位于背末，有内、外列环孔和 6 根长环毛，其长超过环径。尾瓣突出，腹面常有硬化棒，端毛远长于环毛。刺孔群 18 对，不突出，不硬化，眼对或末对常有数根附毛，其余刺孔群一般为 2 根锥刺，1 群三格腺，无附毛。三格腺分布背、腹面。多格腺一般在腹面，且多在腹部，有些可扩及全腹面，甚至背面。管腺多为领式，偶见蕈式。背毛粗长，偶有小刺，有的还有刺列或背刺孔群；腹毛细长。

8.2.2 南洋臀纹粉蚧 *Planococcus lilacius*（Cockerell）雌成虫鉴定特征

雌虫(参见附录 B)体呈宽卵形，体长约 1.3 mm～2.5 mm，宽约 0.8 mm～1.8 mm。腹部背面分节比较明显。触角 8 节，基节粗，第 2、3 节稍长，第 4 至 7 节均较短，第 8 节较长，且常有分节痕迹，好像是 9 节触角。眼在触角的后面。胸足充分发育，基节宽，转节略呈三角形，腿节粗壮，胫节和跗节较细长。后足基节和胫节上有许多透明孔。爪的下表面无小齿，跗冠毛细，顶端呈球形。胸气门发达，略呈喇叭状，后胸气门为前胸气门的两倍。腹脐大且有节间褶横过。背孔 2 对，内缘硬化，孔瓣上有 20～22 个三格腺，3～8 根附毛。肛环近背末，有成列环孔和 6 根长环毛。尾瓣略突出，腹面有硬化棒，端毛长于环毛。三格腺均匀分布于背、腹面。多格腺仅分布在腹部腹面，第 4 至 7 腹节中区排成单横列，第 8、9 节成带，阴门附近分布也较多。刺孔群 18 对，各具 2 根锥刺(有时头部锥刺被鞭毛所取代)，末对有 20 个三格腺和 3 根附毛，位于浅硬化片上，其他刺孔群具 7～12 个三格腺。腹部各刺孔群旁常有 1 根小刺。体背无管状腺，腹面的管状腺较少，在体缘成群，在第 4 至 7 腹节中区和亚中区成单横列，少数分布于足部基节。体毛细长，背毛较粗，其长度随标本变化较大，腹部第 6、7 节背毛最长，其长度为 50 μm～140 μm。端毛长于环毛。

8.3 与臀纹粉蚧属其他常见种的区别

臀纹粉蚧属已记录 43 种，其中与南洋臀纹粉蚧形态特征相似，较为常见者共 17 种，其区别参见附录 C。

9 结果评定

按上述步骤进行检疫及鉴定，经制片观察，其形态特征与 8.2 相符，判定为南洋臀纹粉蚧。

10 标本保存

南洋臀纹粉蚧各龄若虫和成虫均用乙醇-甘油保存液保存，成虫也可制成玻片标本保存。保存标签需记录害虫名称、截获时间、地点、人员等相关信息。

附 录 A
（资料性附录）
南洋臀纹粉蚧其他信息

A.1 地理分布

亚洲：菲律宾、马来西亚、柬埔寨、孟加拉国、缅甸、日本、斯里兰卡、泰国、印度、印度尼西亚、越南、文莱、不丹、也门、马尔代夫、中国（台湾）；非洲：南非、肯尼亚、马达加斯加、莫桑比克、毛里求斯、留尼汪、科摩罗群岛、塞舌尔；大洋洲：科科斯群岛、北马里亚纳群岛、巴布新几内亚、罗德里格斯群岛；南美洲：多米尼加、圭亚那、海地、萨尔瓦多。

A.2 寄主植物

南洋臀纹粉蚧寄主植物较多，已记载寄主植物达35个科共100余种，为害多种水果、林木和观赏植物。寄主名录如下：

漆树科 Anacardiaceae：芒果 *Mangifera indica*、黄酸枣 *Spondias lutea*、槟榔青 *Spondias purpurea*；

番荔枝科 Annonaceae：番荔枝属 *Annona* spp.、依兰 *Cananga odorata*；

夹竹桃科 Apocynaceae：红假虎刺 *Carissa arduina*；

棕榈科 Arecaceae：椰子 *Cocos nucifera*、海枣 *Phoenix dactylifera*；

菊科 Asteraceae：*Adenophyllum* sp.；

木棉科 B ombacaceae：榴莲 *Durio Zibethinus*、青皮木棉 *Ceiba pentandra*、轻木属 *Ochroma* spp.；

紫草科 B oraginaceae：毛叶破布木 *Cordia myxa*；

使君子科 Combretaceae：榄仁树 *Terminalia catappa*；

薯蓣科 Dioscoreaceae：薯蓣属 *Dioscorea* spp.；

龙脑香科 Dipterocarpaceae：龙脑香属 *Dipterocarpus* spp.；

杜鹃花科 Ericaceae：杜鹃属 *Rhododendron* spp.；

大戟科 Euphorbiaceae：土蜜藤 *Bridelia stipularis*、变叶木 *Codiaeum variegatum*、*Euphorbia pyrifolia*、台湾血桐 *Macaranga sinensis*、野梧桐 *Mallotus japonicus*、*Trewia nodiflora*；

豆科 Fabaceae：台湾相思 *Acacia confusa*、阔荚合欢 *Albizia lebbeck*、花生 *Arachis hypogaea*、单蕊羊蹄甲 *Bauhinia monandra*、羊蹄甲 *Bauhinia purpurea*、木豆 *Cajanus cajan*、猪屎豆 *Crotalaria fulva*、鱼藤属 *Derris* spp.、刺桐属 *Erythrina* spp.、丁香属 *Gliricidia* spp.、李叶苏木属 *Hymenaea* spp.、兰屿血藤 *Mucuna nigricans*、牧豆树 *Prosopis juliflora*、粘叶豆 *Schizolobium excelsum*、木田青 *Sesbania grandiflora*、酸角 *Tamarindus indica*；

鸢尾科 Iridaceae：菖蒲 *Gladiolus carmels*；

玉蕊科 Lecythidaceae：炮弹花 *Couroupita guianensis*；

千屈菜科 Lythraceae：大叶紫微 *Lagerstroemia speciosa*；

金虎尾科 Malpighiaceae：金虎尾 *Malpigea punicifolia*；

桑科 Moraceae：菠萝蜜属 *Artocarpus* spp.、美洲橡胶 *Castilloa elastica*、榕属 *Ficus* spp.、鹊肾树 *Streblus asper*；

辣木科 Moringaceae：辣木 *Moringa oleifera*；

桃金娘科 Myrtaceae：蒲桃 *Eugenia jambos*、*Eugenia mespiloides*、番石榴 *Psidium guajava*；

酢浆草科 Oxalidaceae：杨桃 *Averrhoa carambola*；

露兜树科 Pandanaceae：露兜树属 *Pandanus* spp.；

石榴科 Punicaceae：石榴 *Punica granatum*；

鼠李科 Rhamnaceae：麦珠子 *Alphitonia incana*、酸枣 *Zizyphus jujuba*；

茜草科 Rubiaceae：咖啡属 *Coffea canephora*、栀子花 *Gardenia jasminoides*；

芸香科 Rutaceae：柑橘属 *Citrus* spp.；

无患子科 Sapindaceae：*Aphania loheri*、荔枝属 *Litchi* spp.；

山榄科 Sapotaceae：人心果 *Manilkara zapota*；

苦木科 Simaroubaceae：臭椿属 *Ailanthus* spp.；

茄科 Solanaceae：红花烟草 *Nicotiana tabacum*、刺天茄 *Solanum indicum*、茄子 *Solanum melongena*；

梧桐科 Sterculiaceae：银叶树 *Heritiera littoralis*、可可树 *Theobroma cacao*；

大戟科 Stilaginaceae：五月茶 *Antidesma bunius*；

伞形科 Umbelliferae：旱芹 *Apium graveolens*；

马鞭草科 Verbenaceae：杜虹花 *Callicarpa formosana*、毛鱼臭木 *Premna odorata*、柚木 *Tectona grandis*；

葡萄科 Vitaceae：葡萄 *Vitis vinifera*。

A.3 生物学特性

南洋臀纹粉蚧是亚洲、非洲和南美洲许多国家或地区的重要害虫，该虫产卵后 3 d～4 d 孵化，若虫和雌成虫均群集在果实、嫩枝、树叶、幼芽等部位为害，引起叶片、幼果脱落，花和枝条顶部干死。受南洋臀纹粉蚧为害的水果果实感观和品质下降，严重时失去商品价值。该虫为害植株时，还经常在植株上分泌大量蜜露，引发煤烟病，污染叶片与果实，影响光合作用，影响果实品质与产量。也有报道在咖啡的根部发现此虫。雄虫在叶的背面化蛹。在印度尼西亚，该虫的世代历期约为 40 d。南洋臀纹粉蚧发生严重的地方，经常有多种蚂蚁，如双疣臭蚁 *Dolichoderus bituberculatus* (May)、织叶蚁 *Vecophylla longinoda* (Latrelle)、细足捷蚁 *Anoplolepis gracilipes* Smith 等取食其分泌的蜜露，并保护其不受瓢虫等捕食性天敌的攻击，导致该虫为害更为严重。

A.4 传播途径

南洋臀纹粉蚧主要在寄主植物的幼嫩部位(茎、叶片、花、果等)聚集取食。该虫若虫可从受感染植株转移到健康植株。低龄若虫可随风、雨、鸟类、覆盖物、机械等传播到健康植株。由于具蜡质，虫体常被动地粘附于田间使用的机械、设备、工具、动物或人体上而传播、扩散。若虫也可随灌溉水流动而扩散。蚂蚁常会将若虫从受感染植株搬运到健康植株上。远距离传播主要靠寄主植物及其产品、栽培介质和运输工具进行。

附 录 B
（资料性附录）
南洋臀纹粉蚧雌成虫形态特征图

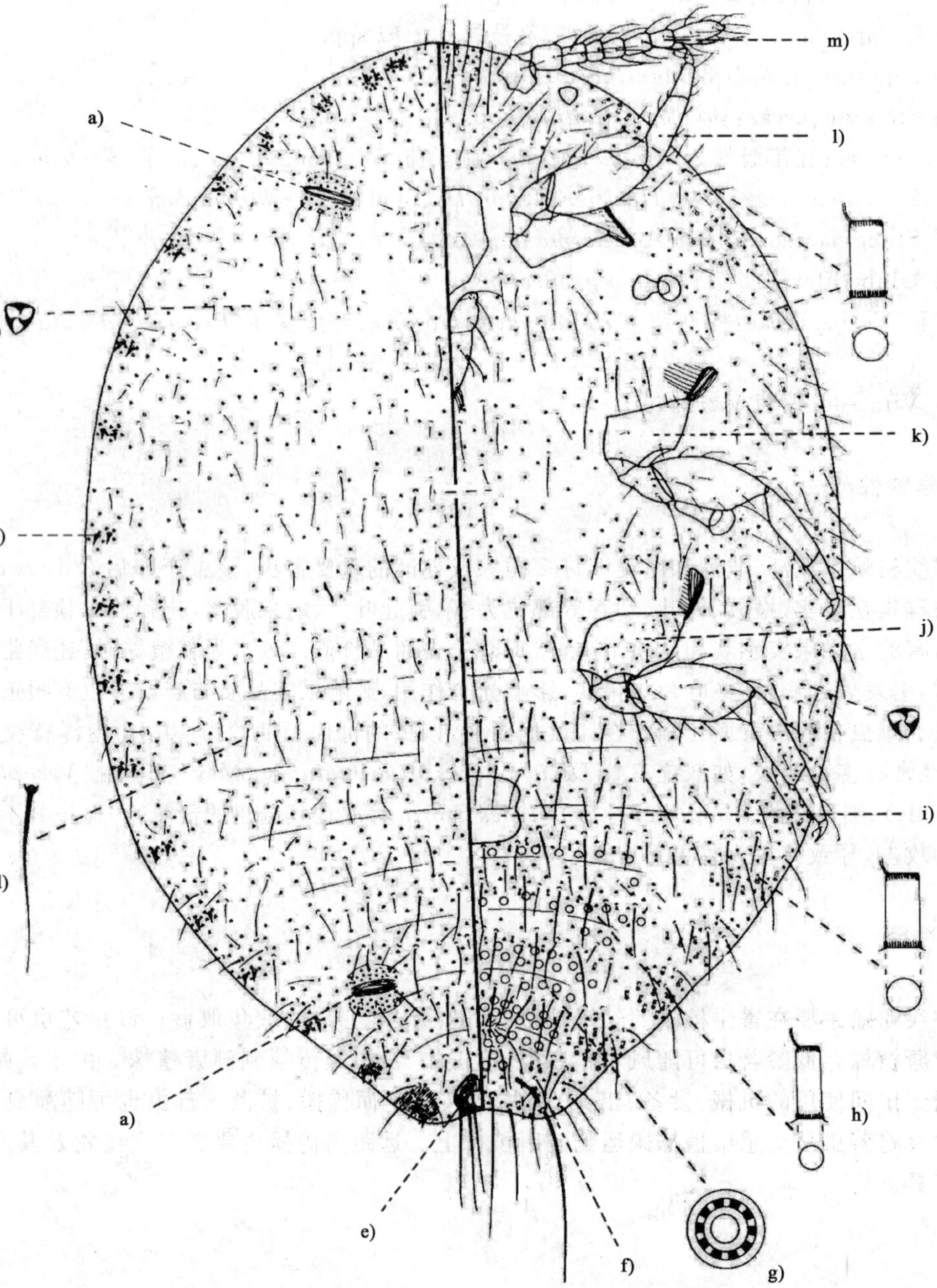

a) 背孔； b) 三格腺； c) 刺孔群； d) 体毛； e) 肛环； f) 尾瓣； g) 多格腺；
h) 管状腺； i) 腹脐； j) 后足； k) 中足； l) 前足； m) 触角。

图 B.1 南洋臀纹粉蚧雌成虫形态特征图(仿 Williams)

附 录 C
（资料性附录）
臀纹粉蚧属常见种检索表

1 背部有多格腺……………………………………………………………………… *bagmaticus*

背部无多格腺 ……………………………………………………………………………………… 2

2 头部和胸部腹面无管腺 ……………………………………………………………………… 3

至少胸部腹面有管腺 ………………………………………………………………………… 6

3 背毛呈球形；第 5 腹节腹面无多格腺……………………………………………………… 4

背毛不呈球形；第 5 腹节腹面有多格腺…………………………………………………… 5

4 腹脐无；背中区的盘腺大于三格腺；肛后前毛略长于肛环毛 ………………… *philippinensis*

腹脐有；背中区的盘腺小于三格腺；肛后前毛略短于肛环毛 ……………………… *dendrobii*

5 臀瓣背面大部分骨化；第 6 腹节腹面边缘管腺仅有 1 个 ………………………… *bambusifolii*

臀瓣背面呈膜质或只轻度骨化；第 6 腹节腹面边缘管腺成群分布……………………… *dischidiae*

6 头、胸部刺孔群具 2 根锥刺，但眼对(C_3)偶为 3 根；头顶锥刺有时被刚毛取代 ………………… 9

除眼对(C_3)外，头部刺孔群多于 2 根锥刺；或头、胸部和腹部前端的部分刺孔群具成对长毛；有时刺孔群只具 1 根锥刺和 1 根长毛 ………………………………………………………… 7

7 所有刺孔群均具锥刺；胸部腹面具多格腺；背毛短，大多数背毛长约 20 μm ……………… *japonicus*

至少有 1 对刺孔群锥刺被长毛所取代；胸部腹面无多格腺；背毛至少长 60 μm ………………… 8

8 多格腺分布于各腹节的边缘或亚缘；腹部前面数节和胸部部分刺孔群无锥刺，只具长毛………… ……………………………………………………………………………………… *mimosae*

各腹节的边缘或亚缘无多格腺(偶有 1～2 个)，头部锥刺有时被长毛取代 ………… *lilacinus*(部分)

9 腹部边缘有多格腺……………………………………………………………………………… 10

腹部边缘无多格腺……………………………………………………………………………… 14

10 管腺每群 2～5 个，位于腹部刺孔群附近；背毛基部膨大；腹部腹面边缘多格腺较少 …… *kraunhiae*

管腺只有 1 个或无；背毛基部不膨大；腹部腹面边缘多格腺数量大 ……………………………… 11

11 头部腹面具 0～4 个管腺；最长的背毛位于第 6、7 腹节中区，长 25 μm～50 μm；第 7 腹节中区通常具单列的多格腺，第 2、3 腹节腹面边缘具 1～2 个多格腺；头、胸部刺孔群有时只具刚毛，后足腿节有时具透明孔 ………………………………………………………………………………… *ficus*

头部腹面具 0～35 个管腺；最长的背毛位于第 6、7 腹节中区，长 13 μm～35 μm，第 7 腹节中区具单列或双列多格腺，第 2、3 腹节腹面边缘无多格腺；头、胸部刺孔群具锥刺，后足腿节无透明孔 … 12

12 头部腹面具 14～35 个管腺或无，第 8 对刺孔群(C_8)旁具 7～30 个管腺，头部腹面和第 8 对刺孔群(C_8)旁管腺之和为 15～50 个……………………………………………………………… *citri*(部分)

头部腹面具 0～13 个管腺，第 8 对刺孔群(C_8)旁具 0～6 个管腺，头部腹面和第 8 对刺孔群(C_8)旁管腺之和为 0～18 个 ……………………………………………………………………………… 13

13 后足胫节＋跗节与转节＋腿节之比为 1.10～1.13；第 4 至 6 腹节后缘多格腺呈单横列 ………… ………………………………………………………………………………………… *citri*(部分)

后足胫节＋跗节与转节＋腿节之比为1.04～1.18；第4至6腹节后缘多格腺通常呈双横列 …… …………………………………………………………………………………………………… *minor*

14 背毛多细长，最长的背毛位于第6、7腹节，长50 μm～140 μm，毛领附近三格腺有或无 ……… 15

背毛短而硬，或呈圆锥形，毛领附近三格腺1至多个 …………………………………………… 17

15 足细长，后足胫节＋跗节与转节＋腿节之比为1.06～1.07；毛领附近三格腺有 ………… *Sulawesi*

足粗短，后足胫节＋跗节与转节＋腿节之比为0.77～0.97。毛领附近三格腺无 ……………… 16

16 第4腹节及之后各节有多格腺；眼后对刺孔群(C_4)下面至少有1个管腺 ……… *lilacinus*（部分）

第6腹节之后各节有多格腺；眼后对刺孔群(C_4)下面无管腺 ………………………… *tiomanensis*

17 背毛多呈圆锥形，大多数背毛大小与锥刺相当，毛领附近三格腺通常有 ………………………… 18

背毛短、细，但坚硬，常细于锥刺，毛领附近三格腺有或无 ………………………………………… 19

18 背毛大小与锥刺相当，多数具末端变细的附毛，一些胸部和腹部中央的背毛成对出现 ……… *litch*

背毛短于锥刺，没有末端变细的附毛，大多数背毛为单根，偶有多达4对者 ………… *angkorensis*

19 头、胸、腹部腹面边缘有大量呈带状分布的管腺 ……………………………………………… *bendovi*

头、胸腹面边缘无管腺，腹部每节腹面边缘仅有1个管腺 ……………………………… *nilgiricus*

参 考 文 献

[1] 汤祊德.中国粉蚧科.中国农业出版社,1992,364-378.

[2] 王子清.中国动物志 Vol.22——同翅目蚧总科(粉蚧科、绒蚧科、蜡蚧科、链蚧科、盘蚧科、壶蚧科、仁蚧科).科学出版社,2001,143-153.

[3] 陈乃中.中国进境植物检疫性有害生物——昆虫卷.中国农业出版社,2009,37-39.

[4] 徐梅,黄蓬英,等.检疫性有害生物—南洋臀纹粉蚧植物检疫.2008,22(2):100-102.

[5] Williams, D. , J. Mealybugs of Southern Asia. Southdene SDN. BHD, Kuala Lumpur, Malaysia. 2004, 619-661.

[6] Cox, J. M. The mealybug genus *Planococcus* (Homoptera: Pseudococcidae). Bulletin British Museum (Natural History). Entomology. 1989. 58 (1): 1-78.

[7] Williams, D. J. & Granara de Willink, M. C. Mealybugs of Central and South America. London: CAB International. 1992, 400-402.

[8] http://www. sel. barc. usda. gov/scale/.

ICS 65.020.01
B 16

中华人民共和国国家标准

GB/T 28984—2012

香蕉苞片花叶病毒检疫鉴定方法

Detection and identification of banana bract mosaic virus

2012-12-31 发布 2013-06-01 实施

中华人民共和国国家质量监督检验检疫总局
中国国家标准化管理委员会 发布

前　言

本标准按照 GB/T 1.1—2009 给出的规则起草。

本标准由全国植物检疫标准化技术委员会(SAC/TC 271)提出并归口。

本标准起草单位:中华人民共和国宁波出入境检验检疫局、中华人民共和国上海出入境检验检疫局、中国检验检疫科学研究院、中华人民共和国浙江出入境检验检疫局。

本标准主要起草人:闻伟刚、郭立新、杨翠云、陈先锋、雷荣、张永江、张明哲、徐瑛、崔俊霞、张慧丽。

香蕉苞片花叶病毒检疫鉴定方法

1 范围

本标准规定了香蕉苞片花叶病毒血清学和分子生物学特征的检测方法。

本标准适用于香蕉组培苗和植株等芭蕉属寄主植物材料中香蕉苞片花叶病毒的检测，也适用于蚜虫等传播媒介中该病毒的检测。

2 香蕉苞片花叶病毒基本信息

中文名：香蕉苞片花叶病毒

学　名：banana bract mosaic virus

缩　写：BBrMV

属马铃薯Y病毒属(*Potyvirus*)，香蕉苞片花叶病毒其他信息参见附录A。

3 方法原理

利用基于抗原抗体反应的双抗夹心酶联免疫吸附测定(Double antibody sandwich enzyme-linked immunosorbent assay，DAS-ELISA)、体外DNA合成技术的反转录聚合酶链式反应(Reverse transcription polymerase chain reaction，RT-PCR)、实时荧光反转录聚合酶链式反应(real-time fluorescent RT-PCR)进行检测鉴定。

4 仪器设备、用具和试剂

4.1 仪器设备

常规PCR仪、实时荧光PCR仪、超净工作台、电子天平(感量：0.001 g)、电泳仪、电泳槽、凝胶成像系统、高速冷冻离心机、超低温冰箱(−80 ℃)、高压灭菌锅、小型食品加工机、微波炉、酶标仪。

4.2 用具

可调式微量移液器(2 μL、10 μL、100 μL、200 μL、1 000 μL、5 000 μL)及相应的无RNase吸头、无RNase离心管、PCR管和研钵等。

4.3 试剂

主要试剂和缓冲液见附录B和附录C。

5 检测

5.1 样品制备

取0.5 g～10 g畸形、变色等症状的叶片或其他植物组织，在研钵或小型食品加工机中充分研磨，取五分之一量的均匀后样品，转入离心管中，按 1∶10(质量∶体积)加入样品提取缓冲液振荡混匀。媒介昆虫按 1∶10(质量∶体积)加入样品提取缓冲液研磨混匀。2 000 g 离心 10 min，上清液即为 DAS-ELISA、RT-PCR 和实时荧光 RT-PCR 检测粗提液。

注：提取液在 3 h 内使用，否则保存在 4 ℃条件下。

5.2 检测方法

5.2.1 双抗体酶联免疫吸附测定方法(DAS-ELISA)

DAS-ELISA 检测应设置对照，用健康的植物组织作阴性对照，用感染 BBrMV 的植物组织作阳性对照，用样品提取缓冲液作空白对照。其中，阴性对照材料应该尽量与所检测样品一致。

具体操作步骤见附录 B。当使用商品化检测试剂盒时，参照试剂盒使用说明进行操作。

5.2.2 RT-PCR 方法

RT-PCR 检测应设置对照，用健康的植物组织作阴性对照，用感染 BBrMV 的植物组织作阳性对照，用 ddH_2O 作空白对照。

具体操作步骤见附录 C。当使用商品化检测试剂盒时，参照试剂盒使用说明进行操作。

5.2.3 实时荧光 RT-PCR 方法

实时 RT-PCR 检测应设置对照，用健康的植物组织作阴性对照，用感染 BBrMV 的植物组织作阳性对照，用 ddH_2O 作空白对照。

具体操作步骤见附录 D。当使用商品化检测试剂盒时，参照试剂盒使用说明进行操作。

6 结果判定

样品经 DAS-ELISA 与 RT-PCR 检测，结果均呈阳性，可判定样品携带香蕉苞片花叶病毒。

样品经 DAS-ELISA 与实时荧光 RT-PCR 检测，结果均呈阳性，可判定样品携带香蕉苞片花叶病毒。

7 样品保存与记录

7.1 样品保存

经检测确定携带香蕉苞片花叶病毒的样品保存在－80 ℃冰箱中，并做好登记和标记工作。样品保存期限至少 1 年。

7.2 结果记录与资料保存

完整的实验记录包括：样品的来源、名称、唯一性标识、检测时间、地点、方法和结果等。血清学测定需有酶联反应吸光值的原始数据，RT-PCR 检测需有电泳结果图片，实时荧光 PCR 需要有荧光曲线图与 Ct 值。结果记录与资料保存期限至少 1 年。

附 录 A
（资料性附录）
香蕉苞片花叶病毒相关资料

A.1 名称

中文名：香蕉苞片花叶病毒
学　名：banana bract mosaic virus
缩　写：BBrMV
分类地位：马铃薯 Y 病毒属（*Potyvirus*）

A.2 寄主范围

目前只发现芭蕉属（*Musa* spp.）植物为其自然寄主。

A.3 为害症状

病毒侵染香蕉植株后，病叶上沿着叶柄产生深绿色或褐色的梭条斑。而病株花序苞片上则出现黑色斑点，这些症状常常十分明显，引起香蕉减产和品质下降。

A.4 分布地区

该病毒主要分布于菲律宾和印度等国，在我国尚未见发生。

A.5 传播方式

可由玉米缢管蚜（*Rhopalosiphurn maidis*）和棉蚜（*Aphis gossypii*）以非持久方式传播，长距离扩散则随感病植株的无性繁殖材料传播。

A.6 粒体形态

病毒粒子线形，长 660 nm～760 nm，直径 12 nm。

A.7 基因组

能被 SDS 降解，用硫酸铯溶液提取时，多数粒子的相对分子质量为 38 KDa，少数为 55 KDa；用蔗糖溶液提取时，除上述分子外，还有少数相对分子质量为 66 KDa 和 21 KDa 的分子存在。

附 录 B
（规范性附录）
双抗体夹心酶联免疫吸附方法(DAS-ELISA)

B.1 试剂

B.1.1 10×PBST 缓冲液(pH7.4)

氯化钠($NaCl$)	80 g
磷酸二氢钾(KH_2PO_4)	2 g
磷酸氢二钠(Na_2HPO_4)	11.5 g
氯化钾 (KCl)	2 g
吐温(Tween-20)	5 mL

溶于 900 mL 的灭菌蒸馏水中,用浓盐酸(HCl)调节 pH 至 7.4,并定容至 1 000 mL。

B.1.2 样品抽提缓冲液(pH7.4)

亚硫酸钠(Na_2SO_3)	1.3 g
聚乙烯基吡咯烷酮 (PVP)	20 g
叠氮钠(NaN_3)	0.2 g
Tween-20	20 mL

溶于 900 mL 的 1×PBST 中,用 HCl 调节 pH 至 7.4,并定容至 1 000 mL。

B.1.3 包被抗体缓冲液(pH9.6)

碳酸钠(Na_2CO_3)	1.59 g
碳酸氢钠($NaHCO_3$)	2.93 g

溶解于 900 mL 灭菌蒸馏水中,用浓盐酸(HCl)调节 pH 至 9.6,并定容至 1 000 mL。

B.1.4 酶标抗体缓冲液(pH7.4)

1×PBST 缓冲液	800 mL
牛血清白蛋白(BSA)	2 g
PVP(MW24 000～40 000)	20 g

用灭菌蒸馏水定容至 1 000 mL。

B.1.5 底物(*ρ*NPP)缓冲液(pH9.8)

二乙醇胺	97 mL
NaN_3	0.2 g

溶解于 600 mL 的灭菌蒸馏水中,用浓盐酸(HCl)调节 pH 至 9.8,然后定容至 1 000 mL。

B.2 检测

B.2.1 包被抗体

用包被缓冲液将 BBrMV 抗体按说明稀释,加入酶联板的孔中,100 μL/孔,室温孵育 2 h 或 4 ℃包被过夜。

B.2.2 加样

清空酶联板孔中溶液，用 PBST 缓冲液清洗 6～8 次，在吸水纸上拍干。每孔加入 100 μL 制备好的样品检测粗提液，每个样品设 2 个重复。同时，设置阴性对照、阳性对照和空白对照。室温孵育 2 h 或 4 ℃过夜。

B.2.3 加酶标抗体

用酶标抗体缓冲液将酶标抗体按说明稀释。清空酶联板孔中溶液，用 PBST 缓冲液清洗 6～8 次，在吸水纸上拍干。每孔加入 100 μL 酶标抗体溶液，室温孵育 2 h。

B.2.4 加底物

将底物 *p*NPP 加入到底物缓冲液中使终浓度为 1 mg/mL（现配现用）。清空酶联板孔中溶液，用 PBST 缓冲液清洗 6～8 次，在吸水纸上拍干。每孔加入 100 μL 底物溶液，室温避光孵育至阳性对照孔显色明显（约 30 min～60 min）。

B.2.5 吸光值的测定

用酶标仪在 405 nm 波长下测定各孔的吸光值并记录。

B.3 结果判定

B.3.1 质量控制要求

缓冲液孔和阴性对照孔的 OD_{405} 值小于 0.15，阴性对照孔的 OD_{405} 值小于 0.05 时，按 0.05 计算。阳性对照有明显的颜色反应，孔的重复性以样品 OD 值的平行允许率控制，按照式（B.1）进行计算：

$$P=\frac{OD_1-OD_2}{(OD_1+OD_2)\times 1/2}\times 100\% \qquad \text{(B.1)}$$

式中：

P ——平行允许率；

OD_1——重复样品 1；

OD_2——重复样品 2。

当重复检测样品 OD 值平行允许率（P）小于 20%时，判定检测结果有效。

B.3.2 若满足不了 B.3.1 的质量要求，则不能进行结果判定。

B.3.3 在满足了 B.3.1 的质量要求后，则按如下原则作出判定：

样品 OD_{405}/阴性对照 OD_{405} 值≥2，结果判定为阳性；

样品 OD_{405}/阴性对照 OD_{405} 值＜2，判为阴性。

附 录 C
(规范性附录)
RT-PCR 方法

C.1 主要试剂

C.1.1 RNA 提取试剂

Trizol、三氯甲烷、异丙醇、70%乙醇、焦碳酸二乙酯(DEPC)处理的 ddH_2O。

C.1.2 RT-PCR 反应试剂

一步 RT-PCR 反应试剂:amv 反转录酶(5 U/μL)、RNA 酶抑制剂(40 U/μL)、amv-*Optimized Taq* 聚合酶(5 U/μL)、10×RT 缓冲液(含 50 mmol/L 的 Mg^{2+})、dNTP 混合物(各 10 mmol/L)。

C.1.3 电泳缓冲液 TAE(50×)

三羟甲基氨基甲烷(Tris)	242 g
冰乙酸	52.1 mL
乙二胺四乙酸二钠($Na_2EDTA \cdot 2H_2O$)	37.2 g

用灭菌蒸馏水定容至 1 000 mL。用时加灭菌蒸馏水稀释至 1×TAE。

C.1.4 溴化乙锭(EB)溶液(10 μg/μL)

溴化乙锭	20 mg
灭菌去离子水	20 mL

C.2 RNA 提取

C.2.1 取 100 μL 样品检测粗提液到 1.5 mL 离心管中,再加入 700 μL Trizol 和 200 μL 三氯甲烷,上下颠倒混匀 5 min;4 ℃ 10 000 *g* 离心 10 min,小心吸取上层无色水相到新离心管中。

C.2.2 加入等体积异丙醇,混匀,4 ℃ 静置 10 min;4℃ 10 000 *g* 离心 10 min,弃上清液。

C.2.3 加入 700 μL 70%乙醇清洗一遍沉淀。RNA 沉淀干燥后,加入 20 μL 焦碳酸二乙酯(DEPC)处理的 ddH_2O 溶解。

注:在保证能够得到质量满意的总 RNA 情况下,也可以采用其他总 RNA 提取方法。

C.3 引物序列

BBrMV1:5'-gctgaggcatacataacaatgcg-3';

BBrMV2:5'-cccaagcagagagtgcatatcac-3'。

预期扩增片断长度为 287 bp。

C.4 RT-PCR 扩增

反应体系如下:10×RT 缓冲液(含 50 mmol/L 的 Mg^{2+})2.5 μL、dNTP 混合物(各 10 mmol/L)

2.5 μL、RNA 酶抑制剂(40 U/μL)0.5 μL、amv 反转录酶(5 U/μL)0.5 μL、amv-*Optimized Taq* 聚合酶(5 U/μL)0.5 μL、BBrMV1 引物(20 μmol/L)0.5 μL、BBrMV2 引物(20 μmol/L)0.5 μL、总 RNA 1 μL、RNase free dH_2O 16.5 μL，总体积 25 μL。使用 One-step RNA PCR kit 试剂盒或其他等效产品，也可采用两步法 RT-PCR 反应试剂，操作步骤按使用说明进行。每个样品设 2 个重复，同时设置阴性对照、阳性对照和空白对照。

反应条件：50 ℃ cDNA 合成 30 min，94 ℃预变性 2 min；94℃变性 30 s，60 ℃复性 30 s，72 ℃延伸 1 min，35 个循环；最后 72 ℃延伸 5 min。

C.5 琼脂糖凝胶电泳检测

C.5.1 制备凝胶

用 1×TAE 配制 1.5%琼脂糖凝胶，加热融化后冷却至 55 ℃左右。

C.5.2 加溴化乙锭

将溴化乙锭(EB)加入到配制好的凝胶中，EB 终浓度为 0.5 μg/mL。将凝胶倒入凝胶槽中，插上样品梳子。冷却凝固后拔掉梳子，在电泳槽内加入 1×TAE，缓冲液要没过凝胶表面约 1 mm。

C.5.3 加样

将加样缓冲液与扩增产物按比例混合后加入样品孔，并设置相对分子质量标准(Marker)。

C.5.4 电泳

接通电源，以 3 V/cm～5 V/cm 电场强度进行电泳，0.5 h 后观察结果。

C.5.5 结果观察

电泳结束后，将整个凝胶置于凝胶成像系统上观察，记录结果。

C.6 结果判定

阳性对照、阴性对照与空白对照正确，待测样品出现 287 bp 的扩增条带，经测序和同源性比较，结果为 BBrMV 序列时，判定为阳性。

阳性对照、阴性对照与空白对照正确，待测样品未出现 287 bp 的扩增条带，判定为阴性。

附 录 D
（规范性附录）
实时荧光 RT-PCR 方法

D.1 实验步骤

D.1.1 引物和探针序列

引物序列：BBrMV-TF：5’-caaaaactacgaacagggctagaga -3’

BBrMV-TR：5’- ccgagtgtttgatccacgaa-3’

探针序列：BBrMV-probe：5’-FAM-cacacacgcagatgaaagctgcagc-Eclipse-3’

D.1.2 RNA 提取

操作方法见附录 C.2。

D.1.3 实时荧光 PCR 反应体系

反应体系如下：2 × One Step RT-PCR Buffer Ⅲ 10 μL、20 μmol/L 上下游引物各 0.6 μL、20 μmol/L 荧光探针 0.6 μL、50 × ROX reference dye 0.4 μL、5U/μL EX Taq™ HS 0.4 μL、PrimeScript™ RT Enzyme MixII 0.4 μL、总 RNA 1 μL、RNase free dH_2O 6 μL，总体积 20 μL。采用 One Step PrimeScript™ RT-PCR Kit (Perfect Real Time)或其他等效产品，也可采用两步法实时荧光 RT-PCR 反应试剂，操作步骤按使用说明进行。每个样品设 2 个重复，同时设置阴性对照、阳性对照和空白对照。

D.1.4 实时荧光 PCR 反应参数

反应条件：42 ℃ 5 min，95 ℃ 10 s；然后 95 ℃ 5 s，60 ℃ 31 s，共 40 个循环。本反应条件适用于 ABI 7000 型荧光 PCR 仪，如使用其他荧光 PCR 仪，可以根据仪器性能进行适当调整。仪器操作方法按照设备使用说明进行，反应结束后保存各项数据和图像。

D.2 结果判定

D.2.1 阈值设定

阈值设定根据仪器噪音情况进行调整，或以阈值线刚好超过阴性对照扩增曲线的最高点。

D.2.2 质控标准

阳性对照的 Ct 值应＜30.0，并出现典型的扩增曲线。否则，此次实验结果无效。阴性对照和空白对照无 Ct 值。

D.2.3 结果判定

样品无 Ct 值并且无扩增曲线，判定为阴性。

样品 Ct 值≤35.0，且出现典型的扩增曲线，判定为阳性。

样品 Ct 值在 35.0～40.0 之间时，应重新提取样品总 RNA 进行扩增检测。重做结果无 Ct 值，判为阴性；否则判为阳性。

ICS 91.080.20
P 23

中华人民共和国国家标准

GB/T 28985—2012

建筑结构用木工字梁

Wood I-jiost for building structures

2012-12-31 发布　　　　2013-06-01 实施

中华人民共和国国家质量监督检验检疫总局
中国国家标准化管理委员会　发布

前 言

本标准按照 GB/T 1.1—2009 给出的规则起草。

请注意本文件的某些内容可能涉及专利。本文件的发布机构不承担识别这些专利的责任。

本标准由国家林业局提出。

本标准由全国木材标准化技术委员会结构用木材分技术委员会(SAC/TC 41/SC 4)归口。

本标准起草单位:国际竹藤网络中心、黑龙江省木材科学研究所、西南林业大学、中国林业科学研究院木材工业研究所、湖南大学、嘉汉板业(广州)商贸有限公司、苏州皇家整体住宅系统股份有限公司、钴石木中国有限公司、南京工业大学、苏州香山宜构科技有限公司、营口小雨集成木屋有限公司。

本标准主要起草人:王戈、林利民、徐兰英、张宏健、程海涛、王春明、王子奇、董春雷、周海宾、高黎、单波、李仕华、倪竣、朱琦敏、冯晓东、秦邦国。

建筑结构用木工字梁

1 范围

本标准规定了建筑结构用木工字梁的术语和定义、要求、试验方法、质量控制、使用说明以及标志、标签和包装。

本标准适用于建筑结构用木工字梁。

2 规范性引用文件

下列文件对于本文件的应用是必不可少的。凡是注日期的引用文件,仅注日期的版本适用于本文件。凡是不注日期的引用文件,其最新版本(包括所有的修改单)适用于本文件。

GB/T 2828.1—2003 计数抽样检验程序 第1部分:按接收质量限(AQL)检索的逐批检验抽样计划(ISO 2859-1:1999,IDT)

GB/T 18259 人造板及其表面装饰术语

GB/T 20241 单板层积材

GB/T 22349 木结构覆板用胶合板

GB 50005 木结构设计规范

GB 50206 木结构工程施工质量验收规范

GB/T 50329 木结构试验方法标准

LY/T 1580 定向刨花板

3 术语和定义

GB/T 18259 和 GB 50005 界定的以及下列术语和定义适用于本文件。

3.1

建筑结构用木工字梁 wood I-joist for building structures

规格材或结构用复合木材作翼缘,木基结构板材作腹板,用结构型胶粘剂粘结的承载结构构件(见图1),亦称工字搁栅。

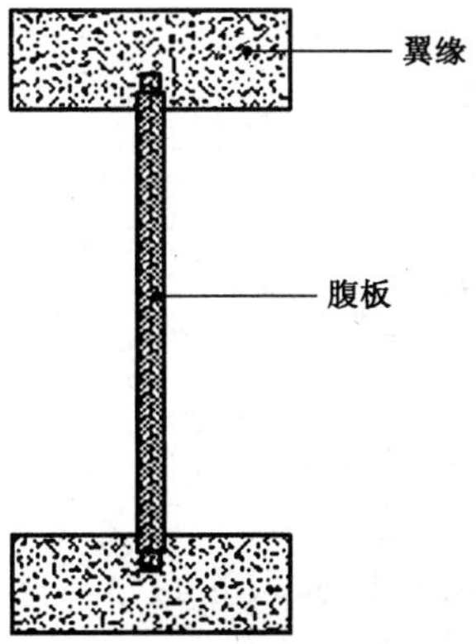

图1 工字搁栅示意图

3.2

结构用复合木材　structural composite lumber

以木质单板、狭长木片等为原料，采用结构型胶粘剂压制胶合而成的结构用方材。

注：如单板层积材(LVL)和单板条层积材(PSL)等。

3.3

木基结构板材　wood-based structural-use panels

以木质单板、刨花等为原料，采用结构型胶粘剂压制胶合而成的承重板材，包括结构胶合板和定向刨花板。

3.4

特征值　characteristic value

通过试验测试和试验数据计算得到的统计值，用来判定和确定工字搁栅性能。本标准主要力学性能特征值中，抗弯刚度(EI)取平均值；其他力学性能取75%置信度下5%分位值的下限值。

3.5

翘曲　warp

工字搁栅在生产和存放等过程中产生的弯曲现象，按弯曲方向可分为顺弯(沿 y 轴方向)和横弯(沿 z 轴方向)。工字搁栅截面坐标系如图2所示。

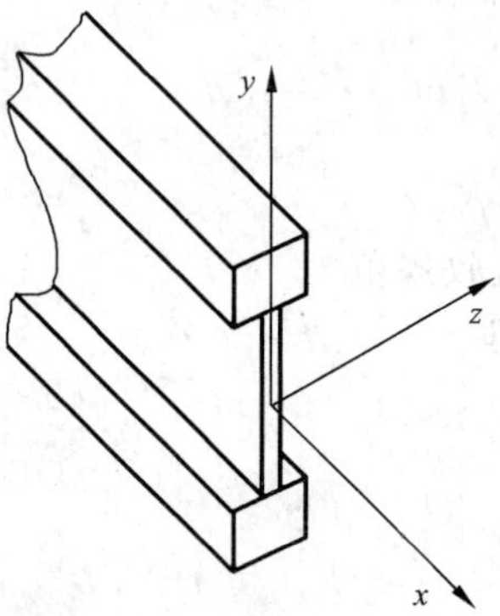

图2　工字搁栅截面坐标系示意图

3.6

腹板偏移值　web offset

翼缘宽度上的中心线与腹板厚度中心线的偏离距离。

3.7

垂直度　perpendicularity

工字搁栅上下翼缘的偏移距离。

3.8

腹板-翼缘结合间隙　web-flange gap

工字搁栅腹板端头与翼缘槽底面间的空隙。

3.9

抗压承载力　compress strength

F_c

工字搁栅在垂向均布载荷状态下抵抗垂向荷载的能力。

3.10

蠕变恢复率　creep-recover ration

δ

模拟长期施加规定载荷后，工字搁栅恢复变形量与总变形量的比率。

3.11

抗弯刚度　bending stiffness

EI

静态简支弯曲测试条件下工字搁栅抵抗垂向弯曲变形的能力，用其弯曲弹性模量 E 和截面惯性矩 I 的乘积表示。

3.12

抗弯承载力矩　bending moment

M

静态简支弯曲测试条件下工字搁栅抵抗垂向荷载的弯矩。

3.13

抗剪承载力　shear capacity

V

静态简支弯曲测试条件下工字搁栅抵抗弯曲剪力的能力。

3.14

中部支反力　intermediate reaction

IR

静态简支三点弯曲测试条件下工字搁栅跨中规定长度(由支承垫块长度来体现)受力部位的抗压能力。

3.15

端部支反力　end reaction

ER

静态简支三点弯曲测试条件下工字搁栅端头规定长度(由支承垫块长度来体现)受力部位的抗压能力。

4　要求

4.1　构造

4.1.1　上、下翼缘应为同一树种或物理力学性能相似的结构用木质材料，并为同一厚度。

4.1.2　腹板上允许开洞口，但应在产品说明中，规定洞口在腹板上的位置和允许最大尺寸，并要进行有关性能测试。

4.1.3　翼缘、腹板材料接长使用时，工字梁上、下翼缘和腹板的任意两接长处的距离应不小于500 mm。

4.2　材料

4.2.1　翼缘

4.2.1.1　用于翼缘的材料可为规格材或结构用复合木材，其规格尺寸根据材料和产品性能要求确定。

4.2.1.2　翼缘为规格材时，材质质量应符合 GB 50206 和 GB 50005 及相关的要求规定；翼缘为结构用复合木材时，质量要求和性能指标应符合 GB/T 20241 中的结构用单板层积材及相关标准要求。

4.2.1.3 翼缘允许在长度方向上指接使用，用于指接的材料长度应不小于 2 400 mm。
4.2.1.4 翼缘的最小宽度为 35 mm，最小厚度为 30 mm。

4.2.2 腹板

4.2.2.1 用于腹板材料应为木基结构板材，包括定向刨花板(OSB)和结构胶合板。腹板规格尺寸根据产品性能要求确定。
4.2.2.2 腹板为定向刨花板时，其质量和性能指标应符合 LY/T 1580 的规定；腹板为结构胶合板时，其质量和性能指标应符合 GB/T 22349 的规定。
4.2.2.3 腹板可接长使用，腹板的最小厚度为 9.5 mm。

4.2.3 胶粘剂

应使用结构型胶粘剂，性能应满足 GB/T 50329 或相关标准的规定。

4.3 规格尺寸及偏差

4.3.1 规格尺寸

规格尺寸为：
a) 翼缘宽度为 35 mm～90 mm；
b) 工字搁栅高度为 240 mm、300 mm、350 mm 和 400 mm。

注：特殊尺寸要求由供需双方协商。

4.3.2 规格尺寸偏差

规格尺寸偏差应符合表 1 的规定。

表 1 尺寸偏差

单位为毫米

项目	长度	宽度	高度
偏差	0 −5	±0.8	0 −3.0

4.3.3 加工偏差

加工偏差应符合表 2 的规定。

表 2 加工偏差

项目	翘曲度(顺弯或横弯) mm			腹板偏移值 mm	垂直度 %	翼缘平行度 mm			腹板-翼缘结合间隙 mm
	长度 ≤3 000	3 000<长度≤6 000	长度 >6 000			翼缘宽 35～50	翼缘宽 51～65	翼缘宽 ≥66	
最大偏差	3.0	4.0	5.0	2.0	0.6	1.5	2.5	3.0	2.5

4.4 基本力学性能

基本力学性能应符合表3的规定。

表3 基本力学性能要求

项目	抗压承载力 F_c kN/m	蠕变恢复率 δ %
指标要求	≥85	≥90

4.5 主要力学性能特征值

工字搁栅按照四个不同高度及不同翼缘材料分别规定各级强度等级的特征值指标。主要力学性能特征值应符合表4的规定。

表4 主要力学性能特征值指标

翼缘材料	工字搁栅高度 mm	性能等级	抗弯刚度 10^6 kN·mm^2	抗弯承载力矩 kN·mm	抗剪承载力 kN	中部支反力 kN	端部支反力 kN
单板层积材	240	Ⅰ	535	10 825	11.80	21.50	10.70
		Ⅱ	460	9 190	11.80	20.10	9.95
	300	Ⅰ	1 735	24 975	20.30	35.40	14.75
		Ⅱ	1 205	18 785	15.00	24.65	12.25
		Ⅲ	925	13 995	15.00	21.50	10.70
		Ⅳ	805	11 875	15.00	20.10	9.95
	350	Ⅰ	2 530	29 790	22.45	35.40	14.75
		Ⅱ	1 760	22 400	18.05	24.65	12.25
		Ⅲ	1 380	16 690	18.05	21.50	10.70
	400	Ⅰ	3 420	34 135	24.60	35.40	14.75
		Ⅱ	2 415	25 660	20.80	24.65	12.25
		Ⅲ	1 905	19 125	20.80	21.50	10.70
规格材	240	Ⅰ	665	10 770	11.80	22.80	11.40
		Ⅱ	555	7 790	11.80	22.80	11.40
		Ⅲ	415	7 175	11.80	17.95	8.75
	300	Ⅰ	1 570	19 765	15.00	29.10	13.50
		Ⅱ	1 135	13 955	15.00	26.35	12.65
		Ⅲ	945	10 095	15.00	26.35	12.65
		Ⅳ	725	9 295	15.00	17.95	8.75
	350	Ⅰ	2 300	23 810	18.05	31.85	13.50
		Ⅱ	1 675	16 790	18.05	26.35	12.65
		Ⅲ	1 385	12 160	18.05	26.35	12.65

表 4（续）

翼缘材料	工字搁栅高度 mm	性能等级	抗弯刚度 10^6 kN·mm²	抗弯承载力矩 kN·mm	抗剪承载力 kN	中部支反力 kN	端部支反力 kN
规格材	400	Ⅰ	3 135	27 600	20.80	31.85	13.50
		Ⅱ	2 295	19 470	20.80	26.35	12.65
		Ⅲ	1 885	14 100	20.80	26.35	12.65

注 1：表中数值为样本需达到的特征值。

注 2：表中中部支反力(IR)，是无加劲肋、中部支承长度为 90 mm 时的中部支反力。

注 3：表中端部支反力(ER)，是无加劲肋、端部支承长度为 45 mm 时的端部支反力。

5 试验方法

5.1 规格尺寸及偏差检测

5.1.1 仪器

试验仪器有：

a) 钢卷尺，精度 1 mm；

b) 钢板尺，精度 0.5 mm；

c) 游标卡尺，精度 0.1 mm；

d) 角尺，精度 0.2 mm/1 000 mm；

e) 细钢丝或线绳。

5.1.2 规格尺寸检验方法和结果表示

5.1.2.1 长度测量

沿试件的长度方向，分别在上、下翼缘中心线上测量长度，取平均值。精确至 1 mm。

5.1.2.2 宽度和高度偏差测量

在距试件两端部 50 mm 处和试件的中部分别测量，精确至 0.5 mm。

取测量数据中偏离规定偏差的最大偏差值为偏差测量值。

5.1.3 加工偏差检验方法和结果表示

5.1.3.1 翘曲度测定

将试件凹面向上并在无任何外力作用下放置在水平台面上，沿试件长度方向(试件全长)将绷紧细钢丝或线绳于翼缘正表面或翼缘侧表面的凹面上，用钢板尺量试件凹面与细钢丝或线绳间最大弦高，即为翘曲度，精确至 0.5 mm。

5.1.3.2 腹板偏移值测定

在试样的两个端面上，测量翼缘宽度上的中心线与腹板厚度上的中心线的距离(见图 3)。以最大的距离作为试样的腹板偏移值，精确至 0.5 mm。

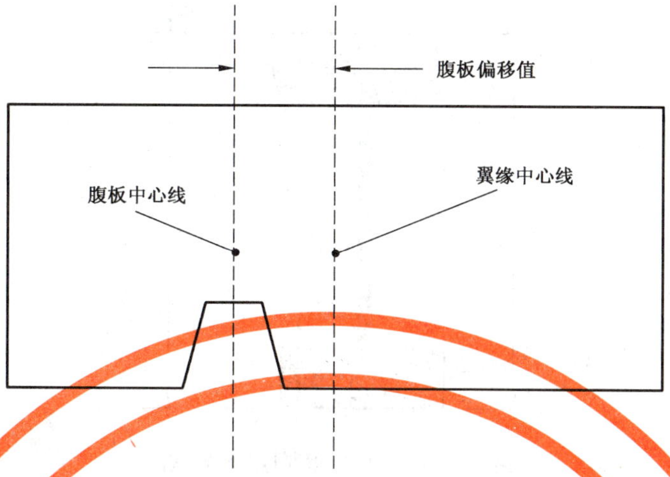

图 3　腹板偏移测量示意图

5.1.3.3　垂直度的测定

用角尺垂直靠紧试样下翼缘的侧面，测量角尺垂直边与试样上翼缘间的距离(见图 4)，沿试样长度方向测量 4 点，以单位高度最大距离的百分比作为试样的垂直度，精确至 0.5 mm。

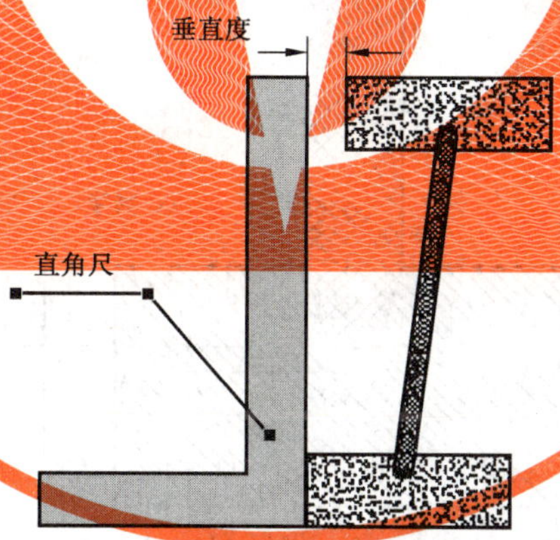

图 4　垂直度测量示意图

5.1.3.4　翼缘平行度的测定

用直尺分别在试样长度方向距离端面 300 mm 处，测量试样两侧试件高度 a 和 b(见图 5)。计算高度 a 和 b 的差值，以最大的差值作为试样的平行度，精确至 0.5 mm。

单位为毫米

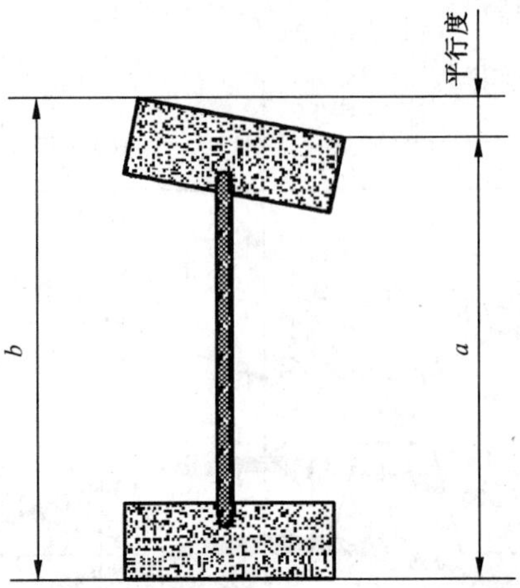

图 5　翼缘平行度测量示意图

5.1.3.5　腹板-翼缘结合间隙的测定

在试样的两个端面，分别测量腹板齿顶与翼缘齿底之间的距离(见图 6)，以最大的值作为试样的腹板-翼缘结合间隙，精确至 0.5 mm。

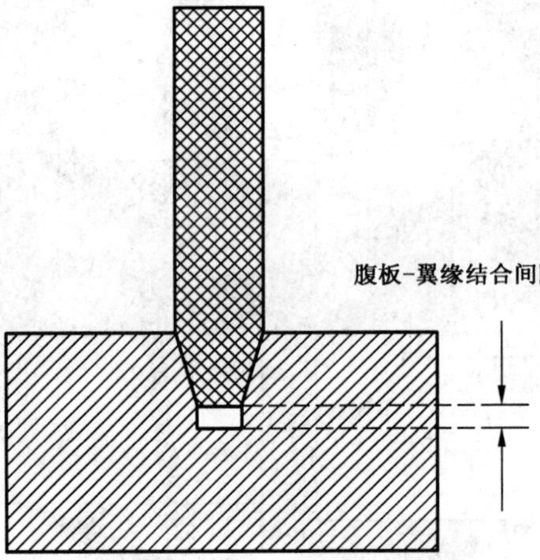

图 6　翼缘-腹板结合间隙测量示意图

5.2　基本力学性能检测

5.2.1　性能测试技术规则

性能测试技术规则见附录 A。

5.2.2　抗压承载力(F_c)检测

5.2.2.1　原理

通过均布压力载荷使试件产生破坏，确定试件的承压能力，包括翼缘的抗压能力和腹板的抗屈曲能力。

5.2.2.2 仪器

试验仪器有：

a) 万能力学试验机，精度 10 N；

b) 钢卷尺，精度 1 mm；

c) 秒表。

5.2.2.3 方法

5.2.2.3.1 每一种规格型号的产品，至少需要测试 10 个试件。

5.2.2.3.2 如图 7 所示，试件长度为 305 mm。支承垫块和加载垫块的长度要大于试件上、下翼缘尺寸。

5.2.2.3.3 选择合适的加载速度，匀速加载；试样破坏时间应大于 1 min，小于 10 min。记录试件的最大荷载和破坏模式。

5.2.2.3.4 取 10 个试件中最大破坏载荷最小值为样本的抗压承载力 F_c。

单位为毫米

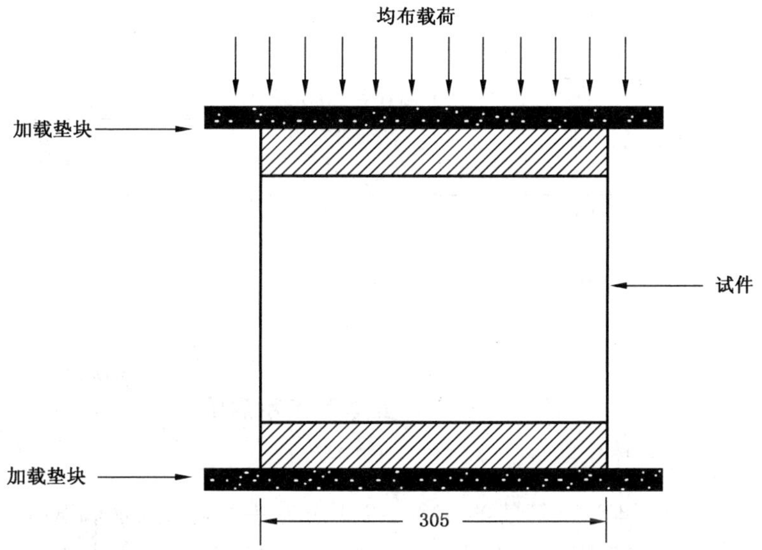

图 7 抗压承载力测定示意图

5.2.3 蠕变恢复率($\boldsymbol{\delta}$)检测

5.2.3.1 原理

模拟长期施加规定载荷后，试件变形恢复的能力。

5.2.3.2 仪器

试验仪器有：

a) 万能力学试验机，精度 10 N；

b) 钢卷尺，精度 1 mm；

c) 百分表，精度 0.01 mm；

d) 秒表。

5.2.3.3　**方法**

5.2.3.3.1　每一种规格型号的产品，至少需要测试 2 个试件。

5.2.3.3.2　按图 8 所示调整两支承垫块中心跨距，支承垫块中心跨距为样本公称高度的 18 倍；

5.2.3.3.3　采用两点加载方式进行加载，两加载点间距应不小于测试跨度的 1/3。通常加载垫块的长度为 200 mm～400 mm，支承垫块的长度为 100 mm～200 mm。

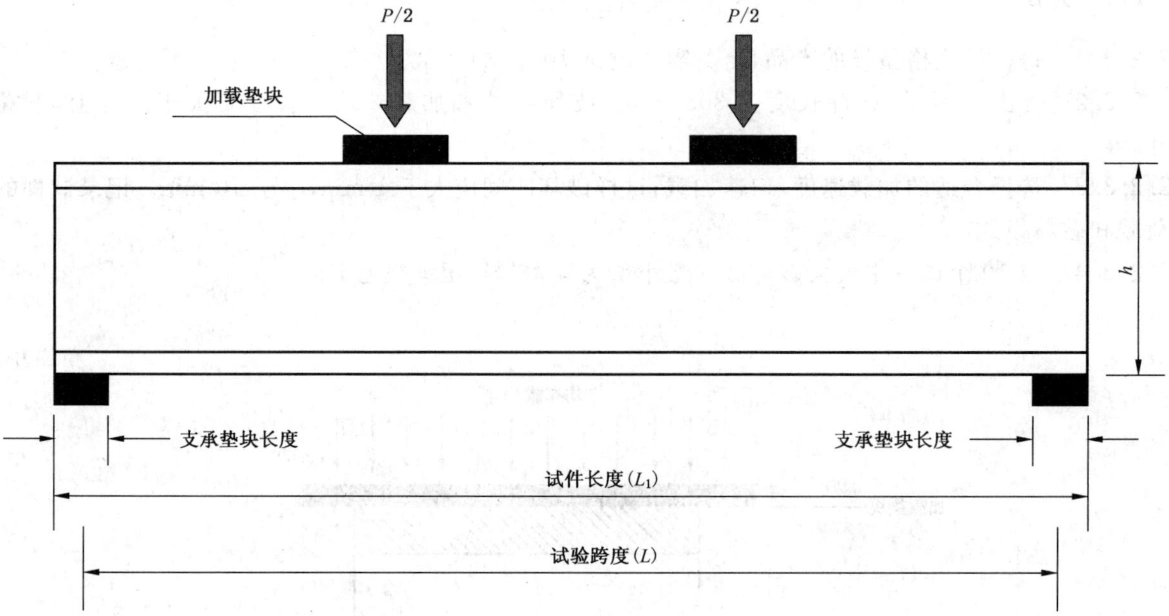

说明：

h ——木工字梁高度；

P ——施加载荷。

图 8　蠕变恢复率测定示意图

5.2.3.3.4　试验步骤：

a)　加载至抗弯承载力矩理论计算值的 10%，以此作为基本载荷水平和试件变形的起点；

b)　加载至 70%抗弯承载力矩允许设计值并维持 1 h，读取并记录其变形(f_1)；

c)　卸载至基本载荷水平，15 min 后读取并记录其变形(f_2)；

d)　计算试件的蠕变恢复率(δ)。

注：抗弯承载力矩理论计算值按式(5)计算得到。

5.2.3.3.5　试件的蠕变恢复率(δ)，按式(1)计算，精确至 1%：

$$\delta=\frac{f_1-f_2}{f_1}\times 100\% \qquad \cdots\cdots(1)$$

式中：

δ ——单个试件的蠕变恢复率，%；

f_1——由基本载荷水平，加载至 70%抗弯承载力矩理论计算值时的跨中挠度，单位为毫米(mm)；

f_2——卸载至基本载荷(恢复后)的跨中挠度，单位为毫米(mm)。

5.2.3.3.6　样本的蠕变恢复率 δ 为 2 个试件蠕变恢复率平均值。

5.3 主要力学性能检测

5.3.1 性能测试技术规则

性能测试技术规则见附录 A。

5.3.2 抗弯刚度(*EI*)测定

5.3.2.1 原理

确定试件在弹性极限范围内,规定截面形状情况下,受载荷作用产生应力和应变之比。

5.3.2.2 仪器

试验仪器有:

a) 万能力学试验机,精度 10 N;

b) 钢卷尺,精度 1 mm;

c) 游标卡尺,精度 0.1 mm;

d) 百分表,精度 0.01 mm;

e) 秒表。

5.3.2.3 方法

5.3.2.3.1 每一种规格型号的样本,至少需要测试 10 个试件。

5.3.2.3.2 按图 9 所示调整两支承垫块中心跨距,通常支承垫块中心跨距为样本公称高度的 18 倍。

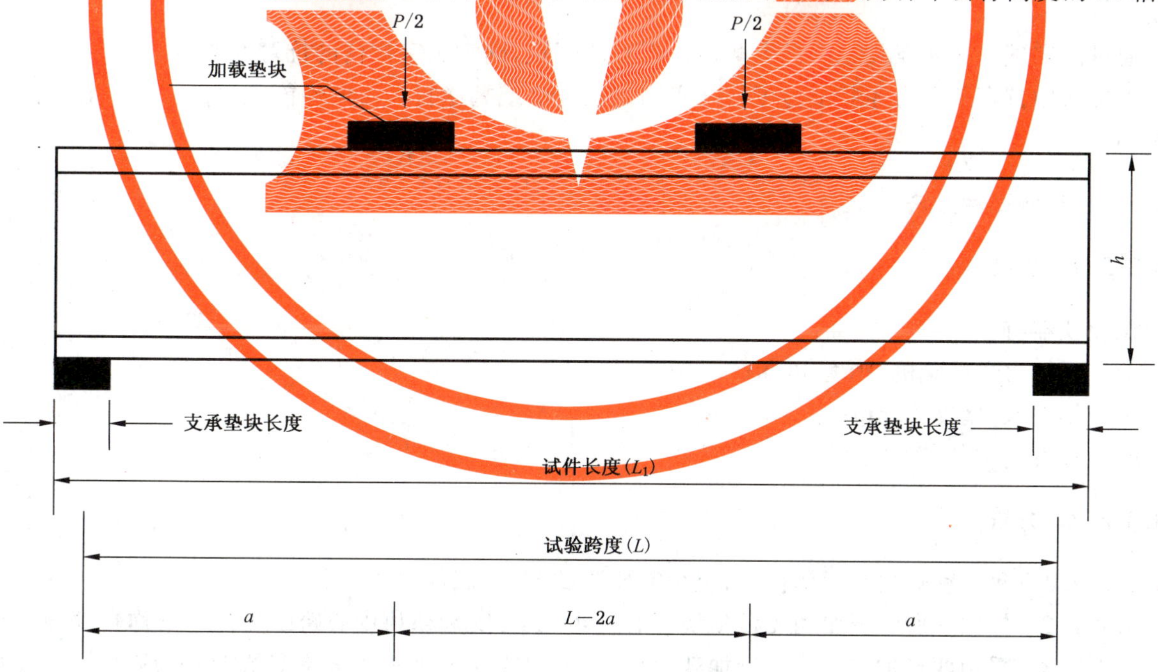

说明:

a ——支承垫块与加载垫块的中心距;

h ——木工字梁高度;

P ——施加载荷。

图 9 抗弯刚度和抗弯承载力矩测定示意图

5.3.2.3.3 采用两点加载方式进行加载,两加载点间距应不小于测试跨度的 1/3。应注意:

a) 为了防止加载时产生局部破坏,应使加载垫块具有足够的支承长度或采取加载点下对试件加劲肋增强。通常加载垫块的长度为 200 mm～400 mm,支承垫块的长度为 100 mm～200 mm。

b) 当测试样本的翼缘带有端接时,所有试件都应至少有 1 个端接处处于受拉状态,并使端接处位于两加载点之间。

c) 测试试件的腹板有开洞口时,最大的允许洞口应在两支承垫块之间的跨中位置。

5.3.2.3.4 选择合适的加载速度,匀速加载。试样破坏时间应大于 1 min,小于 10 min。

5.3.2.3.5 单个试件的抗弯刚度 EI_0 按式(2)计算,精确至 0.01 kN·mm²:

$$EI_0=\frac{\Delta Pa(3L^2-4a^2)}{48\Delta y} \qquad \cdots\cdots(2)$$

式中:

EI_0——单个试件的抗弯刚度,单位为千牛平方毫米(kN·mm²);

ΔP——在载荷-挠度曲线图中最大载荷 10%～40%间的直线段内的载荷增加量(即载荷 P_1、P_2 差的绝对值),单位为千牛(kN);

Δy——在试件长度方向中心处变形量,单位为毫米(mm);

L——支座跨距,单位为毫米(mm);

a——加载垫块和支承垫块的中心距离,单位为毫米(mm)。

5.3.2.3.6 取 10 个试件的平均值作为样本的抗弯刚度特征值 EI。

5.3.3 抗弯承载力矩(M)测定

5.3.3.1 原理

通过测定试件在两点加压下最大载荷作用时的弯矩,确定工字搁栅的抗弯性能。

本方法中抗弯承载力矩特征值可依据实测试验方法或翼缘材料力学性能理论计算——验证试验方法得到。

5.3.3.2 实测试验方法

5.3.3.2.1 仪器

试验仪器有:

a) 万能力学试验机,精度 10 N;

b) 钢卷尺,精度 1 mm;

c) 秒表。

5.3.3.2.2 方法

5.3.3.2.2.1 每一种规格型号的样本,至少需要测试 53 个试件。

5.3.3.2.2.2 按图 9 所示调整两支承垫块中心跨距,通常支承垫块中心跨距为样本公称高度的 18 倍;

5.3.3.2.2.3 采用两点加载方式进行加载,两加载点间距应不小于测试跨度的 1/3。应注意:

a) 为了防止加载时产生局部破坏,应使加载垫块具有足够的支承长度或采取加载点下对试件加劲肋增强。通常加载垫块的长度为 200 mm～400 mm,支承垫块的长度为 100 mm～200 mm。

b) 当测试样本的翼缘带有端接时,所有试样都应至少有 1 个端接处处于受拉状态,并使端接处位于两加载点之间。

c) 测试试件的腹板有开洞口时,最大的允许洞口应在两支承垫块之间的跨中位置。

5.3.3.2.2.4 选择合适的加载速度，匀速加载；试件破坏时间应大于 1 min，小于 10 min。记录试件的最大破坏载荷和破坏模式。

5.3.3.2.2.5 单个试件的抗弯承载力矩 M_0 按式(3)计算，精确至 0.01 kN·mm：

$$M_0 = P \cdot a/2 \qquad \cdots\cdots(3)$$

式中：

M_0——单个试件的抗弯承载力矩，单位为千牛毫米(kN·mm)；

P ——最大破坏载荷，单位为千牛(kN)；

a ——加载垫块和支承垫块中心的距离，单位为毫米(mm)。

5.3.3.2.2.6 样本符合正态分布的抗弯承载力矩特征值 M，按式(4)计算，精确至 0.01 kN·mm：

$$M = \overline{M}_0 - ks \qquad \cdots\cdots(4)$$

式中：

M ——样本的抗弯承载力矩特征值，单位为千牛毫米(kN·mm)；

$\overline{M}_0$——试件抗弯承载力矩的平均值，单位为千牛毫米(kN·mm)；

k ——特征值系数，由表 B.1 查得；

s ——标准差。

5.3.3.2.2.7 样本不符合正态分布时，其抗弯承载力矩特征值 M 按表 B.2 规定确定。

5.3.3.3 理论计算方法——验证试验

5.3.3.3.1 抗弯承载力矩理论计算值(M_a)按式(5)计算，精确至 0.01 kN·mm：

$$M_a = K_L F_t A_{net} y \qquad \cdots\cdots(5)$$

式中：

M_a ——抗弯承载力矩理论计算值，单位为千牛毫米(kN·mm)；

K_L ——长度修正系数，按式(6)计算得到；

A_{net}——翼缘净面积(不包括所有腹板材料和榫槽的面积)，单位为平方毫米(mm^2)；

y ——翼缘形心距离(不含榫槽)，单位为毫米(mm)；

F_t ——为翼缘抗拉伸强度特征值，按附录 C 测试和计算，精确至 0.01 kN/mm^2。

长度修正系数按式(6)计算：

$$K_L = K_s(L_1/L)^Z \leqslant 1.0 \qquad \cdots\cdots(6)$$

式中：

K_s ——应力分布修正系数，$K_s = 1.15$；

L_1 ——拉伸夹具之间距离，单位为毫米(mm)；

L ——试件抗弯试验跨距，单位为毫米(mm)；

Z ——从表 5 选取的指数。

表 5 式(6)中的指数(Z)

变异系数/%	≤10	15	20	25	≥30
Z	0.06	0.09	0.12	0.15	0.19
注：表中未列值可使用插值法求得。					

5.3.3.3.2 验证试验按 5.3.3.2 进行，测试 10 个试件。

5.3.3.3.3 验证试验的最小抗弯承载力矩应不小于的抗弯承载力矩理论计算值 M_a，此时的 M_a 作为样本的特征值 M。否则应该仔细分析其原因，并进一步试验。

5.3.4 抗剪承载力(V)测定

5.3.4.1 原理

通过单点加压方式进行剪切破坏试验，确定试件的腹板性能、腹板-翼缘、腹板-腹板的胶合性能。

5.3.4.2 仪器

试验仪器有：

a) 万能力学试验机，精度 10 N；

b) 钢卷尺，精度 1 mm；

c) 秒表。

5.3.4.3 方法

5.3.4.3.1 每一种规格型号的产品，至少需要测试 10 个试件。

5.3.4.3.2 按图 10 所示调整两支承垫块中心跨距，支承垫块与加载垫块内侧之间距离应大于或等于样本公称高度的 1.5 倍；保证试件两侧端头超出支承垫块的长度不大于 6 mm。

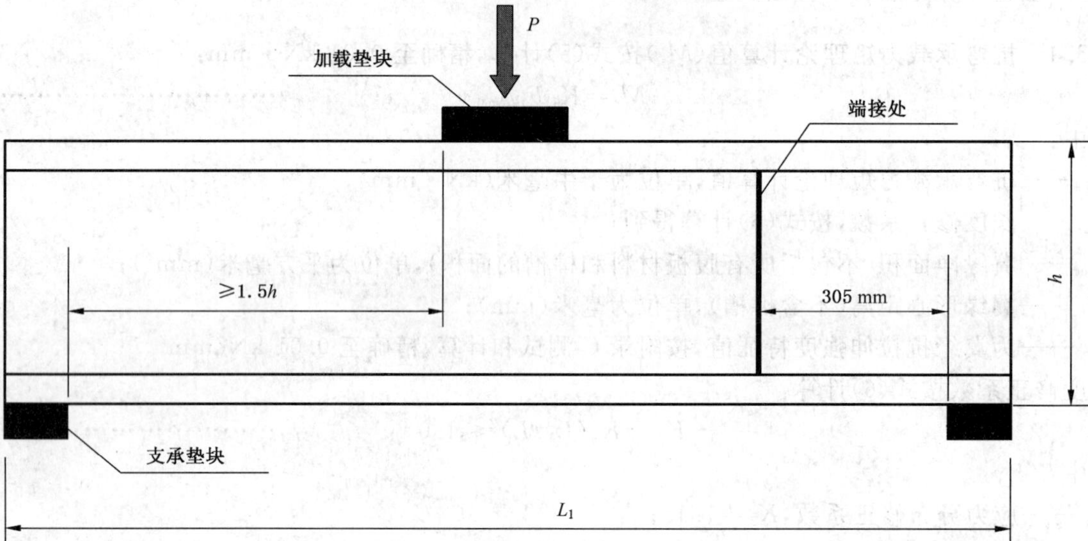

说明：

h ——木工字梁高度；

P ——施加载荷；

L_1——试件长度。

图 10 抗剪承载力测定示意图

5.3.4.3.3 加载方式为单点加载，加载位置在试件长度方向的中点。应注意：

a) 支承垫块的宽度不小于试件宽度，支承垫块的长度为 100 mm。加载垫块的宽度不小于试件宽度，加载垫块的长度为 200 mm。

c) 测试腹板有端接的试样时，端接处与支承垫块的间距应为 305 mm。

d) 若腹板需要进行加劲肋时，加劲肋应设置在支承处；为防止测试时发生试件加载点破坏，应在加载点加劲肋增强，但加劲肋的宽度不能超过加载垫块宽度。

5.3.4.3.4 选择合适的加载速度，匀速加载；试样破坏时间应大于 1 min，小于 10 min；记录试件的最大破坏荷载。

5.3.4.3.5 单个试件的抗剪承载力 V_0 按式(7)计算，精确至 0.01 kN：

$$V_0 = P/2 \qquad \cdots\cdots (7)$$

式中：

V_0——单个试件的抗剪承载力，单位为千牛(kN)；

P——最大破坏荷载，单位为千牛(kN)。

5.3.4.3.6 样本的抗剪承载力特征值 V 按式(8)计算，精确至 0.01 kN：

$$V = \overline{V} - ks \qquad \cdots\cdots (8)$$

式中：

V——样本的抗剪承载力特征值，单位为千牛(kN)；

$\overline{V}$——试件抗剪承载力的平均值，单位为千牛(kN)；

k——特征值系数，由表 B.1 查得；

s——标准差。

5.3.5 中部支反力(IR)测试

5.3.5.1 原理

通过试件的单点加载弯曲试验，确定规定支撑宽度情况下工字搁栅中部所能够承受的最大破坏载荷。

5.3.5.2 仪器

试验仪器有：

a) 万能力学试验机，精度 10 N；

b) 钢卷尺，精度 1 mm；

c) 秒表。

5.3.5.3 方法

5.3.5.3.1 每一种规格型号的样本，至少需要测试 10 个试件。

5.3.5.3.2 按图 11 所示调整两支承垫块中心跨距，支承垫块与加载垫块内侧之间距离应大于或等于样本公称高度的 1.5 倍。

5.3.5.3.3 采用单点加载方式进行加载，支承垫块的长度为 100 mm～200 mm；加载垫块的长度为 90 mm(规定支撑长度)。

5.3.5.3.4 选择合适的加载速度，匀速加载；试样破坏时间应大于 1 min，小于 10 min；记录试样的最大破坏载荷和破坏模式。

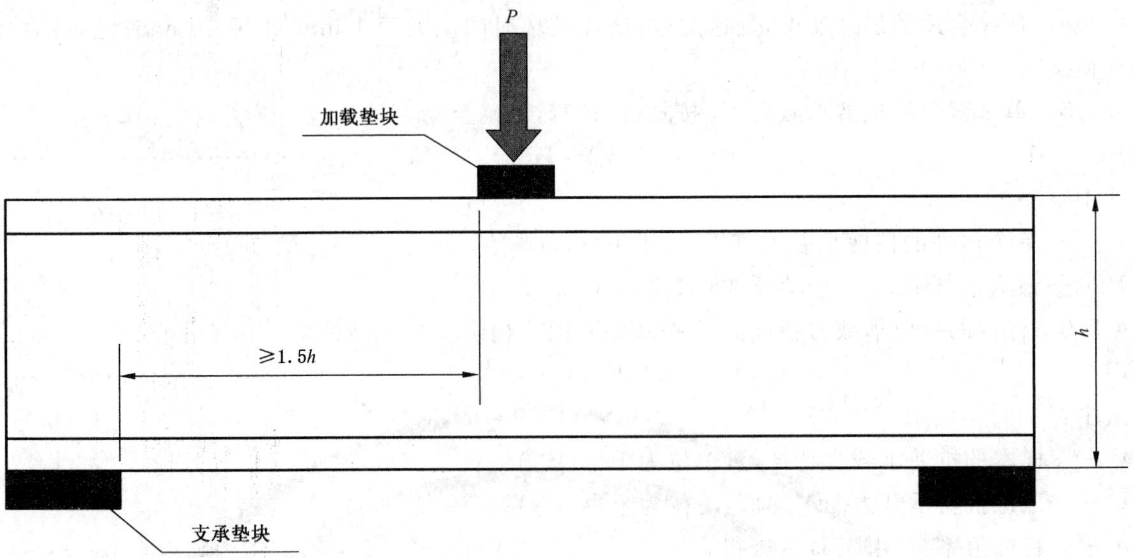

说明：

h ——木工字梁高度；

P ——施加载荷。

图 11 中部支反力测定示意图

5.3.5.3.5 单个试件的中部支反力 IR_0 按式(9)计算，精确至 0.01 kN：

$$IR_0 = P \qquad (9)$$

式中：

IR_0——单个试件的中部支反力，单位为千牛(kN)；

P ——最大破坏荷载，单位为千牛(kN)。

5.3.5.3.6 样本的中部支反力特征值 IR 按式(10)计算，精确至 0.01 kN：

$$IR = \overline{IR_0} - ks \qquad (10)$$

式中：

IR ——样本的中部支反力特征值，单位为千牛(kN)；

$\overline{IR_0}$——试件中部支反力的平均值，单位为千牛(kN)；

k ——特征值系数，由表 B.1 查得；

s ——标准差。

5.3.6 端部支反力(ER)测试

5.3.6.1 原理

通过试件的单点加载弯曲试验，确定规定支撑宽度情况下工字搁栅端部所承受的最大破坏载荷。

5.3.6.2 仪器

试验仪器有：

a) 万能力学试验机，精度 10 N；

b) 钢卷尺，精度 1 mm；

c) 秒表。

5.3.6.3 方法

5.3.6.3.1 每一种规格型号的产品，至少需要测试 10 个试件。

5.3.6.3.2 按图12所示调整两支承垫块中心跨距，支承垫块与加载垫块内侧之间距离应大于或等于样本公称高度的1.5倍；并使试件的端面与支承垫块对齐。

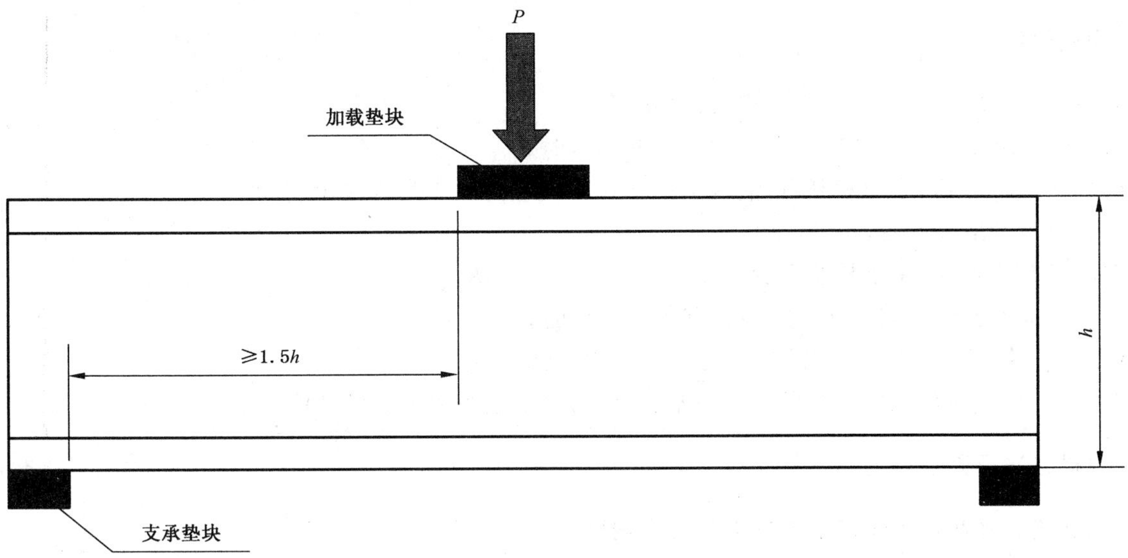

说明：

h ——木工字梁高度；

P ——施加载荷。

图12 端部支反力测定示意图

5.3.6.3.3 加载方式为单点加载，加载位置在试件长度方向的中点；支承垫块的长度为45 mm（规定支承长度）；加载垫块的长度为100 mm～200 mm。

5.3.6.3.4 选择合适的加载速度，匀速加载；试样破坏时间应大于1 min，小于10 min，记录试样的最大破坏载荷和破坏模式。

5.3.6.3.5 单个试件的端部支反力 ER_0 按式(11)计算，精确至0.01 kN：

$$ER_0 = P/2 \qquad (11)$$

式中：

ER_0——单个试件的端部支反力，单位为千牛(kN)；

P ——最大破坏荷载，单位为千牛(kN)。

5.3.6.3.6 样本的端部支反力特征值ER按式(12)计算，精确至0.01 kN：

$$ER = \overline{ER_0} - ks \qquad (12)$$

式中：

ER ——样本的端部支反力特征值，单位为千牛(kN)；

$\overline{ER_0}$——试件端部支反力的平均值，单位为千牛(kN)；

k ——特征值系数，由表B.1查得；

s ——标准差。

6 质量控制

6.1 检验分类

产品检验分出厂检验和型式检验。

6.2 出厂检验

出厂检验项目包括规格尺寸及偏差、基础力学性能、抗弯承载力矩和抗剪承载力。

6.3 型式检验

6.3.1 有下列情况之一时，应进行型式检验：

a) 新产品或老产品转厂生产的试制定型鉴定时；

b) 正式生产后，当原材料、产品等级结构调整及生产工艺发生较大变动时；

c) 产品长期停产后，再恢复生产时；

d) 正常生产时，每年检验不少于2次；

e) 出厂检验结果与上次型式检验有较大差异时；

f) 质量技术监督机构或合同规定提出型式检验要求时。

6.3.2 型式检验项目包括规格尺寸及偏差、基础力学性能和主要力学性能。

6.4 抽样方法及判定规则

6.4.1 规格尺寸和加工偏差抽样方法及判定规则

6.4.1.1 抽样方案

采用GB/T 2828.1—2003中的正常检验二次抽样方案，检查水平Ⅰ，接收质量限为4.0，见表6。样本应在生产后经存放24 h以上的同一批产品中随机抽取。

表6 抽样方案

单位为根

批量范围	样本	样本量	累计样本量	接收数	拒收数
～150	第一	5	5	0	2
	第二	5	10	1	2
151～280	第一	8	8	0	2
	第二	8	16	1	2
281～500	第一	13	13	0	3
	第二	13	26	3	4
501～1 200	第一	20	20	1	3
	第二	20	40	4	5
1 201～3 200	第一	32	32	2	5
	第二	32	64	6	7

6.4.1.2 判定规则

第一次检验的样品数量应等于该抽样方案给出的第一样本量。如果第一样本中发现的不合格品数小于或等于第一接收数，应认为该批是可接收的；如果第一样本中发现的不合格品数大于或等于第一拒收数，应认为该批是不可接收的。

如果第一样本中发现的不合格品数介于第一接收数与第一拒收数之间，应检验由方案给出样本量的第二样本并累计在第一样本和第二样本中发现的不合格品数。如果不合格品累计数小于或等于第二接收数，则判定该批是可接收的；如果不合格品累计数大于或等于第二拒收数，则判定该批是不可接收的。

6.4.2 基本力学性能判定规则

样本应在生产后经存放 24 h 以上的同一批产品中随机抽取。抽样样品数和试验方法按 5.2 中规定执行。测试结果达到表 3 中规定的值时，判定为合格。

6.4.3 主要力学性能抽样方法及判定规则

样本应在生产后经存放 24 h 以上的同一批产品中随机抽取。抽样样品数和试验方法按 5.3 中规定执行。主要力学性能检测值均满足表 4 中相应等级要求时，则判定为属于该等级。

7 使用说明

实际使用情况相关的技术细节参见附录 D。生产厂家供货时，应提供使用说明。

8 标志、标签和包装

8.1 产品标记、等级、生产厂、检验员代号和生产日期及质量认证机构名称标识。

8.2 按产品规格、类型、等级分别包装。

8.3 产品运输和保管过程中防潮、防雨、防曝晒。

附 录 A
（规范性附录）
性能测试技术规则

A.1 概述

工字搁栅的材料、构造、加工制造和使用对其承载性能均有影响，所以应对产品进行严格的检验和评定。与新建企业或新上生产线需要评定一样，如果工字搁栅的使用条件、制作过程或产品技术等发生较大改变时，应对所生产的产品进行重新检验和评定。

A.2 检验和评定

检验和评定应该在随机抽查的基础上，监控产品生产过程的质量控制。生产企业需要委托有资质的机构对其产品生产过程进行监控；所有检验要由有资质的机构进行或见证进行，所有试验结果由有资质的机构证明。

A.3 样本数量

本标准规定的各性能测试试验的试件数量为最少样本数量。

A.4 试验温度

试验时，试样的最低温度不能低于 4 ℃。

A.5 试验安全

所有足尺样本性能测试试验都存在着各样的危险，所以应保证在试验时有足够的安全措施。例如，在进行足尺工字搁栅试验时会有发生侧向屈曲的可能，所以应在试件两侧设置足够的侧向支撑，以防止试件发生侧向屈曲。

附　录　B
（规范性附录）
特征值系数

B.1　表B.1是正态分布，75％置信度和5％分位值时，计算样本力学性能特征值系数。

表B.1　特征值系数 k

样本数	3	4	5	6	7	8	9	10	11	12	13
k	3.152	2.681	2.464	2.336	2.251	2.189	2.142	2.104	2.074	2.048	2.026
样本数	14	15	16	17	18	19	20	21	22	23	24
k	2.008	1.991	1.977	1.964	1.952	1.942	1.932	1.924	1.916	1.908	1.901
样本数	25	30	35	40	45	50	60	70	80	90	100
k	1.895	1.869	1.849	1.834	1.822	1.811	1.795	1.783	1.773	1.765	1.758

B.2　表B.2是统计分布75％置信度和5％分位值时，顺序统计方法的样本特征值系数。

表B.2　顺序统计方法特征值

样本数	28	53	78	102	152	148	170	193	215	237
顺序排列试件根数	1	2	3	4	5	6	7	8	9	10
注：顺序排列为试验结果从小到大排列。										

附 录 C
（规范性附录）
翼缘轴向抗拉伸强度特征值（F_t）测试方法

C.1 原理

轴向拉伸荷载作用于翼缘试样的两端，以规定的速度进行加载，直到试样破坏。确定翼缘试样的轴向抗拉伸强度特征值（F_t）。

C.2 仪器

测试仪器有：

a) 木材万能力学试验机，精度 10 N；

b) 钢卷尺，精度 1 mm；

c) 游标卡尺，精度 0.01 mm；

d) 拉伸加载夹具；

e) 秒表。

C.3 方法

C.3.1 每一种规格样本，至少需要测试 53 个试件；如有端接，则每个试件至少有一个端接。

C.3.2 试验按样本全截面规格尺寸进行轴向抗拉伸试验。规格材的轴向抗拉伸试验的加载夹具距离为 2.44 m；结构复合木材的轴向抗拉伸试验的加载夹具距离为 0.91 m。

C.3.3 将试件放在 2 个拉伸加载夹头间，并夹紧试件两端。在加载过程中，应尽量避免拉伸加载夹具夹紧试件部位破坏及减少滑移。

C.3.4 选择合适的加载速度，试样宜在 1 min 左右破坏，破坏时间应大于 10 s，小于 10 min。记录最大荷载和引起试样破坏的特征描述。

C.3.5 单个试件的抗拉伸强度按式（C.1）计算，精确至 0.01 kN/mm²：

$$F_{t0}=\frac{P}{bh} \qquad \cdots\cdots(C.1)$$

式中：

F_{t0}——单个试件的抗拉伸强度，单位为千牛每平方毫米（kN/mm²）；

P ——最大拉伸破坏荷载，单位为千牛（kN）；

b ——试件宽度，单位为毫米（mm）；

h ——试件高度，单位为毫米（mm）。

C.3.6 样本抗拉伸强度特征值按表 B.2 规定确定。

附 录 D
（资料性附录）
实际使用情况相关的技术细节

D.1 支承长度

D.1.1 无支承加劲肋增强时，工字搁栅的支反力特征值见表4。

D.1.2 对于需要满足其他实际使用情况，工字搁栅的支反力特征值须依据其实际使用情况，通过试验确定。

D.2 腹板开洞

D.2.1 在工字搁栅的实际应用中，可以在其腹板上开取合适的洞口，以满足施工要求。腹板开洞时需要通过试验来确定洞口尺寸和形状对工字搁栅性能的影响。

D.2.2 每一种搁栅截面高度情况至少需要5个搁栅试样进行试验。

D.2.3 当腹板带端接时，洞口位于支承垫块与加载点之间和腹板端接中间。

D.2.4 生产厂家应该规定腹板洞口的最大尺寸，同时应该有试验数据支持。腹板多个洞口的间距应通过试验验证。

D.2.5 进行工字搁栅截面高度和洞口两因素组合试验时，至少需要3种截面高度的搁栅进行试验。

D.3 特殊细节

根据各种工字搁栅构造的不同，某些工字搁栅在集中载荷作用下需要局部加劲肋增强；载荷加于腹板连接处或工字搁栅下翼缘时，需对工字搁栅进行合理的加劲肋增强设置，并进行试验验证。其他特殊使用情况需要科学的评估。

参 考 文 献

[1] ASTM D 2915:2003 Standard Practice for Evaluating Allowable Properties for Grades of Structural Lumber

[2] ASTM D 4761:2005 Standard Test Methods for Mechanical Properties of Lumber and Wood-Base Structural Material

[3] ASTM D 5055:2004 Standard Specification for Establishing and Monitoring Structural Capacities of Prefabricated Wood I-Joists

[4] ASTM D 5055:2010 Standard Specification for Establishing and Monitoring Structural Capacities of Prefabricated Wood I-Joists

[5] PRI-400 Performance Standard for APA EWS I-Joists,2004

ICS 79.060
B 69

中华人民共和国国家标准

GB/T 28986—2012

结构用木质复合材产品力学性能评定

Specification for evaluation of structural composite lumber products

2012-12-31 发布　　2013-06-01 实施

中华人民共和国国家质量监督检验检疫总局
中国国家标准化管理委员会　发布

前　言

本标准按照 GB/T 1.1—2009 给出的规则起草。

请注意本文件的某些内容可能涉及专利。本文件的发布机构不承担识别这些专利的责任。

本标准由国家林业局提出。

本标准由全国木材标准化技术委员会结构用木材分技术委员会(SAC/TC 41/SC 4)归口。

本标准起草单位:中国林业科学研究院木材工业研究所、哈尔滨工业大学、国际竹藤网络中心、苏州皇家整体住宅系统股份有限公司、钻石木中国有限公司、贵州铭杉木制别墅制造有限公司、南京工业大学、苏州香山宜构科技有限公司。

本标准主要起草人:周海宾、祝恩淳、费本华、任海青、徐伟涛、钟永、倪竣、朱琦敏、王欣、刘伟庆。

结构用木质复合材产品力学性能评定

1 范围

本标准规定了结构用木质复合材产品的力学性能测试和特征值确定的方法。

本标准适用于结构用木质复合材产品力学性能的评价。

2 规范性引用文件

下列文件对于本文件的应用是必不可少的。凡是注日期的引用文件，仅注日期的版本适用于本文件。凡是不注日期的引用文件，其最新版本(包括所有的修改单)适用于本文件。

GB/T 1937 木材顺纹抗剪强度试验方法

GB/T 1939 木材横纹抗压试验方法

GB/T 17657 人造板及饰面人造板理化性能试验方法

GB/T 50329 木结构试验方法标准

3 术语和定义

下列术语和定义适用于本文件。

3.1

单板层积材 laminated veneer lumber;LVL

由厚度不大于 6.4 mm 的单板沿构件长度方向顺纹层积组坯胶合而成的结构用木质复合材。

3.2

单板条层积材 parallel strand lumber;PSL

由单板条沿构件长度方向顺纹层积组坯胶合而成的结构用木质复合材。单板条截面最小尺寸不大于 6.4 mm，长度不小于截面最小尺寸的 150 倍。

3.3

刨花层积材 laminated strand lumber;LSL

由长细比较大的薄平刨花沿构件长度方向层积组坯胶合而成的结构用木质复合材。刨花厚度不小于 2.54 mm，宽度不小于厚度，长度不小于 380 mm。

3.4

定向刨花层积材 oriented strand lumber;OSL

由长细比大的薄平刨花沿构件长度方向层积组坯胶合而成的结构用木质复合材。刨花厚度不小于 2.54 mm，宽度不小于厚度，长度不小于 190 mm。

3.5

结构用木质复合材 structural composite lumber ;SCL

采用单板、单板条或刨花等，沿构件长度方向排列组坯，施加结构用胶粘剂层积胶合而成。结构用木质复合材包括单板层积材、单板条层积材和定向刨花层积材等。

结构用木质复合材具有三个互相垂直的主方向(见图 1)：L 方向——平行于构件的长度方向；X 方向——平行于构件截面的宽度或高度方向；Y 方向——平行于构件截面的厚度方向。顺纹剪切系指剪

应力位于 L-X 或 L-Y 平面内；横纹剪切系指剪应力位于 X-Y 平面内。

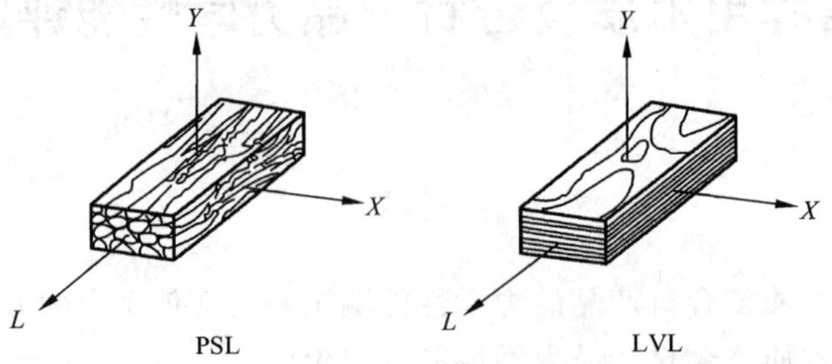

图 1 结构用木质复合材的方向性

4 取样

4.1 随机在每批次产品中取样。测试样本在每批次产品应具有代表性。

4.2 除横纹抗压性能外，其他力学性能测试最小样本数应为 53 个。对尺寸调整，抗弯和抗拉试验样本数应增加，每一尺寸产品最小样本数应为 78 个。

4.3 横纹抗压性能测试最小样本数应不少于 30 个。

5 试件制作

5.1 抗弯、抗拉试件的截面尺寸应不小于预期的最小结构应用尺寸，最终选择的试件尺寸将作为后期分析和计算用的基准尺寸（包括基准厚度、基准长度和基准宽度）。试件长度按相关的测试方法要求确定。

5.2 抗压试件最小截面尺寸应为 38 mm×38 mm，试件长度 L/r 在 15～17 之间，其中 L 是有效长度，r 是截面的最小回转半径。

5.3 试件应在温度为(20±6)℃和相对湿度为(65±5)%的环境下养护至平衡含水率。

6 试验方法

6.1 应记录每个试件的含水率和气干密度。含水率、气干密度依据 GB/T 17657 确定。

6.2 力学性能测试至少应包括下列指标：抗弯强度和抗弯弹性模量、顺纹抗拉强度、顺纹抗压强度、横纹抗压强度和顺纹抗剪强度。

6.3 抗弯性能：按 GB/T 50329 的规定确定平弯和侧弯条件下的抗弯强度和表观弹性模量。两点加载，跨高比应在 17～21 之间。

6.4 顺纹抗拉性能：按附录 A 方法确定顺纹抗拉强度。

6.5 顺纹抗压性能：按 GB/T 50329 的规定确定短柱顺纹抗压强度。

6.6 横纹抗压性能：按 GB/T 1939 中横纹全部抗压试验方法确定横纹抗压强度。一组测试采用加载方向垂直于 L-X 平面，另一组测试加载方向垂直于 L-Y 平面。

6.7 顺纹抗剪性能：应按 GB/T 1937 的规定确定在 L-Y 或 L-X 平面的顺纹抗剪强度。当评估产品生产工艺对顺纹抗剪强度的影响时，应采用足尺试件顺纹抗剪强度的测试方法（见附录 B）。

7 特征值确定

7.1 结构用木质复合材产品的力学性能特征值由试验结果经统计获得。除产品生产商或送检方特殊要求外，抗弯强度和顺纹抗拉强度特征值一般不做调整。基准尺寸测试结果调整到特定要求尺寸应按7.6。

7.2 抗弯强度、顺纹抗拉强度、顺纹抗压强度及顺纹抗剪强度的特征值系指通过参数或非参数分析方法确定，75%置信水平下的5%分位值。

7.3 表观弹性模量的特征值系指由6.3试验结果确定的表观弹性模量的平均值。

7.4 横纹抗压强度的特征值系指由6.6试验结果确定的横纹抗压强度的平均值。

7.5 除横纹抗压强度和表观弹性模量，结构用木质复合材的强度设计指标均应以特征值为基础，按木结构可靠度要求和材料的变异性确定。

7.6 结构用木质复合材的强度受其尺寸大小的影响。尺寸效应系数 m 由附录C方法确定。

7.7 结构用木质复合材的抗弯强度应乘以强度调整系数进行尺寸调整，强度调整系数按式(1)计算：

$$k_{\mathrm{d}}=\left(\frac{d_1}{d}\right)^{\frac{2}{m}}=\left(\frac{d_1}{d}\right)^{\frac{1}{n}} \qquad \cdots\cdots(1)$$

式中：

k_{d}——强度调整系数；

d_1——基准尺寸；

d——特定要求尺寸；

m——按照附录C确定的尺寸效应系数；

n——$m/2$。

7.8 结构用木质复合材的顺纹抗拉强度应乘以尺寸调整系数进行调整，尺寸调整系数按式(2)计算：

$$k_{\mathrm{L}}=\left(\frac{L_1}{L}\right)^{\frac{1}{m}} \qquad \cdots\cdots(2)$$

式中：

k_{L}——尺寸调整系数；

L_1——基准长度；

L——特定要求长度；

m——按照附录C确定的尺寸效应系数。

7.9 当调整系数来自C.2.3单一尺寸确定方法时，不允许提高比试件尺寸小的构件的特征值。

7.10 特征值应利用生产过程中质量控制测试数据(包含同期测试数据)累积统计进行定期检验。涉及新产品或任一新生产线的生产在头六个月内至少进行一次这样的检验。之后应间断进行检验，但间隔期不超过一年。

7.11 定期检验中分析确定的抗弯强度的变异系数比6.3或6.4方法所获得的测试值的变异系数高1.5%以上时，式(1)和式(2)中的尺寸效应系数 m 应按式(C.1)重新计算。

附 录 A
（规范性附录）
结构用木质复合材顺纹抗拉强度的试验方法

A.1 试验设备

A.1.1 固定装置：可将拉伸荷载从驱动夹头传递至试件固定端，如图 A.1 所示。在试件截面上不应形成弯矩，不应产生滑移，不应造成试件截面的破坏。该装置可通过平板连接到试件上，也可通过其他形式固定试件。

A.1.2 加载装置：应能匀速加载，并满足荷载精度要求，可移动。在加载过程中固定试件处木材破坏最小，滑移尽量小。根据试验要求，可调整移动和固定拉伸夹头之间的距离。

A.1.3 荷载显示装置：能显示最大荷载，并且可予校正以确保精度。

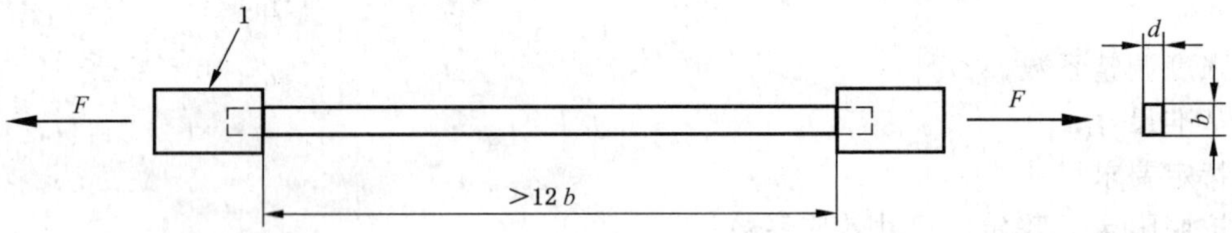

说明：

1 ——拉伸夹具；

F ——荷载；

d ——试件截面厚度；

b ——试件截面宽度。

图 A.1 顺纹抗拉强度试验

A.2 试件

试件长度应包含夹具内的长度。夹具间试件长度应不小于 12b，且最小长度应为 915 mm。

A.3 试验步骤

A.3.1 测量试件截面尺寸和长度，精确度为 1%。

A.3.2 将试件放在 2 个拉伸夹具之间并使两者轴线对中。夹具通过螺栓或者是楔形钳夹紧试件。如采用后者应当施加很小的预应力，以确保每个钳夹移动相等的量，保持试件和钳夹沿轴向对齐。如果采用螺栓或者楔形钳夹，则需要稳定而有力地夹紧钳夹，防止滑移。

A.3.3 记录荷载-变形曲线和最大荷载，描述试件的破坏特征。破坏发生在夹具内的属无效试件，其试验数据不做统计。

A.4 计算结果

顺纹抗拉强度 $f_{t,0}$ 应按式（A.1）计算：

$$f_{t,0}=\frac{F_{max}}{db} \qquad \cdots\cdots (A.1)$$

式中：

$f_{t,0}$ ——顺纹抗拉强度；

F_{max}——极限荷载；

b ——试件截面宽度；

d ——试件截面厚度。

附　录　B
（规范性附录）
确定结构用木质复合材足尺试件顺纹抗剪强度的试验方法

B.1　概述

本附录主要用于测定结构用木质复合材产品的顺纹抗剪强度（在 L-Y 平面或作为搁栅使用）。

结构用木质复合材顺纹抗剪强度的评估中发现矩形截面试件在短跨侧立弯曲试验中很难发生纯剪切破坏。该试验方法提供了一种可以获得高百分率剪切破坏形式的试验方法，可用来评估结构用木质复合材生产工艺对其顺纹抗剪强度的影响。

B.2　抽样和准备

本性能评定试验所选样本在整个批次产品中应具有代表性。随机取样，最少样本数应为 28 个。

试件在温度（20±6）℃和相对湿度（65±5）%的环境下达到平衡含水率。当性能评定试验样本的含水率与质量控制中的含水率相差在 30%以内时，性能评定试件在试验前可不进行含水率调整。

最小试件截面宽度或高度应为 406 mm。

通过对矩形截面试件的受拉和受压区增加同样材料的翼缘，或从矩形截面试件的中心区去除一些材料，制作成工字形截面试件。增加或去除材料的量应保证腹板净高与全截面高度之比在 0.5 以上，且有高百分率的水平剪切破坏。图 B.1 和图 B.2 给出了高百分率（>90%）剪切破坏的试验示意图。

试件的长度应不超过支承垫板的外缘。

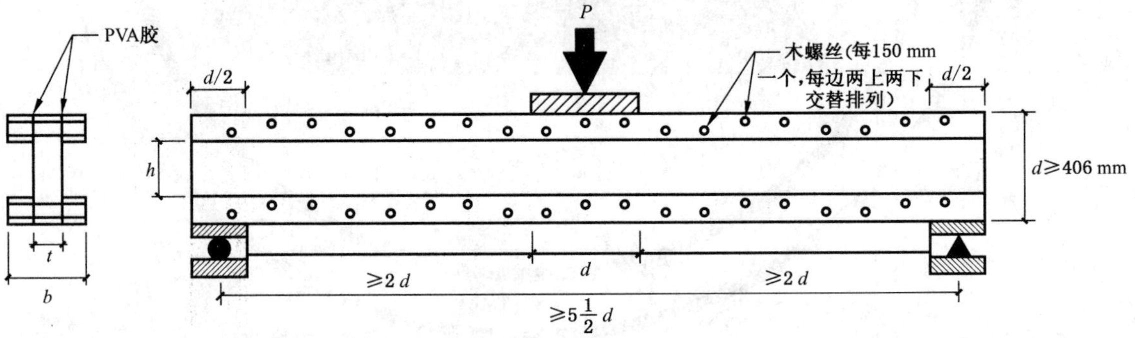

说明：
h——腹板高度；
d——工字梁截面高度；
b——工字梁截面宽度；
t——腹板厚度；
P——荷载。

图 B.1　PSL 足尺顺纹剪切试验

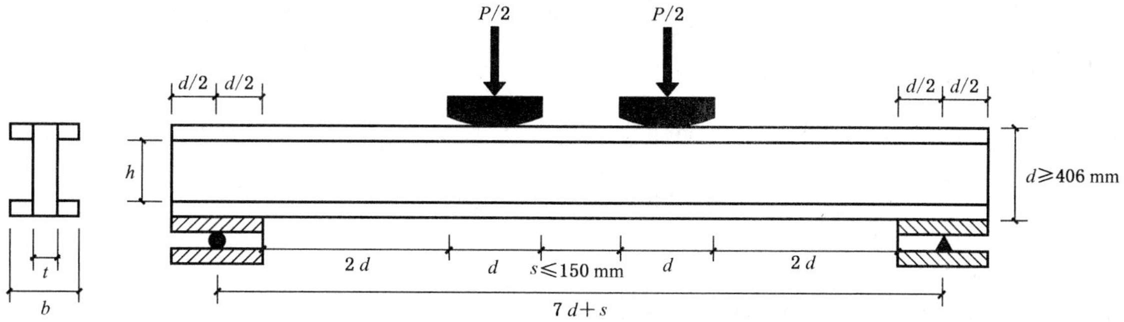

说明：

h——腹板高度；

d——工字梁截面高度；

b——工字梁截面宽度；

t——腹板厚度；

P——荷载。

图 B.2　LVL 足尺顺纹剪切试验

B.3　试验步骤

采用中心点加载或两点加载。两点加载时，两加载头距离不超过 150 mm。测试跨度足够短以提供一个高百分率的水平剪切破坏，并且应保持最小距离为加载点和支撑点间试件厚度的 2 倍。加载头和支撑头的长度应以尽量减少试件压溃为依据进行选择。

测试速度应保证试件破坏在 5 min 内完成。

为防止侧向失稳，试件应安装侧向支撑。侧向支撑应至少在测试跨度的三个加载点处安装，且允许在垂直于侧向支撑方向无阻力自由移动。

B.4　特征值的确定

试件的抗剪强度按式(B.1)计算。测试数据分析基于仅剪切破坏的数据（未截尾数据）和所有破坏形式的数据（截尾数据）。对于截尾数据的分析，未截尾数据平均值和标准差通过最大似然估计量的方法确定。顺纹抗剪强度特征值按第 7 章的规定确定。

$$\tau_{\mathrm{apparent}}=\frac{VQ}{It}=\frac{3V}{2t}\frac{[bd^2-(b-t)h^2]}{[bd^3-(b-t)h^3]} \qquad \text{(B.1)}$$

式中：

τ_{apparent}——抗剪强度；

V——最大剪力，$V=P/2$；

Q——中性轴以上或以下部分截面对中性轴的面积矩；

I——惯性矩；

t——腹板厚度；

b——工字形截面宽度；

d——工字形截面高度；

h——腹板高度。

B.5 试验报告

试验报告应包括：

a) 评估的树种和等级；

b) 试件的制作方法；

c) 试验过程描述；

d) 破坏模式，包括剪切失效的试件数量；

e) 数据分析方法。

附 录 C
（规范性附录）
尺寸效应系数 m 的确定

C.1 概述

本附录主要用以确定式(1)和式(2)中的指数。C.2 和 C.3 分别对弯曲和拉伸给出了单一尺寸试验数据的指数值和多尺寸试验的取样方法，C.4 给出了多尺寸试验的指数确定方法。

确定试验数据以外的强度值使用外推法。外推法适用于单一或多尺寸样本试验。C.2.2 给出了抗弯强度外推法确定尺寸效应系数的限制条件。如果满足 C.3.2 的要求，抗拉强度外推法确定尺寸效应系数不受限制。

C.2 弯曲

C.2.1 如果仅得到一个样本尺寸的试验数据，式(1)中的 m 值可由式(C.1)确定。

C.2.2 对于单一尺寸试验，m 值确定如下：

$$m = C^{-1.08} \qquad \cdots\cdots(\text{C.1})$$

式中：

m——两参数韦布尔分布函数的形状参数；

C——试验数据的变异系数，如果 $C<0.15$，则 $m=8$。

C.2.3 对于比 5.1 或 C.2.4 中最大测试厚度大 3 倍以上的试件，如果没有进行更大测试厚度的试验，不应运用式(1)进行强度的尺寸调整。采用式(1)的调整系数仅限于不超过 4 倍的最大试件体积（按长度与厚度乘积）这一情况。

C.2.4 多尺寸试验，要求取样应至少涵盖 4 种厚度，包括 5.1 中规定的基准厚度，同时样本数应符合 C.2.5 的规定。所选的尺寸范围中最大厚度与最小厚度比例不小于 20。各种测试厚度下的跨高比应一致，并与 6.3 基准厚度下选取的跨高比相同。式(1)即变换为：

$$k_{\mathrm{d}} = \left(\frac{d_1}{d}\right)^{\frac{2}{m}} \qquad \cdots\cdots(\text{C.2})$$

C.2.5 对于厚度小于 5.1 基准尺寸的试件，每一种厚度的样本数应为 30 个。大于基准厚度的样本数 N 应按式(C.3)计算，并不少于 5 个。对应基准厚度的样本数依据 4.2 确定。

$$N = 50\,\frac{d_1}{d} \qquad \cdots\cdots(\text{C.3})$$

式中：

d_1——5.1 中的基准厚度；

d——任一大于基准厚度的厚度。

C.3 拉伸

C.3.1 如果仅得到一个样本尺寸的试验数据，式(2)中的 m 值可由式(C.1)确定。

C.3.2 当经验指数与理论一致时，式(2)可应用于任一拉伸试件。对于横截面积比 5.1 或 C.3.4 要求最大试件大 3 倍以上的试件，如果没有进行更大截面尺寸的试验，不应使用式(2)进行强度的尺寸调整。

C.3.3 对于单一长度试验，如果抗拉强度变异系数 C 大于 0.15，m 值由式(C.1)确定。如果 $C<0.15$，则 $m=8$。

C.3.4 对于多种长度试验，取样至少涵盖 4 种长度，包括已选的基准长度。同时，样本数依据 C.3.5 的规定确定。最小夹头距离应为 610 mm，最大夹头距离应为最小距离的 5 倍或 5 倍以上。

C.3.5 小于基准长度的样本数，对于每一种长度样本数应为 30 个。大于基准长度的样本数，N 应按式(C.4)计算，但不少于 20：

$$N=50\sqrt{\frac{L_1}{L}} \qquad \text{(C.4)}$$

式中：

L_1——5.2 中的基准长度；

L ——大于基准长度的任一长度。

C.4 多尺寸试验确定指数

C.4.1 对于弯曲和拉伸，均需确定经验指数值和理论指数值。利用经验值和理论值之间的关系确定最终指数值。

C.4.2 经验方法要求对标准化的平均强度和尺寸进行对数转换，然后采用最小二乘法拟合这些转换数据。式(C.2)和式(2)中的指数通过线性回归已变换的变量 x 和 y，使其拟合线在 x、y 截距为零而得到。式(C.2)和式(2)可写成：

$$k=\left(\frac{Z_0}{Z}\right)^q \qquad \text{(C.5)}$$

式中：

q ——$2/m$ 或 $1/m$；

Z_0——基准厚度或长度；

Z ——试验厚度或长度。

式(C.5)中的比值 k 即为强度调整系数：

$$k=F/F_0 \qquad \text{(C.6)}$$

式中：

F ——试验尺寸 Z 的平均试验强度；

F_0——基准尺寸 Z_0 的平均强度。

对式(C.5)和式(C.6)取对数：

$$\log\left(\frac{F}{F_0}\right)=q\log\left(\frac{Z_0}{Z}\right) \qquad \text{(C.7)}$$

简化为：

$$y=qx \qquad \text{(C.8)}$$

经验指数($q=1/m$ 或 $2/m$)可由最小二乘法得出：

$$q=\frac{\sum xy}{\sum x^2} \qquad \text{(C.9)}$$

式中的求和从最小尺寸到最大尺寸进行。

C.4.3 理论方法要求通过两参数韦布尔分布拟合单尺寸强度值确定形状参数 m。如果 75 个或更多的数据点，而且这些数据点包含了至少 10%分位试验值时，可以采用尾部拟合法。式(C.2)或式(2)的理论指数 Q 对于弯曲和拉伸分别为 $2/m$ 或 $1/m$。

C.4.4 对弯曲和拉伸按 C.4.2 和 C.4.3 可分别获得强度与尺寸关系的两条曲线，曲线方程分别如式(C.10)和式(C.11)：

$$F_1 = F_0 \left(\frac{Z_0}{Z}\right)^q \quad \cdots\cdots\cdots\cdots\cdots\cdots(\text{C.10})$$

$$F_2 = F_0 \left(\frac{Z_0}{Z}\right)^Q \quad \cdots\cdots\cdots\cdots\cdots\cdots(\text{C.11})$$

式中：q 由 C.4.2 确定；Q 由 C.4.3 确定。

C.4.5 利用 C.4.2 经验方法拟合的曲线适合对强度进行调整，需满足以下两个条件中的任一条：

a) 式(C.11)的理论曲线位于式(C.10)的曲线之上；

b) 式(C.10)在 4 倍 Z_0 值或 508 mm(弯曲)、6.1 m(拉伸)以上时，其曲线值不超过式(C.11)的曲线值 5%[以式(C.11)曲线值为比例计算基数]。

如果任一条件都不能满足，应确定新的指数 q 满足 C.4.5 b)条件。

C.4.6 在 C.4.5 确定的最终指数保留到小数点后两位数，用以调整弯曲和拉伸强度特征值。

C.5 加载形式调整

不同加载形式抗弯强度特征值的调整系数见表 C.1。表中的变异系数来自于基准尺寸试件的试验数据。对于变异系数为 15%时，两点加载获得的抗弯强度如果调整在均布加载条件下，抗弯强度值应乘以 1/0.96 倍，如果调整在一点加载条件下，抗弯强度值应乘以 1.13/0.96 倍。

表 C.1 不同加载条件下的抗弯强度调整系数

简支梁加载条件	调整系数		
	变异系数=0.10	变异系数=0.15	变异系数=0.20
一点加载	1.10	1.13	1.16
两点加载	0.96	0.96	0.96
均布加载	1.00	1.00	1.00

ICS 79.040
B 69

GB

中华人民共和国国家标准

GB/T 28987—2012

结构用规格材特征值的测试方法

Standard methods for development of characteristic mechanical values for structural lumber

2012-12-31 发布　　　　2013-06-01 实施

中华人民共和国国家质量监督检验检疫总局
中国国家标准化管理委员会　发布

前　言

本标准按照 GB/T 1.1—2009 给出的规则起草。

请注意本文件的某些内容可能涉及专利。本文件的发布机构不承担识别这些专利的责任。

本标准由国家林业局提出。

本标准由全国木材标准化技术委员会结构用木材分技术委员会(SAC/TC 41/SC 4)归口。

本标准起草单位:中国林业科学研究院木材工业研究所、苏州皇家整体住宅系统股份有限公司、浙江省木业产品质量检测中心南浔检测所、嘉汉板业(中国)投资有限公司、钻石木中国有限公司。

本标准主要起草人:任海青、吕建雄、殷亚方、倪春、周海宾、骆秀琴、江京辉、王永兵、沈斌华、李仕华、朱琦敏。

结构用规格材特征值的测试方法

1 范围

本标准规定了建立相应强度性质特征值的标准程序和步骤，包括规格材的取样、测试方法和数据分析方法。

本标准适用于我国国内树种或进口原木和锯材加工而成的规格材。

2 规范性引用文件

下列文件对于本文件的应用是必不可少的。凡是注日期的引用文件，仅注日期的版本适用于本文件。凡是不注日期的引用文件，其最新版本(包括所有的修改单)适用于本文件。

GB/T 1931 木材含水率测定方法

GB/T 1933 木材密度测定方法

GB 50005 木结构设计规范

ASTM D 1990 通过足尺试样的强度等级测试来建立目测分等规格材的允许性质的标准方法(Standard Practice for establishing allowable properties for visually-graded dimension lumber from in-Grade tests of full-size specimens)

3 术语和定义

下列术语和定义适用于本文件。

3.1

规格材 dimension lumber

按轻型木结构设计的需要，木材截面的宽度和高度按规定尺寸加工的规格化木材。

3.2

特征值 characteristic value

符合规定质量的材料性能概率分布的某一分位值。本标准是以规格材力学性质在75%置信区间内5%分位值作为相应力学性质的特征值，以抗弯弹性模量的平均值作为其特征值。

3.3

最大降低强度缺陷 the maximum strength-reducing defects

引起锯材强度降低程度最大的天然或加工缺陷，比如节子、裂纹、腐朽、斜纹理等。

3.4

生长区域 growth region

根据不同的气候条件、土壤条件，将同一树种或性质相似的树种生长的范围划分为不同区域，本标准中的生长区域要求涵盖该树种或树种组合的所有生长地区。

4 国内树种(包括人工林树种)加工的规格材

4.1 试样采集和试样数的确定

4.1.1 树种信息调查

试样采集前应详细调查测试树种生长区域分布、立木胸高直径分布和蓄积量分布状况。对于分布较广的重要树种,应事先了解各生长区域的情况,按不同气候、地理位置、土壤等自然条件,划分林区采集,该树种的主要生长区域均应设置采集地,以保证测试结果能够真实反映该树种木材的强度性质。

4.1.2 采集地条件

在采集林区中,找出立地条件具有代表性的林分设置采集地,其大小应使所采树种中胸径不小于14 cm 的林木不少于100 株。

4.1.3 样木选择

4.1.3.1 采集地中需要采集的林木,平均胸径为22 cm 及以上时,样木采集应从胸径不小于18 cm 的林木中选择;当平均胸径小于22 cm 时,应从胸径14 cm 以上选取。按上述条件采集的林木,依胸径大小均匀划分为5 个以上的组,从每组中抽取一株平均木作为样木。

4.1.3.2 样木应选择生长正常,树干较圆满通直且无明显缺陷的树株。大兜树、同兜双株树均不得选取。

4.1.3.3 同一树种的样木,应从采集地中分散抽取,不得从相邻生长的立木中选取两株。

4.1.4 样木或试样数量

每个采集地采集的样木数量应根据该树种蓄积量的分布进行分配。主要树种不少于3 个采集地,对于每项强度性质测试,每个采集地同一个树种、同一个等级、同一个尺寸下不少于来自于不同株的30 块,总数量不应少于100 根,不宜多于200 根。

对于不超过2 个生长区域的小树种,来自所有生长区域的规格材总试样数量应不少于60 块。

4.1.5 测试组合

测试组合应包括至少两个等级和两个不同的尺寸系列,所选择的等级之间至多相差一个等级。

4.2 试样准备

4.2.1 测试之前,应尽可能详细描述试样树种、来源、采集样木的胸高直径的分布、干燥条件、调温调湿过程和化学处理方式,以及生长缺陷、加工缺陷和干燥缺陷。

4.2.2 样木采集后,采用与工厂一致的方式锯成规格材毛坯,保证加工余量。

4.2.3 规格材毛坯应将含水率调整至不超过20%,随后刨光加工到GB 50005 规定的尺寸系列。

4.2.4 所有规格材试样应按照GB 50005 的目测分等规则进行分等,并确保符合相应的等级。目测分等后,应标记每块试样的目测分等等级和最大降低强度缺陷特征。

4.3 测试方法和计算方法

4.3.1 进行足尺测试的试件在测试前,应将含水率调整至12%左右,然后测量试件的实际尺寸,精确到0.1 mm。

4.3.2 应尽可能保证试件处于温度(20±2)℃和相对湿度(65±5)%的环境条件下进行测试。对于所有足尺强度测试，平均破坏时间应为 1 min 左右，但不应少于 10 s，而且不应超过 10 min。

4.3.3 试验设备在试验前应事先经过检验校正方可使用。加荷设备的示值误差应在±3%以内。变形测量仪表应在试验前进行校正，其精度应小于±1%测试位移，当测试位移小于 2 mm 时，精度应小于±0.03 mm。测试项目如下：

a) 抗弯强度

试验为三分点加载（四点弯曲），在距端部支点等距的两点处加载，跨距为试样标准高度的 18 倍，随机选择拉伸边，最大降低强度缺陷置于两加载点之间。采用匀速位移方式加载，直至试样达到破坏。如果试样过长，在加载过程中容易产生弯曲，因此需要侧向支撑装置，以阻止试样弯曲。该支撑装置应保证试件在加载方向上可以自由移动。

抗弯强度按式(1)计算：

$$f_m = \frac{F_{ult} L}{db^2} \qquad \cdots\cdots(1)$$

式中：

f_m ——抗弯强度，单位为兆帕(MPa)；

F_{ult} ——足尺试样四点加载弯曲破坏最大荷载，单位为牛顿(N)；

L ——跨距，单位为毫米(mm)；

b ——试件宽度，单位为毫米(mm)；

d ——试件厚度，单位为毫米(mm)。

b) 抗弯弹性模量

抗弯弹性模量的数值是通过试样的变形计算得到的。变形可以通过测量试样中轴线中点处相对于试样端部中轴线支撑点处的位移得到。也可以测量试样底部表面中点处和试样端部支撑点处的相对位移作为变形的值。

抗弯弹性模量采用匀质材料梁的公式，计算采用三分点加载方式下的跨距中点处中性轴相对于支座处中性轴的位移。抗弯弹性模量按式(2)计算：

$$E_m = \frac{23}{108} \times \left(\frac{L}{b}\right)^3 \times \frac{\Delta F}{\Delta e} \times \frac{1}{d} \qquad \cdots\cdots(2)$$

式中：

E_m ——抗弯弹性模量，单位为兆帕(MPa)；

ΔF ——比例极限范围内加载的上限荷载和下限荷载之差，单位为牛顿(N)；

L ——测试跨距，单位为毫米(mm)；

b ——试件宽度，单位为毫米(mm)；

d ——试件厚度，单位为毫米(mm)；

Δe ——ΔF 相对应的跨距中点的挠度，单位为毫米(mm)。

其中，$\Delta F/\Delta e$ 是由最大荷载的 10%～40%决定的。

c) 顺纹抗拉强度

试样承受的是端部轴向的拉伸加载，保证试样在 1 min 左右发生破坏，加载头移动速率约为 30 MPa/min。测试时应保证试样长度为试样高度的 8 倍+2 000 mm，最大降低强度缺陷应随机放置在测试跨距之间。

顺纹抗拉强度按式(3)计算：

$$f_{t,0} = \frac{F_{ult}}{db} \qquad \cdots\cdots(3)$$

式中：

$f_{t,0}$ ——顺纹抗拉强度，单位为兆帕(MPa)；

F_{ult}——拉伸破坏最大荷载，单位为牛顿(N)；

b ——试件宽度，单位为毫米(mm)；

d ——试件厚度，单位为毫米(mm)。

d) 顺纹抗压强度

测试试样的长度至少为试件最大横截面尺寸的 3 倍，为了保证试件加载过程中不发生弯曲，试样应该是短柱，最大长度应小于横截面旋转半径的 17 倍。试件端部轴向压缩加载直至破坏。

通过式(4)计算得到顺纹抗压强度：

$$f_{c,0}=\frac{F_{ult}}{db} \quad \cdots\cdots(4)$$

式中：

$f_{c,0}$——顺纹抗压强度，单位为兆帕(MPa)；

F_{ult}——压缩破坏最大荷载，单位为牛顿(N)；

b ——试件宽度，单位为毫米(mm)；

d ——试件厚度，单位为毫米(mm)。

e) 横纹抗压强度

荷载通过一对长度为 90 mm、宽度等于试样厚度＋10 mm 的支撑块施加。加载头需要固定以防止其旋转。在加载过程中需绘制应力-应变曲线，且试样应被加载至破坏或第一次出现 20 mm 的变形时。如果加载过程中试样有弯曲的趋势，需要增加侧向支撑以防止弯曲变形。

采用最大荷载时的横纹抗压强度按式(5)计算：

$$f_{c,90}=\frac{F_{ult}}{90d} \quad \cdots\cdots(5)$$

式中：

$f_{c,90}$——横纹抗压强度，单位为兆帕(MPa)；

F_{ult} ——压缩破坏最大荷载，单位为牛顿(N)；

d ——试件厚度，单位为毫米(mm)。

采用局部抗压比例极限时的横纹抗压强度按式(6)计算：

$$f_{c,90}=\frac{F_{20}}{90d} \quad \cdots\cdots(6)$$

式中：

$f_{c,90}$——横纹抗压强度，单位为兆帕(MPa)；

F_{20} ——变形量达到 20 mm 时的荷载，单位为牛顿(N)；

d ——试件厚度，单位为毫米(mm)。

横纹抗压强度采用测试前的实测试样尺寸，取最大破坏荷载以及局部抗压比例极限中的较小值。

刚度采用测试前的实测试样尺寸和弹性变形范围内的载荷与变形比例，横纹抗压弹性模量按式(7)计算：

$$K_{c,90}=\frac{\Delta F/\Delta e}{90d} \quad \cdots\cdots(7)$$

式中：

$K_{c,90}$ ——横纹抗压弹性模量，单位为兆帕(MPa)；

$\Delta F/\Delta e$ ——荷载-挠度曲线的斜率，单位为牛顿每毫米(N/mm)；

d ——试件厚度，单位为毫米(mm)。

f) 顺纹抗剪强度

在试样两端施加单一、集中荷载。荷载应加载至最大，即试样发生破坏时的荷载值。

顺纹抗剪强度按式(8)计算：

$$f_v = \frac{0.75F_{ult}}{db} \qquad \cdots\cdots\cdots\cdots (8)$$

式中：

f_v ——顺纹抗剪强度，单位为兆帕(MPa)；

F_{ult}——抗剪破坏的最大荷载，单位为牛顿(N)；

b ——试件宽度，单位为毫米(mm)；

d ——试件厚度，单位为毫米(mm)。

4.3.4 测试结束后，应详细记录实际的破坏位置和破坏特征，并立即在靠近破坏处的位置取样，进行含水率和密度的测试。含水率试验方法按照 GB/T 1931，试样应来自全截面的无疵木块。气干密度试验方法按照 GB/T 1933，数据换算到 12%含水率时的结果。

4.3.5 数据应调整到 12%含水率时的结果。基于含水率的调整模型在使用前应被验证。

4.3.6 在分析所有尺寸规格材的测试数据时，测试结果应首先被调整到特征截面尺寸。本标准以 40 mm×140 mm×2 800 mm 作为尺寸调整的标准尺寸，人工林树种加工的规格材以 45 mm×140 mm×2 800 mm 作为尺寸调整的标准尺寸。基于树种的尺寸调整模型在使用前应被验证。

5 进口原木加工的规格材

5.1 试样采集和试样数的确定

5.1.1 树种信息调查

对于所测试的树种，试样应来自所有的原木供应商，分配比例应根据正常的原木材积供应量确定。应由原木供应商提供产地信息，并保证以后的产地不发生变化。如果发生变化，则应重新取样，并进行测试。

5.1.2 样木选择

5.1.2.1 所有原木平均直径为 22 cm 及以上时，样木应从直径不小于 18 cm 的原木中选择；当平均直径小于 22 cm 时，应从直径 14 cm 以上选取。此处的直径，指原木大小头直径的平均值。按上述条件选择的原木，依直径大小均匀划分为 5 个以上的组，从每组中抽取一株平均直径的原木作为样木。

5.1.2.2 样木应选择树干较圆满通直且无明显缺陷的原木。

5.1.3 样木或试样数量

对于给定等级和试样尺寸的每项强度性质测试，所有规格材总试样数不应少于 100 根，不宜多于 200 根。

5.2 试样准备

按照 4.2 执行。

5.3 测试方法和计算方法

按照 4.3 执行。

6 强度性质特征值的推导

对单一的尺寸而言，试样的抗弯强度、顺纹抗压强度和顺纹抗拉强度的特征值为在 75%置信水平的5%的分位值,抗弯弹性模量的特征值为平均值。

同一等级或性质的几个尺寸试样的数据应该汇集起来以增加样本尺寸的有效性。下面是一种汇集数据的方法:

首先,选择一个参考尺寸 f_{ref},然后测试试样的每一个尺寸,选择一个尺寸因子 k_{size},通过测量参考尺寸和其他任何特定尺寸的5%分位值的比率,可以很方便地选择 k_{size} 的值,许多设计规范和标准,包括ASTM D 1990,指定木材预期尺寸的影响,可以用来得到 k_{size}。

用选择的参考尺寸 f_{ref},通过式(9)将每一种尺寸的所有规格材数据转换成参考尺寸的等效数据:

$$f_{ref}=\frac{f_{meas}}{k_{size}} \qquad \cdots\cdots(9)$$

式中:

f_{meas}——测定的特定木材的强度,单位为兆帕(MPa);

f_{ref}——参考尺寸的等效强度,单位为兆帕(MPa);

k_{size}——尺寸因子。

由汇集数据的下界估计的5%分位值得到参考尺寸的特征值,即:$f_{ref,k}=f_{ref,0.05,i}$。对其他任何特定的尺寸而言,特征值为 $f_{spec,k}=\min(k_{size},f_{ref,k},f_{spec,0.05u})$,$f_{spec,0.05u}$ 为上界估计,这种估计值有25%的可能性低于特定尺寸样品真实的5%分位值。

对于两个不相邻等级的测试数据,可用于推导内插或外插到相邻等级的特征值。

ICS 65.020
B 62

中华人民共和国国家标准

GB/T 28988—2012

花卉主要刺吸式害虫检测规程

Regulations for detection of major sucking pests on floral plants

2012-12-31 发布　　2013-06-01 实施

中华人民共和国国家质量监督检验检疫总局
中国国家标准化管理委员会　发布

前言

本标准按照 GB/T 1.1—2009 给出的规则起草。

本标准由国家林业局提出。

本标准由全国花卉标准化技术委员会(SAC/TC 282)归口。

本标准起草单位:上海市林业总站、上海交通大学农业与生物技术学院、农业部花卉产品质量监督检验测试中心(昆明)。

本标准主要起草人:孙强、戴咏梅、刘志诚、瞿素萍、朱春玲、张洪良、顾梅俏、尹勤、金丽风。

花卉主要刺吸式害虫检测规程

1 范围

本标准规定了为害花卉植物的蚜虫类、蓟马类、螨类、粉虱类、蚧类、蝽类、叶蝉类等七类主要刺吸式害虫的检测方法。

本标准适用于花卉植物生产、储运、贸易中主要刺吸式害虫检测。

2 规范性引用文件

下列文件对于本文件的应用是必不可少的。凡是注日期的引用文件,仅注日期的版本适用于本文件。凡是不注日期的引用文件,其最新版本(包括所有的修改单)适用于本文件。

GB/T 2828.1—2003 计数抽样检验程序 第1部分:按接收质量限(AQL)检索的逐批检验抽样计划

GB/T 18247(所有部分) 主要花卉产品等级

3 术语和定义

下列术语和定义适用于本文件。

3.1

刺吸式害虫 sucking pests

具有吮吸液体的口器构造,可刺进植物组织,吸食汁液,有的分泌唾液破坏植物组织,造成被害部位变色、卷缩或畸变,甚至全株枯死的一类有害生物。

4 抽样与样品保存

4.1 同一产地、同一批量、同一品种、相同等级的产品作为一个检测批次。

4.2 样本应从提交的检测批中随机抽取,单位产品以枝(株或盆)计。

4.3 对成批的产品进行检测时,其检测样本数和每批次合格与否的判定均执行 GB/T 2828.1—2003 一般检查水平和二次抽样方案。

4.4 抽样按照 GB/T 18247 有关规定执行。

4.5 当无明显的为害症状时,按规定的最小比例抽样;当有为害症状表现时,应增加抽样比例。

4.6 当发现检疫性有害生物时,送交检疫部门处理。

4.7 当天检测的样品装入保鲜袋,封口,直接送检;当天不能检测的样品装入保鲜袋,封口后置于4 ℃~5 ℃下保存,保存不超过4 d。

5 检测方法

5.1 症状检验法

5.1.1 在现场或室内用肉眼观察花瓣、卷缩叶内、叶面、嫩茎、枝干等处是否有褪绿、白斑、枯黄、瘿瘤、畸形、异常落叶等症状。

5.1.2 检查植株上是否有卵壳、虫壳。

5.1.3 检查枝、叶、花等部位有无蜜露、煤污等，观察是否有丝网。

5.2 直接检测法

5.2.1 用肉眼或借助放大镜直接在样品上观察有无虫体、蜕皮或卵。

5.2.2 拍枝检查：应选光线好、无明显空气流动的地方，将样品置于白色台面（白瓷盘或白纸）上，拍动或晃动样品，检查有无虫体。

5.3 实验室检测法

5.3.1 标本采集

5.3.1.1 蚜虫类

采集有翅或无翅成虫，用小毛笔把成虫刷入盛有75%酒精的小瓶，用橡皮塞密闭。

5.3.1.2 蓟马类

在白瓷盘（必要时铺一层深色纸）上，倒持样品，轻轻抖动。用蘸有75%酒精的小毛笔收集到盛有保存液（75%酒精+5%冰醋酸）的透明小瓶内。

5.3.1.3 螨类

在白纸或白瓷盘上，抖动或用小棒敲打样品，用小毛笔蘸水直接粘取，放入盛有75%酒精的透明小瓶。

5.3.1.4 粉虱类

用黄板诱集成虫或采集有若虫的叶片，用小毛笔把成虫刷入盛有75%酒精的透明小瓶或有若虫的叶片浸入保存液中。

5.3.1.5 蚧类

采集带有虫体的枝条或叶片，保存在75%的酒精中或标本盒中。

5.3.1.6 蜡类、叶蝉类

用盆拍、扫网或吸虫器进行采样，立即放入75%的酒精中。

5.3.2 标本检测与鉴定

标本置于实体生物显微镜下进行直接检查；或制成玻片用生物显微镜检测，玻片制作方法参见附录A。结合相关标准或花卉虫害（有害生物）鉴定技术资料进行分类鉴定。

6 结果判定

6.1 按照5.1的检测方法所得结果，结合附录B中刺吸式害虫主要危害症状，判定是否为刺吸式害虫。

6.2 按照5.2的检测方法所得结果，结合附录B中的形态特征和形态图，判定害虫类别。

6.3 按照5.1或5.2方法无法确定害虫种类，则按照5.3检测方法进行。

7 检测报告

检测原始记录、检验报告编写应符合检测规范要求。

附 录 A
（资料性附录）
临时玻片制作方法

A.1 试剂

A.1.1 阿拉伯胶混合液配方

阿拉伯胶 30 g，蒸馏水 50 mL，甘油 20 mL，水合三氯乙醛 200 g。

A.1.2 配制

将阿拉伯胶粉放入烧杯，徐徐加入蒸馏水并搅拌，同时将烧杯水浴加热，然后慢慢加入水合三氯乙醛混合液，边加边搅拌均匀，最后加入甘油拌匀，倒入细颈瓶中，盖上玻塞，置 60 ℃温箱内 24 h 并在温箱中用洁净玻璃棉和纱布过滤。保存在黑暗处，备用。

A.2 制片

A.2.1 蚜虫标本的制片

在洁净的载玻片中央滴少量阿拉伯胶混合液，用小毛笔笔尖将蚜虫标本从水合三氯乙醛酚混合液中提出，在滤纸上吸去表面的水合三氯乙醛酚液后放入胶液。

在显微镜下用 2 个拨针整理虫体姿态并去除气泡。用拨铲将胶向四周拨展，使标本粘附在很薄的胶面上。将半成品在室温下放置 16 h～20 h，蚜体已被固定时再加足胶液，标准是盖上盖玻片后胶液不缺也不溢出盖玻片边缘。将干净盖玻片从蚜虫后部向前接触液面，慢慢盖下。

把制好的玻片放入 50 ℃温箱中烘干。

A.2.2 螨类标本的制片

取 1 小滴阿拉伯胶混合液胶液置于洁净的载玻片中央，用吸管吸取保存液中标本到滤纸上，用蘸有胶液的解剖针，从滤纸上粘取标本至胶滴中，慢慢盖上盖玻片，然后放在酒精灯上加热至沸腾，螨体即伸展透明。

制好的玻片放入 45 ℃～50 ℃温箱中烘干或置于室内自然晾干。

A.2.3 粉虱、蓟马标本的制片

可参考 A.2.1。

A.2.4 标签

玻片制好后，应贴上标签，写明采集花卉名称、害虫名称、制作时间等信息。

附　录　B
（规范性附录）
主要花卉刺吸式害虫

花卉刺吸式害虫主要危害症状及形态见表B.1。

表B.1　花卉刺吸式害虫主要危害症状及形态

名　称	主要危害症状	主要形态特征	代表种形态示意图
蚜虫类	以若蚜、成蚜群聚于芽、新叶、花蕾等幼嫩的部位；吸吮植物叶液，被害叶片卷曲、皱缩；轻者生长缓慢，重者不能正常开花。诱发煤污病，传播病毒	虫体细小、柔软； 触角分为基部和鞭部，基部常有圆形或椭圆形的感觉圈； 腹部有一对腹管，腹部末端有尾片； 分有翅、无翅个体； 体色有绿、黄、浅绿、深青等	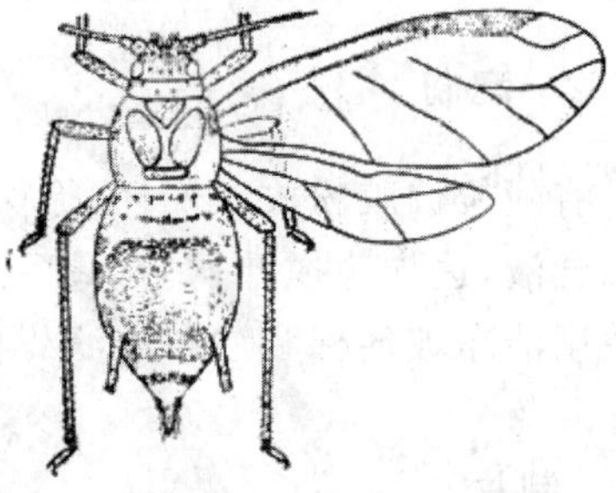 棉蚜　*Aphis gossypii* Glover
蓟马类	成虫和若虫主要隐伏在花中锉吸汁液，受惊时成虫展翅飞出，被害花朵褪色，出现白点，严重时花瓣卷缩而不能正常开花；也可在叶柄、叶脉附近锉吸危害，叶片常出现灰白色条纹或块斑，造成叶卷以致枯死	体微小至小形，成虫长1 mm～2 mm、锉吸式口器。触角6节～9节，上有各种感觉器。具两对狭长的翅，翅缘有长的缨毛。足的末端有泡状中垫，爪退化	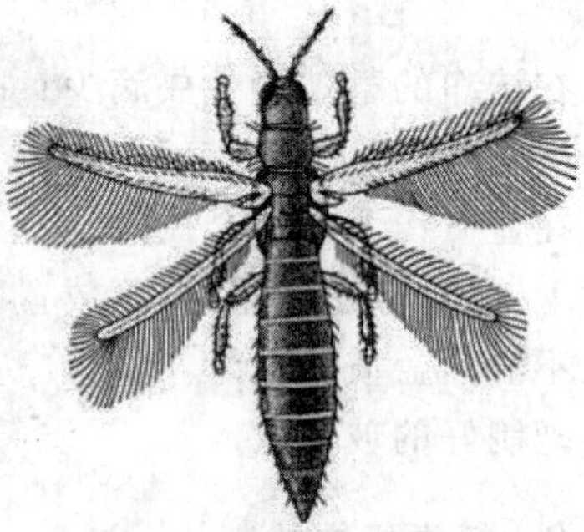 花蓟马　*Frankliniella intonsa* (Trybom)
螨类	以成虫或若虫主要群聚在叶片吸取汁液。初期叶面上呈褪绿的小点，后变灰白色，盛发时在茎、叶上形成一层薄薄的丝网，使植株生长发育不良。如群集花苞上为害，使花不能开，严重时会整株枯死	体形小，圆形或卵圆形。与昆虫的主要区别是：体分节不明显，无头、胸、腹3段之分；无翅，无触角，无复眼；成螨足4对；体多呈红色	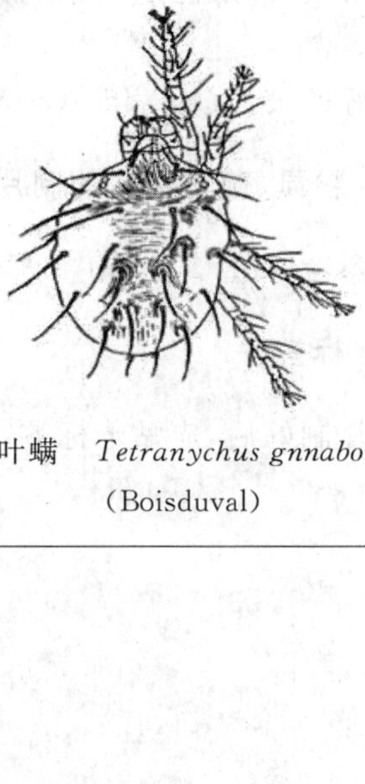 朱砂叶螨　*Tetranychus gnnaborinus* (Boisduval)

表 B.1（续）

名　称	主要危害症状	主要形态特征	代表种形态示意图
粉虱类	以成虫、幼虫群聚在寄主上部幼嫩叶背吸食汁液，使叶片褪绿、卷曲和干枯，并大量排泄蜜露，污染茎叶及花果，易诱发煤污病	小型，成虫体长 1 mm～1.5 mm，体表被有白色蜡粉，翅脉简单，仅具 1 或 2 条纵脉。 若虫体长 0.3 mm～0.9 mm，扁平椭圆形，淡黄绿色	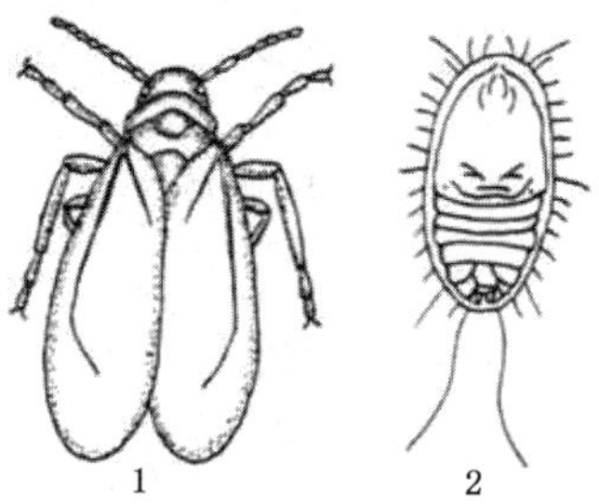 1　　2 成虫　　若虫 温室白粉虱 *Trialeurodes vaporariorum*（Westwood）
叶蝉类	成虫和若虫均以刺吸式口器刺入植物组织内吸取汁液，叶片被害后出现淡白点，危害严重时斑点连成片，使枝条、叶片枯萎，直至全叶苍白枯死	体小至中型，单眼 2 个，触角刚毛状，后足胫节下方具两列短刺	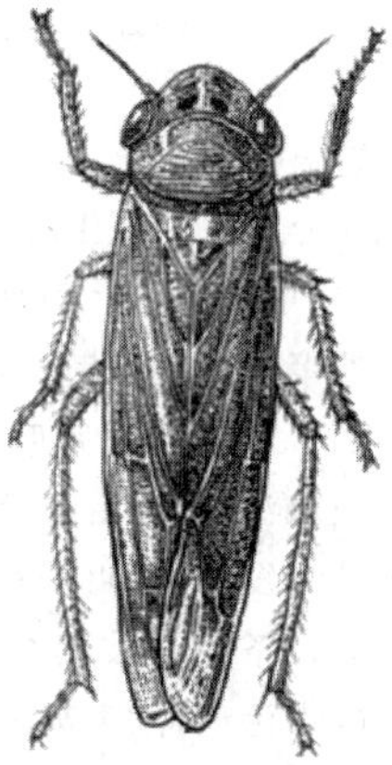 大青叶蝉 *Cicadella viridis*（Linnaeus）
蝽类	成虫或若虫危害嫩叶、叶芽和花蕾，叶片被害后，出现斑点、孔洞或褪绿，严重时叶片扭曲皱缩	体小至中型，喙 3 节～4 节。触角丝状或棒状，复眼发达，单眼两个或缺，前胸背板发达，中胸小盾片三角形。跗节 3 节。前翅为半鞘翅。胸部腹面常有发达的臭腺。不完全变态，成虫体黄绿、绿色、黑褐色。 若虫鲜绿色或深褐色	 绿盲蝽 *Lygus lucorum* Meyer-Dur

表 B.1（续）

名　称	主要危害症状	主要形态特征	代表种形态示意图
蚧类	介壳虫的寄生广泛，木本、藤本、草本植物上都有寄生。 群聚于枝、叶、果上，成虫、若虫的口器插入花卉叶、枝组织中吸取汁液，开始固定生活，轻则叶片发黄、落叶、落果，重则部分枝条或全枝枯萎死亡，并诱发煤污病，危害甚大	形态非常特化，多为小型。大多数种类以固定不动地吸食植物汁液的方式为害，体表常有介壳或各种粉状、绵状等蜡质分泌物。雌、雄成虫的体形差别很大。雌虫身体没有明显头、胸、腹3部分的区分，无翅，大多数被各种蜡质分泌物所遮盖。雄虫只有1对前翅，具分叉的翅脉，后翅特化为平衡棒	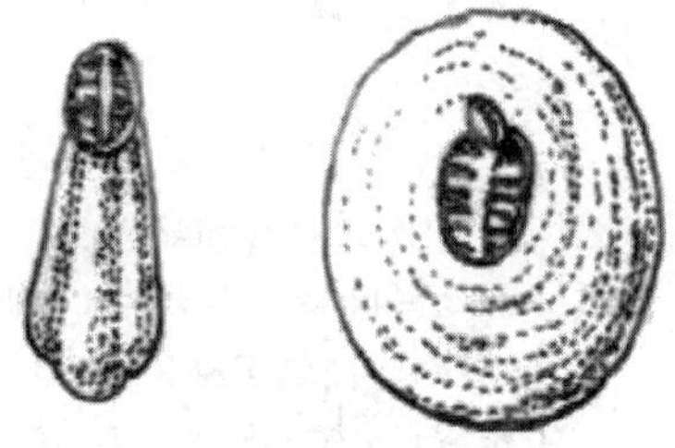 月季白轮盾蚧 *Aulacaspis rosarum* Borchsenius 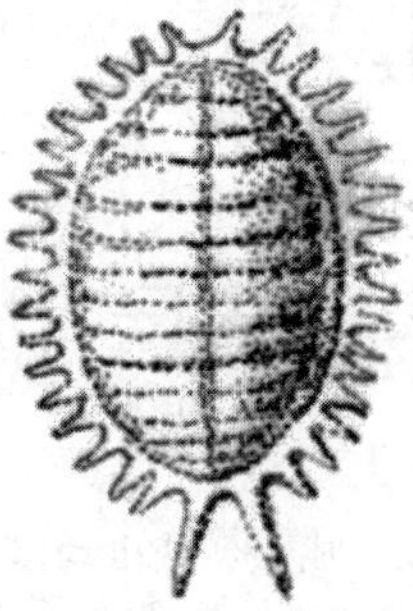 康氏粉蚧 *Pseudococcus comstocki* (Kuwana) 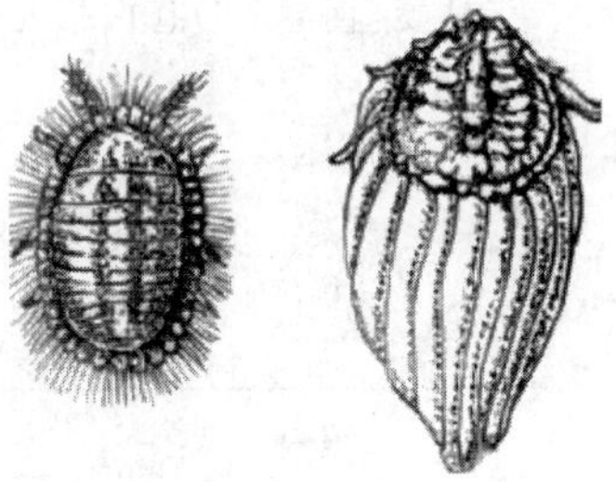 吹绵蚧 *Icerya purchasi* Maskell 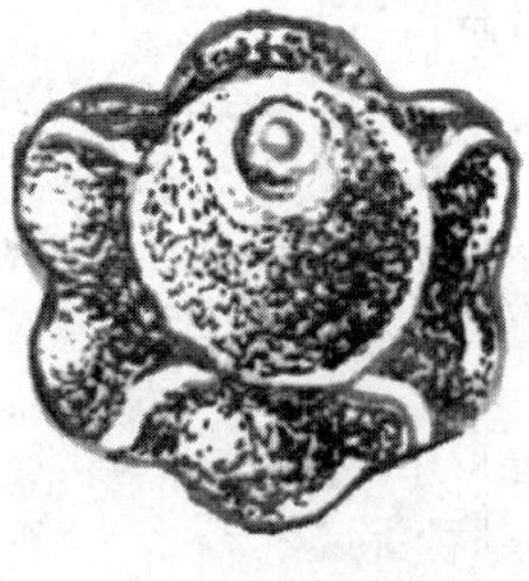 红蜡蚧 *Ceroplastes rubens* Maskell

ICS 65.020
B 62

中华人民共和国国家标准

GB/T 28989—2012

富贵竹生产技术规程

Technical specification of production for lucky bamboo

2012-12-31 发布　　2013-06-01 实施

中华人民共和国国家质量监督检验检疫总局
中国国家标准化管理委员会　发布

前言

本标准按照 GB/T 1.1—2009 给出的规则起草。

本标准由国家林业局提出。

本标准由全国花卉标准化技术委员会(SAC/TC 282)归口。

本标准起草单位:广东海洋大学、广东省湛江市质量技术监督局。

本标准主要起草人:李赤、于莉、黎永坚、刘付东标、谢美玲。

富贵竹生产技术规程

1 范围

本标准规定了富贵竹切枝产品生产中涉及的术语和定义、生产环境条件的要求、插条的选择、大田生产技术、病虫害防治和螺旋竹造型与采收。

本标准适用于我国富贵竹种植区切枝产品的生产。

2 规范性引用文件

下列文件对于本文件的应用是必不可少的。凡是注日期的引用文件,仅注日期的版本适用于本文件。凡是不注日期的引用文件,其最新版本(包括所有的修改单)适用于本文件。

GB/T 18407.2 农产品安全质量 无公害水果产地环境要求

NY/T 496 肥料合理使用准则 通则

3 术语和定义

下列术语和定义适用于本文件。

3.1

富贵竹 lucky bamboo

绿叶龙血树(*Dracaena sanderiana* ‘Virens’),属于龙舌兰科龙血树属植物。

3.2

螺旋竹 spiral bamboo

也称弯竹,茎秆呈螺旋或其他形状曲线的富贵竹。

3.3

直竹 straight bamboo

也称单枝竹,茎秆直立的富贵竹。

3.4

观叶富贵竹 ornamental foliage bamboo

带叶的富贵竹切枝。

3.5

干插 dry cutting

栽植前不经过泡田,直接插条栽植的方法。

3.6

湿插 wet cutting

栽植前经过泡田后,再插条栽植的方法。

3.7

引插棍 leaded and inserted stick

干插时用于打栽植孔用的,其直径与插条基本一致的棍条。

3.8

底芽 base bud

成竹采收后留在根茬上的芽。

3.9

宿根竹 ratoon bomboo

由底芽长出的植株。

4 环境条件要求

4.1 生产的环境条件

生产田的生态环境符合 GB/T 18407.2 的要求。

4.2 土壤要求

种植层厚度≥40 cm，土壤有机质 2%以上；质地为轻黏土、壤土或砂壤土，pH 5.0～5.5。

4.3 温度要求

适于在月平均最低温度≥14 ℃的地区种植，生长的适宜温度为 20 ℃～28 ℃ 。

4.4 灌溉与排水

具备灌溉和排水条件。

5 生产技术

5.1 栽植前准备

5.1.1 整地

平整土地、将土块耙碎、耙平、做畦；畦宽 90 cm，畦高 25 cm ，沟宽 35 cm 左右。

5.1.2 基肥

富贵竹的施肥原则是平衡施肥，符合 NY/T 496 要求。

在整地的同时施入基肥，做到基肥与土壤充分混合，每公顷 15 000 kg～30 000 kg 农家肥＋3%的过磷酸钙一起堆沤腐熟，施前再加入 0.1%尿素。应根据土壤的实际肥力情况对施肥量进行调整。

5.1.3 插条选择

选用健壮，无病、虫害，茎粗≥13 mm，长 30 cm～35 cm，茎秆不弯曲，下切口平滑的梢部做插条。

5.2 栽植

5.2.1 干插

用引插棍按株行距打好栽植孔，深度为 6 cm～8 cm，将插条基部垂直插入栽植孔内并压实周围土壤。

5.2.2 湿插

放水泡田 2 d～3 d，水深平畦面。土壤达到松、软，直接插条。插苗深度 6 cm～8 cm。

5.2.3 栽植密度

株行距：直竹为 12 cm×20 cm～25 cm；螺旋竹为 20 cm×28 cm。

5.2.4 栽植时间

月平均最低温度≥17 ℃均可栽植。

5.2.5 灌水

插条栽植后应尽快灌水，使土壤湿透或保持水深平畦面，时间为 7 d。生根后保持土壤湿润。

5.2.6 遮荫操作

插条栽植后的 1 d～2 d 内应覆盖 50%遮荫度的遮阳网。

用于观叶的富贵竹和螺旋竹，在整个生长期间都要覆盖遮阳网直到采收。

用于扎作产品的富贵竹，栽植的插条发根后可揭掉遮阳网，露地生长直到采收；如插条发根后的 2 个月正处在 4 月～8 月内，要到 9 月再揭掉遮阳网，露地生长直到采收。

5.3 田间管理

5.3.1 灌水

生长期间需充足水分，干则灌透，保持土壤湿润，但不能渍水；雨季应及时排水。

5.3.2 追肥

第一次追肥可以使用尿素，以后各次追肥均不能使用尿素，各次追肥使用含硫复合肥(N：P：K＝15：15：15)。

追肥的次数、时间和用量详见附录 A。

5.3.3 宿根竹管理

5.3.3.1 成竹的采收

对预留宿根竹的地块，应在成竹采收时，在根茬上留底芽，留一片青叶。

5.3.3.2 留芽原则

在剪掉成株后的根茬上会长出多个底芽，留矮去高，留壮去弱，每株留 1 个～2 个底芽。

5.3.3.3 松土

在成竹采收 7 d 后，在根茬的行间松土，深度在 2 cm～3 cm。

5.3.3.4 施肥

成竹采收 8 d～10 d 后，松土后每公顷施含硫复合肥(N：P：K＝15：15：15)750 kg 左右。当植株长到 25 cm 时开始追肥。第一次追肥，每公顷 15 000 kg 农家肥＋3%的过磷酸钙一起堆沤腐熟，施前再混入 180 kg～225 kg 的尿素。以后追肥的次数、时间和用量均按附录 A 的要求执行。

6 病虫害防治技术

病虫害防治中坚持预防为主、综合防治的原则，采用农业防治、化学防治相结合的措施，提高防治效果,将病虫害危害降至最低程度。

6.1 清除田间病残株

成竹采收后,及时清理田间病残株,集中烧毁。

6.2 细菌性茎腐病(*Erwinia sp .*)

6.2.1 插条处理

插条下切口要平滑,自然风干 12 h 左右后;除去基部第一片叶,下切口用 72%农用链霉素 SP 300 mg/L 浸泡 12 h 后,再经自然风干 4 h~6 h 后栽植。如在 12 月~翌年 3 月栽植,在农用链霉素药液中需加入 IBA 30 mg/L。

6.2.2 田间药剂防治

台风或大暴雨过后,使用 72%农用链霉素 SP 300 mg/L ,88% 水合霉素 SP 100 mg/L 喷施。

6.3 富贵竹炭疽病(*Colletotrichum gloeosporioide*)

6.3.1 清洁田园

冬春季要剪除田间病叶、清理病残体。撒一次生石灰进行土壤消毒。

6.3.2 药剂防治

发病初期可交替喷施 70%甲基托布津 WP 1 000 mg/L;或 50%炭疽福美 WP 2 000 mg/L;或 50%施保功 WP 1 000 mg/L。

6.4 富贵竹根腐病(*Fusarium oxysporum*)

6.4.1 采竹时间

雨后天气干燥时采收富贵竹。

6.4.2 药剂防治

剪竹后 1 d~2 d 内对宿根竹的切口进行药剂防治,使用 70%甲基托布津 WP、58%瑞毒霉锰锌 WP、75%百菌清 WP,质量浓度 1 000 mg/L 的药液中加入 1.8% 爱多收(Atonik)0.3 mL/L 喷施。

6.5 介壳虫(未定种)

6.5.1 减少虫源

及时清除虫株并集中烧毁。

6.5.2 药剂防治

发现虫株使用 40%速扑杀 EC 1 000 mg/L 液、40%速扑杀 EC 100 mg/L+25%喹硫磷和 500 mg/L 混合液喷施。

7 螺旋竹造型

田间植株长到 80 cm~85 cm 时,在距植株自然顶端 15 cm~20 cm 处,把植株绑在垂直插在地面上的小棍子上,方向与畦的方向垂直,植株与地面的夹角为 15°～25°,10 d～15 d 后当植株顶部茎秆长到与地面垂直时,拔出绑着植株的小棍子,沿顺时针(或逆时针)方向转动 90°后再垂直插在地上,植株与地面的夹角仍为 15°～25°。当植株顶部茎秆再长到与地面垂直时,再重复上述操作。如此重复转动 10 次～14 次,形成 2 周半螺旋以上的顶梢。顶梢茎秆直立部分≥25 cm 即可采收。

8 采收

8.1 采收要求

采收要求参见附录 B。

8.2 采收时间

除雨天、雨水未干外,常年均可采收。

8.3 采收方法

用锋利的刀具在离地面 1.5 cm～2.0 cm 处与地面成 30°角剪断。

附 录 A
（资料性附录）
富贵竹追肥参考量

表 A.1 富贵竹追肥参考量

追肥次数	两次追肥间隔的时间	施肥量 kg/hm^2	种 类
第一次	根长 3 cm ～4 cm	180～225	尿素
第二次	15 d	750	复合肥[a]
第三次	60 d～75 d	900	同上
第四次	60 d～75 d	1 050	同上
第五次	60 d～75 d	1 125	同上
[a]复合肥：含硫复合肥（N∶P∶K=15∶15∶15）。			

附 录 B
（资料性附录）
富贵竹采收要求

表 B.1 富贵竹采收要求

种类	株龄 月	株高 cm	其他特征
观叶富贵竹	10	80～100	叶片翠绿(绿色),叶片完整,植株生长健壮,茎秆直立,节间均匀,无病、虫害和冻伤
扎作产品	12～13	100～110	植株叶色黄绿,叶片完整,节间均匀,植株直立,纤维含量高,生长健壮,无病、虫害和冻伤。剪去顶部 30 cm 作插条,上切口直径 10 mm～16 mm
螺旋竹	14		茎秆上没有不定根,顶梢茎秆直立部分≥25 cm

ICS 79.010
B 69

中华人民共和国国家标准

GB/T 28990—2012

古建筑木构件内部腐朽与弹性模量应力波无损检测规程

Code for non-destructive evaluation of interior decay and modulus of elasticity of historic building wood members by stress wave methods

2012-12-31 发布　　2013-06-01 实施

中华人民共和国国家质量监督检验检疫总局
中国国家标准化管理委员会　发布

前　言

本标准按照 GB/T 1.1—2009 给出的规则起草。

本标准由国家林业局提出。

本标准由全国木材标准化技术委员会(SCA/TC 41)归口。

本标准起草单位：中国林业科学研究院木材工业研究所、西北农林科技大学、西安理工大学、山东省临沂市出入境检验检疫局。

本标准主要起草人：段新芳、周宇、冯德君、尚大军、周冠武、王正国 。

古建筑木构件内部腐朽与弹性模量应力波无损检测规程

1 范围

本标准规定了对古建筑木结构的木构件内部腐朽与弹性模量进行应力波无损检测的测试方法与步骤等。

本标准适用于古建筑木结构维修与维护勘察时使用。

2 规范性引用文件

下列文件对于本文件的应用是必不可少的。凡是注日期的引用文件，仅注日期的版本适用于本文件。凡是不注日期的引用文件，其最新版本(包括所有的修改单)适用于本文件。

GB/T 1933—2009 木材密度测定方法

GB/T 20737—2006 无损检测 通用术语和定义

GB/T 50452—2008 古建筑防工业振动技术规范

3 术语和定义

GB/T 20737—2006、GB/T 50452—2008 界定的以及下列术语和定义适用于本文件。

3.1

古建筑 historic building

历代留传下来的对研究社会政治、经济、文化发展有价值的建筑物。

[GB/T 50452—2008，定义 2.1.1]

3.2

古建筑木结构 historic timber structure

以木材为承重骨架的古建筑结构。

[GB/T 50452—2008，定义 2.1.3]

3.3

木构件 wooden structure member

用于古建筑木结构上的木材组件，如柱、梁、檩等。

3.4

无损检测 non-destructive evaluation

以不损害预期实用性和可靠性的方法来检查材料或零部件，其目的是为了：探测、定位、测量和评定伤；评价完整性、性质和构成；测量几何特性。

[GB/T 20737—2006，定义 2.20]

3.5

木材应力波无损检测 non-destructive evaluation by stress wave method of wood

采用应力波仪器，在不破坏木材本身的前提下，使木材产生应力波并在木材内部传播，通过测定应力波的传播时间，计算其传播速度，来评估木材腐朽、计算木材弹性模量的方法。

3.6

木构件内部腐朽　interior decay of wood

木构件受木腐菌侵害所形成的心材(或熟材)部分的腐朽。

4　木材应力波无损检测原理、仪器和工具

4.1　原理

4.1.1　木材应力波无损检测技术分类

木材应力波无损检测技术分为横向应力波技术和纵向应力波技术两类,其中横向应力波技术主要用于检测木材内部是否含有腐朽或孔洞等缺陷;而纵向应力波技术则主要用于测定木材的弹性模量,评估木材的力学强度。

4.1.2　横向应力波技术检测木材内部腐朽的原理

横向应力波技术检测木材内部腐朽和空洞缺陷的原理示意图见图 1。它是通过检测木构件不同部位在垂直于木材纹理方向的应力波传播速度,并与同种木材健康材应力波横向传播速度进行比较,根据应力波传播速度的衰减率来确定木构件的内部腐朽状况。

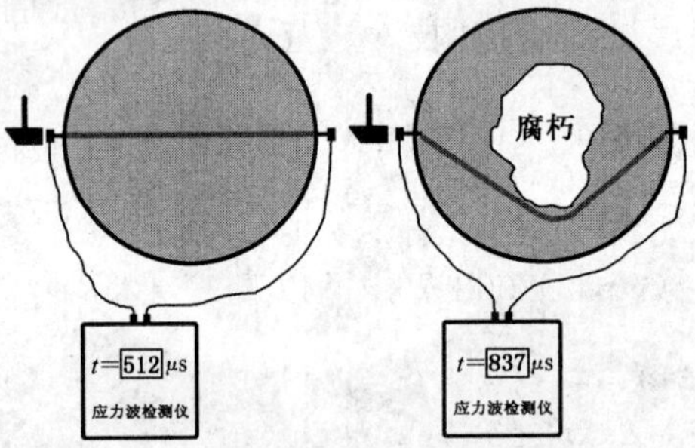

图 1　木材横向检测的原理示意图

4.1.3　纵向应力波技术检测木材弹性模量的原理

纵向应力波无损检测技术测定木材弹性模量的原理示意图见图 2。测定应力波传播的时间和距离,由式(1)计算应力波在木材中的传播速度:

$$v = \frac{l}{t} \times 10^6 \qquad \cdots\cdots(1)$$

式中:

v ——应力波的传播速度,单位为米每秒(m/s);

l ——应力波测定仪两传感器之间的距离,单位为米(m);

t ——应力波测定仪记录的时间,单位为微秒(μs)。

木材弹性模量(MOE)计算可按照式(2)进行:

$$\mathrm{MOE} = \rho v^2 \times 10^3 \qquad \cdots\cdots(2)$$

式中:

MOE ——木材弹性模量,单位为兆帕(MPa);

ρ ——木材的基本密度,单位为克每立方厘米(g/cm^3);

v ——应力波的传播速度,单位为米每秒(m/s)。

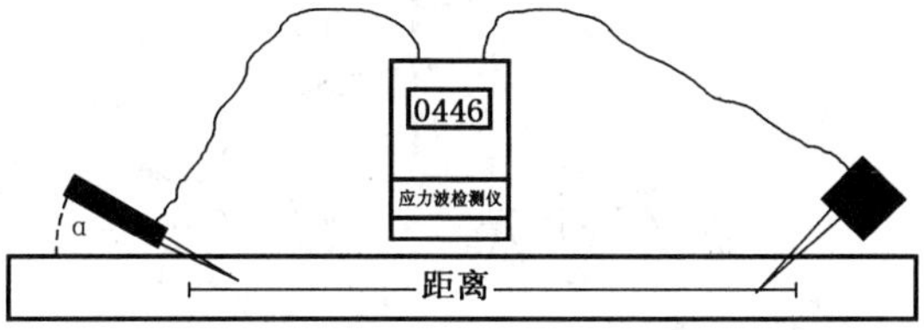

α的角度应为45°

图 2 木材纵向检测的原理示意图

4.2 应力波无损检测仪器与工具

应力波无损检测仪器与工具有：

a) 应力波无损检测仪：仪器测定记录时间至少为微秒(μs)级；

b) 木材含水率快速测定仪：测量含水率测量范围应为 0～50%，测量精度±1.5%；

c) 游标卡尺，精度 0.02 mm；

d) 卷尺，精度 1 mm；

e) 记号笔。

4.3 古建筑木构件应力波无损检测技术应用选择

木材横向应力波技术可用于检测古建筑木构件内部腐朽，纵向应力波技术可用于检测古建筑木构件的弹性模量。

5 古建筑木构件内部腐朽的应力波无损检测程序

5.1 确定木构件的检测部位及数量

根据木构件的种类(如：柱、梁、檩、椽等)、高度(或长度)以及表面腐朽状况，对不同木构件确定不同的检测部位与间距。如对于柱材，一般在基部 1.0 m 范围内，每隔 20 cm 选择一个检测部位；在 1.5 m 以上部位，则可以每隔 1.0 m 选择一个检测部位。如果肉眼观察发现沿柱身方向有明显腐朽区域，则可在该区域适当增加检测点的数量。

对于其他类型的木构件，可参照上述方法确定检测部位及数量。

5.2 确定木构件的检测方向

5.2.1 对于横截面为圆形的柱或檩，每个检测部位最少进行 3 个方向的检测，如每隔 120°角的方向各检测一次，如图 3 所示。对于多通道应力波设备可按照仪器使用说明一次进行最少 3 个方向的测定。

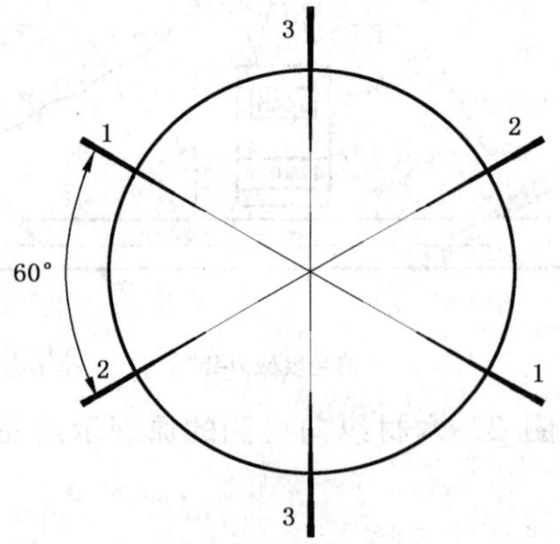

图 3 圆形截面检测方向示意图

5.2.2 对于横截面为方形的梁或檩，先沿两个对角线方向各检测一次，再沿截面长边的中部检测一次，即每个检测部位需要检测 3 个方向，如图 4 所示。对于多通道应力波设备可按照仪器使用说明一次进行多个方向的测定。

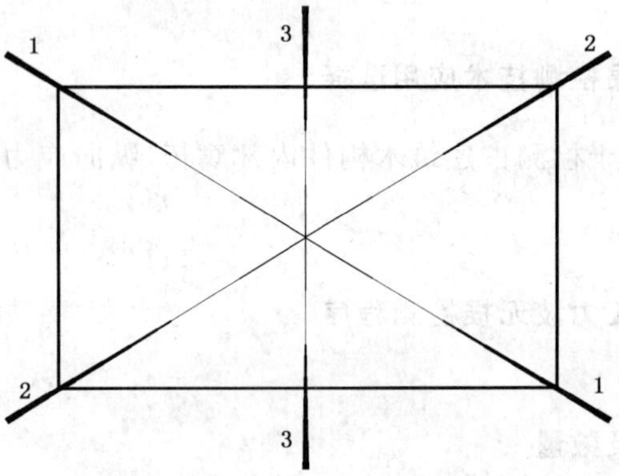

图 4 方形截面检测方向示意图

5.2.3 对于横截面不规则的木构件，参照 5.2.1、5.2.2 中规定的检测方向，自行确定。

5.3 检测步骤

5.3.1 用木材含水率快速测定仪检测待测木构件的各个检测部位的含水率，每个检测部位需要测定 3 次，取平均值作为该检测部位的含水率。

5.3.2 用卷尺测定木构件的长度，按照 5.1 中的原则确定需要检测的部位，并用记号笔或粉笔标出。

5.3.3 按照所用应力波无损检测仪的使用说明，用同一相同重量的锤子，将应力波无损检测仪的两个探针连接在仪器上，需要特别注意的是不能将启动探针(start transducer)和终止探针(stop transducer)相混淆。

5.3.4 用游标卡尺或适应的量具测定两探针之间的木材横向间距，作为应力波的横向传播距离，记为 l_f。

5.3.5 打开应力波无损检测仪，用同一相同重量的锤子，敲击启动探针，当终止探针接收到应力波信号时，仪器屏幕上会显示应力波传播时间，按照应力波无损检测仪要求，记录传播时间读数，以 3 次所得读数的平均值作为检测的传播时间结果，记为 t_f。

5.3.6 依次测定每个检测部位其他检测方向的应力波传播距离 l_f 和传播时间 t_f，然后按顺序对待测木构件的所有检测部位进行测定。

5.3.7 按照式(1)计算每个检测方向以及检测部位的应力波传播速度 v_f。并将上述所有现场测试数据记录在附录A中。

5.4 木构件内部腐朽状况的判断

5.4.1 根据木构件不同检测部位的应力波传播速度，参照同种木材健康材应力波横向（径向）传播速度的参考值(附录B)，确定整个木构件的内部腐朽状况。同一木构件的不同检测部位，应力波的传播速度越小，该部位的腐朽越严重。通常情况下，当应力波传播速度减少23%时，就意味着木材强度损失达到50%；当应力波传播速度减少35%时，就意味着木材遭到了严重损害。

同时，为提高应力波无损检测的准确性，还应配合其他木材无损检测技术如皮螺钉(PILODYN)技术、超声波无损检测技术等的测定结果，综合考虑木构件部位、含水率大小等因素，对获得的应力波数据进行木材内部腐朽的综合判定。

5.4.2 对未列入附录B中的木材树种检测时，需要查找对应的健康材应力波传播速度资料。如果未找到时，应在古建筑木结构同种木材木构件其他健康材部位测定相应数据，作为健康材应力波传播速度；或者，根据古建筑木构件的树种鉴定结果，按照本标准规定的应力波无损检测方法和程序，对同种木材健康材进行应力波无损检测，获得同种木材健康材的应力波传播速度数据，然后再按照5.4.1规定进行古建筑木构件的内部腐朽状况判断。

6 古建筑木构件弹性模量的应力波无损检测程序

6.1 确定木构件数量

根据古建筑木结构木构件的种类，分别对房椽、檩、柱、大梁等木构件弹性模量进行检测。每个古建筑每种木构件的检测数量根据检测目的和现场情况由检测者自己确定。

6.2 确定木构件的检测方向

沿木材顺纹方向对木构件弹性模量进行检测，每个木构件弹性模量检测1次。

6.3 检测步骤

6.3.1 按照5.3.1、5.3.3、5.3.2的步骤，安装应力波无损检测仪检测探针，用卷尺测定木构件的长度。用含水率快速测定仪检测待测木构件的含水率，一般在木构件的靠近两端和中间部位各检测一次，取平均值作为该检测部位的含水率。

6.3.2 用同一重量的锤子将应力波无损检测仪器的两探针按照与木材顺纹夹角呈45°的方向固定在一条直线上，两探针的间距应不少于1.0 m。用卷尺测定两探针的间距（即应力波的纵向传播距离），记为 l_m。

6.3.3 打开应力波无损检测仪，按照仪器说明，用同一重量的锤子敲击启动探针，记录应力波传播时间，以3次所得读数的平均值作为该次检测的传播时间记录结果，记为 t_m。

6.3.4 根据式(1)计算应力波纵向传播速度 v_m，并将上述所有现场测试数据与计算数据记录在附录C中。

6.3.5 对检测过的木构件，应在检测部位附近截取一定尺寸的含水率木材试样3块或采用生长锥钻取木芯作为试样，进行实验室木材基本密度测定。

6.4 结果计算

6.4.1 将现场取的木材密度试样，按照GB/T 1933—2009的规定，采用排水法测定木材密度 ρ。

6.4.2 根据式(2)计算木构件弹性模量(MOE)。木材密度测定与木材弹性模量计算结果记录在附录D中。

6.5 检测结果应用

应力波无损检测获得的木构件弹性模量数据可用于古建筑木结构安全评估参考。

附　录　A
（资料性附录）
古建筑木构件内部腐朽应力波无损检测记录表

表 A.1　古建筑木构件内部腐朽应力波无损检测记录表

1. 古建筑名称：＿＿＿＿＿＿＿＿　2. 地点：＿＿＿＿＿＿＿＿

3. 木构件种类及部位：＿＿＿＿＿＿＿＿　4. 木材树种：＿＿＿＿＿＿＿＿

5. 检测时间：＿＿＿＿＿＿＿＿　6. 检测人：＿＿＿＿　7. 记录人：＿＿＿＿

木构件编号	总长度 m	大头直径 cm	小头直径 cm	检测部位（从大头算起） cm	检测部位含水率 %	检测次数	检测木材的横向距离 m	传播时间（应力波仪器读数） μs			平均值 μs	传播速度平均值 m/s
								1	2	3		

附 录 B
（资料性附录）
健康材的径向应力波传播速度参考值

表 B.1 健康材的径向应力波传播速度参考值

树种	传播速度 m/s	资料来源	树种	传播速度 m/s	资料来源
桦木（*Betula* sp.）	1 140		鱼鳞云杉（*Picea jezoensis*）	1 210	
云杉（*Picea* sp.）	1 210		旱谷鱼鳞云杉 （*Picea jezoensis* var. *hondonensis*）	1 360	
白冷杉（*Abies alba*）	1 360		库页冷杉（*Abiese sachalinensis*）	1 450	
日本冷杉（*Abies firma*）	1 450	a	日本柳杉（*Cryptomeria japonica*）	1 470	
赤松（*Pinus densiflora*）	1 470		日本扁柏（*Chamaecyparis obtuse*）	1 490	b,c
落叶松（*Larix leptolepis*）	1 490		圆齿水青冈（*Fagus crenata*）	1 670	
黑松（Black fir）	1 480		冷杉（*Abiese pectinata*）	1 360	
栎木（*Quescus* sp.）	1 620		光叶榉（*Zelkova serrata*）	1 140	
水青冈（*Fagus* sp.）	1 670		槲栎（*Quescus aliena*）	1 620	
美国椴木（*Tilia america*）	1 690		日本椴木（*Tilia japonica*）	1 690	
槭木（*Acer* sp.）	1 690		沙棘（*Hippophae* sp.）	1 086 （629～1560）	
桦木（*Betula* sp.）	1 399～1 479 （最大值～最小值，下同）		杨木（*Populus* sp.）	1 041（平均值） （451～1 362）	
美国鹅掌楸 （*Liriodendron tulipifera*）	1 399～1 479	d,e	西藏柏木（*Cupressus torulosa*）	826 （271～1 379）	f
黑樱桃（*Prunus serotina*）	1 451～1 613		西藏红杉（*Larix griffithiana*）	1 305 （655～1 615）	
红栎（*Quercus rubra*）	1 548～1 751		落叶松（*Larix* sp.）	1 093 （712～1 609）	
			红松（*Pinus koreaiensis*）	993 （415～1 361）	

[a] 匈牙利 FAKOPP Enterprise 网站：http://www.fakopp.com/.

[b] 祖父江信夫.木材的非破坏检查[J].木材学会志，1993，39(9)：973～979.

[c] Jozef Bodig. The process of NDE research for wood and wood composites. NDE. net，2001，6 (3).

[d] Ross，R. J.，Perllerin，R. F.. Nondestructive testing for assessing wood members in structures-A re U. S. Department of Agriculture，Forest Service，Forest Products Laboratory，FPL-GTR-70. 1994.

[e] Ross，R. J.，Perllerin，R. F. and Norbert Volny，et al. Inspection of Timber Bridges Using Stress Wave Timing Nondestructive Evaluation Tools—A Guide for Use and Interpretation [R]. FPL-RN-114，Madison，WI：U. S. Department of Agriculture，Forest Products Laboratory，1999.

[f] 段新芳，黄荣凤.古建筑木结构无损检测和保护技术研究进展[M].北京：中国建材工业出版社，2008.

附　录　C
（资料性附录）
古建筑木构件弹性模量应力波无损检测记录表

表 C.1　古建筑木构件弹性模量应力波无损检测记录表

1. 古建筑名称：________________　2. 地点：________________

3. 木构件种类及部位：________________　4. 木材树种：________________

5. 检测时间：__________　6. 检测人：__________　7. 记录人：__________

木构件编号	总长度 m	大头直径 cm	小头直径 cm	木构件含水率 %			所检测的木材距离 m	传播时间（应力波仪器读数）μs			平均值 μs	传播速度平均值 m/s
				1	2	3		1	2	3		

附　录　D
（资料性附录）
古建筑木构件木材密度测定与木材弹性模量计算表

表 D.1　古建筑木构件木材密度测定与木材弹性模量计算表

1. 古建筑名称：________________　　2. 地点：________________

3. 木构件种类及部位：________________　　4. 木材树种：________________

5. 检测时间：__________　　6. 检测人：__________　　7. 记录人：__________

木构件编号	检测部位（从大头算起）cm	试样质量 g	试样体积 cm^3	试样密度 g/cm^3	应力波传播速度平均值 m/s	MOE MPa

注：附录 D 中的应力波传播速度平均值与附录 C 相同。

ICS 65.020.01
B 61

中华人民共和国国家标准

GB/T 28991—2012

油茶良种选育技术

Breeding technique of oil-tea camellia

2012-12-31 发布　　2013-06-01 实施

中华人民共和国国家质量监督检验检疫总局
中国国家标准化管理委员会　发布

前　言

本标准按照 GB/T 1.1—2009 给出的规则起草。

本标准由国家林业局提出。

本标准由全国林木种子标准化技术委员会(SAC/TC 115)归口。

本标准起草单位:中国林业科学研究院亚热带林业研究所、国家油茶科学中心种质创新与利用实验室、国家林业局油茶工程中心。

本标准主要起草人:姚小华、王开良、任华东、林萍、常君、龙伟、曹永庆、李生。

油茶良种选育技术

1 范围

本标准规定了普通油茶及近缘种的选择育种、杂交育种、试验测定、区域试验等基本技术要求。

本标准适用于普通油茶及主要近缘种的良种选育工作。

2 规范性引用文件

下列文件对于本文件的应用是必不可少的。凡是注日期的引用文件，仅注日期的版本适用于本文件。凡是不注日期的引用文件，其最新版本(包括所有的修改单)适用于本文件。

GB/T 5512 粮油检验 粮食中粗脂肪含量测定

GB/T 6001 育苗技术规程

GB/T 15776 造林技术规程

LY/T 1328 油茶栽培技术规程

3 术语和定义

下列术语和定义适用于本文件。

3.1

油茶 oil-tea camellia

山茶属植物中种子含油率较高的、具有经济栽培价值的油用物种的总称。以普通油茶(*Camellia oleifera*)为主，还包括小果油茶(*C. meiocarpa*)、浙江红花油茶(*C. chekiangoleosa*)、越南油茶(*C. vietnamensis*)、腾冲红花油茶(*C. reticulata*)、攸县油茶(*C. yuhsienensis*)、广宁红花油茶(*C. semiserrata*)等。

3.2

单位面积冠幅产量 yield per unit area crown

单位面积冠幅的生产能力，通常用每平方米(m^2)冠幅的果、籽、油的产量表示。

3.3

鲜出籽率 the ratio of seed to fresh fruit

鲜果中，籽重占果重的百分比。

3.4

干出籽率 the ratio of dry seed to fruit

气干状态下，籽重占果重的百分比。

3.5

种仁含油率 oil rate of kernel

种仁中油脂重量占仁重的百分比。

4 选择育种

4.1 选优区域和选优林分

4.1.1 选优区域

根据不同油茶产区对良种的需要，有针对性的开展选优。普通油茶优树选择应在种植范围相应的生态区域内进行。小果油茶、浙江红花油茶、越南油茶、腾冲红花油茶、攸县油茶、广宁红花油茶等其他物种选优应在原始分布区内进行。

4.1.2 选优林分条件

4.1.2.1 树龄在15年以上。

4.1.2.2 林分起源为实生起源林。

4.1.2.3 林分长势良好，没有严重病虫害。

4.2 优树指标

普通油茶及近缘油用物种按照生长、结果和果实经济性状确定主要选优指标，优树主要选优指标见表1。

表1 普通油茶及近缘油用物种选优主要指标

选优指标	普通油茶	小果油茶	浙江红花油茶	越南油茶	腾冲红花油茶	攸县油茶	广宁红花油茶
生长性状	树形完整，生长正常	树形完整，生长正常	树形完整，生长正常	树形完整，生长正常	树形完整，生长良好	树形完整，生长正常	树形完整，生长正常
单位冠幅面积产量	连续4年平均产果1.2 kg/m^2 以上，最低年产果量不少于0.8 kg/m^2	连续4年平均产果量1.2 kg/m^2 以上	连续4年平均产果量在1.0 kg/m^2 以上	连续4年平均产果量1.5 kg/m^2 以上	连续4年平均产果量1.8 kg/m^2 以上	连续4年平均产果量在1.0 kg/m^2 以上	连续4年平均产果量在1.2 kg/m^2 以上
鲜果出籽率	40%以上	55%以上	22%以上	30%以上	20%以上	50%以上	15%以上
种仁含油率	45%以上	45%以上	45%以上	45%以上	45%以上	30%以上	45%以上
干籽含油率	28%以上	—	—	—	—	—	—
平均鲜果含油率	6.4%以上	—	—	—	—	—	—
酸价(KOH) g/mg	3以下	3以下	3以下	3以下	3以下	3以下	3以下
不饱和脂肪酸含量	90%以上	90%以上	90%以上	90%以上	85%以上	90%以上	90%以上
油酸含量	78%以上	78%以上	78%以上	78%以上	75%以上	75%以上	78%以上
抗性	极少病虫害，果实炭疽病发病率低于3%	炭疽病发病率低于3%	炭疽病发病率低于3%	炭疽病发病率低于3%	炭疽病发病率低于3%	炭疽病发病率低于3%	炭疽病发病率低于3%

4.3 选优程序

4.3.1 初选

第一年调查当地林分起源，收集优树线索，按相关选优标准在实生林分中选择候选优树，实地调查候选优树的冠幅、产量、果实大小及分布、果皮厚薄、花芽分布、病虫害等指标。

4.3.2 复选

对候选优树的单株产果量及炭疽病率连续实测 2 年，达到或超过最低产果量指标，炭疽病率低于指标要求的继续作候选优树，否则及时淘汰。

4.3.3 决选

第 4 年继续实测单株产果量及炭疽病率，合格的单株随机取 30 个果实样品密封包装，做好标记，2 天内测定鲜果出籽率，并测定其干出籽率、种仁含油率及油质等性状。

各项指标达到或超过优树选择标准者即为中选优树，根据产量对优树分类，并进入无性系或家系测定阶段。对于抗性特强、含油率特高或具有其他特别优良性状的个别单株虽然产量达不到规定指标，也可以作为一种特定性状的优树在育种中加以利用。

4.4 建档

外业资料及时整理汇总，建立优树档案。填写优树登记表，拍摄优树照片，描绘优树位置示意图，记载必要附加说明。优树统一编号。编号登记格式参见附录 A。

5 杂交育种

5.1 亲本选择

具有互补性状的不同普通油茶品种(单株)或其他油用物种优良材料。

种间杂交之前要做亲和力测定。

5.2 杂交技术

5.2.1 花粉采集

在父本植株上采集即将开放的花蕾，在室内分品种分离花药，阴干收集花粉，干燥剂内低温保存(1 ℃～5 ℃)。

5.2.2 控制授粉

选取母株上待开放的花蕾，剥开花瓣，剪去雄蕊，用棉签蘸取花粉涂抹到雌蕊柱头上，用纸质胶布粘住柱头或者用授粉袋套住整朵花。

5.2.3 记录、管理

挂好标签，做好标记，并做详细记录。授粉三天后逐个检查，若胶布脱落或授粉袋破损，则去掉标签，不计为人工授粉花朵。做好果实管护工作。杂交果实近成熟时套网保护，果实有少量裂口且充分成熟时采摘，采收后挂好杂交组合标签。

5.2.4 杂交种子处理

杂交种子宜在 0 ℃以上、5 ℃以下条件下湿藏，保存生活力。

杂交种子分组合育苗，明确标识，并绘制播种图。苗木培育技术参照 GB/T 6001。

杂交种苗分组合设置随机区组造林试验，重复 3 次以上。进行常规管理和不同阶段调查分析，进入盛果期后评价选优。

5.3 F1 代选优

F1 代杂种优树选择按照 4.2～4.4，或者目标性状高于对照 15%以上。

6 试验测定

6.1 无性系测定

6.1.1 植苗造林测定

6.1.1.1 试验材料

优树或优良杂种的无性繁殖苗木，来源清楚，采用统一苗木培育管理措施。

6.1.1.2 田间造林试验

采用随机区组等试验设计方法，以当地主栽品种为对照，造林株行距 2 m×3 m。选择测定地块尽可能一致，同一区组不同小区立地条件应一致。试验区四周设立 2 行以上保护行。造林技术按照 GB/T 15776 和 LY/T 1328。试验区组数量和样株要达到统计要求。

6.1.2 大树嫁接测定

选择林相整齐、树龄一致的油茶大树作为砧木，测定材料作为穗条进行大树嫁接测定，每个无性系测定样株需 30 株以上。田间试验设计方法同 6.1.1.2。

6.2 家系子代测定

家系测定用种子播种实生造林。每个家系 50 株以上。田间试验设计方法同 6.1.1.2。

6.3 试验观测指标与测定方法

苗期和幼龄期测定指标主要有生长性状、开花结实量和抗病虫害性状。

盛果期测定树体性状、鲜果产量、产油量、脂肪酸组成和抗病虫害性状。脂肪酸按照 GB/T 5512 测定。植苗造林的试验林分第 5 年可开始测定、大树嫁接试验林第 4 年开始测定，连续测定 4 年，与对照进行比较。产量性状根据实际密度、平均株产果量、出籽率及当年含油率计算。无性系产油量以盛果期连续 4 年产油量平均值计算(不宜以小样本或大年产量推算良种产量)。

单位面积产油量比对照无性系产油量高 15%或高所有参试无性系或家系总平均 2 倍标准差以上者为优良。

6.4 建立技术档案

每个试验林分要建立包括测定材料来源、培育方法、试验设计、造林地情况、试验林营建、抚育管理、各年份调查数据及定植图等相关信息的档案材料。

7 区域试验

经过测定，表现优良的无性系或家系材料，经过不同地理气候或土壤类型的三个点以上区域试验，并完成连续4年盛果期的性状评价，确定其适生区。

附 录 A
(规范性附录)
油茶优树调查记录表

地名：______县______乡______村______(小地名)

种名：______海拔：______坡向：______坡度：______土壤类型：______土层厚度：______

是否纯林：______是否垦复：______林分密度：______林分起源：______

优树编号	经度 (°′″)	纬度 (°′″)	树高 m	地径 cm	冠幅 1 m	冠幅 2 m	枝下高 m	果色	果形	全株鲜果重 kg	花芽数 (多中少)	成熟期 日/月	是否孤立木	病虫害状况

注：优树以县名＋数字的原则编号；海拔经纬度用 GPS 测定；枝下高指第一分枝以下的高度；果色分红、青、黄、棕、青中带红等；果形分球形、桔形、桃形、橄榄形，或其他特征，如有无棱等；5％以上果实开裂可作为油茶成熟的参照。不同地点用不同表格。

ICS 79.080
B 69

中华人民共和国国家标准

GB/T 28992—2012

热处理实木地板

Heat-treated solid wood flooring

2012-12-31 发布　　2013-06-01 实施

中华人民共和国国家质量监督检验检疫总局
中国国家标准化管理委员会　发布

前 言

本标准按照 GB/T 1.1—2009 给出的规则起草。

本标准由国家林业局提出。

本标准由全国木材标准化技术委员会(SAC/TC 41)归口。

本标准起草单位:浙江世友木业有限公司、南京林业大学、中国林科院木材工业研究所、华南农业大学、浙江省林产品质量监督检验站、浙江林碳木业科技有限公司、浙江省木业产品质量检测中心、浙江农林大学、上海市建筑材料及构件质量监督检验站、上海大不同木业科技有限公司。

本标准主要起草人:倪月忠、顾炼百、涂登云、顾梓生、方崇荣、黄荣凤、于学利、虞华强、沈斌华、潘成锋、叶春香、王明俊、马星霞、刘志坤、张治宇、陈人望、徐漫平、刘建华、苗平、董会军。

热处理实木地板

1 范围

本标准规定了热处理实木地板的术语和定义、分类、要求、检验方法、检验规则以及包装、标志、运输和贮存。

本标准适用于3.1所定义的、室内场所使用的地板。

2 规范性引用文件

下列文件对于本文件的应用是必不可少的。凡是注日期的引用文件，仅注日期的版本适用于本文件。凡是不注日期的引用文件，其最新版本(包括所有的修改单)适用于本文件。

GB/T 4823 锯材缺陷

GB/T 15036.1—2009 实木地板 第1部分：技术要求

GB/T 15036.2—2009 实木地板 第2部分：检验方法

LY/T 1700—2007 地采暖用木质地板

3 术语和定义

GB/T 4823、GB/T 15036.1—2009界定的以及下列术语和定义适用于本文件。

3.1

热处理实木地板 heat-treated solid wood flooring

在160 ℃～230 ℃的过热蒸汽介质中，对木材进行一定时间的热处理后加工而成的实木地板。

3.2

吸湿平衡含水率 adsorption equilibrium moisture content

干木材在一定温度和相对湿度的环境中吸收水分后，最终达到的稳定含水率。

4 分类

4.1 按拼接方式分类

按拼接方式分为：

a) 榫接热处理实木地板；

b) 平接热处理实木地板。

4.2 按表面形状分类

按表面形状分为：

a) 平面热处理实木地板；

b) 仿古热处理实木地板。

4.3 按表面有无涂饰分类

按表面有无涂饰分为：

a) 涂饰热处理实木地板；

b) 未涂饰热处理实木地板。

4.4 按表面涂饰类型分类

按表面涂饰类型分为：

a) 漆饰热处理实木地板；

b) 油饰热处理实木地板。

5 要求

5.1 分等

根据产品的外观质量、物理性能分为优等品、一等品和合格品。

5.2 规格尺寸及偏差

热处理实木地板的规格尺寸及偏差应符合 GB/T 15036.1—2009 中 6.2 规定要求。

5.3 外观质量

5.3.1 热处理实木地板的外观质量应符合 GB/T 15036.1—2009 中 6.3.1 规定要求。

5.3.2 仿古热处理实木地板的活节、死节、蛀孔、加工波纹不作要求。

5.3.3 特殊树种热处理实木地板的外观质量要求可按供需双方协议规定执行。

5.4 物理性能指标

热处理实木地板的含水率、吸湿平衡含水率、耐热尺寸稳定性和耐湿尺寸稳定性指标应符合表 1 规定要求，漆膜表面耐磨、漆膜附着力和漆膜硬度应符合 GB/T 15036.1—2009 中 6.4.1 规定要求。

表 1 热处理实木地板的物理性能要求

检验项目	单位	要求	说明
含水率	%	5.0≤含水率≤10.0	—
		同批地板试样间平均含水率最大值与最小值之差不得超过 2.0，且同一板内含水率最大值与最小值之差不得超过 2.0	—
吸湿平衡含水率	%	≤7.0	条件：温度 20 ℃，相对湿度 65%
耐热尺寸稳定性（干缩率）	%	≤1.5	宽度方向
耐湿尺寸稳定性（湿胀率）	%	≤0.8	宽度方向

6 检验方法

6.1 取样条件

检验的样品是在地板包装未拆封产品中随机抽取。

6.2 规格尺寸及偏差检验

按 GB/T 15036.2—2009 中 3.1 规定执行。

6.3 外观质量检验

按 GB/T 15036.2—2009 中 3.2 规定执行。

6.4 物理性能检验

6.4.1 试件制作、试件尺寸及数量的规定

6.4.1.1 试件的制取位置、尺寸规格及数量按图 1 和表 2 的要求进行。如因地板条尺寸偏小，无法满足试件尺寸和数量的要求，可继续随机从样本中抽取，直至能割制出所要求的全部试件为止。

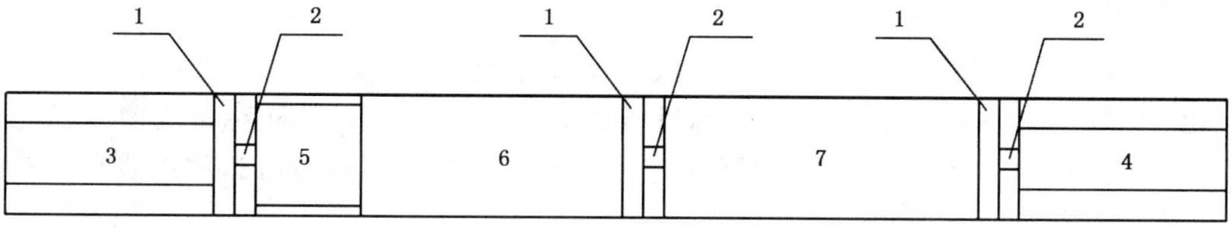

图 1 试件制取示意图

表 2 热处理实木地板物理性能检测试件规格及数量要求

检验项目	试件尺寸 mm	试件数量 块	编号	说明
含水率	20.0×板宽	9	1	除去表面漆膜
吸湿平衡含水率	20.0×20.0	9	2	除去表面漆膜
耐热尺寸稳定性 （干缩率）	200.0×60.0	3	3	—
耐湿尺寸稳定性 （湿胀率）	200.0×60.0	3	4	—
漆膜表面耐磨	100.0×100.0	1	5	—
漆膜附着力	250.0×板宽	1	6	—
漆膜硬度	300.0×板宽	1	7	—

6.4.1.2 制取漆膜表面耐磨试验件时，试件宽度达不到 100.0 mm 时，可通过胶粘把两块试件拼接起来，且拼接线应居中，拼缝平整。

6.4.1.3 试件的边角应平直，无崩边。长、宽允许偏差为±0.5 mm，试件厚度为地板实际厚度。

6.4.2 含水率检验

按 GB/T 15036.2—2009 中 3.3.2.1 规定执行。

6.4.3 吸湿平衡含水率检验

6.4.3.1 原理

全干木材在一定的温度和湿度条件下，其吸湿至平衡时所增加的质量与全干木材质量之比。

6.4.3.2 仪器

6.4.3.2.1 干燥箱：恒温灵敏度±1 ℃，温度调控范围 40 ℃～200 ℃。
6.4.3.2.2 恒温恒湿箱：温度灵敏度±1 ℃，相对湿度灵敏度±5%，温度范围 10 ℃～100 ℃，相对湿度范围 30%～95%。
6.4.3.2.3 天平：精度 0.001 g。
6.4.3.2.4 玻璃干燥器和称量瓶。

6.4.3.3 检验步骤

6.4.3.3.1 取到的试件进行编号，并将试件放入干燥箱内，在(103±2)℃的温度下烘 8 h 后，从中选定 2 个～3 个试件进行一次试称，以后每隔 2 h 称量所选试件一次，至最后两次称量之差不超过试件质量的 0.5%时，即认为试件达到全干状态，用干燥的镊子将试件从干燥箱中取出，放入装有干燥剂的玻璃干燥器内的称量瓶中，盖好称量瓶和干燥器盖。
6.4.3.3.2 试件冷却至室温后，用干燥的镊子自称量瓶中取出试件进行称量，精确至 0.001 g。
6.4.3.3.3 干燥后的试件置于温度为(20±2)℃、相对湿度为(65±5)%的恒温恒湿箱内吸湿，吸湿过程中，每隔 24 h 称量 1 次，当试件最后两次质量之差不超过试件质量的 0.5%时，即认为试件吸湿达到平衡状态，将试件从恒温恒湿箱中取出称量，精确至 0.001 g。
6.4.3.3.4 各试件的吸湿平衡含水率按式(1)计算，精确至 0.1%：

$$W_{吸}=\frac{G_1-G_0}{G_0}\times 100\% \quad \cdots\cdots(1)$$

式中：
$W_{吸}$——试件的吸湿平衡含水率；
G_1 ——试件吸湿平衡时的质量，单位为克(g)；
G_0 ——试件全干时的质量，单位为克(g)。

6.4.3.4 结果表示

吸湿平衡含水率为 9 个试件吸湿平衡含水率的算术平均值，精确至 0.1%。

6.4.4 耐热尺寸稳定性(干缩率)检验

按 LY/T 1700—2007 中 6.2.1 规定执行。

6.4.5 耐湿尺寸稳定性(湿胀率)检验

按 LY/T 1700—2007 中 6.2.2 规定执行。

6.4.6 漆膜表面耐磨检验

按 GB/T 15036.2—2009 中 3.3.2.2 规定执行。

6.4.7 漆膜附着力检验

按 GB/T 15036.2—2009 中 3.3.2.3 规定执行。

6.4.8 漆膜硬度检验

按 GB/T 15036.2—2009 中 3.3.2.4 规定执行。

7 检验规则

7.1 检验分类

7.1.1 出厂检验

出厂检验项目包括：

a) 规格尺寸及偏差；

b) 外观质量；

c) 含水率；

d) 吸湿平衡含水率；

e) 漆膜表面耐磨；

f) 漆膜附着力；

g) 漆膜硬度。

7.1.2 型式检验

包括出厂检验的全部项目和物理性能检验项目中的全部内容。有下列情况之一时，应进行型式检验：

a) 当原辅材料及生产发生较大变动时；

b) 长期停产，恢复生产时；

c) 正常生产时，每年检验不少于两次；

d) 国家质量监督检验机构提出型式检验要求时。

7.2 抽样和判定方法

7.2.1 检验批的组成及检验

按 GB/T 15036.2—2009 中 4.2.1 规定执行。

7.2.2 规格尺寸及偏差检验

按 GB/T 15036.2—2009 中 4.2.2 规定执行。

7.2.3 外观质量检验

按 GB/T 15036.2—2009 中 4.2.3 规定执行。

7.2.4 物理性能检验

7.2.4.1 抽样方案

物理性能检验的抽样方案应符合表 3 规定要求，初检样本检验结果有某项指标不合格时，允许进行复检一次，在同一批产品中加倍抽取样品对不合格项进行复检。在初检和复检抽样数中，任意 3 条地板组成一组。

表 3 物理性能检验抽样方案

提交检查批的成品数量 条	初检抽样数 条	复检抽样数 条
≤1 000	3	6
≥1 001	6	12

7.2.4.2 检验结果的判定

7.2.4.2.1 试样的含水率达到标准规定要求，含水率判为合格，否则判为不合格。

7.2.4.2.2 试样的吸湿平衡含水率达到标准规定要求，且任一试件的最大吸湿平衡含水率值不大于标准规定值的120%时，吸湿平衡含水率判为合格，否则判为不合格。

7.2.4.2.3 试样的耐热尺寸稳定性(干缩率)达到标准规定要求，耐热尺寸稳定性(干缩率)判为合格，否则判为不合格。

7.2.4.2.4 试样的耐湿尺寸稳定性(湿胀率)达到标准规定要求，耐湿尺寸稳定性(湿胀率)判为合格，否则判为不合格。

7.2.4.2.5 试样的漆膜表面耐磨达到标准等级规定要求，漆膜表面耐磨判为合格，否则判为不合格。

7.2.4.2.6 试样的漆膜附着力达到标准等级规定要求，漆膜附着力判为合格，否则判为不合格。

7.2.4.2.7 试样的漆膜硬度达到标准等级规定要求，漆膜硬度判为合格，否则判为不合格。

7.2.4.2.8 初检样本检验结果有某项指标不合格时，允许进行复检一次，在同批产品中加倍抽取样品对不合格项进行复检，复检后全部合格，判为合格；若有一项不合格，判为不合格。

7.3 木材树种名称标示

包装上明示木材树种名称应与实物木材树种名称相符。

7.4 综合判定

产品规格尺寸及偏差、外观质量和物理性能检验结果均符合相应类别和等级的技术要求时，判该批产品合格，否则判为不合格产品。包装上明示木材树种名称与实物木材树种名称相符，判该批产品合格，否则判定为不合格。

7.5 检验报告

检验报告应包括：

a) 被检产品的名称、树种名称、类别、等级、检验依据的标准、检验类别、检验时间等；

b) 检验结果及其结论；

c) 检验过程中出现的各种异常情况及应说明的问题。

8 包装、标志、运输和贮存

8.1 包装

产品出厂时应按生产许可证编号、类别、规格、等级分别包装，包装时应保证产品免受磕碰、压伤、划伤和污损。对包装有特殊要求时，可由供需双方商定。

8.2 标志

产品包装箱应印有或贴有清晰且不易脱落的标志，用中文注明生产厂名、厂址、商标、执行标准号、生产许可证编号、产品名称、规格、等级、木材树种名称及拉丁文、数量(m^2)、涂饰方式、批次号等标志，仿古地板应在外包装上注明。

8.3 运输和贮存

产品在运输和贮存过程中应平整堆放，防止污损、潮湿、雨淋，防晒，防水，防火，防虫蛀。

ICS 91.080.20
P 23

中华人民共和国国家标准

GB/T 28993—2012

结构用锯材力学性能测试方法

Standard test methods for mechanical properties of structural lumber

2012-12-31 发布 2013-06-01 实施

中华人民共和国国家质量监督检验检疫总局
中国国家标准化管理委员会 发布

前　言

本标准按照 GB/T 1.1—2009 给出的规则起草。

请注意本文件的某些内容可能涉及专利。本文件的发布机构不承担识别这些专利的责任。

本标准由国家林业局提出。

本标准由全国木材标准化技术委员会结构用木材分技术委员会(SAC/TC 41/SC 4)归口。

本标准起草单位:中国林业科学研究院木材工业研究所、苏州皇家整体住宅系统股份有限公司、贵州铭杉木制别墅制造有限公司、钻石木中国有限公司、南京工业大学、苏州香山宜构科技有限公司。

本标准主要起草人:吕建雄、江京辉、任海青、骆秀琴、周海宾、殷亚方、倪竣、王欣、朱琦敏、陆伟东。

结构用锯材力学性能测试方法

1 范围

本标准规定了结构用锯材抗弯强度和抗弯弹性模量、顺纹抗拉强度、顺纹抗压强度、顺纹抗剪强度、横纹抗拉强度、横纹抗压强度和横纹抗压弹性模量、扭转弹性模量测试方法。

本标准适用于锯材。

2 规范性引用文件

下列文件对于本文件的应用是必不可少的。凡是注日期的引用文件，仅注日期的版本适用于本文件。凡是不注日期的引用文件，其最新版本（包括所有的修改单）适用于本文件。

GB/T 1933 木材密度测定方法

GB 50005 木结构设计规范

3 术语和定义

GB 50005 界定的以及下列术语和定义适用于本文件。

3.1

锯材 lumber

经锯剖、再剖、干燥、刨光、截端、分等生产出具有一定规格尺寸、质量等级和使用特性的锯制产品。

3.2

锯材宽度 width

锯材窄面之间的垂直距离。

4 测试试件

试件经温度(20±2)℃和相对湿度(65±5)%的条件下调整至衡重，对应含水率为12%。

试件应从足尺截面锯材中选取，试件的长度要求按第6章规定，最大降低强度缺陷应随机放置在测试区域内。

测试前，宜记录试件树种、产地、最大降低强度缺陷、干燥方法、含水率调整方法、重量和尺寸。试件的重量和尺寸的精确度为1%。

试验后，立即在破坏部位附近截取长15 mm整截面无缺陷的含水率片，用烘干法进行含水率测定。密度测定按GB/T 1933的规定。

5 测试条件

力学性能测试应在室内温度(20±2)℃和相对湿度(65±5)%的环境中进行；有特殊研究目的，或特殊要求，可改变测试条件。选择合适的加载速度，试件宜在1 min左右破坏，破坏时间应大于10 s，小于10 min。应记录测试时温度、相对湿度、锯材含水率和锯材破坏时间。

6 测试

6.1 抗弯强度和抗弯弹性模量

6.1.1 试验设备

6.1.1.1 试件支承加载夹具:支承块宽度应大于试件厚度，长度应大于试件厚度的 1/2,通常不超过 200 mm,如图 1 所示。试件截面的宽度与厚度比 $b/d \geqslant 3$ 时,应增加侧向支撑以防止侧向变形,而且不应阻碍试件在荷载方向上的变形。

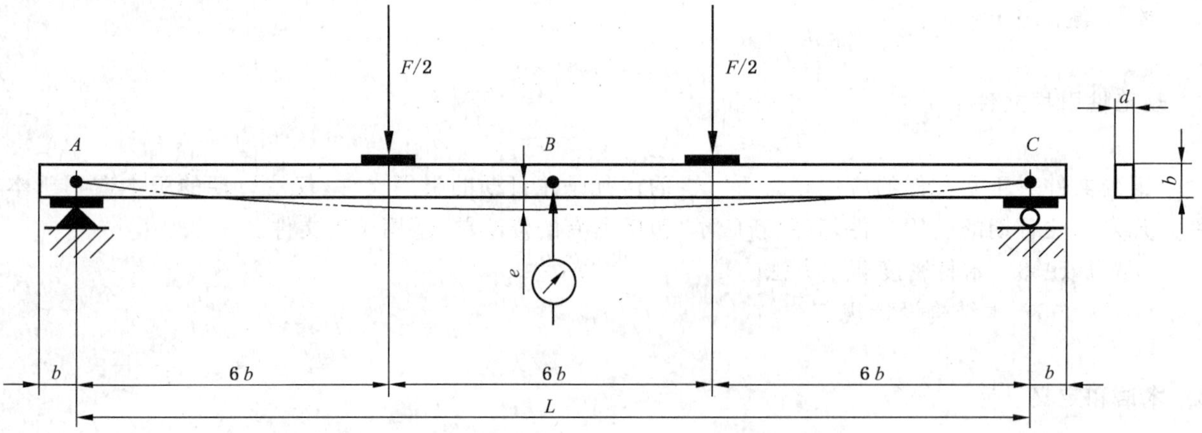

说明:

A ——试件固定端;

B ——跨度内中点;

C ——试件移动端;

F ——荷载;

L ——跨度;

e ——试件挠度;

d ——试件截面厚度;

b ——试件截面宽度。

图 1 抗弯强度和抗弯弹性模量测试示意图

6.1.1.2 加载装置应满足规定精度。

6.1.2 试件

试件最小长度不能小于试验跨距,试验时跨度与锯材截面宽度比(L/b)为 17∶1 至 21∶1,其比宜采用 18∶1。在支承点以外试件长度应小于 10 倍试件宽度,同时应大于 2 倍试件宽度。试件的尺寸以实际测量的尺寸为准。

6.1.3 试验步骤

6.1.3.1 在试验前,应测量试件截面尺寸和长度。

6.1.3.2 将试件放在支座上,试件最大强度降等缺陷应尽量放置在加载点之间,弯曲受拉面随机选择。弯曲时,钝棱、大面积腐朽等缺陷不应放置在加载位置,避免由于大面积缺失或局部丧失承载能力而出现测量误差。

6.1.3.3 测试抗弯弹性模量时，测量试件挠度的上、下限荷载差为最大荷载的10%～40%，为保证加荷范围不超过试件的比例极限应力，试验前，可在每批试件中，选2～3个试件进行观察试验，绘制荷载-挠度曲线，在其直线范围内确定上、下限荷载。试验机以均匀速度先加荷至下限荷载，立即记录锯材挠度。然后加荷至上限荷载，再次记录锯材挠度，随即卸荷。如此反复3次。每次卸荷，应稍低于下限，然后再加荷至下限荷载。

6.1.3.4 抗弯弹性模量试验完毕后，持续加载至试件完全破坏。

6.1.3.5 记录荷载-挠度曲线、初次破坏、最大荷载以及发生突然变化处的荷载，描述试件破坏特征。

6.1.4 计算结果

抗弯弹性模量 E_m，应该从荷载-挠度图中的线弹性部分选择对于荷载每增加 ΔF，相应引起的挠度增加量 Δe，按式(1)计算，准确至10 MPa：

$$E_m = \frac{23}{108} \times \left(\frac{L}{b}\right)^3 \times \left(\frac{\Delta F}{\Delta e}\right) \times \frac{1}{d} \qquad \cdots\cdots (1)$$

式中：

E_m ——抗弯弹性模量，单位为兆帕(MPa)；

L ——试样跨度，单位为毫米(mm)；

b ——试件截面宽度，单位为毫米(mm)；

d ——试件截面厚度，单位为毫米(mm)；

ΔF——上、下限荷载差，单位为牛顿(N)；

Δe ——ΔF 引起的挠度，单位为毫米(mm)。

抗弯强度按式(2)计算，准确至0.1 MPa：

$$f_m = \frac{F_{max} L}{db^2} \qquad \cdots\cdots (2)$$

式中：

f_m ——抗弯强度，单位为兆帕(MPa)；

F_{max} ——最大荷载，单位为牛顿(N)；

L ——试样跨度，单位为毫米(mm)；

b ——试件截面宽度，单位为毫米(mm)；

d ——试件截面厚度，单位为毫米(mm)。

6.2 顺纹抗拉强度

6.2.1 试验设备

6.2.1.1 夹紧装置：可将拉伸荷载从驱动夹头传递至固定夹紧端，如图2所示。在试件截面上不施加任何弯曲冲量，允许在拉伸荷载下产生滑移，避免造成试样在夹头内破坏或应力集中破坏。该设备可通过平板连接到试件上，或通过其他形式夹紧试件。

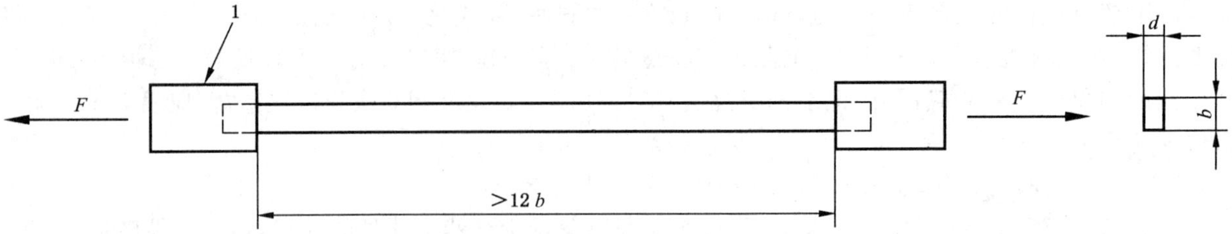

说明：

1 ——拉伸夹具；

F ——荷载；

d ——试件截面厚度；

b ——试件截面宽度。

图 2　顺纹抗拉强度测试示意图

6.2.1.2　加载装置：应匀速加载，并满足荷载精度可移动的加载夹具。在加载过程中拉伸夹紧处木材破坏最小，滑移尽量小。根据试验要求，可调整移动和固定拉伸夹头之间的距离。

6.2.1.3　加载：可显示最大荷载，并且可进行校正以确保精度。

6.2.2　试件

试件最大降低强度缺陷随机分布在测试区域内，试件测试长度应不小于 12b，同时试件长度应包含夹具长度。

6.2.3　试验步骤

6.2.3.1　测量试件截面尺寸和长度。

6.2.3.2　将试件放在 2 个拉伸夹具之间并使两者轴线对中。夹具通过螺栓或者是楔形钳夹来夹紧试件。如采用后者应当施加很小的预应力，以确保每个钳夹移动相等的量，保持试件和钳夹沿轴向对齐。如果采用螺栓或者是楔形钳夹，则需要稳定而有力的夹紧钳夹，防止滑移。

6.2.3.3　记录荷载-变形曲线和最大荷载，描述试件破坏的特征。

6.2.4　计算结果

顺纹抗拉强度 $f_{t,0}$ 按式(3)计算，准确至 0.1 MPa：

$$f_{t,0}=\frac{F_{max}}{db} \qquad \cdots\cdots(3)$$

式中：

$f_{t,0}$ ——顺纹抗拉强度，单位为兆帕(MPa)；

F_{max} ——最大荷载，单位为牛顿(N)；

b ——试件截面宽度，单位为毫米(mm)；

d ——试件截面厚度，单位为毫米(mm)。

6.3　顺纹抗压强度

6.3.1　试验设备

6.3.1.1　加载装置：具有各向自由转动的作用，荷载均匀地分布在轴心上，并可控制加载速度和满足加载精度要求。

6.3.1.2　支承块：荷载应均匀作用在试件横截面，而不产生偏心。采用球铰作为轴心抗压试验的支承装置时，球的半径宜小，有利于转动灵活和准确对中。球面半径宜为试件截面尺寸最大边（试件与球座之间的承压面）的1～2倍。

6.3.1.3　侧向支撑：当试件的 $b/d>3$ 时，利用侧向支撑防止试件在测试过程中产生扭曲，而侧向支撑在试件的宽侧面的压力应对称，同时不妨碍试件长度方向的压缩变形和加载。侧向支撑可是连续的，也可是间断的，但应对称布置的，非连续测向支撑之间的间距应当小于横截面的回转半径的17倍。

6.3.2　试件

试件最大降低强度缺陷随机分布在测试区域内，试件长度应为 $8b+2\ 000$ mm，如图3所示。沿试件长度方向施加压缩荷载 F，直到试件发生破坏。为了防止试件长度方向发生扭曲，侧向支撑滚柱之间的间距范围为 $10d$～$10b$。

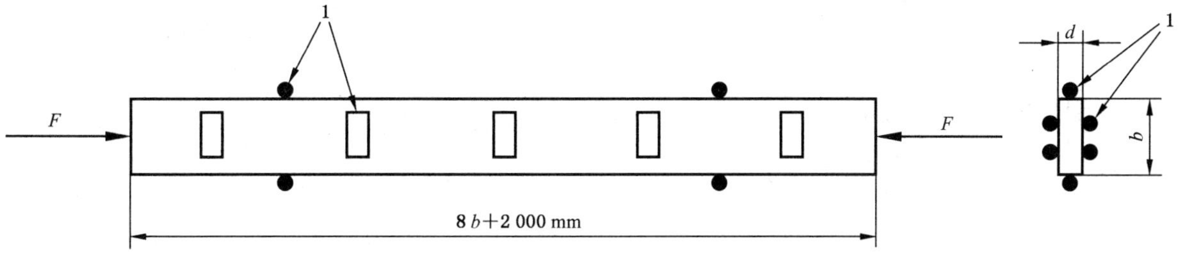

说明：

1 ——侧向支撑；

F——荷载；

d ——试件截面厚度；

b ——试件截面宽度。

图3　顺纹抗压强度测试示意图

也可采用短柱法测试顺纹抗压强度，应从每一个试件块中至少截取2块测试试件，其中一块包含最大强度降等缺陷，另一块包含次要降等强度缺陷，试件的长度应不小于 $2.5b$，代替该锯材最薄弱的截面。

对于最大和次最大降低强度缺陷分别小于要求的长度，并且两个缺陷又彼此独立的试件，在两个试件中间截断。然后，将每一个测试试件截至需要的长度。如果两个降等非彼此独立的话，则在一个试件中包含两个缺陷（即使试件的长度超过要求的长度）。最后，参照上述方法，选择第二个测试横截面。注意锯解时锯口不经过主要缺陷。然后对于上述锯截后短试件施加柱向压缩荷载，为了使荷载均匀地分布在接触表面上，不产生偏心，应当至少采用一个圆球形的支撑块，如图4所示，其最大半径应便于支承板调整，最小半径应当提供足够大的接触面积。此半径一般为试件的最大横截尺寸的1～2倍。球心应当落在试件的接触平面上。

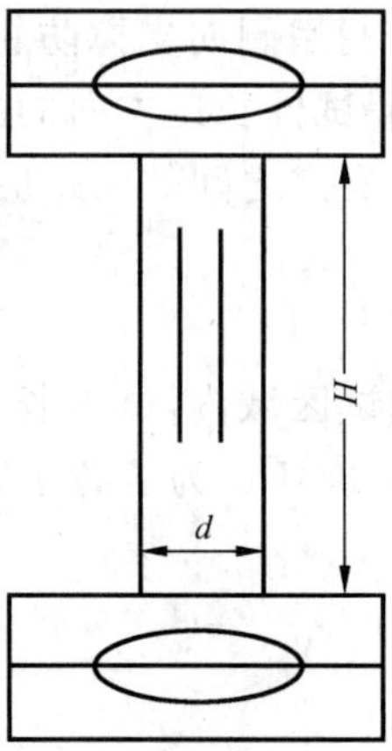

说明：

d ——试件截面厚度；

H——试件高度。

图 4 短柱顺纹抗压强度测试示意图

6.3.3 试验步骤

6.3.3.1 测量试件的横截面尺寸和长度。

6.3.3.2 将试件放在压缩夹具上，注意使试件的长柱与加载方向保持一致。

6.3.3.3 对短柱顺纹抗压强度试验，将 2 块短试件加载至到破坏，选取其中的较小荷载为该锯材的最大荷载。

6.3.3.4 记录荷载-变形曲线和最大荷载，描述试件破坏特征。

6.3.4 计算结果

顺纹抗压强度 $f_{c,0}$ 按式(4)计算，准确至 0.1 MPa：

$$f_{c,0}=\frac{F_{max}}{db} \qquad \cdots\cdots(4)$$

式中：

$f_{c,0}$ ——顺纹抗压强度，单位为兆帕(MPa)；

F_{max} ——最大荷载，单位为牛顿(N)；

b ——试件截面宽度，单位为毫米(mm)；

d ——试件截面厚度，单位为毫米(mm)。

6.4 顺纹抗剪强度

顺纹抗剪强度测试示意图如图 5 所示。加载至试件破坏为止。

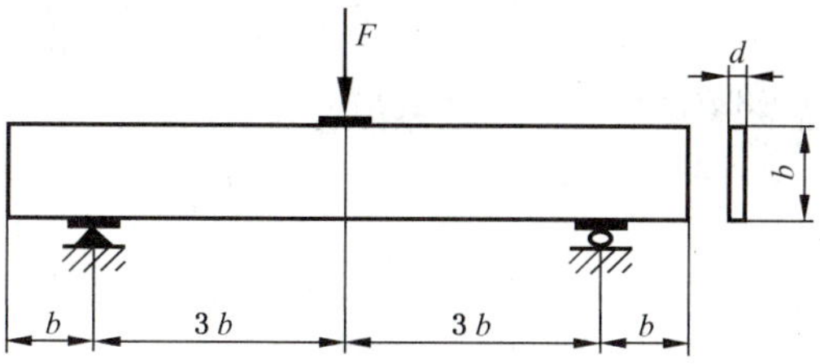

a） 加载示意图

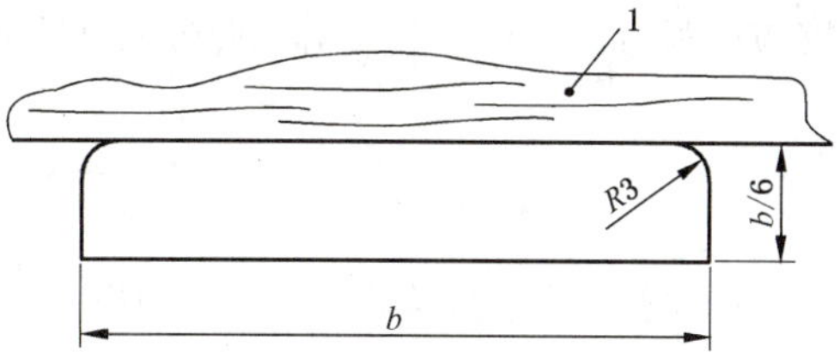

b） 金属加载垫片

说明：

1 ——试件；

F ——荷载；

d ——试件截面厚度；

b ——试件截面宽度；

R3 ——金属垫片倒角半径 3 mm。

图 5 顺纹抗剪强度测试示意图

顺纹抗剪强度 f_v 按式(5)计算，准确至 0.1 MPa：

$$f_v = \frac{0.75F_{max}}{db} \quad \cdots\cdots (5)$$

式中：

f_v ——顺纹抗剪强度，单位为兆帕(MPa)；

F_{max} ——最大荷载，单位为牛顿(N)；

b ——试件截面宽度，单位为毫米(mm)；

d ——试件截面厚度，单位为毫米(mm)。

锯材可能由于如弯曲、横纹压缩等非剪切变形方式而发生破坏。但所有测试结果都应用于评估剪切强度性质。式(5)通过提供测试试件承载能力的标准化描述，可计算得到名义剪切强度。

另一种测试方法——双跨距加载方式，示意图如图 A.1，或其他测试方法。应建立双跨距与单跨距两种测试方法的对等关系。

6.5 横纹抗拉强度

横纹抗拉强度测试示意图如图 6 所示，横纹抗拉强度试件应包含锯材完整的横截面，试件长度 l_h 等于 $b/3$，采用三点弯曲测试方法如图 6 所示，加载到破坏为止，记录最大载荷。

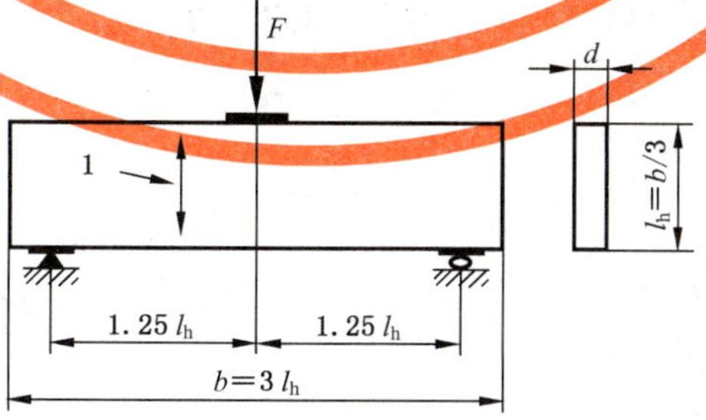

说明：

1——试件纹理方向；

F——荷载；

d——试件截面厚度；

b——试件截面宽度；

l_h——锯截后试件长度。

图 6 横纹抗拉强度测试示意图

横纹抗拉强度 $f_{t,90}$ 按式(6)计算，准确至 0.1 MPa：

$$f_{t,90}=\left(\frac{3.75F_{max}}{dl_h}\right)\times\left(\frac{0.03dl_h^2}{800^3}\right)^{0.2} \quad \cdots\cdots(6)$$

式中：

$f_{t,90}$——横纹抗拉强度，单位为兆帕(MPa)；

F_{max}——最大荷载，单位为牛顿(N)；

d ——试件截面厚度，单位为毫米(mm)；

l_h ——锯截后试件长度，单位为毫米(mm)。

注：$\left(\frac{0.03dl_h^2}{800^3}\right)^{0.2}$ 为因子，名义拉伸强度等于边长为 800 mm 的方形锯材的强度。

6.6 横纹抗压强度和横纹抗压弹性模量

横纹抗压强度和横纹抗压弹性模量测试示意图如图 7a)所示。通过长度为 90 mm，宽度为 $d+10$ mm的一对钢板施加荷载。测试设备的加载头应固定，不发生扭转。在加载过程中，绘制出荷载-挠度曲线，如图 7c)所示。加载至锯材发生破坏或者变形总量达到 20 mm，即可停止试验。如果试件存在发生弯扭的趋势，则应使用侧向支撑约束在加载过程中产生的弯扭。

单位为毫米

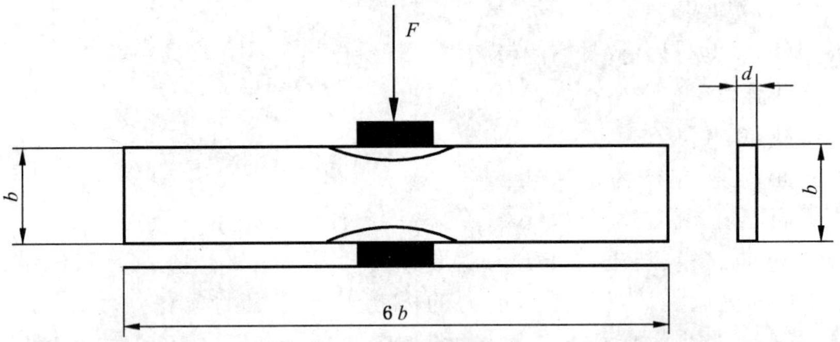

a） 加载示意图

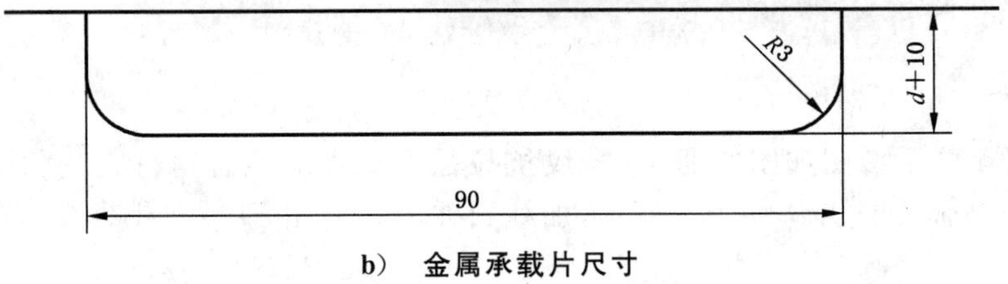

b） 金属承载片尺寸

说明：

F ——荷载；

d ——试件截面厚度；

b ——试件截面宽度；

$R3$ ——金属承载片倒角半径 3 mm；

Y 轴 ——载荷；

X 轴 ——变形；

F_{ult} ——极限荷载；

F_y ——弹性范围的直线偏移 2 mm 时与挠度曲线的交点对应荷载；

Δe ——变形差；

ΔF ——荷载差；

$F_{0.1b}$ ——0.1b 变形对应荷载。

图 7 横纹抗压强度和横纹抗压弹性模量测试示意图

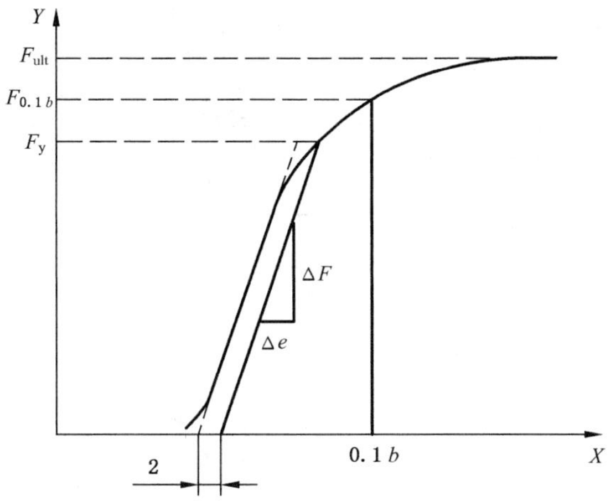

c) 荷载与变形示意图

图7(续)

横纹抗压强度 $f_{c,90}$ 按式(7)或式(8)计算,准确至 0.1 MPa:

$$f_{c,90}=\frac{F_{ult}}{90d} \qquad \cdots\cdots(7)$$

式中:

$f_{c,90}$——横纹抗压强度,单位为兆帕(MPa);

F_{ult}——极限荷载,单位为牛顿(N);

d——试件截面厚度,单位为毫米(mm)。

$$f_{c,90}=\frac{F_{20}}{90d} \qquad \cdots\cdots(8)$$

式中:

$f_{c,90}$——横纹抗压强度,单位为兆帕(MPa);

F_{20}——变形总量达到 20 mm 时荷载,单位为牛顿(N);

d——试件截面厚度,单位为毫米(mm)。

屈服强度 $f_{c,90y}$ 按式(9)计算,准确至 0.1 MPa:

$$f_{c,90y}=\frac{F_y}{90d} \qquad \cdots\cdots(9)$$

式中:

$f_{c,90y}$——屈服强度,单位为兆帕(MPa);

F_y——弹性范围的直线偏移 2 mm 时与挠度曲线的交点对应荷载,单位为牛顿(N)。

横纹抗压弹性模量 $K_{c,90}$ 按式(10)计算,准确至 10 MPa:

$$K_{c,90}=\frac{(\Delta F/\Delta e)}{90d} \qquad \cdots\cdots(10)$$

式中:

$K_{c,90}$——横纹抗压弹性模量,单位为兆帕(MPa);

$\Delta F/\Delta e$——荷载-挠度曲线的斜率,单位为牛顿每毫米(N/mm)。

6.7 扭转弹性模量

扭转弹性模量的测试示意图如图8所示。位于夹持端部与扭转平面之间的锯材长度为 L_T,L_T 长度等于 $18d$,对长度为 l_t 的手柄加载 F 获得扭曲,l_t 长度为 500 mm。

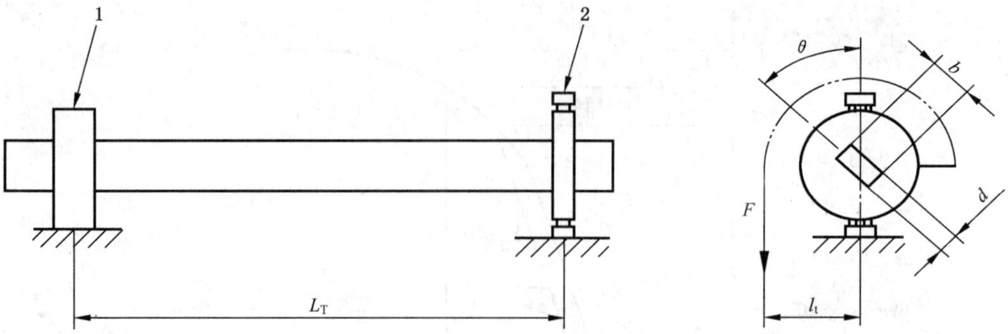

说明：

1 ——夹持端部；

2 ——扭转平面；

L_T——扭转后的试件长度；

l_t ——扭转后手臂水平长度；

θ ——扭转角度。

图 8　扭转弹性模量测试示意图

扭转弹性模量 $G_{t,0}$ 按式(11)计算，准确至 10 MPa：

$$G_{t,0}=\frac{L_T l_t}{bd^3[1-0.63(b/d)]}\times(\Delta F/\Delta\theta) \qquad \cdots\cdots(11)$$

式中：

$G_{t,0}$ ——扭转弹性模量，单位为兆帕(MPa)；

L_T ——扭转后的试件长度，单位为毫米(mm)；

l_t ——扭转后手臂水平长度，单位为毫米(mm)；

$\Delta F/\Delta\theta$ ——荷载-扭转角度曲线的斜率，单位为牛顿每度[N/(°)]。

附　录　A
（规范性附录）
顺纹抗剪强度双跨测试

作为测试顺纹抗剪强度替代方法，单跨测试示意图如图 5 所示，双跨测试示意图如图 A.1 所示，在此测试中，在加载之前应确定所有支撑点。然后加载至锯材被破坏，极限荷载为 F_{ult}，顺纹抗剪强度 f_v 按式（A.1）计算，准确至 0.1 MPa：

$$f_v = 0.516\frac{F_{ult}}{db} \qquad \cdots\cdots（A.1）$$

式中：

f_v ——顺纹抗剪强度，单位为兆帕（MPa）；

F_{ult} ——极限荷载，单位为牛顿（N）；

b ——试样宽度，单位为毫米（mm）；

d ——试样厚度，单位为毫米（mm）。

双跨测试的顺纹抗剪强度比单跨的大，因而评估针叶材锯材顺纹抗剪强度时，顺纹抗剪强度与抗弯强度比值要高。

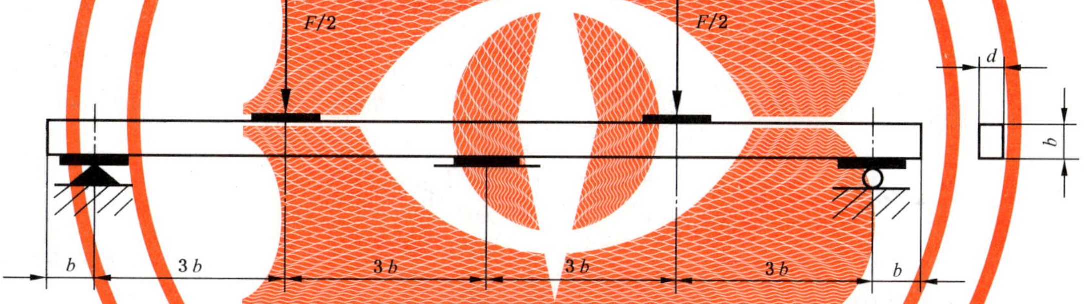

a）　加载示意图

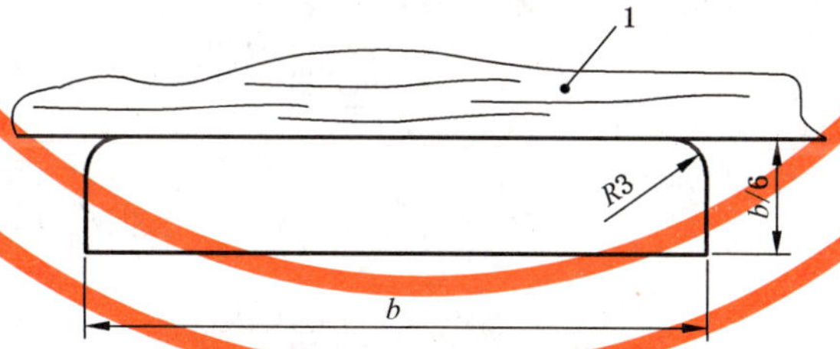

b）　金属垫片

说明：

1 ——试件；

F ——荷载；

d ——试件截面厚度；

b ——试件截面宽度；

$R3$ ——金属垫片倒角半径 3 mm。

图 A.1　顺纹抗剪强度双跨测试示意图